소방안전
교육사 2차

한권으로 끝내기
국민안전교육실무

SD에듀
㈜시대고시기획

2 0 2 4
소 방 안 전
교 육 사 2차
한권으로끝내기

Always with you

사람이 길에서 우연하게 만나거나 함께 살아가는 것만이

인연은 아니라고 생각합니다.

책을 펴내는 출판사와 그 책을 읽는 독자의 만남도 소중한 인연입니다.

SD에듀는 항상 독자의 마음을 헤아리기 위해 노력하고 있습니다.

늘 독자와 함께하겠습니다.

자격증 · 공무원 · 금융/보험 · 면허증 · 언어/외국어 · 검정고시/독학사 · 기업체/취업

이 시대의 모든 합격! SD에듀에서 합격하세요!

www.youtube.com → SD에듀 → 구독

머리말

소방안전교육사는 국민의 생명과 재산을 지키기 위한 기본 소양을 가르치는 교육전문가입니다. 소방안전교육사를 간단히 말하자면 소방관이자 선생님입니다. 따라서 소방안전 지식을 바탕이자 근간으로 삼고, 그 위에 교육이라는 방법적 요소가 접목되어야 합니다. 다시 말해, 2차 시험(국민안전교육 표준실무)은 소방전문가가 아니라, 선생님으로서의 자질을 평가하는 시험입니다.

소방안전교육사 2차 시험은 1차 시험의 전문지식을 바탕으로 교육활동을 얼마나 전문적으로 계획하고 진행시켜나갈 수 있는지를 평가합니다. 2020년도에는 소방청에서 국민안전교육 표준실무를 새롭게 개편하였는데, 각종 교육학 이론과 교육평가 개념 등 교육학 논문이 다수 수록되었습니다. 이에 따라 소방안전 분야에서 활동하는 전문가분들은 2차 시험이 더욱 어렵게 느껴질 수도 있습니다.
이러한 분들에게 조금이나마 도움이 되고자 이 책을 출간하게 되었습니다.

이 책의 특징은 다음과 같습니다.

❶ 소방청에서 발행한 2020년판 국민안전교육 표준실무에 맞추어 집필하였습니다.
❷ 현직 교사의 교육 실무 경험을 바탕으로 이해하기 쉽게 서술하였습니다.
❸ 기출문제를 분석하여 내용을 구성하였으며, 예시답안을 수록하였습니다.
❹ 출제예상문제와 예시답안을 수록하였습니다.
❺ 각 장마다 학습 TIP을 제공하여 중요도에 따라 효율적으로 학습할 수 있게 구성하였습니다.
❻ 가장 어려워하는 교수지도계획서는 예시 만능틀을 적용하여 틀을 갖출 수 있게 하였습니다.

필자는 소방서에서 겪은 2년간의 현장 경험으로 소방안전교육의 중요성을 깨달았습니다. 필자 또한 학생들을 가르치는 교사이자 한 명의 소방안전교육사로서, 안전교육에 이바지하여 국민과 국가에 안전문화와 안전감수성이 깃들길 염원합니다.

편저자 씀

시험 안내

개요

어린이집의 영유아, 유치원의 유아, 학교의 학생, 장애인복지시설에 거주하거나 해당 시설을 이용하는 장애인을 대상으로 화재예방과 화재 발생 시 인명과 재산 피해를 최소화하기 위하여 소방안전교육과 훈련을 실시하는 인력을 배출하기 위해 자격제도를 제정하였다.

※ 소방기본법 제17조 제2항의 소방안전교육 대상 : 어린이집의 영유아, 유치원의 유아, 초·중등교육법에 따른 학교의 학생, 장애인복지시설에 거주하거나 해당 시설을 이용하는 장애인

수행직무

소방안전교육의 기획·진행·분석·평가 및 교수업무

취득방법

1. **관련 부처** : 소방청
2. **시행기관** : 한국산업인력공단
3. **시험일정**

구 분	접수기간	시험일정	합격자 발표기간
1차	5.27~5.31 빈자리 추가접수 기간 7.11~7.12	7.20	9.25
2차			11.20

※ 시험 세부 일정 및 시험 관련 정보는 큐넷(www.q-net.or.kr) 소방안전교육사 홈페이지 참조

시험과목

구 분	시험과목	출제범위	시험방법
1차	소방학개론	소방조직, 연소이론, 화재이론, 소화이론	4지 선택형 (객관식), 과목당 25문항 (총 75문항)
	구급 및 응급처치론	응급환자 관리, 임상응급의학, 인공호흡 및 심폐소생술 (기도폐쇄 포함), 화상환자 및 특수환자 응급처치	
	재난관리론	재난의 정의·종류, 재난유형론, 재난단계별 대응이론	
	교육학개론	교육의 이해, 교육심리, 교육사회, 교육과정, 교육방법 및 교육공학, 교육평가	
2차	국민안전교육 실무	재난 및 안전사고의 이해, 안전교육의 개념과 기본원리, 안 전교육 지도의 실제 ※ 제2차 시험은 논술형을 원칙으로 한다. 다만, 제2차 시험 에는 주관식 단답형 또는 기입형을 포함할 수 있다.	논술형 (주관식), 3~5문항

※ 1차 시험의 경우, 4과목 중 택 3과목

시험시간

구 분	1차	2차
시험시간	75분(09:30~10:45)	120분(11:30~13:30)

TEST INFORMATION

합격기준

구 분	합격 결정 기준
1차 시험	매 과목 100점을 만점으로 하여 매 과목 40점 이상, 전 과목 평균 60점 이상 득점한 사람
2차 시험	과목 100점을 만점으로 하되, 시험위원의 채점 점수 중 최고 점수와 최저 점수를 제외한 점수의 평균이 60점 이상인 사람

면제대상자

1차 시험에 합격한 자에 대하여는 다음 회의 시험에 한하여 1차 시험 면제

시험 통계자료

	구 분	2016	2018	2019	2020	2022
1차	대 상	288	1,492	1,295	1,648	1,001
	응 시	169	1,037	842	1,140	680
	응시율(%)	58.68	69.50	65.02	69.17	67.93
	합 격	103	330	567	705	434
	합격률(%)	60.94	31.82	67.34	61.84	63.82
2차	대 상	119	406	776	986	709
	응 시	55	356	547	784	566
	응시율(%)	46.21	87.68	70.49	79.51	79.83
	합 격	16	99	394	302	83
	합격률(%)	29.09	27.80	72.03	38.52	14.66
3차	대 상	17	–	–	–	–
	응 시	17	–	–	–	–
	응시율(%)	100.0	–	–	–	–
	합 격	17	–	–	–	–
	합격률(%)	100.0	–	–	–	–

※ 2015년, 2017년, 2021년, 2023년 소방안전교육사 자격시험 미시행
※ 2018년도 제7회 소방안전교육사 자격시험부터 제3차 시험 폐지

시험 안내

**소방안전
관련 교과목**

- 소방안전관리론(소방학개론, 재난관리론, 소방관계법규를 포함)
- 소방유체역학
- 위험물질론 및 약제화학
- 소방시설의 구조원리
- 방화 및 방폭공학
- 일반건축공학
- 일반전기공학
- 가스안전
- 일반기계공학
- 화재유동학(열역학, 열전달을 포함)
- 화재조사론

**소방안전
관련 학과**

- **소방안전관리학과** : 소방안전관리과, 소방시스템과, 소방학과, 소방환경관리과, 소방공학과 및 소방행정학과를 포함
- **전기공학과** : 전기과, 전기설비과, 전자공학과, 전기전자과, 전기전자공학과, 전기제어공학과 를 포함
- **산업안전공학과** : 산업안전과, 산업공학과, 안전공학과, 안전시스템공학과를 포함
- **기계공학과** : 기계과, 기계학과, 기계설계학과, 기계설계공학과, 정밀기계공학과를 포함
- **건축공학과** : 건축과, 건축학과, 건축설비학과, 건축설계학과를 포함
- **화학공학과** : 공업화학과, 화학공업과를 포함
- 학군 또는 학부제로 운영되는 대학의 경우에는 위의 학과에 해당하는 학과

※ 소방안전 관련 교과목 및 소방 관련 학과를 인정받고자 하는 사람은 동일학과인정증명서 또는 동일교과목인정 확인서를 해당 학교에서 발급받아 제출서류와 함께 제출하여야 한다.

결격사유

- 피성년후견인
- 금고 이상의 실형을 선고받고 그 집행이 끝나거나(집행이 끝난 것으로 보는 경우를 포함) 집 행이 면제된 날부터 2년이 지나지 아니한 사람
- 금고 이상의 형의 집행유예를 선고받고 그 유예기간 중에 있는 사람
- 법원의 판결 또는 다른 법률에 따라 자격이 정지되거나 상실된 사람

※ 결격사유 기준일은 1차 시험 시행일 기준

목 차

소방안전교육사 2차

국민안전교육 표준실무

안전교육의 기초

01 안전과 재난의 개념

1 안전의 정의

(1) 안전이란?

안전은 위험이 생기거나 사고나 날 염려가 없이 편안하고 온전한 상태를 뜻한다. 안전교육의 창시자인 호온은 안전에 대해 넓은 의미의 안전으로는 '삶의 전부'라고 하였으며, 좁은 의미에서의 안전은 '사고를 방지하는 것을 포함하는 신체적 삶의 전부이다'라고 하였다.

또 다른 해석으로는 안전에서 안(安)은 주관적 요건으로 심리적인 평온상태를 뜻하며, 전(全)은 객관적 요건으로서 신체나 환경이 온전한 상태를 뜻한다고 생각할 수 있다.

스트라서(Strasser) 등은 안전이 인간행위의 변화에 의해서 나타나며, 위험의 가능성을 줄이고 사고를 감소시키기 위해 물리적 환경을 마련함으로써 얻어지는 조건이나 상태라고 규정짓고 있다.

안전의 사전적 의미는 "위험하지 않은 것" 또는 "위험하지 않은 상태", "위험이 생기거나 사고가 날 염려가 없음 또는 그런 상태"라고 정의해두었다(국립국어원, 표준국어대사전). 이는 다른 의미로 해석해보면 위험 요소 인지는 안전보다 선행되어야 하는 개념이라는 것이다. 위험에 대하여 이해하고 인지하여야 위험한지 아닌지를 구분할 수 있고, 구분이 되어야 안전에 대한 정의가 가능할 것이다. 이와 관련된 구체적인 사례로는 교육부에서 '2015 개정 교육과정'에 신설한 초등학교 1~2학년군 안전한 생활 교과에서는 어린 아이들에게 안전한 상황을 구분하고 인지시키는 것을 교육목표로 두고 있으며, 앞선 해석과 맥을 같이 한다고 할 수 있다.

(2) 물리적 안전과 심리적 안전

안전을 물리적 안전과 심리적 안전으로 나눌 수 있다. 우리가 일반적으로 말하는 안전은 물리적 안전의 개념에 가깝다. 물리적 안전이란 우리의 신체나 물건, 재산 등 1차적인 물질적 피해나 위험으로부터 보호되거나 회피되어 있는 상태를 말한다. 예를 들어보면 교통사고에 대해 물적, 신체적 피해를 막기 위해 안전벨트를 착용하거나, 운전자의 안전을 위해 에어백이 설치되어 있는 것 등이 물리적 안전 확보에 해당한다. 물리적 안전은 예상되는 물리적 위험의 강도에 대응하기 위해 기술적, 시설적으로 안전 장비 설치 및 보완을 통해 대비할 수 있다.

심리적 안전은 위험에 대한 불안감이 없는 상태를 뜻하며, 안심(安心)의 개념으로 설명할 수 있다. 마음의 상태 및 인지적 지식에 해당되므로 물리적 안전과 달리 직접적인 형태가 없다. 심리적 안전은 기술, 제도적 보완 및 사회적 안정성 확보 방안으로 심리적 안정감을 높이거나 안전교육 실시 및 홍보를 통해 꾀할 수 있다. 특징으로는 물리적 안전보다 요구하는 수준이 높으며, 안전에 대해 느끼는 정도가 개개인마다 다르기 때문에 물리적 안전에 비해 심리적 안전은 확보하기가 매우 어렵다. 또한 순간의 설비 확보로 얻어지는 것이 아니므로 장기간에 걸쳐 반복적인 방안으로 확보가 가능하다.

　물리적 안전과 심리적 안전 두 가지 모두 중요한 개념이다. 기본적으로 물리적 안전이 100% 확보되어야 하며 이를 바탕으로 심리적 안전이 따라주어야 한다. 심리적 안전은 물리적 안전이 확보되지 않으면 같이 확보되기 어렵다는 점을 기억해두자. 안전교육에서 '불이 나면 완강기를 활용하세요!'라고 아무리 외치고 교육해도 각 건물에 완강기가 없다면 그 누가 안전하다고 느낄 것인가? 또한 물리적 안전이 확보되었다고 하더라도 무조건적으로 심리적 안전이 확보되지는 않는다는 점을 명심하자.

　소방안전교육사의 자격증을 취득하고, 이후 출강활동을 위해서는 기본적으로 안전의 정의에 대해서 설명할 수 있어야 하므로 아래의 표는 꼭 이해하고 외워두도록 하자.

[안전의 분류]

구 분	분 류	설 명
물리적 안전	정 의	• 신체나 물건, 재산 등 1차적인 물질적 피해로부터 보호된 상태 예시) 교통사고 부상을 방지하기 위한 안전벨트 착용/자동차에 붙어 있는 에어백/선박에 준비된 구명조끼 등
	피해 형태	• 신체적 피해 : 부상, 사망 등 • 재산 피해 : 소유물 및 건물의 파손, 소실 등 • 사회적 비용 손실 : 통신 마비, 경제 혼선 등
	확보 방안	• 기술적 보완 : 장치 설치 및 설비 보완 • 제도적 보완 : 법령 및 제도 마련
	특 징	상대적으로 단기간, 단편적인 방법으로 확보가 가능함
심리적 안전	정 의	• 위험에 대해 불안감이 없는 인지적, 정서적인 상태 • 안심(安心)의 개념으로 설명 가능
	피해 형태	인간의 심리적 불안정
	확보 방안	• 기술 및 제도적 보완 : 물리적 안전이 기초가 되어야 함을 뜻함 • 안전교육 홍보 • 사회적 안전 의식 및 안전문화 확보(안정성)
	특 징	• 장기적이며 다양한 방법으로 접근하여야 확보할 수 있음 • 인지적, 정서적인 상태이므로 직접 눈에 보이지 않음 • 심리적 안전에 대해 개개인마다 느끼는 정도가 다름

2 재난의 정의

(1) 재난이란?

　재난이란 '자연적 혹은 인위적 원인으로 생활환경이 급격하게 변화하거나 그 영향으로 인하여 인간의 생명과 재산에 단기간 동안 많은 피해를 주는 현상'이다. 다시 말해 인간의 생존과 재산을 지킬 수 없을 정도로 생활환경을 위협하는 사고나 상태를 말한다. 재난에 대한 개념은 시대에 따라 변화하며 현대사회에 들어서는 천재지변을 뛰어넘어 테러 및 전쟁으로 인한 재해까지도 포함하는 개념으로 사용되고 있다.

포항 지진 발생 (2017년 11월)	고양 저유소 화재 사건 (2018년 10월)
신종 코로나바이러스 전 세계로 확산 (2020년 1월)	광주 아파트 붕괴 사고 사건 (2022년 1월)

[월별 재난안전 뉴스 빈도(2013~2020)]

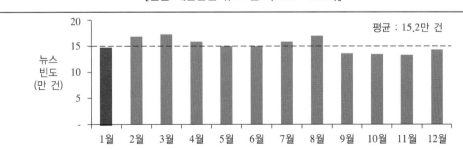

　국립재난안전연구원에 따르면 2022년 1월 자료 기준 월별 재난안전 뉴스 빈도는 평균 15.2만 건에 달한다고 한다. 현대 사회에서 재난에 대한 우려와 관심이 상당히 높은 것을 알 수 있다. 또한 2020년도 자료에 비교하여 평균건수가 약 5만 건 이상 증가했기에, 이에 걸맞도록 안전 정보와 교육이 철저하게 이루어져야 한다.

(출처 : 국립재난안전연구원 2022년 1월 재난이슈 분석 보고서)

(2) 재난의 분류

재난은 발생 원인이나 사회에 미치는 영향, 규모, 발생장소 등과 같은 다양한 기준에 따라 유형을 분류할 수 있다. 아네스(Anesth)의 재난 분류에 따르면 재난을 자연재해와 인위재해로 나누어 생각할 수 있다고 하였다. 인위재해는 고의성이 있는지 없는지에 따라 또 한 번 구분 지었다. 이 분류법은 미국의 지역재난계획에서 주로 적용하는 내용으로 행정관리 분야의 재해는 내용에서 제외되었다.

대분류	세분류	재난의 유형
자연재해	기후성 재해	태 풍
	지진성 재해	지진, 화산폭발, 해일
인위재해 (고의성)	사고성 재해	• 교통사고(자동차, 철도, 항공, 선박) • 산업사고(건축물 붕괴) • 폭발사고(가스, 화학, 폭발물, 갱도) • 화재사고 • 생물학적 재해(바이러스, 박테리아) • 화학적 재해(유독 물질, 부식성 물질) • 방사능 재해
	계획적 재해	폭동, 테러, 전쟁

(3) 재난의 특성

재난은 종류에 따라 다양한 특징을 가지고 있지만, 재난의 일반적인 특징들을 살펴보면 다음과 같다. 아래의 특성을 고려하여 인전 재난 사고에 대한 대응책을 마련하고, 안전교육 내용에 포함시킬 필요가 있다.

- 실제로 위험이 크더라도 체감하지 못하거나 방심함
- 본인과 가족 등 주변의 직접적인 재난피해 외에는 무관심함
- 장소, 시간, 기술, 환경 등의 요소에 따라 발생빈도와 피해규모가 다름
- 인간의 꾸준한 관리가 있다면 상당부분을 예방할 수 있음
- 재난발생의 가능성과 상황변화는 예측하기가 어렵고 매우 복잡함
- 고의성 유무와 상관없이 타인에게 끼친 손해는 배상의 책임을 가짐
- 재난의 발생 과정은 도발적이며 강한 충격을 지니고 있음
- 재난의 발생 원인은 한 가지 원인만 존재하지 않으며 재난의 피해 또한 상호작용적으로 영향을 끼침

(4) 우리나라 재난의 특성

우리나라는 1990년대 이후에 빈번하게 대형 재난사고가 발생하면서 그 원인에 대하여 한국적 특수성이 크게 작용하였다고 분석하였다. 한국적 특수성으로는 근대화의 파행성, 한국 특유의 날림 사회, 왜곡된 발전 등이 언급되었다. 더불어 한국의 후진적인 행정조직 및 위험관리체계가 사회를 위험에 빠뜨렸다는 논리로 많은 논쟁이 발생하였다.

이러한 여러 원인들을 해소하기 위해서는 가장 먼저 재난관리의 체계화된 제도화와 행정적·기술적 안전대책의 강화가 필요하다. 우리나라 재난의 특수성과 이와 관련된 원인들을 심층적으로 이해하고 이에 따른 보완이 뒤따라야 한다.

- '빨리 빨리'에 기초한 급속한 발전으로 인한 재난 발생
- 수단과 방법을 가리지 않고 목표를 성취하려는 태도에서 발생되는 결함 발생
- 미래보다는 현재의 성장과 발전만을 살피는 한국 문화로 인해 사고 발생
- 인간의 행복과 안전과 같은 삶의 질적 성장에 대해서는 큰 관심을 기울이지 않고, 발전과 같은 양적 성장에만 중심을 두어 사고 발생
- 인터넷 및 통신의 발달로 SNS 등 재난 정보 확산 속도가 빠름
- 서울 및 수도권에 인구가 집중되어 수도권에 안전사고 발생 집중

[연도별 화재 발생 현황]

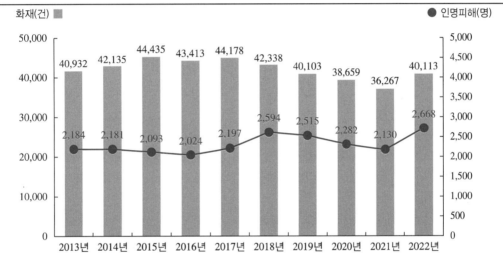

구 분	2013	2014	2015	2016	2017	2018	2019	2020	2021	2022
화재(건)	40,932	42,135	44,435	43,413	44,178	42,338	40,103	38,659	36,267	40,113
인명피해(명)	2,184	2,181	2,093	2,024	2,197	2,594	2,515	2,282	2,130	2,668

2023년 소방청 통계 연보에 따르면 최근 10년간 화재 발생수는 매년 약 4만 건에 이른다. 인명피해도 매년 약 2천 명 정도가 발생하고 있는 상황이다. 과거에 비해 체계적인 사고 예방과 안전 교육을 실시함에도 피해를 감소시키기 어려운 것을 추측할 수 있다.

(출처 : 소방청 2023년 통계 연보)

③ 사고의 원인

(1) 사고 원인의 분류

재난사고나 안전사고는 반드시 원인이 있다. 또한 사고의 대응과 재발방지 등을 위해서는 정확한 원인을 찾아내어야 한다. 재난사고나 안전사고도 정확한 원인과 위험 요소를 파악하여 보완과 대처를 하여야 하고, 꾸준한 안전교육과 실천으로 예방하는 문화를 형성하여야 한다.

사고가 일어나는 원인으로는 인적 요인과 기계적 요인, 환경적 요인으로 구분 지을 수 있다.

1) 인적 요인

사고의 원인이 인간의 행동에서 비롯된 경우를 말한다. 개인의 실수나 착오, 기계를 조작하는 데 필요한 기술의 부족, 또는 신체적 정신적 능력의 부족으로 인해 발생하는 경우도 포함한다. 안전사고 발생 당사자나 시설 관리자의 부주의나 대처 능력 부족하여 발생되는 사고가 이에 해당된다. 안전의식 및 안전문화 결핍으로 인해 발생되는 경우도 존재한다.

현대사회에서 일어나는 사고의 대부분은 인적 요인에 의해 발생한 것이며, 이는 인간의 인식 개선 및 안전 행동 실천으로 어느 정도 예방이 가능하다.

2) 기계적 요인(물적 요인)

인간의 실수가 아닌 기계 자체의 오류나 결함으로 인한 사고를 뜻한다. 특정 브랜드의 엔진 발화 결함 사고나 차량 급발진 사고, 다중이용시설의 차단기 불량으로 인한 대형화재 등이 이에 해당된다. 기계적 요인은 기술의 발달로 인한 예방과 지속적인 장비 점검 및 관리로 예방할 수 있다.

3) 환경적 요인(자연 환경적 요인)

인간이 살고 있는 세계의 자연적, 문화적 특성 등 다양한 환경에 의해 사고가 발생한 경우를 뜻한다. 사회체제나 제도에 의해 발생한 경우도 이에 해당한다. 자연으로 인한 사고의 경우 인간이 거스를 수 없고 예측할 수 없는 불가항력적이라는 특성이 있다.

(2) 재난사고와 안전사고 2022년 기출

재난사고와 안전사고는 그 원인에 따라 구분지어 생각해볼 수 있다.

재난사고의 경우에는 다양한 재난 발생 요인이 있을 수 있다. 또한 예방활동의 부족이나 대응방법 및 수준의 부실함이 또 다른 요인으로 영향을 끼칠 수 있다. 한마디로 재난사고는 인적 요인과 물적 요인, 자연현상 등의 불가항력적 요인이 복합되어 있는 것이다.

안전사고의 원인은 대부분 사람에 의한 것으로, 안전사고 발생 당사자나 시설 관리자의 부주의, 대비와 대처 부족, 안전의식 결여 등으로 원인을 꼽을 수 있다. 결국 안전사고는 재난사고와 다르게 대부분 인적 요인이 주를 이루는 것이다.

(3) 사고 피라미드 모형

하인리히는 사고의 원인 중 인적 요인에 대해서 50,000건의 사고 통계를 분석해 다음과 같은 사실을 알아내었다. 바로 극히 미미한 사고의 발생 횟수는 중·경상해를 합친 사고의 10배라는 점을 지적하였다. 이를 '하인리히 법칙'의 '사고 피라미드 모형'이라고 하는데, 적어도 300번 이상 위험 요소가 있는 행동을 반복하던 사람은 경상이나 중상을 입고 크게는 사망에 이르는 사고를 당하게 될 수 있다는 것이다.

[사고 피라미드 모형]

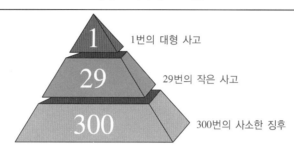

1번의 대형 사고를 분석해보면 그 이전에 29번의 작은 사고들이 분명히 존재하였고, 이 작은 사고들의 이전에는 300전의 사소한 위험 징후들이 존재한다는 것이다. 이를 거꾸로 생각해보면 우리는 사소한 위험 징후를 발견하였을 때 결코 쉽게 생각하거나 무시하여서는 안 되고 즉각적인 조치를 취해야 한다는 시사점을 가진다.

더불어 사고의 위험순간을 모면하였다 할지라도, 운이 좋았다고 생각할 것이 아니라 원인을 생각하고 되돌아보아 그 잠재적 원인을 밝혀내야 한다. 이러한 과정으로 유사한 사고가 재발하지 않도록 안전습관을 형성하는 것이 가장 중요하다.

Q1. 사고 피라미드 모형의 개념과 시사점을 쓰고, 이 모형으로 설명할 수 있는 안전사고 사례 1가지를 제시하시오.

Q2. 재해·사고 발생 5단계론의 각 단계별 내용을 순서대로 설명하시오.

답안을 작성해보세요.

예시답안은 본 책의 부록에 있습니다.

02 사고 발생 이론의 이해

사고나 재난에 대해 완벽하게 예방하고 방지한다는 것은 불가능하다. 사고나 재난은 단순한 확률적 요인들로만 예측하는 것은 어려움이 있고, 우리가 예상하지 못하는 돌발적인 변수와 잠재된 위험 요소들에 의한 영향도 있기 때문이다. 그럼에도 불구하고 인간은 끊임없이 사고나 재난을 예측하고 예방하고자 노력하고 있다.

또 한편으로는 사고가 어떠한 과정으로 일어나게 되는지, 사고나 재난을 어떻게 예측하고 예방하여야 하는지 등에 대해 연구하고 이론을 정립하려고도 노력하고 있다. 다양한 사고발생 이론을 제시하고 실제 재난발생 사례나 통계 등을 활용하여 이론의 적정성을 검증하고 있다. 아래의 사고발생 이론을 이해하고 이를 바탕으로 안전의 필요성과 예방 방법, 대비 방법 등과 연관 지어 생각해보아야 한다.

1 도미노 이론

하인리히는 사고발생 과정을 '도미노 이론'을 이용하여 설명하였다. 첫 번째 도미노가 살짝 쓰러지고, 이 쓰러짐이 이어져 수많은 도미노들이 쓰러지듯이 사고가 작은 원인으로부터 시작되어 큰 재난으로 이어진다는 개념이다. 방대한 사례와 사고의 원인을 분석한 결과 산업 현장의 사고가 대체로 불안전한 사람들의 행동과 불안전한 기계적 조건들에 의해 발생한다는 것을 깨달았다. 또한 그 사고 원인들이 연속적 발생 과정 형태로 일어남을 지적하였다.

[하인리히의 사고 발생 연쇄 과정]

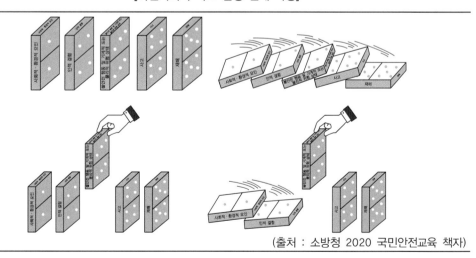

(출처 : 소방청 2020 국민안전교육 책자)

구체적으로 살펴보면 사회적 환경이나 가정의 유전적인 결함이 개인의 결함으로 연결되고, 이러한 결함을 지닌 사람이 위험한 환경에 노출되면 불안전한 행동을 하게 된다. 또한 이러한 행동이 위험한 장소의 불안전한 상태와 이어지면서 사고가 발생하게 되고, 결국 물적·인적 피해를 주는 재해가 발생하는 것이다. 이를 '연쇄적 사고 모델'이라고도 한다.

도미노 이론은 두 가지 중요한 시사점을 가지고 있다. 첫 번째, 사고 및 재해는 저절로 혼자 일어나는 경우는 거의 없으며, 대부분 사전에 어떠한 사소한 원인에 의해 발생한다는 것이다. 두 번째, 이러한 사고의 과정 중 중간의 어느 한 가지 요소라도 제거하면 그 사고의 연쇄 과정이 끊어지고, 사고는 발생하지 않게 된다는 것이다. 따라서 본 이론은 사고와 재해를 예방하기 위해서는 원인을 분석하고 찾아서 미리 예방을 해야 한다는 것을 시사한다.

하인리히는 도미노 이론에서 사람의 부상이나 재산상의 손해도 중요하게 생각하지만 사고가 발생하는 것 자체에 더욱 중점을 두고 있다. 어떠한 사고가 발생했다고 가정했을 때, 사고로 무조건 사람이 다치는 것은 아니다. 하지만 사고 자체는 이미 발생한 것이다. 다시 말해 사고로 인해 생기는 부상이나 손실의 발생도 중요하지만, 그것보다 사고가 발생했다는 사실 자체를 더 중요하게 보고 사고 자체를 미리 예방하거나 적절히 대처할 수 있어야 함을 강조하였다.

(1) **1단계** : 사회적 요소, 가정적 요소, 유전적 요소

사고의 간접 원인으로서, 사고 연쇄 과정의 첫 단계이다. 사회적으로나 가정적으로 결함이 있는 경우 이 요소들이 점차 커져 사고에 근원이 되는 것이다. 예를 들어 사람의 목숨이나 생명을 소중히 여기지 못하고 경시하는 사회풍조나 공중도덕 및 준법정신이 결여된 시회 문회로 인헤 사고에 영향을 끼치는 경우를 뜻한다.

(2) **2단계** : 개인적 결함

이 단계도 간접 원인에 해당되며 개인적으로 정신적·신체적으로 결함이 있거나 안전에 대한 의식이 미흡한 경우를 뜻한다. 위험 요소에 대하여 무지하였다거나 개인의 성격이 급하고 과격하여 사고 발생에 영향을 끼치는 경우에 해당된다.

(3) **3단계** : 불안전 상태·불안전 행동

사고에 직접적으로 영향을 끼치는 직접 원인이 되며 위험한 상태에서 위험한 행동을 하여 사고를 발생시키는 단계이다. 사고를 예방하기 위해서는 이 3단계 원인을 즉시 제거하여야 한다고 주장하였다. 더불어 하인리히는 불안전한 상태(물적 요인)보다 불안전 행동(인적 요인)에 더욱 신경을 쓰고, 제거해야 한다고 강조하였다.

- 불안전한 상태 : 바닥에 기름이 떨어져 있는 상태, 위험물이 방치되어 있는 상태, 안전장치가 준비되어 있지 않은 상태 등(물적 요인)
- 불안전한 행동 : 안전장비 미착용, 젖은 손으로 전기기구를 만지는 행동, 위험 요소를 무시하는 행동 등(인적 요인)

(4) 4단계 : 사 고

앞 1~2단계의 간접 원인의 영향으로 3단계 직접 원인이 발생되고, 이러한 요소들이 복합적으로 작용하여 실제 사고로 이어지는 단계이다. 가연성 물질이 폭발하거나 안전 고정 장치가 파열되어 직접적인 사고가 발생하는 경우를 뜻한다.

(5) 5단계 : 재 해

사고로 인해 최종적으로 재해나 재난이 발생하는 단계이다. 폭발사고나 안전장비 사고로 인해 사망이나 외상, 골절, 화상 등 인명 피해가 생기거나 기타 여러 경제적, 사회적 재해를 입는 경우를 뜻한다.

[하인리히 도미노 이론]

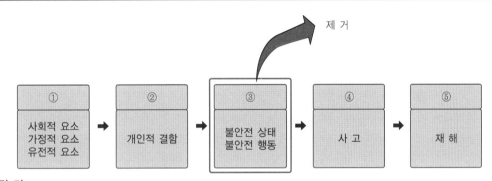

정 리
• 도미노처럼 여러 원인들이 연쇄적으로 작용하여 사고가 일어난다는 이론(연쇄적 사고 모델)
• 5가지 단계 안에서 한 가지 요소라도 제거가 되면 사고는 발생하지 않게 됨
• 특히 직접 원인인 3단계의 불안전한 상태와 불안전한 행동을 제거해야 한다고 주장
• 재해의 발생비로 1(대형 사고) : 29(작은 사고) : 300(사고 징후)의 법칙을 제시함

시사점
• 재해는 항상 사소한 것들을 방치할 때 발생한다.
• 사소한 문제들이 발생하였을 때 상세히 살펴 원인을 파악하고, 잘못된 행동이나 상태를 발견한 즉시 이를 시정하여야 대형 재해를 막을 수 있다.
• 철저한 안전의식과 안전관리를 통해 도미노처럼 쓰러지는 사고의 단계를 끊어내야 한다.

(출처 : 국민안전교육 표준실무)

2 재해·사고 발생 5단계론 2022년 기출

하인리히의 도미노 이론은 사고 발생의 원인 중 3단계 불안전 행동(인적 요인)을 지나치게 강조하여 비판을 받았으며, 또한 3단계 원인을 제거하여도 사고가 발생한다는 점을 지적받았다. 사람 이외의 다른 요인들에 의한 사고도 고려하여야 하지만 그러한 것들이 부족하였던 것이다. 이러한 점들을 보완하여 발전된 도미노 이론이 바로 버드(Bird)와 로프터스(Loftus)의 사고 발생 5단계 모델인 '안전관리 접근론'인 것이다.

본 이론과 하인리히의 도미노 이론의 공통점을 찾아보면 우선 원인이 5단계로 존재하며, 원인들이 연쇄적으로 반응하여 재난이 일어난다고 분석하였다. 반대로 하인리히 도미노 이론과 다른 점은 사고 발생 원인으로 인적 요인 외에 통제, 관리 측면까지 포함시켰으며 사고로 인한 결과나 인적 피해, 물적 피해까지도 고려하였다는 것이다. 따라서 버드의 이론에서는 안전을 책임지는 관리자의 통제 부족과 개인적, 작업상의 원인인 기본 원인을 중점적으로 제거하여야 사고가 예방된다고 하였다(Bird and Loftus, 1976).

(1) 1단계 : 통제·관리의 부족/결여

사고가 발생하는 연쇄 과정의 첫 번째 단계인 통제의 부족 단계이다. 이 단계에서 의미하는 것은 관리자가 안전관리 활동이 미흡하거나 안전관리 계획 수립 및 실천에 결함이 사고의 원인이 된다는 것이다. 사고가 발생하지 않고 안전하게 직무가 수행되기 위해서 관리자는 계획을 실천하고 평가하여야 하며, 부족한 부분을 개선해나가야 한다. 관리자의 안전통제가 부족하여 사고가 난다고 지적한 것이 하인리히의 도미노 이론과 이론적 차이를 가지는 부분이다.

(2) 2단계 : 기본적 원인(인적 요인/작업장 요인)

관리자의 안전 통제가 부족한 환경에서 기본적인 원인들이 발생하는 단계이다. 원인들은 '4M'이라고 하여 개인적 요인과 작업상의 요인, 기계·설비적인 요인, 관리적인 요인으로 구분지어 설명할 수 있다. 기본적 원인의 결함으로 사고는 더욱 확대되어가며 이후 직접적인 징후로 드러나게 된다.

> 4M
> • 개인적 요인(Man) : 잘못된 사용 및 조작, 실수, 불안한 심리 등
> • 작업적 요인(Media) : 작업에 대한 정보 부족, 작업환경의 불량 등
> • 기계·설비적 요인(Machine) : 설계 및 제작에 대한 착오, 기계 고장 등
> • 관리적 요인(Management) : 안전 조직 미구축, 안전교육 및 훈련의 부족, 잘못된 지시 등

인적 요인으로는 작업/비작업 관련 문제, 정신적 문제, 질병, 좋지 못한 근무 태도, 근무에 대한 이해도 및 능력 부족을 지적하였다. 또한 작업장 요인으로는 부적절한 노동, 정상/비정상의 마모 정도 및 기계 노후화 정도, 저급 장비 활용, 불량한 디자인, 불량한 유지 관리 등을 지적하였다.

(3) 3단계 : 직접 원인(불안전한 행동과 조건)

하인리히의 3단계와 같은 맥락으로 사고에 직접적으로 영향을 끼치는 직접 원인이 되며 위험한 상태에서 위험한 행동을 하여 사고를 발생시키는 단계이다.

> • 불안전한 상태 : 바닥에 기름이 떨어져 있는 상태, 위험물이 방치되어 있는 상태, 안전장치가 준비되어 있지 않은 상태 등
> • 불안전한 행동 : 안전장비 미착용, 젖은 손으로 전기기구를 만지기, 위험 요소를 무시하는 행동 등

(4) 4단계 : 사고 발생

하인리히의 4단계와 같이 1~3단계의 원인들로 인해 연쇄 과정이 발생하여 실제 사고가 일어나는 단계이다. 가연성 물질이 폭발하거나 안전 고정 장치가 파열되어 직접적인 사고가 발생하는 경우를 뜻한다.

(5) 5단계 : 손실 초래

하인리히의 5단계와 같이 사고로 인해 최종적으로 재해나 재난이 발생하는 단계이다. 폭발사고나 안전장비 사고로 인해 사망이나 외상, 골절, 화상 등 인명 피해가 생기거나 기타 여러 경제적, 사회적 재해를 입는 경우를 뜻한다. 본 단계에서 재산상의 손해까지 고려하였다는 점에서 하인리히의 이론과 차별점을 가진다.

[버드 이론]

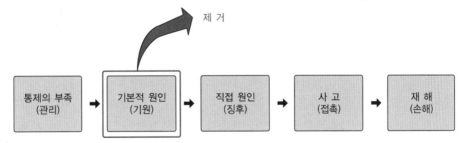

정 리
• 여러 원인들이 연쇄적으로 작용하여 사고가 일어난다는 이론
• 하인리히의 도미노 이론에서 3단계인 직접 원인을 제거하여도 사고가 발생한다는 점에서 착안
• 사고의 발생을 막기 위해서는 1단계(관리자의 안전관리 부족)에 더불어 2단계(개인 및 작업적 요인)를 중점적으로 제거하여야 한다고 주장
• 재해의 발생비로 1(중상) : 10(경상) : 30(손실 O, 상해 X,) : 600(손실 X, 상해 X)의 사고 법칙을 제시함

시사점
• 사고 방지를 위해서는 관리자의 안전 통제를 확실히 하며, 사소한 문제들이 발생하였을 때 상세히 살펴 원인을 파악하고, 잘못된 행동이나 상태를 발견한 즉시 이를 시정하여야 대형 재해를 막을 수 있다.
• 버드와 로프터의 이론에 의하면 개인적 요인(건강, 기능 수준, 정서 상태)과 작업장 요인(시설, 장비), 사회 구조적인 요인, 관리와 통제 등의 요인까지 넓게 고려할 수 있다.
• 개인적·물적·구조적 측면 모두를 살펴 위험 요인들을 미리 예방하거나 제거하여 철저한 안전관리를 통해 사고의 연쇄 과정을 끊어내야 한다.

(출처 : 국민안전교육 표준실무 2016)

3 깨진 유리창 이론(Broken Window Theory) 2018년 기출

깨진 유리창 이론은 원래 범죄심리학에서 비롯되었으나, 안전 분야에도 적용이 가능한 이론이다. 이론의 핵심은 이름과 같이 깨진 유리창 하나를 방치해두면 그 부분을 중심으로 범죄가 확산된다는 이론으로, 사소한 무질서나 결함을 방치하게 되면 나중에는 더 큰 피해가 일어날 수 있다는 이론이다.

본 이론을 위해서 1969년 미국 스탠퍼드 대학교 필립 짐바드로 교수가 차량 두 대로 실험을 실시하였다. 치안이 허술한 골목에 동일한 차량 두 대를 보닛을 열어둔 채로 방치하되, 그중 한 대는 창문을 깨뜨린 상태로 두었다. 일주일 후 확인해보니 보닛만 열어둔 차는 상태가 그대로였으나, 보닛을 열어두고 창문이 깨진 차량이 더 많은 범죄행위를 유발한 사실을 확인 할 수 있었다고 한다. 이렇듯 사소한 결함을 방치해두면 사람들은 그곳을 중점으로 더욱 많은 위험인자들을 만들어내는 것이다. 이것을 반대로 생각해보면 위험한 상황이나 사고를 방지하기 위해서는 작은 문제점이나 허술함조차도 방치해서는 안 된다고 해석할 수 있다.

결함이 있는 곳에는 더 많은 위험 요소가 존재할 수 있다는 것

이와 같은 현상은 우리 일상에서도 찾아볼 수 있다. 깨끗하게 유지되는 벽에는 낙서가 없는 반면, 일단 그 벽에 낙서가 하나 생기게 되면 낙서는 빠르게 늘어난다. 다른 예로는 깨끗하게 청소된 길을 지나는 사람들은 쓰레기를 버리지 않게 되지만, 길가에 누군가 카페 테이크아웃 일회용 컵을 두기 시작하면 사람들은 쓰레기를 버려도 된다고 생각하여 하나둘 쓰레기를 버리게 된다. 그리고 그 장소에는 결국 일회용 컵이 산처럼 쌓이게 된다.

결국 정상상태 또는 문제가 드러나지 않은 상태에서는 위험 요소가 적지만, 일단 사소한 결함이나 문제점이 발생하기 시작했을 때 대처하지 않거나 방치하면 그 이후에는 돌이킬 수 없는 위험이나 피해가 집중적으로 발생할 수 있다는 것이 이론의 핵심이다. 이를 안전과 관련지어 생각해보면 위험 요소가 발견되거나 확인되었을 때 그 즉시 보완하고 대처해야 큰 사고를 막을 수 있다는 개념으로 해석할 수 있다.

[깨진 유리창 이론]

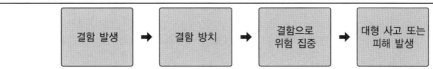

정 리
- 정상 상태를 유지하지 못하고 어떤 부분에서 결함을 보이게 되면 그 부분을 중점으로 위험 요소들이 더 집중된다는 것
- 예시 : 깨진 유리창 자동차 실험, 낙서 벽 실험, 쓰레기 집중 투기 사례 등

시사점
- 사소한 결함이 여러 위험 요소들을 유발하고, 결국 대형 사고를 일으키므로 사소한 결함부터 즉각적으로 대처하는 것이 필요함

(출처 : 국민안전교육 표준실무 2016)

Q. 사고 발생 이론 중 깨진 유리창 이론이 가지는 의미와 주요 내용을 설명하시오. 그리고 이것이 소방안전교육에 주는 시사점에 대해 설명하시오.

답안을 작성해보세요.

예시답안은 본 책의 부록에 있습니다.

4 스위스 치즈 모델(The Swiss Cheese Model) 2019년 기출

　스위스 치즈 모델은 영국의 심리학자 제임스 리즌(James Reasen)이 주장한 사고 원인과 결과에 대한 이론이다. 사고나 재난은 한 가지의 위험 요소로 발생하는 것이 아니라 여러 위험 요소가 동시에 존재해야 일어난다는 것이 이 이론의 핵심이다. 하인리히와 버드의 사고 발생 이론은 단선적인 연쇄 모형이라면, 스위스 치즈 모델은 사고 원인을 다차원적으로 분석하여 만든 복합 모형이라는 점에서 차이가 있다.

　제임스 리즌은 이를 설명하기 위해 이론을 스위스 치즈에 비유하였다. 스위스 치즈는 제작과정, 발효 단계에서 치즈 내부에 기포가 생긴 상태로 굳게 되는데, 치즈를 얇게 썰게 되면 이러한 기포의 구멍으로 인해서 치즈 슬라이스에 불규칙한 구멍들이 생기게 된다. 이러한 불규칙한 구멍이 있는 치즈 낱장들을 여러 장 겹쳐 놓아도 그 치즈 낱장들의 전체를 관통하는 구멍이 있을 수 있다는 것이다. 여기서 치즈 낱장은 안전장치들이며, 치즈 낱장의 구멍은 안전 요소의 결함을 의미한다. 따라서 안전 요소의 결함이 공통적으로 모여 관통되면 안전사고가 일어날 수 있다는 것을 비유적으로 표현하였다.

　스위스 치즈 모델을 안전측면에서 생각해보면 이는 매우 중요한 의미를 갖는다. 우선 사고나 재난은 한두 가지의 위험 요소로 발생하지 않으며, 여러 위험 요소가 동시에 존재해야 한다는 것을 지적하였다. 또한 이를 막기 위해 아무리 여러 단계의 중첩적인 안전장치들을 갖추더라도 재난은 발생할 수 있다. 이는 각 단계의 안전장치들도 각각의 결함이 있으며, 이러한 결함이 중첩되어 동시에 노출되면 순간 사고가 발생되기 때문이다. 이를 반대로 생각해보면 이러한 결함 중에 하나라도 확실하게 예방되고 방지되었다면 사고를 막을 수 있다는 의미로도 해석할 수 있다.

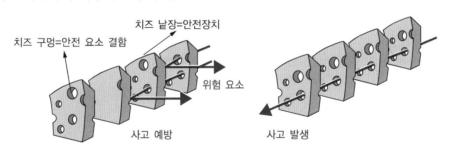

구멍이 없는 한 장의 치즈라도 있다면 관통되는 것을 막을 수 있다.
다시 말해 안전장치가 하나라도 제대로 되어 있다면 사고를 막을 수 있다.

　예를 들어 고층건물에서 화재가 발생했다고 가정해보자. 이때 화재감지기는 빠르게 화재를 감지하고 경보를 울려 사람들은 빠르게 대피할 수 있다. 또한 스프링클러도 작동하여 초기 화재를 진압하게 되면 화재는 큰 피해 없이 진압된다.

　하지만 화재감지기가 제대로 작동되지 않았다면 사람들은 상황을 알 수 없어 빨리 대피하지 못하게 될 것이다. 이때 스프링클러만이라도 제대로 작동한다면 초기화재를 진압하여 대형화재나 재난으로 이어지지 않을 것이다. 또는 반대로 스프링클러가 작동하지 않더라도 화재감지기가 제대로 작동한다면 사람들이 빠르게 대피하여 재난을 막을 수 있었을 것이다.

만약 화재감지기와 스프링클러가 둘 다 작동하지 않았다면 사람들은 어떻게 되었을까? 이러한 상황은 스위스 치즈 모델에서 언급한 여러 장의 치즈 낱장들이 겹치는데도 구멍들이 집중되어 관통된 상황인 것이다. 사람들이 빨리 대피하지도 못하고, 초기 화재진압도 이루어지지 못해서 결국 큰 인명피해와 재산피해로 이어졌을 것이다.

이 이론을 통해 말하고 싶은 것은 사고나 재난은 여러 위험 요소가 중첩될 때 발생하게 되며, 이러한 위험 요소 중 하나라도 제대로 대비된다면 재난이 발생하거나 대형화되는 것은 예방할 수 있다는 것이다. 한편으로 현실에서는 어떠한 안전대책도 완벽할 수 없으며, 재난이나 사고의 발생을 완전히 없애는 것은 한계가 있기 때문에 발생을 대비한 대응 및 대처를 항상 준비해야 한다는 것을 뜻하기도 한다.

[스위스 치즈 모델]

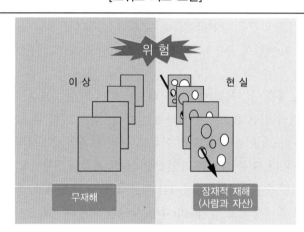

정 리
- 여러 장의 치즈 낱장을 겹치는데도 관통되는 구멍이 생길 수 있음. 하지만 한 장이라도 구멍이 없는 치즈가 있다면 관통되는 구멍은 생기지 않음
- 안전장치를 여러 단계로 구비하더라도 안전 요소의 결함은 존재할 수 있음. 그리고 그 결함이 중첩되어 하나의 구멍이 되면 사고가 발생할 수 있음

시사점
- 하나의 안전장치만이라도 확실하게 준비해두면 대형 사고는 예방할 수 있음
- 어떠한 안전대책도 완벽할 수 없으므로 항상 안전 요소 결함을 살피고 완벽한 안전장치를 하나라도 반드시 만들어두어야 함

(출처 : 국민안전교육 표준실무 2020)

◆ Tip 사고발생과 관련된 이론은 소방안전교육사 시험이 개정된 이후로 지속적으로 출제되고 있다. 매회 출제되지 않은 이론을 집중적으로 공부하는 것이 전략에 도움이 되어 왔다. 따라서 1회차 공부가 끝나고 나면, 기출문제를 풀어보고 출제되지 않은 부분에 대해서는 완벽하게 이해·암기할 수 있어야 한다. 또한 사고발생 이론의 내용과 핵심을 파악하되, 각 이론에서 시사하는 바는 무엇인지 생각해보자. 각 이론들의 과정과 내용은 모두 다르지만 공통적으로 말하고자 하는 강조점은 비슷하다.

사고발생 이론의 공통적인 시사점
안전사고는 단순한 결함으로 인해 발생된다. 인적 요인, 기계적 요인, 환경적 요인의 결함이 중첩되는 과정에서 사고는 더욱 확대된다. 따라서 사소한 결함이라도 발견한 즉시 대처하여 위험 요소를 제거해주어야 대형 사고로 이어지는 참변을 막을 수 있다. 안전 불감증을 줄이고, 안전 감수성을 높이는 등 안전 의식의 변화와 안전 문화 확산을 꾀하자!

Q. 사고 발생 이론 중 스위스 치즈 모델의 개념과 내용에 대하여 설명하시오. 그리고 이 이론이 소방안전교육에 주는 시사점을 예와 함께 설명하시오.

답안을 작성해보세요.

예시답안은 본 책의 부록에 있습니다.

01 안전교육의 필요성

1 현실적 고찰

　　대한민국은 급격한 경제성장과 산업의 고도화로 한강의 기적을 경험하였다. 하지만 이 과정에서 안전을 등한시한 나머지 각종 사고에 직면하고 있으며 일상생활 주변에서 일어나는 다양한 안전사고들을 통해 사고 간의 개연성 또한 느끼고 있다. 또한 국민의 건강과 안전을 위해 여러 국가적 제도와 시설을 마련하는 데 노력하고 있다. 하지만 이러한 노력에도 불구하고 세월호 참사, 펜션 일산화탄소 누출 사건, 강원도 동해안 일대 대규모 산불, 나이트클럽 붕괴 사고 등 다양한 사건들이 발생하고 있다. 여전히 개인, 가정, 사회, 국가적으로 안전 불감증이 존재하며, 위험 요소를 등한시한 생활방식에 의해 발생한 사건들이 많을 것이다.

[사망확률 통계]

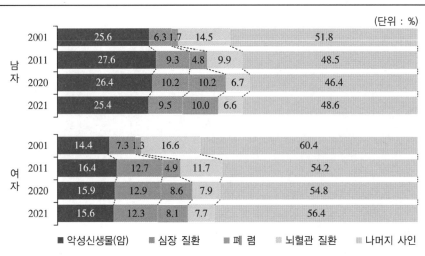

우리나라 국민들의 주요 사망원인에 의한 사망확률을 살펴보면 악성신생물인 암이 가장 높은 것을 알 수 있다. 암, 심장 질환, 폐렴, 뇌혈관 질환을 제외하면 그 외에 해당되는 여러 나머지 사인들은 각 연령에서 약 45~60%나 차지하고 있다. 나머지 사인 중에는 신경계통 질환이나 소화계통의 질환도 포함되어 있지만, 운수사고 및 고의적 자해(자살) 수치가 포함되어 있다.

(출처 : 통계청 2022년 12월 생명표 보고서)

앞의 도표 외에 청소년들의 사망원인으로는 외인에 의한 경우가 가장 높은데, 그중 가장 높은 수치에 해당하는 것은 고의적 자해(자살)이다. 그 뒤로는 운수사고, 추락, 익사, 화재, 중독 등의 사고들이 순위에 자리매김하고 있다. 결론적으로 우리나라 아동과 청소년의 사망은 대부분 사고로 인해 발생함을 알 수 있다.

다양한 통계자료와 언론자료들을 살펴보아도 우리는 끊임없는 사건과 사고의 소용돌이 속에서 생활하고 있음을 알 수 있다. 생활이 평화롭고 안전해보이지만, 결국 이는 태풍의 눈에 들어와 고요하다고 느끼는 것일 뿐, 우리는 안전에 대한 경각심을 가지고 적극적으로 대처하여야 한다. 이러한 안전 불감증 문제를 해결하기 위해 안전교육이 필요한 것이며, 교육을 통해 안전문화 확산과 안전 감수성 신장을 꾀하여야 한다.

2 교육적 고찰

재난사고가 발생하는 원인으로는 크게 기계적 요인, 환경적 요인, 인적 요인을 꼽을 수 있다. 이 중 하인리히의 이론에서는 인적 요인이 가장 사고에 기여한 비중이 크다고 강조하였다. 기계나 물리적 요인들로 인해 생긴 사고가 대략 10%인 반면에 사고의 88%는 사람들의 불안전 행동인 인적 요인으로 인해 발생하고 있기 때문이다.

이러한 인적 요인을 제거하고 해소하기 위해서 필요한 것이 바로 교육인 것이다. 안전교육을 통해 한 명의 민주시민을 길러내고, 사회 속에서 안전한 행동을 실천할 수 있게 만드는 것이다. 우리는 안전 지식, 기능, 태도를 가르치면 인간의 위험 요소에 대한 무지와 무책임, 태만, 소홀 등을 극복하여 불행한 사고들을 방지할 수 있게 된다. 또한 이에 대한 결과로 안전하고 질 높은 삶, 사회를 만들어낼 수 있다.

사고가 발생하는 원인 중 인적 요인이 가장 큰 것에서 비롯하여 해결방법을 고찰해보면 이 문제를 생각보다 쉽게 해결할 수 있다. 인간은 동물과 다르게 교육을 통해 집단지성을 발휘하고, 사회력 능력을 이끌어낼 수 있으므로 안전한 국가를 형성하기 위해서는 안전교육이 필수적인 것이다.

3 심리학적 고찰 2020년 기출

안전교육의 필요성은 매슬로의 욕구위계론과도 연관 지을 수 있다. 에이브러햄 매슬로 (Abraham Maslow)는 1943년 인간 욕구에 관한 이론을 제시하였다. 인간은 누구나 다섯 가지 욕구를 가지고 태어나는데, 이들 다섯 가지 욕구에는 우선순위가 있어서 단계가 구분된다는 것이다. 이 다섯 단계를 피라미드로 나타내고, 가장 아래 단계부터 하나씩 충족하려는 본성이 있으며, 아래 단계의 욕구가 충족되지 않으면 그다음 단계로 넘어가지 않는다고 생각하였다.

간단하게 살펴보자면 인간은 제일 아래에 있는 생리적 욕구를 먼저 채우려고 하며, 이 욕구가 어느 정도 충족되고 나면 다음 단계인 안전해지려는 욕구를 추구한다고 한다. 그 이후 안전이 어느 정도 충족되고 나면 차례로 사랑과 소속의 욕구, 존경의 욕구, 자아실현의 욕구를 바란다고 한다. 여기서 생리적 욕구와 안전 욕구는 기본적 욕구에 해당하며, 그 이상의 욕구들은 성장 욕구의 성격을 지니고 있다.

인간의 기본 욕구를 단계별로 분석해놓은 매슬로 또한 안전의 욕구는 두 번째 단계로 설정해 두었다. 여기서 말하는 안전은 보안, 안정, 의지, 보호, 공포·불안·무질서로부터의 자유, 구조·질서·법·한계에 대한 필요, 보호하는 사람의 힘 등을 포함하는 넓은 범위의 안전이다. 인간은 기본적인 생리적 욕구만 충족되면 바로 자신이 안전하길 바란다. 그만큼 안전은 인간에게 있어 필수적이고 우선적인 요소인 것이다. 자신의 안전이 보장되지 않으면 그 다음 욕구인 사회적 욕구, 존경의 욕구, 자아실현의 욕구 또한 도달될 수 없다.

따라서 매슬로의 욕구위계론에 비추어 안전교육의 필요성을 논해보자면, 인간이 자신의 정체성을 확립하고 전인적인 민주시민으로 자라나기 위해서 선행적으로 충족되어야 할 안전의 욕구를 충족시켜주기 위함이라고도 할 수 있겠다.

더불어 매슬로의 의견에 따라 생각해보면 안전의 욕구가 인간이 타고나는 태생적인 요건이라면, 그 욕구를 충족시킬 수 있는 인간의 안전역량 또한 태생적이어야 한다. 하지만 현실은 그렇지 못하며 후천적으로 길러주어야 한다. 다시 말해 태생적인 욕구를 충족시켜주기 위해서 인간에게는 안전 역량을 길러주기 위한 안전교육이 필요한 것이다.

[매슬로의 욕구위계론]

안전 추구 기제

매슬로는 2단계에서 안전 욕구를 안전 추구 기제에 빗대어 설명하였다. 인간이 가지고 태어나는 안전 욕구는 인간이 안전한 행동을 하게끔 만드는 하나의 기제로서 작용할 수 있다는 것이다. 여기서 기제란 인간의 행동에 영향을 미치는 심리적 작용 내지는 원리를 의미한다. 다시 말해 인간은 안전 욕구를 가지고 있으며, 이 안전 욕구 자체가 우리 몸과 행동이 안전하게 작동할 수 있도록 해주는 기제로서 작용한다는 것이다. 우리의 몸의 여러 부분들(감각 수용기, 반응 실행기, 지적 능력 등) 또한 안전 욕구를 충족시키기 위한 도구로서 작용하고 있다고 생각할 수 있다.

• 감각 수용기 : 오감을 통해 위험을 인지하려고 하는 것
• 반응 실행기 : 위험 상황을 회피하기 위해 몸을 빠르게 움직일 수 있도록 하는 것
• 지적 능력 : 안전 지식, 태도, 사고력, 경험 등으로 위험 상황에 올바른 판단을 할 수 있도록 하는 것

2020년도 기출문제에 매슬로 문제가 출제되었다. 욕구위계론은 안전교육의 필요성에 대해서 설명할 때 심리학적 근거로서 유용하게 언급된다. 따라서 욕구위계론의 의미를 제대로 파악하고, 그중 안전의 욕구 단계를 거쳐야 하는 의미에 대해서 서술할 수 있도록 연습해보자.

핵심정리

• 욕구위계론은 총 5단계이며, 이전 단계를 충족시키지 못하면 다음 단계로 넘어갈 수 없음
• 안전의 욕구는 2단계이며, 기본 욕구에 해당되므로 안전 욕구를 충분히 충족시켜주어야만 마지막 단계인 자아실현까지 내다볼 수 있음
• 인간은 태어날 때 욕구는 가지고 있지만, 온전한 능력은 가지고 태어나지 못함
• 따라서 부단한 안전교육을 통해 안전 욕구를 충족시킬 수 있고, 자아실현을 위해서도 이는 필수적인 단계임

1 교육의 정의

안전교육의 정의에 대하여 이해하기 전에 간단하게 교육에 대하여 알아보고 넘어가자. 교육을 영어로 하면 education이다. 이 단어는 라틴어인 educare에서 유래되었다. 이 라틴어 단어를 다시 쪼개어보면 '밖으로'라는 의미의 e와 '이끌어내다'는 의미의 ducare가 결합되어 '밖으로 이끌어내다'는 뜻을 내포하고 있다. 결국 교육은 학습자 안에 있는 지식과 능력을 밖으로 끌어내 실현시키는 것이라고 할 수 있다.

이러한 교육을 위해 교수설계를 할 때 교육 종류를 세 가지 기준으로 나누어 계획을 수립한다. 세 가지 기준은 교과목마다, 교육 분야마다 부르는 명칭은 다르지만 전부 같은 것을 뜻한다. 본 내용은 교육에 있어서 필수적이며, 소방안전교육사를 준비함에 있어 기본이 되므로 이해하고 익혀두도록 하자. 추가 설명이 필요한 경우 본 교재의 교육학 부분에도 수록되어 있으므로 해당 부분에서 자세하게 확인하도록 하자.

교육 분류	내 용
지 식	• 논리, 지식, 개념, 이론적 원리를 뜻함 • 수업목표를 구성할 때 '~에 대하여 이해할 수 있다/~에 대하여 알 수 있다'에 해당함 • 이해/인지적 영역이라고 부르기도 함
기 능	• 알고 있는 지식을 몸으로 실천할 수 있는 능력(기능, 기술, 능력, 움직임)을 뜻함 • 수업목표를 구성할 때 '~를 실천할 수 있다/~를 설명할 수 있다'에 해당함 • 숙달/심동적 영역이라고 부르기도 함
태 도	• 보이지 않는 감정이나 가치, 태도, 인성 등의 요소를 뜻함 • 수업목표를 구성할 때 '~에 대한 마음을 가질 수 있다/~에 대한 태도를 지닐 수 있다'에 해당함 • 가치/정의적 영역이라고 부르기도 함

2 안전교육의 정의 2019년 기출

안전교육은 인간의 존엄성을 바탕으로 일상생활에서 개인 및 집단의 안전에 필요한 지식, 기능, 태도 등을 이해시키는 것이다. 더불어 자신과 타인의 생명을 존중하며, 안전하고 건강한 생활을 영위 활 수 있는 '습관'을 형성시키는 교육이라고 할 수 있다. 안전의 습관화 또는 내면화를 일회성이나 단기간의 교육으로 이루어질 수 없으며, 생활 속에서 지속적, 반복적으로 이루어져야 한다.

안전교육의 정의에 대한 의견을 더 살펴보자면 미국의 플로리오는 안전교육이란 사망과 상해를 방지하는 데 필요한 지식, 기능, 습관 그리고 태도의 발달을 기하는 데 주력해야 하는 것이라고 하였다. 이후 플로리오와 스태퍼드(Stafford)는 이 의미를 더욱 발전시켜 안전에 관한 지식과 동기 및 행동을 발전적으로 조직화해야 하며, 위험들에 대한 이해, 환경에 적절히 적응하는 데 필요한 태도의 발달, 환경에 대응할 수 있는 기능들의 숙달 등이 포함되어야 한다고 하였다. 또한 이와 비슷한 맥락으로 워릭은 안전교육이란 안전한 행동에 기여하는 습관, 기능, 태도 및 지식의 발달에 긍정적 영향을 미치는 경험의 총체라고 하였다.

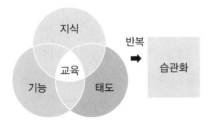

(출처 : 국민안전교육 표준실무 2016)

안전교육은 안전하고자 하는 인간의 기본 심리를 바탕으로 사고의 가능성과 위험을 제거할 목적을 가진다. 인간의 물리적 환경에서 발생한 상황이 나와 타인에게 위험을 줄 수 있다고 인지하고, 이에 대해 적극적으로 대처하는 방법을 익히기 위함이다. 위험 요소에 대해서 인지하고 대처하는 방법을 알며 예방한다는 점에서 생존과 다르다.

이러한 안전교육은 실제 우리나라 학교현장에서도 도덕, 과학, 체육, 보건교육과 연계하여 함께 가르치고 있다. 이 중 특히 안전교육과 도덕, 인성교육이 밀접하게 연계되는데 미국이나 일본 등에서도 같은 방식으로 안전교육을 실천하고 있다. '국가의 안녕은 시민들의 인격에 달려 있다'라는 관점으로 안전한 국가를 위해 존중, 정의, 시민 자질, 자신과 타인에 대한 책임 등과 같은 핵심 가치들을 설정하고 인격교육을 꾀하고 있는 것이다.

위와 같은 관점으로 살펴보면 우리는 안전교육을 도덕, 인성교육을 연계하여 진행할 필요가 있다. 과학, 보건, 생명교육 등 기타 관계된 학문들과 함께 안전교육을 실시함으로써 생명을 귀하게 여기고, 자신과 타인, 공동체의 안전을 지키는 태도를 길러 안전지식을 실천할 수 있는 민주시민으로 길러야 할 것이다. 아는 것으로 끝나지 않고 사회에서 실천할 수 있는, 실천하는 과정에서 국가의 안전을 확보할 수 있는 역량을 종합적으로 신장시켜야 한다.

3 소방안전교육의 특성

우리나라 소방안전교육은 예로부터 국민 안전교육을 위해 힘써왔으며, 안전교육 제도와 시스템을 지속적으로 마련해왔다. 따라서 안전교육에 있어서 소방이 가지는 의미는 더욱 특별하고 값지다.

소방이 존재하는 이유는 화재를 예방·경계·진압하고 재난·재해 및 그 밖의 위급한 상황에서 국민의 생명과 신체 및 재산을 보호함으로써 공공의 안녕 및 질서의 유지와 복리증진에 이바지함에 있다. 이후 시대가 변함에 따라 단순 화재 및 재난 사고에서 생활안전 분야까지 범주가 확대되었으며, 안전을 위한 봉사활동 등 다양한 민생지원활동까지 포함되었다. 또한 국민의 안전을 위한 안전 홍보·교육활동까지 꾀하기 위해 의무소방대, 의용소방대, 한국119소년단 등 여러 소방활동 제도 및 단체까지 형성하기에 이르렀다.

따라서 소방은 현장에서 얻은 실무 경험과 여러 노하우들을 활용하여 안전교육에 가장 실질적으로 접근할 수 있는 자질을 가지고 있다. 안전 경험들을 바탕으로 일상생활에서 발생할 수 있는 사고들을 예상하고 이를 교육프로그램으로 구성한 뒤, 국민안전교육으로 실현시킨다면 국민에게 필요한 살아있는 안전교육을 수행할 수 있게 된다. 이러한 점이 소방안전교육이 가지는 특성이며, 다른 전문가들과 구분되는 가장 큰 차이점이기도 하다.

> ◆ Tip   소방안전교육사 2차 시험은 논술형 시험이기 때문에 문제에서 요구하는 바를 글로 잘 풀어내야 한다. 논술형 시험의 대부분은 키워드를 중심으로 채점하기 때문에 내가 생각하는 내용을 쓰더라도 핵심 키워드를 넣어 답안을 작성하여야 한다. 따라서 안전교육의 개념과 정의, 특성에 대하여 이해하였다면 본인이 생각하는 핵심 키워드는 무엇인지 추출해보자. 그리고 그 핵심 키워드를 바탕으로 안전교육의 필요성이 무엇인지 나만의 답안을 작성해보자.
>
> 키워드 예시
> 안전교육 키워드 : 안전 지식, 대처 기능, 안전한 생활, 반복 학습, 습관화, 대응능력 향상, 물리적 안전, 심리적 안전, 화재 및 재난 예방, 생존 능력, 타인 보호, 안전 불감증 해소, 안전 문화 확산 등

Q. 행동주의에 근거하여 안전교육의 개념을 설명하시오.
  행동주의 안전교육의 유형인 지식, 기능, 태도, 반복에 해당되는 내용에 대하여 각각 서술하시오.

답안을 작성해보세요.

예시답안은 본 책의 부록에 있습니다.

1 각종 용어의 정의

(1) 소방안전교육 및 소방안전교육기관

소방안전교육기관에서 안전과 관련된 모든 이론교육, 체험학습, 견학 등 국민을 대상으로 실시하는 과정을 지칭한다. 위에서 언급한 소방안전교육기관은 안전교육을 실시하는 행정안전부, 시·도소방 본부, 소방학교, 소방서, 소방체험관, 중앙 119구조본부를 말한다.

(2) 예방홍보와 예방교육

1) 예방홍보(豫防弘報)

안전사고를 사전에 방지하기 위한 목적으로 실시되며, 예방교육과 예방홍보 모두를 포함하는 의미다. 홍보 또는 공보는 쌍방향적 소통이 이루어지지 않고, 불특정 다수를 향해 일방적으로 안전지식과 정보를 전달하는 특성이 있다. 또한 국민을 대상으로 공보·선전·광고·PR이라는 방법들을 통해 정책이나 절차 또는 방침을 전달한다. 다양한 방법으로 국민의 이해와 협력을 구하기 위하여 노력한다.

- 홍보(弘報) : 일반에게 널리 알리는 보도, 소식
- 공보(公報) : 관청에서 국민 일반에게 알리는 일

2) 예방교육(豫防敎育)

개개인이 일상생활이나 습관에서 안전사고가 발생할 수 있는 소지를 미리 발견하고 예방할 수 있도록 교육을 통해 가르치는 것을 말한다. 행동주의 이론에 근거하여 안전과 관련된 '지식', '기능', '태도'를 이해시키고, 반복학습을 통하여 위험한 상황에 즉각 대처할 수 있도록 습관화하는 것을 목표로 한다. 예방홍보는 일방적으로 정보를 전달한 것이지만, 예방교육은 교육자와 학습자가 이야기하며 교육이 이루어지기 때문에 쌍방향적 의사소통이 특징이다. 또한 안전교육 및 예방교육은 생존과 관련된 교육이므로 일반 다른 교육과는 차별화된다.

(3) 방법(方法)과 요령(要領)

안전교육을 실시하다보면 '행동방법'이라고 부르는 경우도 있고 '행동요령'이라고 부르는 경우도 존재한다. 국민안전교육 표준실무(국민안전처, 2017)에서는 두 단어의 의미는 유사하나 '요령'이라는 말 속에 '뺀질거리다', '적당히 꾀를 부리다' 등 안 좋은 의미도 포함된 경우가 있어 편의를 위해 '방법'으로 통일한다고 하였다. 실제로 '지진 대피 방법'이라고 부르거나 '지진 대피 요령'이라고 부르는 경우도 있는 것처럼 양쪽 모두 활용 가능하나 하나로 통일할 필요성이 있다. 하지만 요령이라는 단어를 안전 분야에서 활용하는 경우에는 일반적으로 부정적인 의미는 제외하고, 위험 상황에서 즉각적으로 행동으로 실천할 수 있도록 안내하는 행동의 단계의 의미를 띤다.

(4) 피난(避難), 탈출(脫出), 대피(待避)

피난이라는 단어와 탈출이라는 단어는 그 의미와 사용되는 경우가 다름에도 불구하고 많이 혼용되어 사용된다. 주로 '피난'은 소방기본법에서 사용되고, '탈출'은 각종 지침이나 훈련 시 사용된다. 더불어 화재 또는 각종 위험에서 벗어난다는 의미로는 '대피'를 사용할 수 있다.

- 피난(避難) : 재난을 피함, 재난을 피하여 있는 곳을 옮김
- 탈출(脫出) : 어떠한 상황이나 구속 따위에서 빠져나옴
- 대피(待避) : 위험이나 피해를 입지 않도록 일시적으로 피함

(5) 규칙(規則)과 수칙(守則)

규칙이란 어떠한 일을 할 때 여럿이 다 같이 따라 지키기로 정한 질서나 표준을 뜻한다. 하나의 기준으로서 규칙은 지켜야 할 의무가 있다. 수칙이란 행동이나 절차에 관하여 지켜야 할 사항을 정한 규칙으로서 수칙은 규칙의 바탕이 된다. 예로 민방위 훈련이나 지진대피 훈련에서 지진이 발생한 경우 어떻게 행동해야 하는지 알려주는 것이 행동 수칙이며, 훈련 계획에 따라 움직이고 대응하도록 마련해 놓은 기준이 규칙인 것이다.

(6) 호 칭

교육 현장이나 법률 및 사전에서는 유아, 어린이, 청소년 등의 용어가 혼용되고 있다. 따라서 통상적으로 사용되는 교육 대상을 지칭하는 단어를 구분하여 사용할 필요성이 있다. 취학 전 연령의 어린이를 '유아'로, 초등학생을 '어린이'로, 중·고등학생을 '청소년'으로, 대학생 이상을 '성인'으로 정의할 수 있다.

- 유아 : 어린아이(학령 이전의 아이)
- 어린이 : 어린아이를 대접하여 이르는 말
- 아동 : 18세 미만인 사람(아동복지법 제3조)
- 청소년 : 9세 이상 24세 이하인 사람(청소년기본법 제3조)
- 어르신 : 65세 이상 노인
- 장애인 : 세계보건기구(WHO), 장애인복지법, 장애인고용촉진 및 직업재활법에 의한 장애인
- 재한외국인 : 대한민국 국적을 가지지 아니한 자로서 대한민국에 거주할 목적을 가지고 합법적으로 체류하고 있는 자(재한외국인 처우 기본법 제2조)
- 외국인근로자 : 대한민국 국적을 가지지 아니한 사람으로 국내에 소재하고 있는 사업 또는 사업장에서 임금을 목적으로 근로를 제공하고 있거나 제공하려는 사람(외국인근로자의 고용 등에 관한 법률 제2조)
- 다문화가족 : 결혼이민자와 국적법의 규정에 따라 대한민국 국적을 취득한 자로 이루어진 가족(다문화가족 지원법 제2조)

2 안전교육 관련 법령

국가에서는 각종 법령을 제정하여 안전교육이 실시되도록 하였다. 소방기본법/다중이용업소의 안전관리에 관한 특별법/학교보건법/학교안전사고 예방 및 보상에 관한 법/아동복지법/아동복지법 시행령 및 초·중등교육법 등에서 안전교육을 강조하여 안전 체계를 확보하고 안전문화를 확산시키도록 하였다.

(1) 소방기본법

소방 분야의 전문성과 국민들에게 안전 문화를 확산시키기 위해 소방안전교육 및 훈련을 법령으로 명시하였다. 따라서 어린이집, 유치원, 학교는 매년 의무적으로 안전교육을 이수하여야 하며 연 1회씩 소방서와 협력하여 소방합동훈련을 진행하고 있다. 더불어 소방안전교육의 전문성을 신장시키기 위해 소방기본법에서는 소방안전교육사를 육성하고 배치하도록 명시하고 있다.

1) 제17조(소방교육·훈련)

> ② 소방청장, 소방본부장 또는 소방서장은 화재를 예방하고 화재 발생 시 인명과 재산피해를 최소화하기 위하여 다음 각 호에 해당하는 사람을 대상으로 행정안전부령으로 정하는 바에 따라 소방안전에 관한 교육과 훈련을 실시할 수 있다. 이 경우 소방청장, 소방본부장 또는 소방서장은 해당 어린이집·유치원·학교의 장과 교육일정 등에 관하여 협의하여야 한다.
> 1. 「영유아보육법」 제2조에 따른 어린이집의 영유아
> 2. 「유아교육법」 제2조에 따른 유치원의 유아
> 3. 「초·중등교육법」 제2조에 따른 학교의 학생
> 4. 「장애인복지법」 제58조에 따른 장애인복지시설에 거주하거나 해당 시설을 이용하는 장애인
> ③ 소방청장, 소방본부장 또는 소방서장은 국민의 안전의식을 높이기 위하여 화재 발생 시 피난 및 행동 방법 등을 홍보하여야 한다.

2) 제17조의2(소방안전교육사)/제17조의5(소방안전교육사의 배치)

> ① 소방청장은 제17조제2항에 따른 소방안전교육을 위하여 소방청장이 실시하는 시험에 합격한 사람에게 소방안전교육사 자격을 부여한다.
> ② 소방안전교육사는 소방안전교육의 기획·진행·분석·평가 및 교수업무를 수행한다.

> ① 제17조의2제1항에 따른 소방안전교육사를 소방청, 소방본부 또는 소방서, 그 밖에 대통령령으로 정하는 대상에 배치할 수 있다.
> (소방청 : 2인 이상 배치/소방본부 : 2인 이상 배치/소방서 : 1인 이상 배치/한국소방안전협회 2인 또는 1인 이상 배치/한국소방산업기술원 : 2인 이상 배치)

(2) 119구조 · 구급에 관한 법률

1) 제27조의2(응급처치에 관한 교육)

① 소방청장 등은 국민의 응급처치 능력 향상을 위하여 심폐소생술 등 응급처치에 관한 교육 및 홍보를 실시할 수 있다.
② 응급처치의 교육 내용 · 방법, 홍보 및 그 밖의 필요한 사항은 대통령령으로 정한다.

(3) 다중이용업소의 안전관리에 관한 특별법

다중이용업소란 극장이나 목욕탕, 영화관 등의 불특정한 여러 사람이 사용하는 업소를 뜻한다. 어떠한 시설이 다중이용업소로 인정되어 운영되면 소방시설 및 안전시설로 분류되어 관련된 법을 적용받는다. 불특정 다수가 이용하는 만큼 안전한 관리와 운영을 위해 관리자들 및 이용자들에게 안전교육을 의무적으로 실시하고 있다.

1) 제8조(소방안전교육)

① 다중이용업주와 그 종업원 및 다중이용업을 하려는 자는 소방청장, 소방본부장 또는 소방서장이 실시하는 소방안전교육을 받아야 한다.
② 다중이용업주는 소방안전교육 대상자인 종업원이 소방안전교육을 받도록 하여야 한다.

(4) 학교보건법

학교에서는 학교보건법에 의하여 학생, 교직원들에게 의무적으로 응급처치교육 및 안전교육을 실시하고 있다. 전문성 있는 교육을 실시하기 위해 소방서 및 전문기관, 전문가를 초청하여 교육을 진행한다. 효율적인 학교 안전교육을 위해서는 소방안전교육사 또한 학교 교육과정의 이해가 필요하다.

1) 제12조(학생의 안전관리)

학교의 장은 학생의 안전사고를 예방하기 위하여 학교의 시설 · 장비의 점검 및 개선, 학생에 대한 안전교육, 그 밖에 필요한 조치를 하여야 한다.

2) 제9조의2(보건교육 등)

① 교육부장관은「유아교육법」제2조제2호에 따른 유치원 및「초·중등교육법」제2조에 따른 학교에서 모든 학생들을 대상으로 심폐소생술 등 응급처치에 관한 교육을 포함한 보건교육을 체계적으로 실시하여야 한다.

②「유아교육법」제2조제2호에 따른 유치원의 장 및「초·중등교육법」제2조에 따른 학교의 장은 교육부령으로 정하는 바에 따라 매년 교직원을 대상으로 심폐소생술 등 응급처치에 관한 교육을 실시하여야 한다.

③「유아교육법」제2조제2호에 따른 유치원의 장 및「초·중등교육법」제2조에 따른 학교의 장은 제2항에 따른 응급처치에 관한 교육과 연관된 프로그램의 운영 등을 관련 전문기관·단체 또는 전문가에게 위탁할 수 있다.

(5) 학교안전사고 예방 및 보상에 관한 법률

학교에서는 다양한 법률을 통해 학생 및 교직원의 안전교육을 강조하고 있다. 학교에서 발생할 수 있는 다양한 학교안전사고를 예방하기 위해 전문 강사를 초청하여 안전교육을 실시할 수 있도록 지원하고 있다. 필자는 학교에서 안전 업무를 담당하며 1학년은 승강기 안전교육, 2학년은 교통안전교육, 3학년은 생존수영 교육, 4학년은 자전거 안전교육, 전 학년 및 전 교직원 가정폭력 예방교육 등을 위해 강사를 초청하고, 교재를 지원받아 안전교육을 실시하였다.

1) 제8조(학교안전교육의 실시)

① 학교장은 학교안전사고를 예방하기 위하여 교육부령으로 정하는 바에 따라 학생·교직원 및 교육활동 참여자에게 학교안전사고 예방 등에 관한 다음 각 호의 교육(이하 "안전교육"이라 한다)을 실시하고 그 결과를 학기별로 교육감에게 보고하여야 한다.
  1. 「아동복지법」제31조에 따른 교통안전교육, 감염병 및 약물의 오남용 예방 등 보건위생관리교육 및 재난대비 안전교육
  2. 「학교폭력 예방 및 대책에 관한 법률」제15조에 따른 학교폭력 예방교육
  3. 「성폭력방지 및 피해자보호 등에 관한 법률」제5조에 따른 성폭력 예방에 필요한 교육
  4. 「성매매방지 및 피해자보호 등에 관한 법률」제5조에 따른 성매매 예방교육
  5. 「초·중등교육법」제23조에 따른 교육과정이 체험중심 교육활동으로 운영되는 경우 이에 관한 안전사고 예방교육
  6. 그 밖에 안전사고 관련 법률에 따른 안전교육

(6) 아동복지법

유치원과 초·중·고등학교 전 교육기관에서는 아동의 연령을 고려하여 의무적으로 각종 안전교육을 실시하도록 하였다. 또한 안전교육의 분야를 7대 분야로 나누어 교육 과정에 의무적으로 반영하게 하는 등의 방법으로 아래의 내용을 기존 수업에 포함시키도록 하였다.

1) 제31조(아동의 안전에 대한 교육)

① 아동복지시설의 장, 「영유아보육법」에 따른 어린이집의 원장, 「유아교육법」에 따른 유치원의 원장 및 「초·중등교육법」에 따른 학교의 장은 교육대상 아동의 연령을 고려하여 대통령령으로 정하는 바에 따라 매년 다음 각 호의 사항에 관한 교육계획을 수립하여 교육을 실시하여야 한다. 이 경우 그 대상이 「영유아보육법」 제2조제1호에 따른 영유아인 경우 아동복지시설의 장, 같은 법에 따른 어린이집의 원장 및 「유아교육법」에 따른 유치원의 원장은 보건복지부령으로 정하는 자격을 갖춘 외부전문가로 하여금 제1호의2에 따른 아동학대 예방교육을 하게 할 수 있다.
1. 성폭력 예방
1의2. 아동학대 예방
2. 실종·유괴의 예방과 방지
3. 감염병 및 약물의 오남용 예방 등 보건위생관리
4. 재난대비 안전
5. 교통안전

(7) 아동복지법 시행령

1) 제28조(아동의 안전에 대한 교육)

① 아동복지시설의 장, 「영유아보육법」에 따른 어린이집의 원장, 「유아교육법」에 따른 유치원의 원장 및 「초·중등교육법」에 따른 학교의 장은 법 제31조제1항에 따라 교육계획을 수립하여 교육을 실시할 때에는 별표 6의 교육기준에 따라야 한다.
② 법 제31조제2항 및 제3항에 따라 아동복지시설의 장 및 「영유아보육법」에 따른 어린이집의 원장은 시장·군수·구청장에게, 「유아교육법」에 따른 유치원의 원장 및 「초·중등교육법」 제2조에 따른 학교의 장은 교육감에게, 각각 교육계획 및 교육실시 결과를 매년 3월 31일까지 보고하여야 한다.
③ 아동복지시설의 장은 그 아동복지시설에 입소한 아동 중 「영유아보육법」에 따른 어린이집, 「유아교육법」에 따른 유치원 또는 「초·중등교육법」에 따른 학교에서 실시하는 법 제31조제1항 각 호의 사항에 관한 교육을 받은 아동에 대해서는 법 제31조제1항에 따른 교육을 실시하지 아니할 수 있다.

01 안전교육의 목적과 목표

1 목 적 2022년 기출

안전한 삶을 위해서는 공학기술(Engineering), 교육(Education), 실행(Enforcement)의 3E가 제대로 이루어져야 한다고 하였다. 공학기술은 안전을 위한 물리적, 환경적 조건을 확보하는 것을 뜻하며, 교육은 인간에게 안전한 삶을 영위할 수 있도록 가르치는 것을 뜻한다. 또한 실행이란 삶에서 안전교칙을 준수하고 절차 및 기능을 수행하면서 실제로 안전한 생활을 누리는 것을 뜻한다. 제대로 된 3E를 확보하기 위해서는 교육이 선행되어야 하며, 이를 위한 안전교육의 목적이 수립되어야 한다.

안전교육은 인간의 존엄성을 바탕으로 일상생활에서 개인 및 집단의 안전에 필요한 지식과 이해를 증진하고, 사고 및 행위에 대한 기능을 가르치며 올바른 가치와 태도를 기르는 데 중점을 둔다. 또한 자신과 타인의 생명을 존중하면서 안전하고 건강한 삶을 영위할 수 있는 습관을 함양하도록 교육하고 있다. 특히 안전이 내면화되고, 습관화되어 실천할 수 있는 바탕을 마련해야 하는데, 이를 위해서 1회 또는 단기간의 교육이 아닌 생활 속에서 지속적·반복적으로 교육하여 안전교육의 목적을 달성해야 한다.

소방안전교육의 구체적인 목적은 다음과 같다.

안전교육의 목적
- 안전교육의 궁극적인 목적은 화재 및 재난으로부터 '생존'을 위한 능력 배양과 자신뿐만 아니라 타인을 보호할 수 있는 능력을 갖추도록 하는 것이다.
- 안전에 대한 인식과 이해를 높여 국민의 무관심과 안전 불감증을 해소한다.
- 각종 안전사고에 대한 대응능력을 향상시키기 위한 홍보활동을 지속적으로 전개하여 안전교육의 중요성을 인식시킨다.

---

2 지향점

인간은 누구나 본능적으로 스스로를 보호하고 안전한 상태를 유지하려고 한다. 그럼에도 불구하고 의지와 상반되는 위험한 안전사고가 발생하는 것은 안전에 대한 지식이 부족하여 위험성에 대한 인지를 하지 못하거나, 위험에 대처하는 행동능력이 미숙하거나, 위험에 대비하는 태도와 내적 자세가 갖추어지지 못한 경우 등의 이유가 존재할 것이다. 이러한 점들을 해소할 수 있도록 안전교육의 목표를 수립하여야 하며, 교육을 통해 앞의 문제점들을 해소할 수 있도록 하여야 한다.

따라서 안전교육에서는 안전에 대한 지식, 기능, 태도의 세 가지 요소를 포함시켜 안전에 대한 전인적인 민주시민을 기르는 것이 지향점이자 목표가 될 것이다.

안전교육의 지향점에 대한 좁은 관점은 안전한 생활을 위한 지식의 이해와 정보의 획득을 통해 안전에 대한 인식을 제고하며(지식), 올바른 사고와 판단력, 합리적 의사결정력, 창의적 문제해결력을 기른다(기능). 또한 이를 적극적으로 행동으로 실천할 수 있는 태도를 길러 안전사고를 예방하며(태도) 안전사고 대처 역량을 강화하는 것이다.

안전교육의 지향점에 대한 넓은 관점은 인간 생명의 존엄성을 바탕으로 하여 개인, 가정, 사회의 안전한 일상에 필요한 요소를 이해하고, 적절하게 대처하는 능력을 기르며, 안전한 생활습관과 예방활동을 통한 건강유지 태도를 형성하는 하는 것이다. 결론적으로 안전한 삶의 전반적인 역량과 자세를 습관화하는 것이 안전교육의 지향점이라 할 수 있다.

3 목 표

안전교육의 목표는 앞서 말한 안전에 대한 지식, 기능, 태도를 가르치는 것이라 할 수 있다. 안전에 관한 지식과 안전 행동을 실천할 수 있는 기초 능력을 가르치고, 이를 몸소 실천할 수 있는 태도 교육을 종합적으로 꾀할 때 진정한 안전교육의 목표 달성이 이루어지는 것이다.

여기서 '지식' 교육은 안전한 생활과 관련하여 필요한 지식, 정보 등의 지식기반을 형성하도록 교육하는 것이고, '기능' 교육은 조작활동, 체험, 모의훈련, 실습 등 경험을 통해 몸으로 실행할 수 있는 능력과 기능을 가르치는 것이다. 또한 '태도' 교육은 안전한 생활을 위한 바람직한 가치관과 마음가짐을 가지도록 하는 것으로, 내면에서 우러나오는 정의적인 요소와 관련되는 것이다.

지식, 기능, 태도로 나누어 분석하는 방식은 모든 분야의 교육에서 공통적으로 활용되는 것이며, 안전교육에서도 크게 다를 바 없다. 하지만 안전교육에서 조금 더 강조되는 부분은 교육을 통해 어떠한 기능 행동을 반복시키고 습관화시켜 안전한 생활을 영위하게 하는 것이다. 이러한 부분은 교육학의 행동주의 이론과 관계된다. 어떠한 행동을 반복시켜 학습하고, 그 과정 속에서 몸에 체화하여 습관화시키는 것이 궁극적인 목표이다. 반복과 습관화 단계가 안전교육에서 강조하여야 하는 부분이므로 소방안전교육사 시험에서 안전교육의 특이점에 대하여 논하라는 문제가 나왔을 때 답할 수 있어야 한다. 행동주의에 관하여는 본 교재 교육학 부분을 확인하여 꼭 이해해두자.

[안전교육 예시]

교육 분류	내 용	반복(순환) → (지식기능 태도의 반복)	습관화
지식 (이해) (인지적 영역)	• 사고발생 원인, 결과, 위험성 알기 • 위험 및 재난 대처 방법 이해하기		
기능 (숙달) (심동적 영역)	• 위험 및 재난 대처방법 토의, 토론하기 • 익힌 응급처치법 발표, 설명하기 • 실험, 실습, 체험을 통한 안전행동 학습하기		
태도 (행동) (정의적 영역)	• 안전수칙을 지키려고 노력하기 • 위험에 빠진 사람을 구하려는 마음 갖기		

Q. 안전교육의 궁극적인 목적에 대해 설명하시오.

답안을 작성해보세요.

예시답안은 본 책의 부록에 있습니다.

4 종합적 능력

안전교육의 부분인 지식, 기능, 태도는 유기적으로 연결되어 상호작용을 하고 있다. 철저하게 구분되어 각 요소를 가르치는 것이 아니라, 안전 지식의 습득, 기능의 습관화, 태도의 변화를 통해 사고 예방을 위한 능력을 획득할 수 있도록 교육한다. 이를 '종합적 능력'이라고 하는데(행정안전부, 2012:11), 단편적인 지식이나 능력을 중시하지 않고, 안전에 관한 종합적인 능력을 중시하여 안전 행동 및 안전한 생활을 영위할 수 있도록 한다. 결국 종합적 능력의 함양이 안전교육의 목표인 것이다.

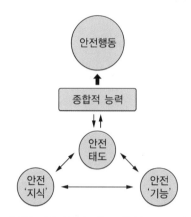

(출처 : 국민안전교육 표준실무 2020)

5 통합적 소방안전교육

소방안전교육은 이전부터 체계적으로 교육목표를 설정해두고 실행해왔다. 안전교육을 안전하고자 하는 인간의 기본 심리를 바탕으로 사고의 가능성과 위험을 제거하기 위한 행동 변화를 추구하는 것으로 보았다. 한편으로는 나와 타인에게 위험을 줄 수 있는 요소에 대해 적극적으로 대처하는 방법을 익히는 교육으로 진행되기도 하였다. 소방안전교육은 교육학 이론 중 행동주의, 인지주의, 구성주의 학습 이론을 통합적으로 접목시켜 활용한 특성을 보이는데, 이러한 안전교육을 통합적 소방안전교육이라 칭할 수 있겠다. 앞서 언급한 행동주의와 구성주의 학습 이론은 본 책의 'CHAPTER 04 교육학에서 비추어본 안전교육' 부분에서 다룰 예정이며, 시험에 출제된 적이 있으므로 필히 학습해두도록 하자.

[통합적 소방안전교육]

교육 종류	내 용
지식・사고	사고 발생 원인 및 위험 이해, 사고・판단 및 합리적 의사결정, 창의적 문제해결 등
기능・실천	실험・실습 및 체험을 통한 안전 행동 기능과 실천 능력 학습 등
가치・태도	안전 수칙 준수, 타인 배려 등
반 복	지식・기능・태도의 반복을 통한 습관화

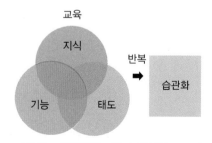

(출처 : 국민안전교육 표준실무 2020)

1 안전교육 내용의 개발 배경

　안전교육의 내용에 대하여 알아보기 전에 그 배경에 대하여 간략하게 살펴보려고 한다. 우리나라에서 이루어진 안전교육은 과거 선조들의 생활 습관과 경험 속에서 자연스럽게 시작되었고, 현재까지 이어져 왔다. 그 사례는 속담이나 제사, 미풍양속, 전통문화, 음양오행설 등에서도 쉽게 찾아볼 수 있다.

　이전에 발생한 화성 씨랜드 수련원 화재, 인천 호프집 화재 등 대형 사고로 어린이 사망사고를 겪으며 사회 전체적으로 우리나라의 안전에 대하여 되돌아볼 필요가 있음을 인지하였다. 따라서 소방기본법에 안전교육 규정을 신설하고 안전체험관을 건립하거나 기타 시설 및 장비를 마련하면서 안전교육의 체계를 갖추기 시작하였다.

　당시 소방방재청에서는 2005~2009년의 '재난안전교육 사업 5개년'을 통해 전 국민 안전교육 프로그램을 개발하였으며 이후 안전교사 양성, 소방안전강사 양성 등을 통해 소방안전교육 표준을 세울 수 있었다.

[소방안전교육 · 홍보탑]

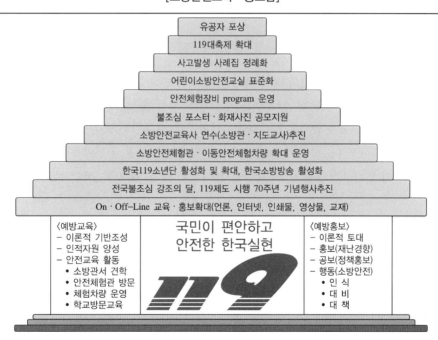

안전을 위한 예방교육과 예방홍보를 통해 국민들을 보호하고 안전을 지킬 수 있는 체계적인 사례중심의 프로그램을 마련하였다.

(출처 : 국민안전교육 표준실무 2020)

이에 더불어 교육부에서는 세월호 참사를 계기로 하여 '학교 안전교육 7대 표준안'을 2015년 발표하였다. 세월호 참사 이전의 학교 안전교육이 부분적, 단편적, 비체계적, 소극적이었다면 표준안을 통해서 종합적, 적극적, 체계적으로 교육이 이루어질 수 있도록 하였다. 교육부의 '교육 분야 안전 종합대책'을 통해 학교 안전교육 및 안전시설 관리, 교원 연수 등 다양한 방면으로 안전교육을 위해 힘쓰기도 하였다. 이는 이후 언급될 안전교육 내용 체계와 관련이 있으며, 국가의 안전교육에 영향을 주었다.

2 안전교육 내용 체계

여러 국가 기관에서는 안전교육 내용의 체계를 마련하기 위해서 힘썼다. 국민안전교육 표준실 무에 수록된 내용체계는 두 가지 기관의 것으로 첫째, 소방청(당시 소방방재청)과 둘째, 교육부의 것이다. 본 교재에는 두 기관의 내용 체계표에 더불어 셋째로 행정안전부의 내용까지 수록하려고 한다.

> ◆ Tip 소방청, 교육부, 행정안전부에서 개발한 내용체계 모두 공통적으로 학습자의 특성을 고려하여 안전교육의 수준을 높여간다. 위험상황 식별하기/예방하기/벗어나기/알리기에서 시작되어 점점 심화되어가는 변화 과정을 주의 깊게 살펴보자.

(1) 소방청 안전교육 내용 체계

소방청(당시 소방방재청)에서는 2005년부터 119의 여러 출동사례와 안전교육 자료를 분석하여 유아의 안전교육 과정을 [화재 및 재난안전/생활 및 교통안전]의 2개 영역으로 나누었다. 이 대분류에서 활동주제에 따라 24개 영역으로 분류하여 활동들을 정리하였다.

초등학생의 안전교육 과정은 [학교안전/생활안전/교통안전/화재안전/자연재해]의 5개 영역으로 대분류를 나눈 뒤, 중분류 14개로 한 번 더 나누고 이후 학년에 따라 32개의 소분류로 한 번 더 나누어 발달특성에 맞춘 체계적인 안전교육 내용 체계를 수립하였다.

1) 유아(대분류 : 화재 및 재난안전)

[유아 대상 소방안전교육 표준(안)]

대분류	활동명	주 제	관련 활동
화재 및 재난 안전	앗! 뜨거워!	화상원인	• 뜨거운/차가운 물건 찾아보기 • 화상 위험 물건에 대해 이야기 나누기 • 화상 예방방법에 대해 이야기 나누기
	흐르는 물로 식혀요	화상 응급처치	• 화상 경험에 대해 이야기 나누기 • 병원놀이하기
	불이야! 불이야!	화재 시 주변에 알리기	• 화재를 알려주는 신호 찾아보기 • 화재경보음 들어보기 • 화재감지기, 경보설비 관찰하기
	숨지 마세요	화재 시 위험행동	• 불이 나면 밖으로 나가야 하는 이유와 화재 시 위험한 행동 과 안전한 행동에 대해 이야기 나누기 • 안전한 대피경로 조사하기 • 비상대피로, 비상구 표시를 확인하고 관찰하기
	뜨거운 연기를 피해요	화재 시 연기를 피하는 방법	• 연기의 위험성과 대피방법 이야기 나누기 • 연기대피 게임하기 • 화재대피훈련하기
	119로 신고하지요	화재신고	• 화재신고 역할극 해 보기 • 집 주소와 전화번호 알기 • 응급 시 도움을 청할 수 있는 전화번호 조사하기
	멈춰요, 엎드려요, 뒹굴어요	옷에 불이 붙었을 때 행동	• 옷에 불이 붙었을 때 대처방법 이야기 나누기 • 옷에 불이 붙었을 때 대처 행동 훈련하기
	어른과 함께 있어요	재난 대처방법	• 호우와 홍수의 위험성에 대해 알아보기 • 천둥, 번개가 칠 때의 대처행동 훈련하기
	땅이 흔들려요	지진 대처방법	• 지진의 위험성에 대해 이야기 나누기 • 머리를 보호할 수 있는 물건 찾기 • 지진대피 행동 연습하기
	모래바람이 불어요	황사 대처방법	• 황사의 위험성 이야기 나누기 • 황사 발생 시 대처방법 이야기 나누고 실천하기
	우리를 도와주는 사람들	안전을 지켜주는 사람과 기관	• 우리를 도와주는 사람들에 대해 이야기를 나누고 감사편지 쓰기 • 우리를 도와주는 사람 초대하기 • 소방관, 경찰관 역할놀이 하기

2) 유아(대분류 : 생활 및 교통안전)

[유아 대상 소방안전교육 표준(안)]

대분류	활동명	주 제	관련 활동
생활 및 교통 안전	안전하게 놀이해요	놀잇감 안전	• 놀잇감 안전한 놀이방법 이야기 나누기 • 놀잇감 안전한 사용규칙 정하기
	살피면서 다녀요	실내안전	• 계단, 복도에서의 사고경험에 대해 이야기 나누기 • 실내에서의 안전한 약속 정하기
	끈 달린 옷은 위험해요	안전한 옷차림	• 안전한 옷차림 이야기 나누기 • 안전한 옷차림 패션쇼하기
	약속을 잊지 않아요	놀이터 안전	• 놀이기구 안전한 사용방법 알기 • 놀이터 놀이 평가하기 • 유아들과 놀이터 안전한 규칙판 만들어 놀이 기구에 붙이기
	물놀이를 위해 준비해요	물놀이 안전	• 물놀이 행동에 대해 이야기 나누기 • 준비운동하기 • 구조대 역할 놀이하기
	부모님이 주시는 약만 먹어요	약물 오남용 예방	• 약물오용의 위험성에 대해 이야기 나누기 • 약의 농도에 대해 이야기 나누기 • 약물오용의 위험성에 대해 이야기 나누기
	함부로 만지면 안 되요	가정용 화학제품 사고 예방	• 가정에서 사용하는 위험한 제품에 대해 이야기 나누기 • 먹거나 만져도 되는 것과 안 되는 것 사진 찾아 분류하기
	어른과 손을 잡아요	보행안전 기본수칙	• 부모님과 보행행동에 대해 이야기 나누기 • 안전한 보행습관과 위험한 보행습관 이야기 나누기
	자동차가 멈춘 후에 건너요	안전한 도로 횡단방법	• 자동차의 속도/위험성에 대해 이야기 나누기 • 자동차의 움직임 관찰하기 • 도로횡단 모의활동하기
	갑자기 뛰어들지 않아요	뛰어들기의 위험	• 유아들의 옷 중 밝은 색의 옷 찾아보기 • 어두울 때 눈에 잘 띄는 색 실험하기
	밝은 색 옷을 입어요	날씨와 보행안전	• 카시트 및 보호장구 관찰하기 • 카시트 및 보호장구의 필요성과 착용방법 이야기 나누기
	카시트와 헬멧	안전보호 장구	안전띠처럼 물건을 고정시켜 주는 끈이 부착되어 있는 물건 찾기
	조심조심 타고 내려요	교통수단 이용 안전	• 통학차량 이용시 안전수칙에 대해 이야기 나누기 • 자동차 타기 놀이하기

3) 초등학생(1~3학년)

[초등학생 대상 소방안전교육 표준(안)]

사고유형/안전교육 내용			1학년	2학년	3학년
학교 안전	휴식 시간 중 사고	실내 사고	뛰거나 장난치다가 발생하는 부상	책상이나 비품에 의한 부상	계단에서의 추락
		학습시간 중 사고	안전하게 복도를 걷는 방법	실내에서 위험한 행동하지 않기	계단에서 장난치지 않기
		운동장 사고	운동장 기구(미끄럼틀 및 오르기 기구)에서의 추락		
		안전교육내용	안전하게 놀이하기		
	수업 시간 중 사고	실내수업 중 사고	학습용구에 의한 부상		실험기구에 의한 부상
		안전교육내용	연필, 가위 바르게 사용하기		비커 등 유리제품의 안전한 사용
		체육시간 중 사고	시설 이용 중 부상		
		안전교육내용	충분한 준비운동 및 질서 지키기		
	기타 시간 중 사고	기타 사고	뜨거운 음식에 의한 화상		청소활동 중 추락 및 부상
		안전교육내용	질서 있게 급식하기		안전한 청소활동방법 알기
생활 안전	가 정	가정 내 사고	베란다 등에서의 추락		
		안전교육내용	집 안에서 위험한 장소 분별하기		
	놀 이	놀이관련 사고	놀이터에서의 추락사고	익 수	
		안전교육내용	안전한 놀이기구 사용법 알기	안전한 물놀이 장소 및 방법	
	신 변	신변안전	유괴 및 미아		
		안전교육내용	• 유인 행동에 대해 알기 • 의심이 되는 사람을 만났을 때 대처하기 • 인터넷을 통한 유인에 대처하기 • 미아발생 상황에 대처하기		

사고유형/안전교육 내용			1학년	2학년	3학년
교통안전	통학	통학 중 사고	통학로에서의 교통사고	옷이나 소지품으로 인한 위험	
		안전교육내용	• 안전한 통학로 정하기 • 통학로의 위험한 것 인식하기	안전한 옷차림하기	안전하게 소지품 및 가방 들기
	보행	보행 중 사고	갑자기 뛰어들거나 도로를 횡단하다가 일어나는 사고		날씨나 시간과 관련된 사고
		안전교육내용	• 갑자기 뛰어들지 않기 • 안전한 도로 횡단방법 알기	• 자동차의 사각지대 알기 • 무단횡단하지 않기	• 비나 눈 오는 날 주의하기 • 어두운 시간에 밝은 옷 입기
	교통	교통수단 이용 중 사고	차 대 차 사고	버스 승하차 시, 버스 안에서 일어나는 부상	
		안전교육내용	• 승용차에서 뒷좌석에 앉기 • 안전벨트의 중요성 알기	• 손잡이 잡고 천천히 타고 내리기 • 대중교통수단에서 안전하게 행동하기	
	바퀴달린 것	바퀴달린 탈것 이용 중	자전거, 힐리스, 롤러블레이드 이용 중 부상		
		안전교육내용	• 바르게 타는 법 안전보호장구 착용 • 안전한 장소에서 타기	• 안전보호장구 착용 안전점검하기 • 안전한 장소에서 타기	
화 재	질식	질식	화재로 인한 질식		
		안전교육내용	• 화재 경보음(연기감지기) 알기 • 화재의 원인과 불이 번지는 모습 알기 • 대피방법알기		
	화상	화상	화재로 인한 화상		
		안전교육내용	• 몸에 불이 붙었을 때의 대처방법 알기 • 화상 시 대처방법 알기		
자연재해	태풍홍수	태풍 및 홍수	• 낙하물이나 붕괴에 의한 부상 • 바람이나 물에 휩쓸림		
		안전교육내용	피난방법 알기		
	지진	지진	지진에 의한 부상		
		안전교육내용	지진 발생 시 대처방법과 피난방법 알기		

4) 초등학생(4~6학년)

[초등학생 대상 소방안전교육 표준(안)]

사고유형/안전교육 내용			4학년	5학년	6학년
학교 안전	휴식 시간 중 사고	실내 사고	계단에서의 추락		
		학습시간 중 사고	계단에서 장난치지 않기		
		운동장 사고	다른 어린이들과 연관된 사고		
		안전교육내용	각종 놀이시설 주위나 다른 어린이들이 놀고 있는 부근 주의하기/질서지키기		
	수업 시간 중 사고	실내수업 중 사고	실험기구에 의한 부상		
		안전교육내용	각종 약품, 알코올램프 안전하게 사용하기		
		체육시간 중 사고	스포츠 활동 중 부상		
		안전교육내용	규칙지키기		
	기타 시간 중 사고	기타 사고	청소활동 중 추락 및 부상		
		안전교육내용	안전한 청소활동방법 알기		
생활 안전	가 정	가정 내 사고	전기 감전		
		안전교육내용	젖은 손으로 전기기구 사용하지 않기		
	놀 이	놀이 관련 사고	비비탄, 위험한 놀잇감 및 놀이에 의한 사고		
		안전교육내용	안전한 장소와 놀잇감 선택방법 알기		
	신 변	신변안전	유괴 및 미아		
		안전교육내용	유인 행동에 대해 알기/의심이 되는 사람을 만났을 때 대처하기/인터넷을 통한 유인에 대처하기/미아발생 상황에 대처하기		
교통 안전	통 학	통학 중 사고	하교 후에 낯설거나 위험한 길로 가다가 당하는 사고		
		안전교육내용	정해진 통학로로 등하교하기		
	보 행	보행 중 사고	날씨나 시간과 관련된 사고	보행 중 일어나는 사고	
		안전교육내용	비나 눈 오는 날 주의하기/어두운 시간에 밝은 옷 입기	보행과 관련된 자동차의 특성 알기	
	교 통	교통수단 이용 중 사고	버스 승하차 시, 버스 안에서 일어나는 부상		
		안전교육내용	손잡이 잡고 천천히 타고 내리기/대중교통수단에서 안전하게 행동하기		
	바퀴 달린 것	바퀴달린 탈것 이용 중	자전거, 힐리스, 롤러블레이드 이용 중 부상		
		안전교육내용	안전보호장구 착용/안전점검하기/안전한 장소에서 타기		
화 재	질 식	질 식	화재로 인한 질식		
		안전교육내용	화재원인과 위험 알기/대피방법 알기		
	화 상	화 상	화재로 인한 화상		
		안전교육내용	몸에 불이 붙었을 때의 대처방법 알기/화상 시 대처방법 알기		
자연 재해	태풍 홍수	태풍 및 홍수	낙하물이나 붕괴에 의한 부상/바람이나 물에 휩쓸림		
		안전교육내용	피난방법 알기		
	지 진	지 진	지진에 의한 부상		
		안전교육내용	지진발생 시 대처방법과 피난방법 알기		

(2) 교육부 안전교육 내용 체계

안전교육 하면 떠오르는 일반적인 내용들(화재안전, 재난안전, 심폐소생술) 등은 소방안전교육의 극히 일부이다. 안전은 우리 생활 전반에 걸쳐 영향력을 끼치고 있으며 어느 하나 중요하지 않다고 말할 수 없다. 따라서 교육부에서도 학교, 더불어 국민 전체를 대상으로 범주를 어떻게 나누고, 어떻게 안전교육을 진행할지 등을 고심한 결과 안전교육을 7대 안전 영역으로 분류하고 연령대별 내용을 선정하여 교육을 실시하도록 학교 안전교육 7대 표준안 내용체계를 발표하였다.

교육부의 안전교육 표준안은 [생활안전/교통안전/폭력 및 신변안전/약물 및 사이버 중독예방/재난안전/직업안전/응급처치]의 7대 대분류를 나누었으며, 25개의 중분류와 52개의 소분류로 구분하였다. 또한 유·초·중·고 학생들 발달수준에 따라 내용 체계를 배열하고 수업에 도움이 되는 수업지도안을 함께 제공하였다.

더불어 학생들의 참여형·체험형 안전교육을 실시하도록 권장하였으며, 우수 사례 발굴을 위해 51개의 안전교육 시범학교를 운영하기도 하였다. 온라인상에 학교안전정보센터(www.schoolsafe.kr)를 설립하고 법령 및 연구자료, 활동자료 등을 탑재하며 안전교육의 활성화를 꾀하였다.

1) 학교안전교육 실시 기준 등에 관한 고시

실제 유치원, 초등학교, 중학교, 고등학교에서는 교육 과정을 구성할 때 다음 표를 기준으로 안전교육을 필수적으로 포함시켜 연간계획을 수립한다. 학생들은 7대 표준안 영역에 걸쳐 체험 중심의 안전교육을 학년 당 51차시 이상 실시하여야 하며 학기별 최소 시수를 이수하여야 한다. 또한 1년 동안 교육을 실시한 이후 교육청에 그 결과를 보고하게 되어 있다.

한편 교직원은 3년 이내 15시간 이상 안전연수를 이수하여야 하며, 심폐소생술 연수를 매년 이수하여야 한다. 이 외에도 아동복지법, 학교폭력예방법, 성폭력방지법 등 개별 법령의 학교 안전교육 시간을 하나로 통합하여 운영할 수 있도록 하여 교육 프로그램을 개발하였다. 다음 표는 참고자료이니 암기할 필요는 없으나 구분으로 표시된 7대 영역은 대략적으로라도 파악해두자.

[학년별 학생 안전교육의 시간 및 횟수]

구 분	생활안전	교통안전	폭력예방 및 신변보호	약물 및 사이버 중독 예방	재난안전	직업안전	응급처치
횟 수	학기당 2회 이상	학기당 3회 이상	학기당 2회 이상	학기당 2회 이상	학기당 2회 이상	학기당 1회 이상	학기당 1회 이상

참고 : 1. 학력이 인정되는 평생교육시설 및 「재외국민의 교육지원 등에 관한 법률」 제2조제3호에 따른 재외한국학교와 「초·중등교육법」 제2조제4호에 따른 특수학교의 경우는 인정되는 학력에 해당하는 학교급에 맞추어 실시한다.

5. 재난안전교육은 재난 대비 훈련을 포함하여 실시하여야 하며, 각종 재난 유형별 대비 훈련을 달리하여 매 학년도 2종류 이상을 포함하여 운영하여야 한다.

6. 1단위활동 및 1시간(차시)의 수업 시간은 교육 과정을 따르되, 기후 및 계절, 학생의 발달 정도, 학습 내용의 성격, 학교 실정 등을 고려하여 탄력적으로 편성·운영할 수 있다.

7. 「재난 및 안전관리 기본법」 제38조에 따른 위기경보 단계 '심각'단계의 재난상황으로 인해 안전교육 및 재난대비훈련의 정상적인 실시가 어려울 것으로 예상되는 경우 교육부 장관이 정하는 바에 따라 안전교육 및 재난대비훈련의 시수, 방법 등을 변경하여 실시할 수 있다.

2) 학교 안전교육 7대 표준안 내용체계

영 역	중분류	소분류
생활안전	시설 및 제품 이용 안전	• 시설안전 • 제품안전 • 실험·실습 안전
	신체활동 안전	체육 및 여가 활동 안전
	유괴·미아 사고 안전	유괴·미아 사고 예방
교통안전	보행자 안전	• 교통표지판 구별하기 • 길을 건너는 방법 • 보행안전
	자전거 안전	• 안전한 자전거 타기 • 안전한 자전거 관리
	오토바이 안전	• 오토바이 사고의 원인과 예방 • 오토바이 운전 중 주의사항
	자동차 안전	• 자동차 사고의 원인·피해 • 자동차 사고예방법
	대중교통 안전	대중교통 이용 안전수칙
폭력예방 및 신변보호	학교폭력	• 학교폭력 • 언어·사이버 폭력 • 물리적 폭력 • 집단 따돌림
	성폭력	• 성폭력 예방 및 대처 방법 • 성매매 예방
	아동학대	• 아동학대 예방 및 대처 방법 • 자살예방 및 대처 방법
	가정폭력	가정폭력 예방 및 대처 방법
약물 및 사이버 중독 예방	약물 중독	• 마약류 폐해 및 예방 • 흡연 폐해 및 예방 • 음주 폐해 및 예방 • 고카페인 식품 폐해 및 예방
	사이버 중독	• 인터넷게임 중독 예방 • 스마트폰 중독 예방
재난안전	화 재	• 화재발생 • 화재발생 시 안전수칙 • 소화기 사용 및 대처 방법
	사회 재난	• 폭발 및 붕괴의 원인과 대처 방법 • 각종 테러사고 발생 시 대처 방법
	자연 재난	• 홍수 및 태풍 발생 시 대처 방법 • 지진·대설·한파·낙뢰·황사 및 미세먼지 발생 시 대처 방법
직업안전	직업안전 의식	• 직업안전 의식의 중요성 • 직업안전 문화
	산업재해의 이해와 예방	• 산업재해의 의미와 발생 • 산업재해의 예방과 대책
	직업병	• 직업병의 의미와 발생 • 직업병의 예방과 대책
	직업안전의 예방 및 관리	• 산업재해 관리 • 정리정돈 • 보호구 착용

영 역	중분류	소분류
응급처치	응급처치의 이해와 필요성	• 응급처치의 목적과 일반원칙 • 응급상황 시 행동 방법 • 응급처치 전 유의사항 및 준비
	심폐소생술	• 심폐소생술 • 자동제세동기의 사용
	상황별 응급처치	• 기도폐쇄 • 지혈 및 상처처치 • 염좌 및 골절처치 • 화상 응급처치 • 갑작스런 상황에서 응급처치

(3) 행정안전부 안전교육 내용 체계

국가에서는 전 국민 안전지식 및 안전문화 확산을 위해 교육부와 별개로 또 다른 안전교육프로그램을 개발하였다. 그것이 바로 생애주기별 안전교육이다. 교육부에서 제시한 안전교육은 분야를 7대로 나누어 제시하였지만 행정안전부에서는 6대 분야로 나누어 제시하였다.

교육부의 내용은 학교 교육 과정만 다루지만 행정안전부의 안전교육지도에는 영유아(0~5세)와 성인기(30~64세), 노년기(65세~), 그리고 장애인과 보호자를 위한 안전교육까지 포함하여 더 넓은 범위에서 안전교육을 계획하고 있다. 따라서 학교 학생을 대상자로 출강을 하게 된다면 교육부의 내용을 따르는 것이 효과적일 것이고, 그 이외의 학습자를 대상으로 출강을 하게 된다면 행정안전부 및 소방청의 내용을 따르는 것이 좋을 수 있겠다.

1) 생애주기별 안전교육 범주

행정안전부에서 제시한 안전교육지도는 교육부에서 7대 분야로 분류한 것과 달리 6대 분야로 분류하였다. 학교의 틀을 벗어난 전 국민을 대상으로 안전교육을 계획하였기 때문이다. 부르는 명칭이나 분류하는 범주는 다르지만 안전교육 전체적인 내용은 맥을 같이 한다.

[행정안전부 안전교육지도 분류 범주]

구 분	생활안전	교통안전	자연재난 안전	사회기반 체계안전	범죄안전	보건안전

2) 생애주기별 안전교육 내용

안전교육지도에서 핵심 주제와 내용은 통일되어 있지만 연령대별로 중점적으로 다루는 핵심내용은 다르다. 같은 화재 안전을 가르치더라도 어린 영유아기 및 아동기에게는 화재를 인지하고 도움을 구하는 교육이 중심이라면 청소년기, 청년기, 성인기는 화재를 예방하고 빠르게 대처하는 능력을 교육한다. 이 외에 노년기와 장애인 교육에서는 대처 및 대피에 어려움이 예상되므로 그러한 부분을 미리 인지하고 예방할 수 있는 것에 초점을 두고 교육한다. 다음 표를 보며 연령대별 학습 내용의 차이를 느껴보고, 추후 학습자 분석 및 교수·학습 과정안을 작성할 때 생애주기별 특성을 반영하여 계획하도록 하자.

[안전교육 지도 예시(생활안전영역)]

생애주기		영유아기 0~5세	아동기 6~12세	청소년기 13~18세	청년기 19~29세	성인기 30~64세	노년기 65세~
구 분		안전교육 의존기	안전교육 준비기	안전교육 성숙기	안전교육 독립기	안전교육 확대기/성찰기	안전교육 유지기
목 표		안전습관 습득	안전습관 선택	안전습관 증진	안전지식·실천 확대	타인의 안전책임 개인안전 준비	안전환경 확보

생활
안전
영역
	화재안전	• 화재 위험 인지
		• 화재대피요령
		  습득
			• 화재예방 실천
			• 화재신고 및 전
			  파 실천
			• 소화기 사용법
			  습득
				• 화재 유형별 예
				  방 실천
				• 완강기 이용법
				  습득
				• 화재 유형별 소
				  화기 구별
					• 화재 대피 유도
					• 화재 유형별 진
					  압법 습득
					• 소화전 사용법
					  습득
						• 화재예방 실천
						• 화재 훈련 참여
						• 소화기 점검 및
						  관리
							• 화재예방 실천
							• 화재 시 신고 및
							  대피요령
							• 소화기 사용과
							  관리

	시설안전	• 안전한 승강기
		  이용
		• 다중이용시설
		  위험 인지
			• 승강기 안전이
			  용 실천
			• 다중이용시설
			  안전규칙 실천
				• 승강기 안전사
				  고 대처요령
				• 위험시설물 신
				  고 요령
					• 장애인 안전시
					  설 이용 시 도
					  움 요령
					• 다중이용시설
					  안전사고 대처
						• 장애인 안전시
						  설 이용 시 도
						  움 실천
						• 다중이용시설
						  안전 점검 및
						  관리
							• 승강기 안전이
							  용 실천
							• 다중이용시설
							  내 안전시설
							  이용

	전기·가스
	안전
		• 감전 위험 인지
		• 가스기구 위험
		  인지
			• 안전한 전기 사
			  용 습관
			• 안전한 가스 사
			  용 습관
				• 전기사고 예방
				• 위험 시 가정용
				  가스 차단 요령
					• 전기사고 시 대
					  처요령
					• 취사용 가스사
					  고 대처
						• 전기사용 안전
						  관리
						• 가스사용 안전
						  관리
							• 전기 안전사용
							  실천
							• 가스 안전사용
							  실천

	작업안전	• 위험한 도구(조
		  리, 문구) 구별
		• 가전제품 위험
		  인지
			• 도구(조리, 공
			  작) 안전 사용
			  습관
			• 가전제품 안전
			  사용 습관
			• 실험, 실습실 보
			  호구 착용 습관
				• 제품 안전 사
				  용 실천
				• 안전한 공산품
				  선별
				• 실험, 실습실 보
				  호구 착용 습관
				• 산업재해 이해
					• 맞춤형 실험, 실
					  습실 안전 실천
					• 산업재해 예방
					  실천
					• 신체역학 적용
					  습관
						• 직장 내 작업환
						  경 안전 관리
						• 가사활동 안전
						  관리
							• 보행보조기구
							  안전 사용
							• 안전한 농기계
							  사용 실천
							• 가전제품 안전
							  사용 실천
							• 안전한 가사활
							  동 실천

	여가활동
	안전
		• 장난감 놀이 안
		  전 습관
		• 물놀이 위험
		  이해
		• 보호구 착용
		  습관
		• 야외활동 위험
		  인지
			• 생존수영 습득
			• 야외활동 안전
			  사고 예방
			• 안전한 스포츠
			  활동 실천
			• 반려동물과 안
			  전하게 지내기
			• 해외여행 안전
			  이해
				• 구조수영 습득
				• 스포츠 유형별
				  안전사고 예방
				• 야외활동 안전
				  사고 대처
				• 해외여행 사고
				  예방 실천
					• 야외활동 인명
					  구조 및 대처
					• 스포츠 유형별
					  안전사고 대처
					• 해외여행 시 사
					  고 대처요령
						• 안전한 놀이 환
						  경 관리
						• 야외활동 시 안
						  전관리
						• 스포츠 활동 시
						  안전 관리
						• 안전한 해외여
						  행 계획하기
							• 수상안전 실천
							• 안전한 야외활
							  동을 위한 준비
							  와 대처요령
							• 안전한 해외여
							  행 준비와 대
							  처요령

앞서 제시된 안전교육 내용은 암기하는 것이 아닌 흐름을 보고 느끼는 것이 중요하다. 교육부와 행정안전부에서 제시한 내용 두 가지 모두 학습자의 성장 단계에 따라 내용을 반복하여 가르치고 있다. 예를 들어 재난안전에서 화재 예방 교육을 실시한다면 어린 아동에게는 위험한 상황을 인지하고 도움을 주변에 요청하는 것을 가르친다. 그 이후 성장 정도에 따라 초등, 중학생에게는 소화기 사용법을 가르치고, 고등학생, 청년기로 넘어가며 소화전 및 대피 유도 방법을 가르친다. 더불어 성인들에게는 화재예방 및 안전 관리 교육을 실시하며 노인기 이후에는 자신의 조건에 맞는 화재 대비 방법을 가르친다. 생활안전 영역뿐만 아니라 모든 영역에서 위와 같은 흐름으로 안전교육을 진행하고 있는데 이는 브루너의 나선형 학습과도 관련지어 생각해볼 수 있다.

더 알아두기 ✎

브루너의 나선형 교육 과정 이론

브루너는 학습자의 학습 준비도(발달 과정과 지적 수준)에 따라 교육 과정이 반복적으로 구성되어야 한다고 하였다. 지식에는 연속성이 있어서, 교육 과정을 구성할 때 지식을 점진적으로 심화시키고 확대해 가는 과정을 통해 학습하는 것이 효율적이라고 주장하였다. 또 다른 표현으로는 학문의 개념이나 원리, 태도, 사고 방법 등이 학습자의 발달 단계가 높아짐에 따라 같이 심화되도록 의도한 교육 과정 이론이다.

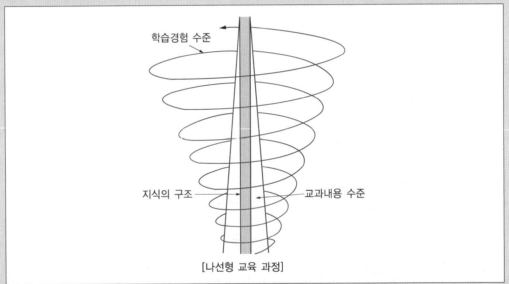

[나선형 교육 과정]

일반 초등, 중등, 고등 교육 과정도 나선형 교육 과정의 원리에 입각하여 구성되어 있다. 학창시절을 돌이켜보면 초등학교 고학년 때 한국사에 대해 간단하게 배우고, 중학교, 고등학교 몇 년 간의 시간에 걸쳐 점점 내용이 확대되어 다시 배웠던 것 또한 이에 해당한다.

안전교육도 마찬가지로 한 가지 개념을 처음부터 심화하여 가르치는 것이 아닌 기초적인 내용부터 시작하여 학습자 발달단계에 따라 점차 확대, 심화하여 반복학습 시키는 것이다. 이는 행동주의와도 연관되며 안전교육에서도 반복학습을 통한 습관화와 연계지어 설명할 수 있다.

(4) 안전교육 내용에 대한 제언

지금까지 소방청, 교육부, 행정안전부의 안전교육 프로그램의 체계와 내용들을 살펴보았다. 여러 국가기관을 중심으로 국민의 안전을 위해 생활 전반에 관한 교육프로그램을 개발하였다는 점은 매우 긍정적으로 평가된다. 하지만 현대과학의 발달과 함께 2020년 코로나19와 같이 신종 감염증 및 바이러스의 출현, AI의 발달로 인한 개인정보 유출 등 사고와 재난은 더욱 다양해지고 있다. 따라서 신생되는 사고의 다양성에 비해 즉각적인 대처방안 마련에는 어려움을 겪고 있는 것이 현실이다.

현대사회의 발달과 함께 이에 대한 위험 요소 분석, 사고 대비, 대처방안 마련 등이 동시에 이루어져야 한다. 또한 안전교육에서 보완되어야 할 부분을 적극적으로 탐색해보아야 한다. 현재 쓰나미에 대한 안전교육은 지진교육에 일부 포함시켜 진행될 뿐이고, 백두산 화산 조짐이 보인다는 학계의 의견에 따라 화산 안전교육도 보강이 필요하다. 또한 생활에 필요한 원자력 에너지와 관련된 방사능 안전교육, 봄철 황사 및 미세먼지 안전교육, 4차 산업혁명으로 인한 AI 사이버 안전교육 등을 예시로 들 수 있다.

매슬로의 욕구위계론에서도 언급되었던 것처럼 안전 욕구는 인간의 기본 욕구에 해당되며, 자아실현 및 개인의 행복한 삶 추구에 앞서 필수적인 요소이다. 따라서 행복하고 안전한 삶을 영위하기 위해서는 항상 시대에 걸맞게끔 안전에 대해 연구하고 내용을 설정하고 지도해 나가는 노력이 필요할 것이다.

CHAPTER 04 교육학에 비추어 본 안전교육

01 행동주의와 구성주의

소방안전교육사 2차 시험 기출을 분석해보면 시험범위의 내용을 그대로 출제하고 있었기에, 고갈되는 내용과 부족한 교육학적 지식을 보충하고자 국민안전교육 표준실무를 2020년에 개편한 것으로 보인다. 또한 이전 시험에서는 단순한 개념을 언급하는 것이 문제였다면 최근 시험에서는 소방안전 지식을 서술하고 다른 교육학적 요소와 엮어 출제하는 경향이 있었다. 따라서 시험범위와 관련된 교육학적 내용을 예비 소방안전교육사들이 쉽게 이해하고, 어떻게 소방과 교육을 엮을지 고민하는 것이 이 장의 핵심이다.

시험범위와 관련된 추가적인 교육학의 전문개념을 다루지 않고 핵심적인 내용을 중심으로 서술한다. 행동주의와 구성주의는 암기하기보다는 이해하는 것에 초점을 두기 바란다. 그리고 이해한 내용을 바탕으로 안전교육과 행동주의를 심오하게 분석하고 자신의 것으로 만들어야 한다.

1 행동주의

(1) 행동주의 기원

20세기 이후 자연현상을 과학적으로 이해하게 되면서, 학자들은 사람들이 어떻게 배우고 학습하는지에 관심을 가지고 연구하게 되었다. 모든 정보와 자료들을 과학적으로 기록해야 했기 때문에, 학습 역시 관찰 가능한 행동으로 정의되어야 했다. 이러한 연구방식은 결국 관찰할 수 없는 것들을 모두 무시하는 '행동주의'를 이끌어내게 되었다. 이러한 행동주의의 기원은 파블로프(Pavlov, 1849~1936)와 스키너(Skinner, 1904~1990)의 연구에서 알아볼 수 있다.

(2) 행동주의 학습 이론

행동주의 학습 이론은 어떠한 자극(Stimulus)을 주고, 이 자극으로 인한 반응(Response)을 유발하는 것을 말한다. 어떠한 자극에 대한 반응이 있는지 없는지의 관계와 행동의 변화를 기준으로 학습의 여부를 판단한다. 학습자의 동기를 유발하고 해당 행동을 반복하고 연습하면 학습이 이루어진다고 생각하였다. 또한 좋은 반응은 더욱 반복하게 유도하고, 나쁜 반응은 줄이기 위하여 강화(Reinforcement)를 활용한다. 실험 사례를 통해 행동주의의 학습 과정을 이해해보자.

사례 1 - 파블로프의 종소리 실험
1. 개는 종소리를 들어도 아무런 반응이 없다.
2. 개에게 먹이를 줄 때마다 종을 울린다. (종소리 = 자극)
3. 개는 먹이로 인해 침을 흘린다. (침 = 반응)
4. 위의 과정을 반복한다.
5. 이후 개에게 종소리를 들려주면 무조건 침을 흘린다.
   (종소리로 인한 침/자극으로 인한 반응행동의 변화 → 학습 완료)

사례 1에서는 개가 처음에는 종소리에 아무런 반응도 하지 않는다. 그 이후에는 반복적인 과정을 통해 '종소리가 울리면 먹이를 받는다'라고 인지하고, 침을 흘리게 된다. 최종적으로는 먹이 없이 종소리만 들어도 침이 나오게 된다. 종소리에 아무런 반응도 하지 않던 개가 나중에는 침을 흘리게 반응이 변하게 된 것, 행동의 변화를 이끌어낸 것이 바로 행동주의에 입각한 교육인 것이다. 행동주의에서는 이렇게 직접 눈으로 보이는 행동의 변화가 있어야만 학습이 이루어졌다고 간주한다.

사례 2 - 스키너의 쥐 먹이 실험
1. 쥐를 굶겨서 배고픈 상태로 만들고, 실험용 상자 안에 넣는다.
2. 쥐는 굶은 상태로 돌아다니다가 우연히 지렛대를 누르게 된다.
3. 지렛대를 누른 쥐는 음식을 얻게 되고, 쥐는 음식을 그대로 먹는다. (음식 = 강화물)
4. 여전히 배가 고픈 쥐는 상자 안을 계속 돌아다닌다.
5. 쥐는 또 우연히 지렛대를 누르게 되고, 이로써 지렛대를 누르면 음식이 나온다는 사실을 학습하게 된다.
6. 결국 쥐는 지렛대를 계속 누르며 음식을 먹게 된다.
   (배고픔을 위해 돌아다니기보다 지렛대를 눌러 음식을 먹는다./행동의 변화 → 학습 완료)

사례 2에서도 마찬가지로 쥐는 배고픔을 느끼며 상자 안을 헤맨다. 아무것도 모르는 쥐는 우연히 지렛대를 통해 먹이를 먹게 되고, 이후에는 배고픔을 느낄 때 상자 안을 헤매기보다 반복적으로 지렛대를 눌러 계속 먹이를 얻는다. 처음에는 아무것도 하지 못하던 쥐가 지렛대를 눌러 먹이를 먹게 되는 것, 이것 또한 행동주의에서 의미하는 행동의 변화이자 학습의 과정이다.

이러한 행동주의는 가지고 있는 한계로 인해 현대사회에 들어 각광받지 못하고 있다. 교육현장에서는 학습자가 스스로 주체가 되어 학습을 이끌어나가는 구성주의 접근이 강조되고 있기 때문이다. 행동주의에 대한 비판으로는 동물을 연구로 한 실험결과를 인간에게 그대로 적용했다는 점에서 실제 인간의 학습과 성장에 맞아떨어지지 않는다는 점을 비판받기도 하였다. 또한 행동(기능)에만 관심을 두고 의식(지식)이나 정서(태도)와 같은 내적 요소에는 관심을 두지 않고 등한시하였다는 점이다.

위와 같은 한계점과 비판 속에서도 안전교육은 행동주의에 입각하여 가르쳐야 한다. 위험한 상황에 처했을 때 몸이 무조건적으로 반응하여야 하고, 대처할 수 있어야 하기 때문이다. 따라서 안전교육을 위해서는 행동주의를 바탕으로 교수·학습 과정을 진행해 나가야 한다. 다만, 행동주의의 비판점인 다른 영역은 등한시하고, 행동(기능)에만 치우쳐 있다는 점을 극복하기 위해 소방안전교육사는 안전 지식과 태도 영역을 같이 고려하여야 한다.

(3) 강화 이론

앞의 사례 2 스키너의 쥐 먹이 실험에서는 사례 1과는 조금 다른 점이 있다. 행동에 따른 결과에 의해 다시 행동이 변화한다는 것이다. 따라서 행동주의는 이 결과를 하나의 강화로서 활용하게 된다. 강화는 학습에서 어떠한 행동을 더욱 강하게 만들어주거나, 또는 약하게 만들어 없어지도록 유도하는 것을 뜻한다. 단순한 예로는 학교에서 학생이 청소를 성실히 하여 선생님께 칭찬이나 스티커를 받는 행위, 또는 숙제를 해오지 않아 벌칙으로 문제집을 푸는 행위 등이 강화에 해당한다. 사례 2의 스키너 실험에서는 음식물이 강화 요소로서 작용하며, 배고픈 쥐에게는 음식으로 인해 자극이 더욱 강력해져 지렛대를 누르는 학습의 과정을 효과적으로 수행하게 한 것이다.

교수·학습 과정을 계획하고 운영하면서 강화는 필수적인 요소이다. 소방안전교육사로서 활동을 하면서도 학습자의 요구 파악과 교육 과정 분석으로 적절한 강화를 배치하여야 한다. 강화의 종류로는 총 4가지로 나누어볼 수 있다. 아래의 내용은 이해를 바탕으로 하되 추후 2차 시험 교안 작성 및 교육학 내용에 적극적으로 활용이 가능한 이론이므로 이름은 외워두도록 하자.

종 류	내 용
정적 강화	• 바람직한 행동에 대하여 좋은 결과를 제공하여 그 행동의 빈도를 높이는 것 예시) 발표할 때마다 칭찬, 보상, 선물 제공
부적 강화	• 불편한 요소를 제거해주어 바람직한 행동의 빈도를 높이는 것 예시) 문제를 열심히 풀면 강의를 일찍 끝내주는 것
수여성 벌	• 바람직하지 않은 행동에 대해 불편한 요소를 제공하여 그 행동의 빈도를 낮추는 것 예시) 지각한 경우 벌점, 체벌
제거성 벌	• 바람직하지 않은 행동에 대해 바람직한 결과를 제거하여 그 행동의 빈도를 낮추는 것 예시) 수업에 열심히 참여하지 않은 경우 쉬는 시간 박탈

	첨 가	제 거
유쾌한 사건	정적 강화 (Positive Reinforcement) 행동이 증가	소거 (Extinction) 행동이 감소
불쾌한 사건	벌 (Punishment) 행동이 감소	부적 강화 (Negative Reinforcement) 행동이 증가

(4) 학습법칙

이러한 행동주의와 강화 이론을 바탕으로 교육심리학자들은 학습법칙을 정립하였다. 학습은 단순히 자극과 반응으로 이루어지며 그 과정에 강화가 있다고 해서 무조건적으로 이루어지는 것이 아니다. 적절한 자극과 그에 따른 알맞은 반응, 그리고 효과적인 강화의 제공 등이 어우러져야 진정한 학습이 이루어지기 때문이다.

[행동주의 기반 학습법칙]

효과의 법칙	• 반응 후 만족스러운 결과가 나오면 그 반응은 강화되지만, 고통이나 벌이 오면 그 반응은 약해진다. 예시) 학생이 안전교육 시간에 소화기의 압력 지침을 확인하여야 한다는 교육을 받고 소화기를 확인하러 다녔으나, 주변에서 부정적인 언행들을 보인다면 학생의 안전 점검 활동은 소극적으로 변한다.
연습의 법칙	• 연습의 빈도가 높을수록 자극과 반응의 결합이 더욱 강해진다. • 자극과 반응을 통해 행동의 변화를 이끌어내고, 그 과정에서 지속적인 강화와 피드백을 주며 반복을 하여야 학습이 이루어진다. 예시) 소방 대피 훈련이 1회성으로만 이루어지면 학습자들은 대피방법 및 안전지식을 몸에 익히지 못한다.
준비성의 법칙	• 인지적, 정서적으로 학습할 준비가 되어 있다면 학습은 더욱 효과적으로 진행된다. 예시) 교육에 앞서 관련 위험 사고를 보여주고 경각심을 심어주면 이후 안전지식, 기능을 더욱 효과적으로 습득할 수 있다.

위의 개념은 실제로 2차 시험에서 적용되어 나올 수 있는 부분이다. 안전교육을 효율적으로 실시하기 위한 방안을 제시하라고 하였을 때 안전교육에 대한 정의로 시작하여 행동주의를 이끌어 내고, 그 안에서 학습법칙을 제시한 뒤 각 기준에 따른 자신의 안전교육방침을 제시하는 것이다. 효과의 법칙을 언급하면서 안전교육이 실시된 이후 학습자가 안전 점검 활동을 하는 경우 더욱 적극적으로 칭찬을 해주어 교육적 효과를 신장시킬 것이라고 답하거나 또는 지속적인 안전교육과 체험식 활동으로 안전 요소를 몸에 익히게 하여, 행동주의 연습의 법칙에 부합한 안전교육을 실시할 것이다 등의 답변이 가능하겠다.

학습법칙 내용 자체는 어려운 내용이 아니다. 하지만 행동주의의 기반이 되는 필수적인 내용들이므로 이 또한 법칙의 이름 정도는 암기해두어 소방안전교육사 2차 문제가 출제되었을 때 직접적으로 언급할 수 있도록 하자. 단순히 소방지식만 서술하여서는 시험 합격 및 진정한 소방안전교육사가 될 수 없다.

2 구성주의

안전교육은 행동주의에 입각하여 진행되어야 한다고 강조하고 있다. 하지만 이 행동주의는 단순히 교육자가 학습자에게 자극을 제시하고 반응을 이끌어내어 행동의 변화를 추구하는 일방적인 학습에 그친다. 소방안전교육사가 구호를 가르쳐서 "불나면!"이라는 외침에 "대피먼저!"라고 답하게 만들어 교육하는 방식, 구호를 외치는 행동으로서 안전지식을 습득시키는 이 방법은 행동주의와 관련이 깊다. 구호를 외치며 안전교육을 받는 이 과정에서 학습자들이 스스로 생각하고 탐구하는 과정은 생략되기 쉽다. 이러한 안전교육은 결국 수업의 결정권이 교사에게 있는 교육자 중심의 교육인 것이다. 흔히들 말하는 옛날 교육 방식, 전통주의 교육이 여기에 해당되기도 한다.

'안전교육은 행동주의에 입각하여 가르치는 것이 옳다고 하지 않았는가?'라고 묻는다면 그 대답은 '아니오'이다. 대부분의 안전지식 및 대처법이 행동으로 즉각적으로 수반하여야 함은 물론이지만 모든 것이 다 해당되는 것은 아니다. 위험 요소를 인지하고 예방하기 위해 학습자들끼리 토의하고 토론하여 안전문화를 확립해 나가야 하는 경우에는 행동주의가 아닌 구성주의 교육이 필요한 것이다.

행동주의와 구성주의는 짝꿍이자 떼려야 뗄 수 없는 관계이다. 현 교육시대에서도 부각되고 있는 만큼 구성주의는 '교육'의 중심에 서 있다. 따라서 소방안전교육사가 되기 위해서는 구성주의에 대하여도 간략하게 이해하고, 관련된 수업모형을 적극적으로 활용할 줄도 알아야 한다.

(1) 구성주의 기원

20세기에 이르러 다양한 학문 분야가 급격하게 발달하면서 이전 전통주의적 교육을 비판적으로 바라보기 시작했다. 지식이란 발견되는 것이 아니라 인간이 만들어나가는 것으로, 객관적이기보다는 주관적이라는 주장이 나왔다. 지금까지 다양한 교수·학습 이론은 교사가 객관화된 지식을 학생들에게 효과적으로 가르치는 것에 중점을 두었다면, 구성주의 이론에서는 학습자가 어떻게 배우고 어떻게 스스로 지식을 형성해나가는지에 관심을 갖고 있다. 더불어 학습자가 자기주도적인 학습을 해나갈 수 있도록 알맞은 교육 환경과 교육방법을 제공할지 고민하는 데 초점을 둔다.

(2) 구성주의 학습 이론

구성주의는 이전 전통주의(행동주의 포함) 교육 이론과는 전혀 다른 양상을 보인다. 21세기 현대시대에는 학습자 중심의 교수·학습 활동을 강조하고 있으며, 이를 행동주의 교육방식과 잘 결합해야 한다고 이야기한다. 그러기 위해서는 행동주의와 구성주의의 특징을 이해하고 장단점을 비교하여, 가르치고자 하는 학습 내용에 따라 알맞게 구성하여야 한다.

구성주의 학습 이론의 기본 성격과 원리는 다음과 같다.

> **구성주의 학습의 성격 및 원리**
> • 학습이란 배우는 과정 자체가 학습이자 발달이다.
> • 인지적 불균형은 학습을 촉진시킨다. 학습자의 선행 경험과 모순이 되는 여러 가지 지식들을 탐구하고 일반화시켜서 새로운 지식을 만들어낸다.
> • 학습 과정에서 반성적으로 사고하는 것(논술, 토의, 토론 등)은 학습의 원동력이 된다.
> • 공동체로 이루어지는 대화는 혼자만의 사고보다 더 나은 생각을 이끌어낸다.
> • 학습은 지적 구조가 지속적으로 수정되고 바뀌어 발달해나가는 것이다.
> • 학습자는 지식을 구성해나가는 교수·학습 활동의 능동적인 주체가 되어야 한다.
> • 교육자는 학습자의 능동적인 참여를 위한 안내자, 조력자의 역할을 하여야 한다.
> • 관련 학자 : 피아제, 비고츠키, 브루너 등

구성주의 학습 이론에서는 학습하는 과정 자체를 중요하게 여기고, 학습자가 중심이 되어 스스로 개념을 만들어나가는 것이 핵심이다. 또한 이전에 학습자가 가지고 있는 경험과 지식을 바탕으로 토의, 토론 등 비판적 사고 과정을 활용하여 인지구조를 변화시키며 학습한다. 안전교육의 세 부분인 지식, 기능, 태도 중에서 지식과 태도를 기르는 수업에 적합한 방식이다. 어떠한 위험 요소에 대해서 위험성을 인지하거나 파악하는 수업, 또는 자신들이 배운 안전수칙들을 널리 알리고 몸소 실천할 수 있도록 정의적 영역을 다루는 수업 등에 유용하게 활용될 수 있다.

(3) 교육자의 역할

여기서 중요한 핵심은 바로 학습자와 교육자의 역할이다. 2019년도 소방안전교육사 2차 시험에도 체험중심 수업모형에서 교육자의 역할에 대하여 설명하라는 문제가 출제되었다. 행동주의뿐만 아니라 구성주의, 그리고 각 교수·학습 모형에서 학습자와 교육자의 특성과 그 역할에 대하여 서술할 수 있어야 한다.

구성주의에서 교육자의 역할은 학습자의 능동적인 참여를 위한 안내자, 그리고 학습을 준비하고 도와주는 조력자가 되어야 한다. 학습자가 학습에서 스스로 올바른 길로 나아갈 수 있도록 올바른 모델 또는 사례를 제시해주어야 한다. 또한 학습자가 어떻게 개념을 만들어나가는지 지켜보며 수행 결과를 분석하고 피드백을 제공해주어야 한다. 그 과정을 적극적으로 수행해나갈 수 있도록 동기부여를 하여야 한다. 또한 학습자가 구성한 개념을 바탕으로 함께 반성적 사고를 경험하며 개념을 명료화할 수 있도록 도와준다. 수업이 끝난 뒤 형성평가를 실시하여 수업목표 달성도를 확인하고, 부족한 부분은 다음 교육 활동에 반영하도록 계획한다. 이러한 일련의 과정이 올바르게 이루어질 수 있도록 문제 난이도와 과제를 재구성해야 하며, 수업에 일어날 수 있는 다양한 상황에 대비해두어야 하는 것이 교육자의 역할이라 할 수 있다.

구성주의 이론에서 교육자의 역할	안전교육에서 교육자의 역할 예시
교육자는 학습자가 학습에서 스스로 올바른 길로 나아갈 수 있도록 올바른 모델 또는 사례를 제시해주어야 한다.	지진이 발생하였을 때 올바르게 대처하여 인명을 구한 사례, 기사, 뉴스를 활용하여 학습자가 위험성을 스스로 인지하도록 한다.
학습자가 어떻게 개념을 만들어나가는지 지켜보며 수행 결과를 분석하고 피드백을 제공해주어야 한다.	지진 대처법에 대하여 모둠토의를 하는 경우 교육자는 순회 지도를 하며 이야기를 듣고 오개념을 형성하는 경우 수정해주며 토의의 방향을 바로잡아준다.
학습자가 개념 구성 과정을 적극적으로 수행해 나갈 수 있도록 동기부여를 하여야 한다.	강의실에서 지진을 가정하고 지금 당장 할 수 있는 대처를 실현해보게 한다. 그 과정에서 의자 밑에 들어가는 것 외에 미리 출입구를 열어 두었다거나, 전기 및 가스 차단을 하였다거나 등 다양한 의견을 적극적으로 칭찬하고, 학습자의 아이디어를 바탕으로 수업의 흐름을 이끌어 나간다.
학습자가 구성한 개념을 바탕으로 함께 반성적 사고를 경험하며 개념을 명료화할 수 있도록 도와준다.	지진 대처법에 대해서 모둠별 토의 결과를 공유하고 일반화한다. 이 과정이 끝나면 교육자는 좋았던 점을 되묻고, 부족하여 추가할 점은 없는지 생각해보게 한다. 최종적인 의견을 수렴하여 지진 대처법을 정리하여 전달하며 개념을 명료화한다.

구성주의 이론에서 교육자의 역할	안전교육에서 교육자의 역할 예시
수업이 끝난 뒤 형성평가를 실시하여 수업목표 달성도를 확인하고, 부족한 부분은 다음 교육활동에 반영하도록 계획한다.	지진 대처법에 관련하여 형성평가로서 O, X 퀴즈를 풀어보거나 초성게임을 진행하여 학습자들이 수업 목표에 도달했는지 확인한다. 미숙한 부분이 발견되었다면 다음 시간 수업에 반영하여 보충할 수 있도록 한다.
문제 난이도와 과제를 재구성해야 하며, 수업에 일어날 수 있는 다양한 상황에 대비해두어야 한다.	안전교육을 받는 대상이 초등학생이라면 지진 대처와 관련된 용어가 어려운 부분은 없는지 점검하고, 수업에서 적절한 단어를 선택하도록 한다. 또한 학습 활동지 및 형성평가 등 학습자의 특성과 규모를 고려하여 마련한다.

3 안전교육과 행동주의 2019년 기출

소방안전교육사는 단순히 안전지식을 전하는 전달자가 아닌 안전교육을 통해 지식, 기능, 태도 등 전인적인 인간을 길러내야 하는 교육자이기 때문에 안전교육을 교육학과 연계시켜 탐구하여야 한다. 더불어 안전교육과 교육학의 관계는 이전 2차 시험에도 출제된 적이 있으므로 이 시험을 준비하는 수험생으로는 더욱 필수적인 항목이다.

> **그렇다면 안전교육은 왜 행동주의와 연결시켜 생각해보아야 할까?**
>
> 안전교육은 우리가 위험 요소를 항상 예방하며, 상황 발생 시 위험 인자를 파악하고 그에 대해 적절히 대처하기 위해 필요하다. 더불어 교육활동을 통해 학습자는 이러한 일련의 과정들이 몸과 마음에 스며들어 즉각적인 행동으로 보일 수 있어야 한다. 마치 위험한 상황에는 몸이 먼저 반응하여 자신의 신체를 보호하여야 하는 것과 마찬가지로 말이다. 따라서 안전교육은 다른 일반 교과학습과는 달리 행동주의에 입각하여 전개하여야 한다.
>
> 행동주의는 자극에 대한 반응 결과를 통해 학습 과정을 확인한다. 어떠한 자극을 지속적으로 주고, 그 자극이 학습자에게 반복되며 그 결과로 행동반응을 보이는 것, 그리고 행동의 변화를 보이는 것이 행동주의에서 바라보는 학습인 것이다. 이를 안전교육에 접목시켜 우리는 안전교육을 하나의 자극으로서 수시로 반복 교육하고, 그 결과로 학습자가 이전과 달리 안전하게 생활하는 것을 반응으로 여길 수 있다. 이전에 비해 안전하게 생활하게 된 것, 즉 행동의 변화가 있다는 것은 행동주의 관점에서 교육활동이 성공적으로 수행되었다는 것을 의미한다.
>
> 행동주의에서는 지속적인 반복으로 교육목표가 행동으로 나타나는 것이 학습이라고 하였으므로 안전교육에서는 안전교육활동을 반복하여 안전 행동 및 기능 실현이 행동으로 나타나야 한다. 반복학습으로 학습자는 안전지식, 안전기능, 안전태도가 몸에 스며들고 습관화되는 것이 안전교육의 궁극적인 목표이다.
>
> 교육의 세 기준인 지식, 기능, 태도를 중심으로 지속적인 반복학습을 하는 것, 그리고 이를 통해 습관화를 이루는 것, 이러한 특성을 바탕으로 맥을 같이하기에 행동주의와 안전교육이 연관되어 있는 것이다.

안전교육을 교육학에 연관시켜 생각해보기 위해 우리는 행동주의와 구성주의, 강화 이론, 동기 이론 등 다양한 교육학 내용을 핵심만 골라 학습해보았다. 2차 시험을 준비하기 위해서는 우선 안전교육의 정의와 개념, 필요성, 목적을 세심하게 파악하자. 심층적인 이해가 완료되었다면 그 이후 교육학의 내용을 확인하고, 이를 앞선 내용과 연결시켜 생각해보자. 만약 내가 강사가 되어 안전교육을 실시한다면? 이 교육학 이론을 바탕으로 수업한다면? 어떤 점에 주의하여야 할까? 등의 다양한 의문점을 바탕으로 자신의 개념을 연결시켜나가기 바란다.

◆ Tip 소방안전교육사를 준비하는 수험생의 대부분은 소방 관련 직무에 종사하고 있다. 합격자 비율을 살펴보아도 교육 관련 종사자에 비해 소방 관련 종사자의 비율이 월등히 높다. 따라서 대부분이 소방안전교육사 1차 시험에서 교육학을 회피하고, 2차에서도 교육학 부분을 어려워한다. 또한 국민안전교육 표준실무가 2020년에 개정되면서 학습자 특성, 발달 특성, 교육평가 등 교육학 요소가 훨씬 많이 추가되어 더 어려워진 것도 사실이다.

따라서 대부분의 수험생들의 2차 답안을 보면 교육학적인 요소들이 많이 부족하다고 한다. 이러한 상황에 조금만 더 투자하여 교육학적 요소를 답안에 녹여낸다면 답안이 조금 부족하더라도 점수를 확보하기에 유리할 것이다. OMR 평가가 아닌, 소방, 안전교육 전문가인 사람이 평가자가 되어 답안을 읽는데 똑같은 내용이더라도 교육학이 녹아 있으면 당연히 더 눈길이 가지 않을까?

2차 시험을 위해서라도, 이후 소방안전교육사로서 활동을 위해서라도 교육학은 필수이며, 등한시할 수 없다. 대부분의 수험생과 합격자들이 교육학이 약한 점을 역으로 이용하여 본인의 무기로 만들자. 안전교육과 관련된 교육학의 핵심만 추출해놓은 본 교재를 활용하여 교육 전문가가 되도록 하자. 소방 관련 종사자들이 교육학을 이해하려 노력한다면 이는 분명 본인의 강점이 될 것이라 확신한다.

Q. 행동주의에 근거하여 안전교육의 개념을 설명하시오.

답안을 작성해보세요.

예시답안은 본 책의 부록에 있습니다.

1 외적 동기와 내적 동기

학습의 과정에서 학습자는 '동기'를 느낀다. 무언가를 왜 하고 싶은지, 얼마나 어떻게 하고 싶은지 생각하는 욕망 그 자체를 동기라고 부른다. 동기는 정신적인 에너지이자 힘으로서 인간이 자신의 목표를 달성하는 데 원동력이 된다. 따라서 학습 과정에 동기는 필수적이며 없어서는 안 될 존재이다.

행동주의, 구성주의 불문하고 학습 활동에 참여하려는 학습자는 동기가 있어야 능동적으로 교육 활동에 참여하며, 그 결과로 지식, 기능, 태도를 신장시키게 된다. 안전교육의 목적도 안전과 관련된 지식, 기능, 태도를 신장시키고 반복 학습하여 습관화하여야 하지만, 학습자가 동기가 없다면 안전과 관련된 그 어떤 것도 얻지 못한 채 수업이 끝나고 말 것이다. 따라서 교육자는 학습자의 동기를 자극하고, 이를 극대화시키기 위하여 전략적으로 교수·학습 활동을 전개하여야 한다.

동기는 외적 동기와 내적 동기로 구분된다. 두 가지의 정의와 특성, 사례를 구체적으로 이해하고 이를 교수 과정에 적절히 안배하여 활용하여야 효율적인 안전교육을 실시할 수 있을 것이다.

외적 동기 　　　　　　　　　　 내적 동기

(1) 외적 동기

외적 동기는 단어 그대로 외부에서 학습자 내부로 직접 전해져오는 자극이다. 외적 보상을 받기 위해 노력하거나 처벌을 피하려고 노력하는 것과 같이 만족하려는 기준을 충족시키기 위하여 특정한 행동을 하려는 동기를 뜻한다. 외적 동기를 유발하기 위해서는 활동에 대하여 긍정적인 보상(선물, 점수, 성과급, 수당, 승진 등)을 주거나 부정적인 요소를 제거(벌점 면제, 체벌 회피 등)해주는 것이 해당된다.

외적 동기를 지향할 경우 학습자는 결과에만 관심을 갖기 때문에 외적 자극이 주어지지 않을 경우 동기는 쉽게 사라진다. 쉬운 예시로 부모님이 학생에게 시험 100점에 맞으면 게임기를 사준다고 조건을 제시하는 것과 같다. 학생은 게임기를 얻기 위하여 최선을 다해 공부를 하지만 공부 자체에 흥미를 가지고 임하는 것이 아니다. 또한 점수를 달성하여 게임기를 얻게 된다면 그 이후 학습을 위한 외적 동기는 바로 사라진다.

외적 동기는 학습자의 학습의욕을 쉽게 이끌어낼 수 있지만 학습 자체를 향한 동기 부여는 아니므로 지나치게 사용할 경우 부작용이 생길 가능성이 높다. 따라서 외적 동기를 활용해야 할 경우 학습자의 특성을 분석하여 적절한 경우에만 활용해야 하며, 남발할 경우 외적 동기 자체가 유발되지 않을 수 있다. 따라서 소방안전교육사로서 교육활동을 진행할 경우 문제를 맞히면 선물을 주는 행위 등은 필요한 경우에만 선택적으로 활용하기 바란다. 더불어 학습 대상이 유아, 어린이, 청소년인 경우에는 외적 보상을 지양하는 것이 교육적으로 바람직하다.

(2) 내적 동기

　내적 동기는 과제 자체에 흥미나 과제 수행 과정에 수반되는 즐거움, 만족을 얻기 위해 행동하려는 의지를 뜻한다. 내적 동기를 유발하기 위해서는 학습자가 과제에 흥미를 느끼고 재미를 느끼도록 유도하거나, 의미부여를 통한 자존감 및 자부심을 고양시켜주는 방법이 있다. 또한 적절한 과제를 제공하여 학습자에게 성공을 경험하게 함으로써 스스로에 대한 신뢰감을 높여주는 것이 해당된다.

　내적 동기는 행동 그 자체에 즐거움을 느껴 발생되는 능동적이고 강한 동기이며, 학습의 경우 과제에 대한 학습자의 흥미, 호기심, 자기만족감, 성취감 등에서 비롯되는 동기이므로 지속력이 매우 강하다. 더불어 학습의 결과보다는 과정에 중심을 두고 판단하는 경우가 많다. 앞서 외적 동기의 예시와 반대로 내적 동기를 가진 학생은 게임기를 받기 위해 시험 100점을 받지 않는다. 공부하는 과정의 즐거움, 배움의 가치를 느끼는 것이 행복해서 공부를 열심히 하며 결과보다는 자신이 노력한 과정에 초점을 둔다.

　내적 동기를 즐기는 학습자들은 주로 도전의식을 느낄 수 있는 과제를 선호하기 때문에 호기심을 불러일으키는 주제로 교수활동을 진행할 경우 교육 효과는 더욱 증폭된다. 또한 자신이 수행한 결과에 대해 다른 기준이 아닌 자신의 내부 기준에 의해 판단하는 경향이 있다. 따라서 내적 동기를 가진 학습자는 자신의 학습 과정을 스스로 되돌아보고 수정하며 보완하고, 이를 다른 분야에도 확장시켜나가는 선순환구조를 보인다.

　내적 동기는 교육활동에 있어서 매우 긍정적이지만 그만큼 이끌어내기가 매우 어렵다. 학습자의 연령이 낮을수록 내적 동기보다는 외적 동기가 강한 편이고, 학습자의 연령이 너무 높은 경우에도 마찬가지의 양상을 보인다. 외적 동기를 지양하고, 내적 동기를 추구하는 목표를 가지고 교육활동을 실시하되, 내적 동기 유발에 어려움이 있을 경우에 외적 동기(보상)를 적절히 활용하여야 한다. 이러한 방식으로 두 가지 동기를 조합한 바람직한 교육활동이 될 것이며, 학습자들은 내적 동기를 충만하게 가진 능동적이고 자기주도적인 학습자로 거듭날 것이다.

외적 동기 – 보상에 대한 욕구	내적 동기 – 학습에 대한 애정
외적 동기가 필요함	학습 자체가 만족감을 줌
보상이 따르는 것만 관심	여러 방면에 다양하게 관심
순간적인 노력	지속적인 노력
단기적인 목표	장기적인 목표
결과 자체에만 초점을 둠	과정 자체에 초점을 둠
보상 자체가 의미	배움 자체가 의미
보상 여부에 따라 동기 변화	지속적인 동기의 증가

2 질문과 발문

(1) 정 의

질문이라는 단어는 많이 들어보았어도, 발문이라는 단어는 생소할 수 있다. 두 가지 모두 비슷한 개념이지만 교육현장에서는 질문보다 발문에 초점을 둔다. 질문이란 궁금한 점을 바로잡아 밝히려고 묻는 것을 뜻하고, 발문이란 학습자의 사고 과정을 촉진시키고 확장시키기 위해 제시하는 교육자의 물음 정도로 구분 지을 수 있다. 또한 '~에 대하여 설명해보시오' 또는 '~를 구별해보시오' 등과 같이 학습자에게 어떠한 행동을 요구하거나 사고를 요구하는 경우도 발문에 해당된다. 질문과 발문에는 엄연한 차이가 있다. 하지만 대부분 교육현장에선 질문과 발문의 개념을 혼용하여 사용하는 경우가 많고, 질문이라 칭하여도 발문의 개념으로 이야기 한다는 것을 알아두자.

(2) 발문의 종류

학자에 따라 발문의 종류를 여러 가지로 나누지만 소방안전교육사를 준비하기 위해서는 단순하게 두 가지로 분류하여 알아두자. 발문은 하나의 정답만 인정하고 기억을 확인하는 수렴적 발문과 여러 가지 답변이 가능하고 학습자의 사고를 확장시키는 개방적 발문 두 가지로 나눌 수 있다. 두 가지 기준에 따른 다음 예시를 잘 비교하여 살펴보자.

분 류	설 명
수렴적 발문 (폐쇄적 발문)	• 정해진 정답만 인정하는 질문 • 학습자의 기억 여부를 확인할 때 주로 사용됨 • 대답이 예상 가능하고 한정적임 • 주로 연령이 어린 학습자들에게 적합함 　예시) – 소화기는 교실의 어디에 있나요? 　　　　– 소화기를 분사할 때 어떻게 해야 하지요? 　　　　– 소화기를 가지고 장난치면 안 됩니다.
개방적 발문 (확산적 발문, 발산적 발문)	• 학습자의 사고 과정을 확장하고 심화시키기 위해 묻는 질문 • 수업 흐름의 연결, 다양한 아이디어 산출, 수업 분위기 전환을 위해 활용됨 • 예상 가능하나 정답이 정해지지 않았으며 개인차가 있음 • 유추와 판단과 같은 고차원적인 사고가 가능한 학습자들에게 적합함 　예시) – 소화기는 왜 여기 위치해 있을까요? 　　　　– 소화기를 분사할 때 더 불을 잘 끄기 위해서는 어떻게 해야 할까요? 　　　　– 소화기를 가지고 장난치면 안 되는 이유는 무엇일까요?

소화기 안전교육을 실시할 때 학습자가 '소화기를 분사할 때 바람의 방향을 보고 어떻게 해야 하지요?'라고 묻는다면 이것은 단순 내용 확인이므로 수렴적 발문에 해당한다. 학습자들이 강의를 듣고 '바람을 등져야 합니다'라고 답할 수는 있지만 이것은 일방적으로 주입받은 지식이며, 사고 과정은 생략된 것이다. 하지만 이후에 '왜 바람을 등져야 할까요?', '등지지 않는다면 어떻게 될까요?', '바람이 강해서 소화기를 분사할 수 없다면 어떻게 해야 할까요?' 등의 사고의 범주를 넓히는 말들은 개방적 발문에 해당된다.

교육을 위해서는 수렴적 발문보다는 개방적 발문을 적극적으로 활용해야 함을 명심하자. 개방적 발문은 학습자들의 사고 과정을 자극하고 학습을 촉진시키는 중요한 기능을 한다. 학습자가 중심이 되어 학습을 이끌어 나가기 위해서는 교육자가 개방적 발문을 적극적으로 활용하여 교육자 -학습자 간, 학습자-학습자 간 상호작용을 극대화하여야 한다.

(3) 효율적인 발문 방법

효율적인 발문은 학습자의 사고 과정을 확장시켜 교육의 질을 높여준다. 효율적인 발문을 사용하기 위해서는 몇 가지 기준을 고려하여야 한다. 교육자는 발문 속에서 학습자가 인지적 갈등상태에서 문제를 해결해 나갈 수 있도록 도와주며, 발문을 통해 호기심과 해결하고자 하는 의지, 성취감 등을 자극시킬 수 있도록 한다.

효율적인 발문의 기준
• 발문은 학습의 목표와 연결이 되어야 한다.
• 발문은 이해하기 쉽게 간결하고 명확해야 하며 구체적이어야 한다.
• 학습자의 수준과 흥미를 고려하여 학습자와 관련된 내용으로 발문하여야 한다.
• 발문을 제시하고 학습자들이 사고할 수 있는 충분한 시간을 주어야 한다.
• 수렴적 발문보다는 개방형 발문을 적극적으로 활용하여야 한다.
• 학습자가 발문에 대해 대답하면 꼭 적절한 피드백을 주어야 한다.

발문은 교육활동에 큰 도움이 되지만, 올바르게 활용되지 못하면 의도한 바와 다르게 부정적인 영향을 끼칠 수 있다. 소방안전교육사를 준비하며, 또는 직접 현장에서 강사로 활동하며 자신의 수업 방식과 발문은 어떠한지 기준에 비추어 되돌아보자.

교육 현장에서 자주 쓰이는 말이 있다.

'수업의 질은 교사의 질을 뛰어 넘을 수 없다.'

교육자가 자신의 수업에 대해 반성적 사고 과정을 거치지 않으면 교육 효과는 발전할 수 없다. 본 과목을 공부하는 수험생은 단순히 자격증을 따기 위한 과정보다, 본 자격증을 취득하면서 진정한 교육자로 거듭나기 위함이라는 것에 중점을 두었으면 한다.

개방적 발문에 대해서 앞에서 수없이 강조하였다. 그만큼 교육현장에서 중요시 여겨지고 있으며, 강의안 및 강의 실연 평가에서도 발문은 핵심 평가 요소이다. 소방안전교육사 2차 시험은 한 명의 교육자를 기르고 선별하기 위한 시험이다. 따라서 기존에 출제되었던 수업모형의 문제, 교안 작성 문제 등 여러 부분에서도 발문을 활용한 정답을 작성할 수 있다.

만능멘트 예시
• 교사는 개방적 발문을 통해 학습자의 사고를 촉진시킨다.
• 교사는 개방적 발문을 통해 학습자들의 다양한 생각을 이끌어낸다.
• 개방적 발문을 제시하여 학습자들의 토의를 심화시킨다.
• 개방적 발문을 제시하여 학습자들이 수업을 주도하게 만든다.

만능멘트의 활용이 가능한 문제 예시
• 수업모형의 특징/활용방법 문제
• 교수・학습 과정에서 교사의 역할 문제 → 교수・학습 유의사항에 필히 적자!
• 학습자와 교사의 상호작용과 관련된 문제
• 주어진 수업 목표를 기준으로 교안을 작성하는 문제

개방적 발문의 중요성을 이해하고, 위의 만능멘트 예시를 하나 정도 외워두자. 그리고 외운 예시를 논술형 답안 작성할 때 적극 활용하자. 위에 제시한 활용 가능한 문제 이외에도 적절하게 사용할 수 있는 때가 온다면 필히 언급하여 고득점을 노려보도록 하자.

　안전교육뿐만 아니라 교육은 모든 분야에서 반드시 학습자 분석을 실시하여야 한다. 학습자의 집단 특성, 규모 특성뿐만 아니라 한 명의 인간으로서 발달 수준에 따른 특성도 존재하기 때문이다. 이러한 학습자의 특성을 파악하기 위해서는 기본적으로 인간의 특성을 분석하여야 한다. 이번 3절에서는 인간이 태어나서 성인이 되고 노인이 되기까지의 생애를 여러 단계로 나누고, 각 단계별 발달 특성과 안전교육 방안에 대하여 논의해보고자 한다.

　출생과 사망까지 생애의 과정을 나누는 기준은 학자마다 학계마다 다르다. 대한민국 정부에서도 국민의 안전교육을 위해 생애주기를 단계별로 나누어 안전교육 프로그램을 마련해놓았다. 이렇듯 단계를 구분하는 기준에 있어서 명확한 정답은 존재하지 않으나, 모든 이론들에서 분류하는 시점과 일반적 특성들은 비슷하다. 또한 인간은 수없이 많으며, 각자 개개인의 발달 속도가 다르기 때문에 생애 단계를 구분하는 구체적인 나이에는 연연해하지 않길 바란다.

　소방안전교육사는 생애주기별 학습자 특성을 이해하고, 교육 프로그램을 구성할 때 이를 반드시 고려하여야 한다. 학습자의 특성과 요구사항을 분석하고 안전교육에 반영할 수 있는 능력이 바로 안전교육 전문성이 될 것이다. 또한 소방안전교육사 2차 시험에서 교육 프로그램과 관련한 문항이 출제될 경우 아래 내용을 포함시켜서 프로그램을 제작하고 답안을 서술하자.

[인간의 생애에 따른 단계 구분]

	① 영유아기 (0~5세)	② 아동기 (6~12세)	③ 청소년기 (13~18세)	④ 청년기 (19~29세)	⑤ 성인기 (30~64세)	⑥ 노년기 (65세~)
생애주기	영유아기 0~5세	아동기 6~12세	청소년기 13~18세	청년기 19~29세	성인기 30~64세	노년기 65세~
구 분	안전교육 의존기	안전교육 준비기	안전교육 성숙기	안전교육 독립기	안전교육 확대기/성찰기	안전교육 유지기
목 표	안전습관 습득	안전습관 선택	안전습관 증진	안전지식 · 실천 확대	타인의 안전책임/ 개인안전 준비	안전환경 확보

(출처 : 국민안전처 생애주기별 안전교육)

[피아제 인지발달 총정리]

인지발달 단계	나 이	특 징	안전교육
감각운동기	0~2세	• 신체감각을 통한 경험 학습 • 대상영속성 발달	
전조작기	2~7세	• 언어, 그림을 통한 상징적 사고 가능 • 자기중심성 강화 • 비가역적 사고	• 그림과 간단한 단어를 활용한 체험 중심의 안전교육 • 안전 역할극을 통한 자기중심성 탈피
구체적 조작기	7~12세	• 논리적 사고로 점차 진화 • 다양한 관점에서의 사고 가능(탈중심화) • 보존개념, 가역적 사고 가능 • 구체적 조작을 통한 경험 학습	• 구체적 조작물(모형 등)을 통한 안전개념 학습 • 역지사지 안전교육(상황 가정하여 입장 바꾸어 생각해보기) • 자신의 생활습관 점검하기
형식적 조작기	12세~ 성인	• 논리적 원리로서 이해 및 납득 • 추상적 사고 가능 • 가설, 연역적 추론 가능	• 위험예측능력 교육(사고 발생 예측하고 진단하기) • 안전 사고 사례 분석하기(논리성, 비판적 사고) • 글쓰기, 보고서 작성, 안전포스터 그리기 등

◆ Tip
• 피아제의 인지발달이론은 교육학의 기본으로서 초등학교 교육과정에도 접목되어 있는 이론임. 학습 전반에 걸쳐 적용되는 만큼 안전교육에도 필수적으로 고려해야 할 대상임
• 발달 특성을 외울 때 단순 암기는 힘들기 때문에, 사례를 살펴보며 외우는 것이 좋음
(ex : 감각기 대상영속성 → 어떤 물체가 가려져 보이지 않더라도 사라지지 않고 존재한다는 사실을 인지하는 것 → 엄마가 아기에게 장난감을 손에 쥔 채 내밀어도 손을 펴서 가져가려고 하는 것)
• 발달특성에 맞는 안전교육 실천 방안을 하나씩 구상해보아야 함(위의 표 참고)

1 유아기(3~5세) 2020년 기출

(1) 발달특성

1) 신체적 발달

이 시기의 어린 유아들은 단시간 내에 빠른 성장과 발달을 이룬다. 먼저 3세 유아의 신체적 발달은 대·소근육의 움직임이 활발해지고 활동범위가 넓어진다. 또한 신체적 움직임이 유연하며 안정되어 자신의 의지에 따라 움직일 수 있게 되는 시작점이다. 움직임에 대하여 민첩성과 자신감은 더욱 높아지나 균형감이나 조정능력은 불완전하여 위험스러워 보이나 점차 성장해 나가는 모습을 보인다.

다음으로 5세 유아들의 신체적 발달은 빠른 속도로 뒤로 걷기가 가능해지고, 달리기, 뛰어서 이동하기 등 다양하고 활발한 움직임을 보인다. 줄넘기와 수영, 자전거 타기와 같이 운동 협응성(두 가지 이상의 기능을 동시에 활용하는 능력)이 필요한 신체활동도 가능해진다. 가지고 있는 에너지양이 높으며 겉으로 피로감을 보이지 않는 편이어서 매사에 적극적으로 참여한다.

유아기에는 신체 균형 유지, 신체 협응력, 공간 지각력 등의 '신체 조정 능력'이 발달된다는 것이다. 더불어 신체의 각 부분을 효율적으로 움직이고 자세를 취하며, 균형을 유지하는 '신체적 안정성'이 발달한다. 이러한 신체적 특성을 고려하여 기본 운동 능력을 증진시킬 수 있는 활동과 안전교육을 접목시키는 것이 좋다.

2) 인지적 발달

어린 학습자들의 발달에 대한 이야기를 하기 위해서는 교육학자인 '피아제'의 발달 단계론을 빼놓을 수 없다. 이 이론에 대하여 간단하게 알아보자면, 피아제는 인간이 환경과의 상호작용을 통해 끊임없이 개념을 재구성해 가는 과정에서 인지능력이 변화하고 발달해간다고 하였다. 더불어 인간의 발달을 4단계로 나누고, 인간은 이 단계에 맞게 순차적으로 발달해간다고 하였다.

유아기는 피아제의 발달단계 중 '전조작 단계' 또는 '전조작기'에 해당하는데, 이 시기의 특성에 맞추어 안전교육이 진행되어야 한다. 전조작 단계의 유아들은 언어나 그림을 보고 어떠한 의미를 연결시키는 상징적 사고가 가능해지며, 점차 언어를 이해하고 표현할 수 있게 된다. 따라서 눈에 보이지 않는 사물이나 행동도 언어와 그림 등으로 묘사할 수 있는 것이다.

또한 유아기가 되면 시·공간적으로 사고의 폭이 넓어져 현재 자신이 있는 공간 외의 다른 공간, 그리고 과거와 현재, 미래를 생각할 수 있게 된다. 다시 말해 과거의 어떠한 경험에 대해 생각해보거나, 미래를 상상해보고, 현재의 자신에 대해 되돌아볼 수 있는 것이다. 이러한 능력을 바탕으로 안전교육에서는 과거, 현재를 통해 위험 요소를 인지하고, 대비할 수 있게 하며, 미래를 생각하며 사고를 예방하는 능력을 발달시켜주어야 한다.

전조작 단계의 가장 큰 특징으로는 '자기중심화'와 '비가역성'이다. 자기중심화란 유아가 자신이 느끼는 한 가지 요소에만 주의 집중을 하면 다른 요소들에는 신경을 쓰지 않게 되는 것이다. 결국 한 가지 감각에만 집중하고 다른 감각은 배제된다는 것인데, 이러한 특성이 유아들의 안전사고에 많은 영향을 끼친다. 또한 비가역성이란 거꾸로 되돌려서 생각해보는 것을 뜻하는데, 쉽게 말해 자신의 행동에 대해 다시 생각해보거나, 다른 사람의 입장에서 생각해보거나, 사물을 원래의 상태로 되돌려 생각해보는 과정이 매우 어렵다. 따라서 이러한 인지적 특성을 반영하여 유아기의 아동들의 안전교육에서는 실제적 상황에서 학습자들이 직접 참여하여 실천해보는 과정이 중요하다.

3) 사회·정서적 발달

3~5세의 어린 유아들은 아직 정서적으로 안정되지 못한 특징을 가지고 있다. 따라서 어떠한 감정에 대해 미숙하고, 지속되는 시간이 짧으며, 표현 자체도 매우 적극적이고 급격하다. 또한 부정의 감정보다는 행복, 기쁨과 같은 긍정적인 감정을 더 쉽게 받아들인다. 어른들이 걱정하는 유아들의 급격한 정서 표현은 성장과 동시에 억제능력이 향상되어 행동적인 정서표출은 점차 줄어들게 된다.

이 시기에는 어떠한 목표 달성을 위해 충동적인 행동을 자제하며 긍정적인 감정을 유지하기 위해서 점차 '자기 통제력'을 발달시켜 나간다. 유혹에 저항하거나, 만족스러운 상태를 유지하는 능력, 그리고 어떠한 충동을 억누르는 능력이 여기에 포함된다. 자기 통제력은 부모나 교육자가 일관성 있게 지도하고, 모범을 보이며 일정한 규칙 안에서 유아를 양육하게 되면 유아의 자기 통제력은 강화된다. 이러한 점에서 유아들의 안전교육에 있어 부모와 교육자의 역할은 다른 시기보다 특히나 중요한 것이다.

유아는 자신이 타인과는 다른 독립적인 존재임을 인식하고, 자신의 생각, 감정, 태도 등을 깨달으며 '자아 개념'을 형성한다. 자아 개념을 바탕으로 자신의 자율성과 독립성을 추구하며, 부모와 자신은 다른 개체라고 인식하는 '개체화' 과정이 보인다. 자신은 독립된 존재라고 생각함과 동시에 다른 사람과 함께 협력하며 생활하는 사회적 행동을 실천한다. 공동체 의식을 통해 협력적이고 실용적이며 우호적인 행동들을 하며, 타인에게 애착감을 갖거나 집단 안에서 규칙을 더 잘 지키려고 노력하기도 한다.

(2) 유아기의 안전사고 경향

유아기는 신체적, 인지적, 사회·정서적 모든 부분이 발달해가는 과정이고, 미숙한 특성이 있기에 사고 발생 확률이 높은 편이다. 각각의 부분이 사고에 영향을 주고 있는데, 신체적으로 발달이 가속되며 활동량이 증가하다보니 놀이 활동 중에 사고가 많이 발생한다고 한다. 더불어 유아기에 사고가 가장 많이 발생하는 곳은 주택과 여가·문화 놀이시설이며, 사고의 유형으로는 미끄러짐·넘어짐 그리고 부딪힘이 가장 많다고 한다.

유아기의 학습자들이 주로 생활하는 곳이 가정과 유치원인데, 유치원에서는 비슷한 특성을 가진 미성숙한 유아들이 많다보니 서로의 안전에도 많은 영향을 끼친다. 아이들끼리의 충돌, 날카로운 물건에 찔림, 놀이 기구와의 충돌, 기구에서의 추락 등과 같이 다양한 방식으로 안전사고가 발생한다. 초등학생들은 주로 쉬는 시간이나 점심시간에 사고가 많이 일어난다는 통계가 있는 반면, 유치원에서는 일반 수업 시간에 사고가 상대적으로 많았다고 한다.

(3) 안전 확보 및 안전 요소 – 핵심 정리

1) 생활공간 중심

생활공간별 안전 요소	
가 정	• 무거운 가구 정리 및 벽 고정 • 위험한 물건(칼, 가위, 포크, 의약품, 세제, 살충제 등)은 유아의 손이 닿지 않는 곳에 보관하며 잠금장치 사용 • 반려동물에 대한 위험성 • 화장실 미끄러짐 사고 예방 • 욕실 및 주방의 온수 화상 사고 • 베란다 난간 높이 및 세로대 머리 끼임 사고
유치원	• 현관 및 외부 울타리 잠금 • 미끄러지거나 걸려 넘어질 수 있는 요소, 돌출부 제거 • 충돌 사고 방지(유리문, 모서리, 문, 복도 등) • 공간의 청결 및 위생 관리(환기, 정기 청소 및 소독, 친환경 제품 사용 등) • 놀이 시설 및 기구 안전 점검 • 야외활동 시 곤충 및 동물에 대한 위험성

2) 안전 영역 중심

영역별 안전 요소		
교 통		• 신체능력 발달 및 활동량 증가로 외부 시간이 많아짐에 따라 교통사고 위험성 증가 • 자기중심성, 비가역성으로 인해 순간적으로 발생하는 교통사고에 대한 대처능력 미흡 • 교통안전 수칙 교육 및 성인의 보호 강조
생 활		• 신체 놀이 및 스포츠 활동에서의 안전 수칙 지도가 우선 • 신체에 맞는 스포츠기구 탑승 및 기본기능 연습 충실 • 안전장구 준비 철저(헬멧, 보호대, 안전 깃발 등)
재 난		• 재난 발생 징후를 인식할 수 있는 능력 신장 • 재난 발생 시 적절한 대처 기능 교육 • 자연재난의 의미, 위험성, 발생 상황, 자기 보호 방법, 대피 방법, 재난 발생 시 보호자의 중요성, 실내·외의 위험한 장소 구분법 교육
화 재		• 화재 및 화상에 대한 위험성 인지 • 화재의 원인, 화재예방법, 화재 시 대처법, 건물에 갇혔을 때 대피 방법/화상의 종류, 예방법, 화상 응급처치법 등 교육 • 화재 대피 훈련을 통한 반복 교육 및 습관화 중요 • 대피훈련에 학부모 협조 요청 및 확실한 역할분담, 평가회를 통한 피드백 과정 실시
신 변	유 괴	• 개인의 기본 생활환경에서 이탈시켜 타인의 지배에 두고, 그 자유를 침해하는 것을 말하며, 약취와 유인을 총괄하는 개념 ＊약취 : 폭행 및 협박을 수단으로 자유를 침해하는 것 ＊유인 : 기망 및 유혹을 수단으로 자유를 침해하는 것 • 유괴범들의 접근 방식을 재연하는 역할놀이로 지도 • 친절한 사람, 알고 있는 사람이 접근한다는 점 지도 • 부모의 허락 없이 누구도 따라가지 않기 지도 • 누군가 강제로 끌고 가려고 하면 완강하게 저항하도록 훈련하기 • 유괴범을 자극하는 것이 더욱 위험할 수도 있음을 알기(소리치기, 때리기) • 지역사회의 안전한 곳과 안전지킴이 집에 대하여 알기
	아동 학대	• 보호자나 성인이 아동의 건강 및 복지를 해치거나 정상적 발달을 저해할 수 있는 신체적·정신적·성적 폭력·가혹행위·유기·방임하는 것 • 아동학대가 의심되는 경우 아동보호전문기관에 신고하여야 함을 교육 • 교육 업무 종사자 및 구급대원은 신고의 의무가 있음
	성폭력	• 아동을 대상으로 성적인 쾌락을 얻기 위해 강압적으로 유도하는 행위로, 성기 추행, 음란물 보여주기, 성매매 매개, 성적 행동, 불안감 및 공포심 조장 등을 모두 포함 • 유아들에게 좋은 느낌과 나쁜 느낌 구별하기/신체 접촉 시 거부하기/성폭력 피해 시 부모나 교사에게 도움 요청하기/집에서 아무나 열어주지 않기/안전한 곳과 위험한 곳 구분하기 등의 교육 필요
약물 및 사이버 중독	약 물	• 오용 : 의도적이지는 않지만 잘못된 용도로 사용하여 피해를 입는 것 • 남용 : 상식, 법규, 관습에서 벗어나 쾌락 추구를 위해 사용하거나 기준보다 지나치게 사용하는 것 • 세제, 방향제, 스프레이, 소독제, 구강청결제 등 유아에게서 분리시키기 • 약물 보관 방법 지도 : 습기, 고온, 직사광선 피하기/필요시 냉장보관/유효기간 지키기
	사이버	• 사이버 중독 위험성, 의미와 원인, 피해 사례, 올바르게 사용하는 법, 중독에서 벗어나는 방법 지도 • 기기를 가족 공동 공간에 두기, 사용 시간 정하기, 올바른 자세 유지하기, 일정 시간마다 휴식 취하기, 사용 시간 확인하기 등의 방안 활용 • 기기 한 대로 여러 명의 유아들이 상호작용하며 놀이학습 및 협동학습의 방식으로 지도 가능

(4) 안전교육 지도 방법

1) 안전교육 지도 방법

영유아 시기 중 스스로 말하고 움직이기 시작하는 3~5세의 유아에게는 활발한 신체활동을 통해 안전교육을 실시하는 것이 적합하다. 또한 위험한 상황에 직접적으로 판단하고 해결할 수 없는 시기이므로 위험한 상황을 인지하고 주변에 도움을 요청하는 것에 중점을 두고 가르쳐야 한다. 안전한 생활을 위해 여러 재난 상황에 대한 대처법을 직접 몸으로 움직여보고 게임을 통해 기억할 수 있도록 유도한다. 무엇보다 중요한 것은 영유아가 가진 탐구심과 호기심을 적극적으로 풀어나갈 수 있도록 다양한 자료를 제공하고, 질문하며 적극적으로 지원하여야 한다.

3세의 유동들에게는 신체를 통해 안전교육을 지도할 때 신체를 어떻게 움직이고 어느 방향으로 어느 정도 크기로 움직여야 하는지 구체적으로 보여 주어야 한다. 또한 교육 주제와 관련된 단어들을 실물이나 그림과 함께 반복해서 들려주어야 하며, 직접 이야기하거나 발표하는 기회를 제공하는 것이 좋다. 미숙하고 불완전한 언어를 사용하는 경우 즉시 고쳐주지 말고, 서서히 시간을 두어 교정하여 깨닫게 하여야 한다. 끝말 이어가기, 눈 가리고 만져서 사물 이름 맞히기, 관찰하고 그리기, 조각그림 맞추기 등의 놀이를 안전교육에 접목시켜 활용할 수 있다.

5세의 유아들은 왕성한 활동력을 가지고 있기 때문에 야외놀이 활동을 적극적으로 활용하는 것이 좋다. 이 과정에서 대·소근육을 발달시키며 안전교육 내용을 직접 몸으로 실천해보며 쉽게 체화할 수 있다. 그러나 유아는 신체조절능력이나 안전의식이 충분히 발달되지 못하였으므로 신체활동 시 교사가 유아안전에 세심한 주의를 기울일 필요가 있다. 언어능력이 발달함에 따라 동화나 동요를 좋아하고 들은 내용을 반복적으로 따라하며, 이에 흥미를 느낀다. 따라서 기존의 노래에 안전교육 요소를 넣어 부르는 노랫말 바꾸기 활동을 할 수 있다.

2) 참고사항

① 유아들의 생활공간이나 일상생활을 학습에 포함시켜 지속성 있고 일관성 있는 안전교육을 실시하도록 한다.
② 유아의 발달 수준과 차이를 고려하여 교육을 진행하여야 한다.
   • 개인의 특성, 경험 차이, 발달 차이, 성별, 생활환경 등을 고려하여 교육 내용과 방법 선정
③ 안전 교육을 통해 창의성과 문제해결력 증진을 꾀하여야 한다.
   • 안전을 위협하는 문제를 제시하여 유아들의 호기심, 상상력, 창의력, 학습 동기를 자극
④ 구체적인 경험을 바탕으로 학습을 진행하여야 한다.
   • 직접 만지고 듣고 보고 느끼는 활동을 통해 안전 개념을 형성하므로 실제와 유사한 상황에서 경험을 제공하며 학습을 진행
⑤ 흥미롭고 재미있는 다양한 활동·자료를 활용하여야 한다.
   • 이야기 나누기, 노래 부르기, 동작 표현 활동, 그림 그리기, 동화·동시 활동, 역할놀이, 현장 학습, 요리, 게임 등을 활용

⑥ 통합적으로 접근하여 반복적으로 지도하여야 한다.

⑦ 가정과 지역사회와 연계하여 안전교육 학습의 장을 넓혀야 한다.

⑧ 안전 규칙을 주입하는 것이 아니라 합리적으로 이해하고 내재화할 수 있도록 한다.

(5) 교육자 유의사항

① 위험 요소를 강조하기 위해 '겁주기 전략'을 지나치게 활용해서는 안 된다.

- 겁주기 전략 : 위험 행동을 하지 않게 만들기 위해 어떠한 상황의 위험 가능성을 과도하게 부풀려 겁을 주는 것. 겁주기 전략을 과도하게 사용할 경우 일상생활에 두려움만 커질 수 있음

② 유아들과 적당한 거리를 유지하며 눈높이를 맞추어야 한다.

③ 이야기를 할 때에 유아들과 눈을 마주쳐주고, 적절한 피드백을 제공하여야 한다.

④ 활동 자료를 소개할 때에는 유아들이 모두 볼 수 있는 위치에 놓아야 한다.

⑤ 교수매체 및 자료를 분배해줄 경우 교육자의 설명을 먼저 한 뒤 분배하여야 한다(유아들은 궁금하면 앞으로 걸어가서 직접 만지려하여 주의가 분산되기 때문이다).

⑥ 사물이나 방향을 가리킬 때에는 직접 손짓을 하거나 짚어주어야 한다.

⑦ 유아들에게는 쉬운 용어로 긴 설명보다 한, 두 문장으로 구분지어 설명하여야 한다.

⑧ 이야기하는 도중 유아들이 불쑥 자기 이야기를 하려고 하면 "조금만 기다려주렴"이라고 하거나 들어주는 몸짓을 보여 교육자의 말에 집중할 수 있도록 한다.

2 초등학교 학령기(6~11세)

이 시기를 학령기라고도 부르며, 초등학생으로 저학년과 고학년으로 나누어 특성을 살펴볼 수 있다. 같은 초등학생이지만 저학년과 고학년의 특성이 뚜렷하게 구분되므로 그 차이를 이해하고 수업을 진행하여야 한다. 만약 고학년을 기준으로 프로그램을 계획하면 저학년 아동들은 전혀 이해하지 못하고, 반대인 경우에는 고학년 학생들이 교육에 흥미를 갖지 못해 참여를 하지 않게 된다.

(1) 발달특성

1) 초등학교 저학년 발달특성

저학년은 신체적으로 소근육 운동 기능의 발달이 완전하지 못하므로, 고도의 안전 행동을 가르치기 위해 무리해서는 안 된다. 단순한 안전 기능부터 차근차근 단계적으로 학습시켜야 하며, 나선형 교육 과정에 따라 점차 내용을 심화시켜나가는 인내심이 필요하다.

인지적 측면에서는 피아제의 발달단계 중 '구체적 조작기'에 해당하는 연령이다. 구체적 조작기의 아동은 구체적이고 실제적이며 현실적인 경험과 조작활동을 통해 학습이 이루어진다. 본인이 직접 만지고 보고 듣고 느낄 때 더욱 유의미한 사고 과정이 이루어지고, 이것이 효과적인 교육으로 연결된다. 구체적 조작 단계에서는 이전 전조작 단계에서 갖추지 못했던 능력들이 생겨나는데, 예시로는 보존 개념, 분류·유목화, 서열화, 전이적 추론, 가역성 등이 있다.

사회·정서적 측면에서는 저학년의 아동들은 조금씩 자기중심적인 사고에서 벗어나 탈중심화되어가지만, 아직은 많이 부족한 모습을 보인다. 그러나 점점 타인에 대한 인식이 중요해지기 때문에 다른 사람에게 질책 받거나 비난 받는 것을 매우 꺼리게 된다. 따라서 안전교육을 실행하는 과정에서도 학습자들의 실수나 잘못을 지적하기보다 따뜻하게 감싸주는 학습 분위기가 필요하다.

학 년	발달특성
1학년	• 아직 유아의 특성을 보이며, 현실감각이 떨어지는 편이다. • 추상적 활동보다 구체적인 활동을 할 때 인지력이 높아진다. • 이야기 속 상황을 자신의 상황처럼 매우 현실감 있게 받아들인다. • 공간에 대한 인지능력이 부족하며 생각과 행동이 불일치하는 경우가 있다. • 참을성과 집중력이 약하여 쉽게 흥미를 잃는다. • 주로 자기 입장에서 얘기하므로 성급하게 아이들의 말과 행동을 판단하거나 결정지어서는 안 된다.
2학년	• 감정적으로 행동하는 경향이 있으며 집단의식이 적고, 손해 보려고 하지 않는다. • 개인의 성향에 따라 생각하고 행동하지만 사회의 기준을 이해하고 받아들이기 시작한다. • 개별 놀이에서 집단 놀이로 놀이집단의 규모가 확대되어 간단하고 협동적인 놀이에 참여할 수 있다. • 생각이나 감정의 지속시간이 짧고 변화가 잦아 한 가지 활동에 오래 집중하지 못한다.
3학년	• 심층적으로 생각하는 활동보다 모둠별 퀴즈대회, 발표 대회와 같은 놀이적인 활동에 더 관심을 보인다. • 논리적으로 사고가 가능해진다. • 직접 만지고 살펴본 내용을 머릿속으로 끌고 와 추상적인 생각을 할 수 있는 능력이 생기기 시작한다. • 새로운 지식이나 기능을 배우고자 하는 열의가 높은 편이다. • 시공간에 대한 구별이 존재함을 인식하고 구별하려고 한다.

2) 초등학교 고학년 발달특성

고학년의 초등학생도 저학년과 비슷한 특성을 보이지만, 초등학교가 6년이라는 긴 시간이기 때문에 1학년과 6학년의 차이는 매우 크다. 저학년에서 고학년으로 올라오면서 점차 또래의식이 생기고 집단의식이 생기는데, 자신이 또래들과 닮기를 바라고 하나의 공동체가 되길 바란다. 이러한 시기를 '도당기'라고 부르는데 자신, 가족보다 또래를 중시하는 이 특성을 고려하여 안전교육에서도 적절한 상호학습 및 협력학습 제도가 마련되어야 한다.

에릭슨(Erikson)은 심리사회적 발달 단계를 언급하였는데, 인간이 성장해가려면 사회에서 제시하는 단계별 과제를 수행하여야 하고, 개인은 이 과정 속에서 일정 능력을 습득해 나간다고 하였다. 이 시기의 아동은 에릭슨의 발달 단계 중 '근면성의 단계'에 해당된다. 이 단계에서 학습자는 학습 과정을 통해 근면성을 기르게 되는데, 만약 실패와 좌절이 누적될 경우 열등감이 형성될 수 있다. 열등감이 형성되면 학습 및 생활에 대한 무기력감으로 정상적인 생활에 어려움을 겪게 되는 것이다. 안전교육에서 실패와 좌절을 경험하면 안전 행동에 대한 무기력감을 얻어 안전한 생활에 대한 의지가 떨어질 수 있다. 따라서 안전교육에서도 학습 과정에 열등감보다 근면성을 기를 수 있도록 지도하는 것이 좋다.

학 년	발달특성
4학년	• 또래 집단의 필요성을 알고 집단을 형성하기 시작한다. • 사회의 여러 현상에 대해 관심이 많아지며 비판하는 의식도 생긴다. • 허구와 현실 세계에 대한 구별을 확실히 한다. • 어른들의 행동에 대해 비판적 관점을 가지기 시작하고, 이에 대해 따지거나 근거를 요구하기도 한다. • 남자 아이들은 활발하게 움직이는 것을 즐겨 하고, 여자 아이들은 움직이는 것을 귀찮게 생각하는 경향이 있다.
5학년	• 자신에 대해 강한 자긍심을 가지며 자신이 잘하는 점을 친구들 앞에서 자랑하기도 한다. • 유머나 개그 표현을 즐기며 이성 교제나 연예인에 대한 관심이 많다. • 신체적으로 발달이 늦은 아이들은 약간의 열등감을 갖기 시작하는 시기이다. • 옳고 그름에 대한 분별력이 대부분 갖추어져 있고 주장에 대한 적절한 근거를 들 줄 안다.
6학년	• 뉴스나 신문을 보고 사회적으로 비판할 수 있으며, 자신의 생각을 나름대로 말할 수 있다. • 비판 의식과 또래의 집단의식이 강해지며 또래 집단 내에서 우열이 생기기도 한다. • 발표나 앞에 나서는 활동에서 주변을 인식하여 더 잘하려고 하는 적극적인 아이와 부끄러워 앞에 나서는 것을 꺼리는 소극적인 아이로 나뉜다.

(2) 위험행동의 요인 분석

안전한 생활을 위해서는 위험이 되는 요소들을 분석하여 제거할 필요가 있다. 따라서 안전교육 내용을 선정할 때에도 어떠한 점이 문제인지, 어떠한 위험 요소가 존재하는지 파악하는 과정이 필요하다. 따라서 초등학생 시기의 학습자들에게 무엇이 위험한지, 왜 위험한 행동을 행하는지, 이에 영향을 주는 요소는 무엇이 있는지 등에 알아보고 이에 대한 내용과 지도 방법을 구상해보자.

1) 개인적 측면

① 나이가 많을수록 위험 인식 능력이 높고, 책임 인정 수준도 높으나, 사고 및 부상 발생 가능성에 대해서는 더 낙관적인 태도를 보인다.

② 어린이 중 여아는 '사고로 부상을 당할 가능성'에 중점을 두고 위험 상황을 판단한다. 하지만 남아는 '사고로 인한 부상의 정도'에 중점을 두고 판단하는 특성이 있다. 따라서 남아의 가벼운 부상에 대해서는 사고가 발생하여도 괜찮다라는 인식이 생길 수 있으므로, 이에 대한 추가 안전교육이 필요하다.

③ 위험에 대한 지식, 인식 수준은 낮으나 자신이 사고를 당할 가능성, 부상 가능성은 낮을 것이라고 믿는 아동들이 있다. 또는 사고나 부상의 원인을 자신의 행동이 아닌 '나쁜 운'으로 돌려 생각하여 안전 불감증이 만연해지는 경우가 있다.

④ 재미, 흥미, 편리함 등의 요소들이 내적 동기로 작용하여 위험한 상황에 대한 판단능력을 흐리게 한다.

2) 가정 측면

① 예로부터 남자는 여자보다 씩씩하고 활발해야 하며, 여자는 조용하고 조신하여야 한다는 교육 방식이 남아들의 사고확률을 높인다.

② 부모들이 위험행동을 하면서 자녀들에게는 안전을 실천하라고 하는 경우에 아이들은 '안전들은 아이들에게만 해당되는 것'이라고 잘못된 가치관을 형성하게 된다. 이는 자녀가 성장할수록 안전 불감증이 강해질 수 있다는 우려가 있다.

③ 어린 아동들은 가족 중 나이가 위인 형제자매로부터 영향을 크게 받는 경향이 있다. 형제자매가 위험한 행동을 실천하는 경우 이를 보고 따라하거나 본받기도 한다. 따라서 이를 역으로 이용하여 형제자매가 안전행동 모범을 보이거나, 동생에게 직접 안전 지식을 가르쳐 안전교육 효과를 극대화시킬 수 있다.

3) 사회·상황적 측면

① 초등학생 시기부터 또래집단의식이 형성되어 자신의 주관보다 또래의 시선이 더욱 중요해진다. 또래의 잘못된 판단으로 위험행동을 그대로 따라하는 경우도 있다. 따라서 개별 학습이 아닌 또래집단에게 안전교육을 실시하여 안전문화 형성을 꾀할 수 있다.

② 스마트기기 및 소셜 미디어의 발달로 위험하고 극단적인 사례들에 노출되는 경우가 빈번해지고 있다. 아동들이 콘텐츠의 위험성을 분별하고 선택할 수 있는 능력을 지도하여야 한다. 미디어에 자주 노출되는 만큼 역으로 안전 지도를 콘텐츠에 녹여낼 수 있는 방안이 필요하다.

(3) 안전교육 지도 방법

1) 초등학교 저학년

이 시기의 아동들은 모든 개념을 학습할 때 직접 만지고 느끼고 관찰하는 과정이 필요하다. 처음부터 어떠한 사진이나 그림, 언어, 기호를 제시하고 설명하게 된다면 구체적으로 보이는 것이 없게 되기 때문에 이해할 수 없게 된다. 또한 집단끼리 노는 것을 즐기기 시작하므로 협력활동을 통해 학습의욕을 높일 수 있다. 따라서 역할극이나 시청각 학습, 몸으로 말해요, 낱말 맞추기, 그림 그리기, 모둠 퀴즈대회 등을 안전교육과 접목하여 활용 가능하다. 안전교육 측면에서 살펴보면 저학년의 아동들은 위험을 식별하고 벗어나거나 주변에 알리고, 예방하는 방법을 중점적으로 가르쳐야 한다.

2) 초등학교 고학년

초등학교 고학년 학생들은 사춘기로 인해 뚜렷한 특성을 보이기 시작한다. 자신들이 흥미 없는 주제에 대해서는 관심을 일절 보이지 않으나 반대로 자신이 흥미 있는 분야에 대해서는 열정적으로 참여한다. 학생이 좋아하는 분야에 대해선 스스로를 전문가처럼 생각하고, 자신이 제일이라는 사실을 인정받으면 더욱 좋아한다. 따라서 이 시기의 특성에 맞게 학생들의 흥미와 관심사에 맞는 교육 자료와 활동이 절실히 필요하다.

또한 심도 있는 사고가 가능해지고 학습자 스스로가 지식을 만들어나가는 과정이 가능해지는 때이므로 교육자가 직접 지식을 전달하기보다 학습자가 직접 개념을 수립하고 수업을 이끌어나가는 활동들이 교육적으로도 좋다. 이러한 사항을 안전교육에 반영하여 생각해본다면 사회 안전문제를 기반으로 한 문제해결수업, 토의·토론수업, 조사·발표수업, 어플리케이션이나 SNS를 활용한 스마트교육, 다양한 과목을 아우르는 융합교육 등이 가능하다. 고학년 학습자의 수준을 예상보다 너무 낮게 생각한 경우 교육활동의 무의미해지거나 참여가 저조할 수 있으니 이 점에 유의하여야 한다.

3) 제반사항

① **안전교육을 통해 지식, 기능, 태도의 통합적 안전 역량을 함양할 수 있어야 한다**

지식은 사실, 개념, 일반화와 관계가 있다. 사실은 경험에 바탕을 둔 실제로 있었던 일을 말하며, 개념은 여러 관념 속에서 공통된 요소를 뽑아 종합하여 얻은 표상이다. 일반화란 둘 이상의 개념들이 상호 관계를 맺으며 어떠한 보편적인 진술이 된 것이다. 결론적으로 사실에 대해 요약하고 유목화하면 개념이 되고, 일반화가 되어가는 것이다. 따라서 안전교육에서 사실을 바탕으로 개념과 일반화 과정을 지식 교육에 활용할 수 있어야 한다. 이러한 지적 기반을 바탕으로 실제적인 기능과 이를 지속적으로 실천할 수 있는 태도 교육이 반복되어야 한다.

② **초등학생 학령기 아동들의 발달 특성을 고려하여야 한다**

- 구체적 조작기에 해당되므로 안전교육도 안전 행동 습득에서 안전 개념 형성의 순서로 가야 한다.
- 신체적 기능이 활발하므로 활동적이고 구체적인 체험 중심의 안전교육이 되어야 한다.
- 실제 상황과 맥락을 중시하였을 때 교육적 효과가 증진되므로, 현실성 있는 안전교육을 실천하여야 한다. 또한 학습한 안전 능력을 다른 상황에 전이시킬 수 있어야 한다.
- 초등학생에게는 또래나 타인과의 사회적 상호작용이 중요하다.

③ **인지 능력의 부족으로 생기는 안전 취약성 문제를 극복할 수 있어야 한다**

초등학생은 인지 능력의 제약으로 한 가지 감각이나 요소에만 집중하고, 다른 요소는 등한시하는 특징이 있다. 학교에서 배운 안전 수칙도 실제 문제 상황도 주위의 자극으로 인해 위험 요소를 인지하지 못하게 된다. 따라서 안전교육을 통해 위험 사실, 기능, 태도뿐만 아니라 위험을 인식하는 힘 기르기, 자기 통제력 기르기, 내면의 힘 기르기, 생활 속에 위험 진단 습관 기르기 등을 실천하는 일상적인 노력과 사회적 책임감이 필요하다.

(4) 교육자 유의사항

1) 초등학교 저학년

① 재미있는 동작이나 말, 이야기를 지속적으로 활용하여 몰입도 있는 수업을 해야 한다.

② 교육자는 활동 과정이나 내용을 설명할 때 어린이들이 이해 가능한 쉬운 용어를 사용하여야 한다.

③ 안전교육에 대한 설명을 하다보면 전문적인 내용으로 빠져들기 쉬우므로 주의한다.

④ 이 시기의 아동은 직접 만지는 과정에서 사고가 발달하므로 활동자료는 개인별로 제공하는 것이 좋다.

⑤ 개인별 자료가 없을 때에는 짝이나 모둠별로라도 자료를 제시해서 활동하게 한다.

⑥ 가능하면 이론보다는 체험중심의 구체적인 자료가 있는 활동이 좋다.

2) 초등학교 고학년

① 간단한 인터넷 검색을 활용하거나 사전에 과제학습을 제시한 후 연계하여 수업할 수 있다.

② 사회현상에 대한 관심과 이해도가 높은 시기이므로 현장체험 중심의 실제 안전사고 사례나 경험담을 활용하면 수업의 몰입도가 높아진다.

③ 고학년이 될수록 학습자 간 학습수준 차가 커지기 때문에 어려움을 겪는 학생들에게는 주기적으로 보충자료나 보충설명을 제공하여야 한다.

④ 모둠활동을 실시할 경우 무임승차하는 학생들로 인해 분란이 일어날 수 있으므로 1인당 의견 1가지씩 내기 등과 같은 구체적인 조건을 부여한다.

⑤ 신체적인 활동을 하는 경우 신체에 특이점이 있는 학생이나, 여학생의 경우 신체활동 및 신체접촉에 예민할 수 있으므로 관련된 사항들을 유의하여야 한다.

3 중학교 청소년기

청소년기는 아동에서 성인으로 성장해나가는 과도기로서 발달 속도가 상당히 빠르다. 무엇보다도 사춘기를 경험하게 된다는 특징이 있는 시기인데, 사람들은 사춘기를 넘어야 할 산, 과제, 힘든 시기로 생각하는 경향이 있다. 하지만 이러한 관점에서 벗어나 사춘기를 아주 복잡하지만 중요한 과제를 해결해가는 시기, 그리고 성인이 되어가기 위해 신체와 마음을 준비하고 적응해가는 과정으로 보아야 한다.

또한 안전교육 측면에서는 중학교 시기의 학습자를 다루기 힘든 중학생, 위험하고 통제하기 힘든 아이들로 치부할 것이 아니라, 넘치는 에너지와 창의력, 사고력을 바탕으로 실질적인 안전교육의 효과를 낼 수 있는 학습자라고 생각하며 접근하는 자세가 필요할 것이다. 이를 위해서라도 소방안전교육사는 안전교육 프로그램을 계획하기 전 중학생 청소년기 학습자 특성 및 요구사항을 세심하게 분석할 필요가 있다.

(1) 발달특성

1) 신체적 발달

중학교 시기에는 폭발적 성장으로, 신체적 발달에 가장 큰 변화를 가져온다. 흔히 '성장 급등'이라고 표현하며, 2차 성징 및 '사춘기'라는 시기를 겪으며 인간의 신체적·정신적 성장을 경험한다. 이러한 성장 급등은 일반적으로 남아보다 여아들이 2~3년 빨리 경험하여 중학생 시기에 여아가 남아보다 조금 더 성숙한 모습을 보인다. 이와는 반대로 자신의 신체에 대한 생각이나 느낌을 '신체상'이라고 하는데, 이 시기의 신체상에 대해서는 남아들이 여아보다 만족하는 경향이 있다. 남아들은 '나 정도면 괜찮지'라고 생각하기 쉬우나 여아들은 '나는 예쁘지 않은 것 같아'라고 생각하며 신체상의 차이를 보인다.

2) 인지적 발달

피아제의 인지발달 단계에 따르면 중학교 시기는 '형식적 조작기'에 해당된다. 이 시기부터는 본격적으로 논리적으로 사고하고 판단하는 힘이 길러지는데, '메타 인지'가 가능해지게 된다. 메타 인지란 '사고에 대한 사고'로서 내가 지금 생각하고 있는 것이 옳은가? 합리적인가?라고 생각에 대해 생각하는 것이다. 이러한 과정은 가설을 설정하고 검증해나가는 가설 연역적 사고를 가능하게 하고, 여러 명제 사이에 관계와 규칙성을 파악하는 명제적 사고도 가능하게 한다.

이렇게 논리적이고 합리적인 사고가 가능해지는 시기이기도 하지만, 반대로 청소년기의 자아 중심성이라는 새로운 모습을 보이기도 한다. 청소년들이 자신 스스로에 대해 생각하는 것과 실제로 주변 사람들이 생각하는 것 사이에 차이가 있음을 발견하는 능력이 아직 부족해서 나타나는 모습이다. 이러한 청소년기의 자아중심성은 '상상적 청중'과 '개인적 우화'라는 두 가지 양식으로 구성된다고 한다.

'상상적 청중'이란 단어 그대로 청소년들이 주위에 많은 사람들이 자신에게 집중하고 관심을 주고 있다고 믿는 것이다. 실제로는 그렇지 않지만 많은 청중들이 자신에게 주목하고 있다고 생각하며 자아도취적 자기 과시 욕구에 사로잡히기도 한다. '개인적 우화'란 많은 사람들 속에서 자신만이 중요한 존재라고 생각하고, 자신이 생각하거나 느끼는 것들이 특별하고 독특하다고 믿는 것이다. 자신은 특별한 존재이므로 위험한 행동에서 발생하는 사고들은 자신에게는 일어나지 않을 것이라고 믿기도 한다. 이러한 현상을 다른 용어로 '낙관적 편견'이라고 부르기도 한다.

청소년기에는 그 시기의 고유한 특성으로 자신에 대해 잘못 생각하거나 과도하게 몰입하여 더 쉽게 위험행동을 실천하는 경향이 있다. 이러한 중학교 시기의 학습자 특성을 반영하여 사고가 자신에게도 일어날 수 있음을 깨우쳐주는 안전교육이 필요하다.

3) 사회·정서적 발달

청소년기에는 자아존중감과 관련하여 많은 혼란과 시련을 겪게 된다. 비교적 안정적이었던 자아존중감이 청소년기에는 신체적·인지적·정서적 변화, 상급 학교 진학, 진로 고민, 또래집단과의 관계 등의 환경적인 요소로 인해 흔들리기 시작한다. 이러한 과정에서 얻는 스트레스는 곧 낮은 자아존중감을 형성할 수 있으며, 결국 위험행동이나 일탈, 비행으로 이어질 가능성을 만든다. 또한 청소년기에는 가족으로부터의 독립을 추구함과 동시에 또래집단에의 귀속을 원한다. 부모의 말에는 저항하지만, 다른 성인과 또래의 말은 쉽게 따르며, 그 안에서 괴리감을 느끼기도 한다. 이러한 가족-자신-또래집단 사이에서 소속과 독립의 갈등구조를 경험하며 사회·정서적으로 성장하게 된다.

자아존중감은 사람이 성장하는 과정에서 타인과 상호작용하고, 스스로에 대해 반성적으로 사고해보며 어떠한 인식을 만들어가는지가 중요하다고 한다. 따라서 이 시기의 학습자들에게는 단순히 안전교육이 화재나 재난으로부터 안전을 뛰어넘어 존중과 비존중, 성취경험과 실패경험, 스스로에 대한 절제와 통제 등을 가르쳐주고 토의해볼 수 있는 더욱 넓은 의미에서의 안전교육이 필요할 것이다.

(2) 위험행동

위험행동에 대해서는 여러 의견들이 있는데, 굴론은 위험행동을 네 가지로 나누어 4유형론을 제시하였다. 분류를 통해 어떠한 행동이 위험한 행동이며, 각 행동의 원인은 무엇인지에 대하여 생각해볼 수 있다.

종 류	내 용
모험추구 행동	• 사회에서 수용될 수 있는 긍정적인 측면도 있는 행동들 • 경쟁적이고 도전적인 행동들 　예시) 격투기 운동 시합, 스키 및 인라인 스케이트 타기, 낙하산 타기 등
무모한 행동 (부주의한 행동)	• 사람들이 흔히 위험행동이라고 생각하는 전형적인 것들 • 심각한 부정적인 결과를 도출할 가능성이 있는 경우 　예시) 음주 및 무면허 운전, 과속운전, 보호되지 않은 성관계 등
반항적 행동	• 자신 스스로나 타인에게 반항적인 모습을 보이기 위하여 하는 행동 • 생명을 위협할 정도의 위험은 아니나 사회적 법적으로 부정적인 결과를 도출할 수 있는 정도의 행동들 　예시) 음주 및 흡연, 약물 흡입, 비행 등
반사회적 행동	• 사회적 통념이나 법을 기준으로 용납되기 어려운 행동들 • 생명을 위협할 정도의 위험은 아니나 사회적 법적으로 부정적인 결과를 도출할 수 있는 정도의 행동들 　예시) 속이기, 집단 괴롭힘, 가스 및 본드 약물 흡입 등

(3) 위험행동 요인

① 중학교 청소년기에는 스릴을 즐기는 성향으로 인해 굴론의 위험행동 분류 중 '모험추구 위험행동'이 빈번하다는 특성이 있다.

② 여학생들보다 남학생들의 위험행동 비율이 높다.

③ 가족 기능(가족결속력, 가족 적응력)이 높을수록 위험행동의 빈도가 낮다.

④ 부모의 애착과 동시에 자녀의 자율성 확보, 그리고 적절한 감독이 위험행동 예방에 좋다.

⑤ 청소년 스스로의 스트레스 대처 능력이 높을수록 위험행동의 빈도가 낮다. 따라서 스트레스 대처 능력 개선에 중점을 두고 위험행동 예방 프로그램이 필요하다.

⑥ 또래집단 속에서 옳고 그름을 가릴 수 있는 판단능력과 바람직한 또래 문화 형성을 유도하여야 한다.

(4) 중학교 안전교육 방향

1) 안전 감수성

청소년기의 학습자들에게 가장 우선적으로 필요한 것은 '안전 감수성(Safety Sensitivity)'를 길러주는 것이다. 안전 감수성이란 안전에 대하여 깨어 있는 의식이나 감성을 지니고 있는 상태를 말하는데 어떠한 사물이나 대상을 대할 때, 장소나 상황에 있을 때 그와 관련하여 발생할 수 있는 위험에 대해 민감하게 반응하는 의식 상태를 뜻한다. 이러한 안전 감수성은 실제로 교육 현장에서도 안전교육의 궁극적인 목표로 삼고 있으며, 안전 감수성이 형성되어야 삶 속에서 평생 안전 행동이 지속될 수 있는 것이다.

2) 교육 방향

① 안전에 대해 생각하는 생활습관과 위험에 민감하게 반응하고 주변을 살피는 안전 감수성 교육

② 사이버, 약물 안전, 성 문제, 신변·폭력 안전, 직업 안전 등 중학교 특수성을 반영한 안전교육

③ 기술공학과 인터넷 발달로 인해 생긴 문제를 해소할 수 있는 온라인 상호작용 프로그램, 학부모 동반 교육, 게임을 통한 안전교육

④ 신체발달에 대한 불안감을 해소해줄 수 있는 자연과학 기반 보건교육

⑤ 운동과 건강한 생활양식, 물과 영양의 중요성, 음주·약물 위험성, 10대 임신, 성 매개 질병에 대한 건강교육

⑥ 초등 수준의 단순 안전 기능을 가르치는 것을 뛰어넘어 안전과 관련된 판단, 의사결정, 문제해결능력, 안전 불감증 해소를 꾀할 수 있는 안전교육

(5) 안전교육 지도 방법

청소년기의 학습자들은 추상적으로 사고하는 능력을 획득하고 발달시켜나가는 단계이므로 이에 맞추어 교육활동이 진행되어야 한다. 안전 문제 상황을 제시하고 이에 대한 해결법을 찾기 위한 프로젝트 수업을 진행할 수도 있다. 학습자들이 직접 어떠한 문제에 대한 가설을 세우고 이를 증명하기 위해 연역적으로 사고하며 답을 찾아 나갈 수 있다. 실제적 삶의 문제에 대해 구체적이고 현실적으로 사고하는 특성을 반영한 방법이 학습을 더욱 구조화시키고, 교육적 효과를 높일 수 있다.

교육자들은 안전 주제와 관련된 기사나 영상, 서적 등 자료를 제공하고 학습자들이 직접 추론하고 해석하여 안전지식을 수립하는 활동도 가능하다. 이전 아동기까지는 학습자들이 주체가 되기 위해서는 암묵적으로 교육자가 교육활동을 계획하고 유도하는 형식의 방법이었다면 청소년기부터는 진정 학습자가 중심이 되어 원하는 대로 교육활동을 이끌어 나갈 수 있는 것이다. 따라서 교육활동에 대해서 교육자가 직접 정하기보다 여러 활동이 가능한 선택지나 주제를 통해 학습자에게 주도권을 넘기는 것이 좋다.

학습 활동에서 또래집단을 중요시 여기는 특성을 활용하는 것이 좋은데, 문제 중심 학습, 모의상황 학습, 협동 학습, 집단 탐구 등을 접목할 수 있다. 이 과정에서 학습자들은 바람직한 자아개념과 자아존중감, 안전에 대한 자기효능감을 신장시킬 수 있으며 안전에 대해 자신을 관리하고 타인의 안전까지 존중하는 인성교육 측면의 안전의식을 기를 수 있다.

(6) 교육자 유의사항

① 또래의 시선을 지나치게 신경 쓰는 경향이 있으므로, 또래 행동을 무비판적으로 따라하는 것보다 올바른 판단으로 친구들을 안전하게 이끄는 것이 바른 친구 관계, 안전한 또래 문화임을 깨닫게 한다.

② 학습자는 자신의 의견에 강한 자신감을 가지고 있으므로, 학습자의 의견을 지나치게 비판하거나 차별, 무시, 모욕, 빈정거림 등과 관련된 행동 및 오해를 사지 않도록 특별히 주의하여야 한다.

③ 머릿속으로 이해한 내용을 직접 행동으로 실천하는 데 필요한 정의적 영역에 중점을 두고 교육하여야 한다.

④ 남학생들이 여학생보다 과격한 신체활동이나 모험을 즐기는 경향이 있으므로 교육활동에 대해 사전에 철저한 위험 요소 분석 과정을 거쳐야 한다.

⑤ 정보 매체의 영향을 쉽게 받고 모방하므로 SNS와 연계하여 실생활 중심의 안전교육을 실시할 수 있다.

4 고등학교 청소년기

청소년기는 주로 중학교부터 고등학교까지를 포괄적으로 이루는데, 초등학생 1학년과 6학년이 큰 차이가 있듯, 중학교 1학년과 고등학교 3학년에도 신체적·정신적으로 큰 차이가 있다. 특히 고등학생 학습자들은 겉으로 보기에 성장을 완료해가는 단계이므로 거의 성인 수준에 가까운 외형을 보이지만, 내적으로는 아직 청소년기의 특성을 지니기도 한다. 외적으로는 성인으로 보이나, 인지적, 정서적 특성을 성인 기준으로 접근해서는 안 된다.

(1) 발달특성 `2022년 기출`

1) 신체적 발달

고등학교시기에 접어들면 남학생과 여학생의 신체적 특징이 확연하게 구분된다. 대부분 사춘기가 마무리되어가는 과정이므로 성인 수준의 신체발달을 보인다. 학습자들은 자신의 신체적 특성과 능력에 대하여 어느 정도 수준인지 이해하고 있으며 이를 바탕으로 자신의 재능을 펼쳐나가기도 한다. 하지만 아직도 외적인 모습에 큰 관심이 있기 때문에 그들의 외양이 곧 감정이자 가치관, 내면세계인 것이다. 따라서 신체적 모습이나 특징을 가지고 이야기하거나 평가해서는 절대 안 된다. 대근육 및 소근육 운동도 성인 수준으로 발달하였기 때문에 빠르고 강한 동작, 세밀한 동작 모두 가능하며 성인 수준을 상회하는 경우도 있다.

2) 인지적 발달

피아제의 인지발달 이론의 형식적 조작기에 해당되는데, 중학생 시절부터 보이기 시작한 형식적 조작기의 특성들이 더욱 심화되고 발전하게 된다. 형식적 조작기에 발달하는 능력에 대하여 샌더스(Sandaers)의 의견에 따르면, 먼저 '진보된 추론 기능'을 발전시킨다고 하였다. 어떠한 문제에 포함되어 있는 전체 가능성을 탐색하는 능력과 가설적으로 생각하는 능력, 그리고 논리적으로 사고하는 능력을 포함한다.

두 번째로 형식적 조작기에는 '추상적으로 생각하는 능력'을 발달시킨다고 하였다. 기존 어린이나 초등학생에게 강조하였던 구체적이고 실질적인 경험에서 벗어나 직접 보거나 경험하지 못하더라도 추상적으로 생각하여 사고하는 과정이 가능해지는 것이다. 이러한 능력을 바탕으로 청소년들은 사랑에 대하여 생각하거나 영적인 것에 대하여 생각하는 것, 어려운 수리 계산이 가능해지는 활동이 가능해진다.

세 번째로는 중학교 학습자 특성에서 논의하였던 '메타 인지'가 가능해진다는 것이다. 메타 인지란 자신이 생각하는 것에 대하여 생각하는 것, 자신의 사고에 대하여 비판적으로 사고하고 성찰하는 것이다. 따라서 고등학생 청소년은 자신과 타인이 어떻게 생각하는지에 대하여 되돌아볼 수 있게 된다.

3) 사회 · 정서적 발달

이전 중학교 시기에는 부모에서 멀어지고 또래와 가까워지는 특성이 있었다면, 고등학교 청소년시기에는 다시 부모의 중요성을 깨닫고 정서적으로 안정되어 간다. 그리고 그 과정에서 고유의 개성과 의견들을 발견하고 자신의 감정을 다룰 수 있게 된다. 또한 사회적으로 다른 사람들과 적절하게 관계를 유지하고 상호작용할 수 있는 능력이 발현되며 타인의 생각에 공감하고 타협하며 협력할 수 있게 된다.

고등학교 청소년기와 관련하여 샌더스는 자율성, 정체성, 미래정향 세 가지 요소의 발달이 필요하다고 하였다. '자율성'이란 청소년들이 정서적, 경제적으로 부모로부터 독립을 하려고 노력하며 신장 가능한 특성이다. 이전에 겪던 부모와의 갈등이 줄어가고, 자신의 미래를 내다보며 스스로 책임감을 형성해가는 과정을 경험한다.

다음으로 '정체성'은 학습자의 자아개념, 자아존중 등과 관련이 있다. 자신이 누구이고 어떠한 능력과 특성을 가지고 있으며, 자신에 대하여 평가하는 것, 앞으로 무엇을 해야 하는지에 대하여 고민하는 것 등 넓은 의미의 '자아'에 관련된 개념이다. 이 시기에는 스스로에 대한 탐색을 통해 건전한 자아를 형성해야 한다고 하였다.

마지막으로 '미래정향'은 청소년들이 미래 자신의 모습에 대하여 고민하고 현실적인 목표를 수립하고 노력해가는 것을 말한다. 어리게만 보이던 학습자들이 어느덧 성인이 되어 자아정체성을 완성해나가고, 자신의 도덕적, 종교적, 성적 가치관에 정교함을 더하는 시기이다. 사회에 진출하기 전에 준비를 하며 성인으로서의 책임감을 부여받는 과정이 필요하다.

안전교육과 이러한 특성들을 연관시켜 생각해보았을 때, 고등학교 청소년기에는 학습자들이 자신의 미래와 안전을 연결시켜 생각해볼 필요가 있다. 미래의 자신의 존재가 안전하려면 어떻게 하여야 하는지, 자신을 위협할 수 있는 안전 문제는 무엇이 있는지, 스스로의 삶과 인생 전체 차원에서 자아를 발현시키려면 어떻게 하여야 하는지 등, 넓은 의미의 안전교육을 실현시킬 수 있는 단계인 것이다.

Q. 고등학교 청소년의 발달단계 특성을 고려한 학교 안전교육의 수업지도 방법을 3가지만 쓰고, 각각의 지도 방법을 선정한 이유를 설명하시오.

답안을 작성해보세요.

예시답안은 본 책의 부록에 있습니다.

(2) 위험행동의 요인 분석

위험요인과 관련하여 개인적, 부모·가족적, 사회적 측면으로 나누어 생각해볼 수 있다. 일반적으로 가정적 결함이 있으면 사고의 가능성은 높아지고, 사회적 적응력 또한 도태되어 위험행동의 빈도가 높아진다. 부모·가족적, 사회적 측면으로는 이전에 초등학교 특성에서도 논의하였던 바와 맥락이 같으므로, 여기서는 개인적 측면에 집중하여 논의하고자 한다.

개인적 문제로는 유전적 특정 장애, 신체적 발육 부진, 질병, 지적 손상, 우울감, 불행감, 낮은 자존감, 높은 스트레스 등을 꼽는다. 이러한 개인적 위험 특성 외에 '충동성'과 '감각추구성'으로도 위험요인을 설명할 수 있다. 두 요소는 청소년이 위험행동을 행하는 요인에 대하여 분석적으로 접근하고 있다.

'충동성'이란 주의 깊은 생각이나 목적 없이 하는 충동적인 행동을 뜻한다. 생각하지 않고 순간의 감정이나 기분에 의해 행동하여 부정적인 반응을 초래하는 것이다. 청소년들은 결과에 대하여 깊이 고심하지 않고, 즉흥적으로 행동하는 충동성이 높다. '감각추구성'이란 가변적이고 신기한 경험과 감정을 추구하는데, 이를 위해 필요한 신체적, 사회적, 법적, 재정적 위험을 기꺼이 감수하려는 성향을 말한다. 다시 말해 새롭고 흥미로운 경험을 위해 위험에 처해도 위험행동을 하는 것이다.

요 소	종 류	내 용
충동성	과욕적인 행동	과도하게 얻는 것에 집착하여 부적절한 결과를 이끄는 것
	비효율적으로 통제된 행동	어떠한 행동이 초래할 행동을 생각해보지 않고 성급하게 행동하는 것
	경험적 회피	자신 스스로의 생각이나 감정을 고려하지 않고 상황을 모면하거나 피하면서 안도를 찾으려는 경향
	규율 준수의 미흡	일정한 규칙, 행위 기준, 목표 등을 고려하지 않고 즉각적으로 행동을 하는 경향
	억제 기술의 빈약	어떠한 행동을 억제해야 하는 경우에 제대로 억제하지 못하는 경향
	자극 분별력의 미흡 부적절한 자극 통제	상황이 요구하는 것을 제대로 분별하지 못하는 것
	만족 지연 능력의 부족	개인의 긍정적 결과나 만족을 위해 기다려야 함에도 불구하고, 급한 성미로 다른 결과를 택해버리는 것
감각 추구성	스릴과 모험 추구성	스키, 스쿠버 다이빙, 낙하산과 같이 위험하지만 일상적이지 않은 신체 활동을 추구하는 성향
	경험 추구성	사회적 기준에 일치되기 어려운 감정과 경험을 추구하는 성향
	반제지성	쾌락적 만족을 좇는 사람들과 어울리며 음주, 약물 등과 같은 감흥을 추구하는 성향
	권태민감성	단조롭고 반복적인 일상을 탈피하여 예상하기 힘들고 흥분되며 자극적인 것을 추구하는 성향

(3) 보호요인

초등, 중등, 고등 여러 시기의 아동들을 대상으로 위험요인이 무엇인지, 그리고 어떻게 안전교육을 실천하여 위험행동을 감소시킬지에 대하여 논의해왔다. 우리는 위험행동을 줄이는 데에만 초점을 두고 안전교육을 구상해온 것이다. 이러한 점을 언급하며 위험행동을 줄이는 것과 동시에 위험행동을 사전에 예방하거나 차단하는 등의 '보호요인'이 필요하다는 의견이 대두되었다.

'보호요인'이란 긍정적인 행동을 증대시키거나 부정적인 결과를 초래하는 위험행동들을 완화·감소시키기 좋은 변인들을 뜻한다. 결국 위험요인을 분석하여 위험행동을 줄이는 것에서 더 나아가 보호요인을 증대시켜 위험행동을 예방하기까지에 다다른 것이다. 위험요인과 보호요인이 동시에 상호작용하여야 안전한 생활과 안전 문화를 형성할 수 있다는 생각이다.

이러한 보호요인과 관련하여 다양한 연구들이 발표되었는데, 그중 하나의 연구에서는 보호요인을 세 가지로 나누어 탐구하였다. 첫째로 높은 자기효능감과 같은 개인 성향적 요소, 둘째로 부모의 지지·애정과 같은 가정적 요소, 마지막 셋째로 강력한 공동체 통합성과 같은 가정 밖 지역사회 요소로 구분하였다. 그리고 이와 관련하여 회복탄력성(고난을 겪으면서 자신의 힘과 능력을 잃더라도 이전의 수준으로 회복할 수 있는 능력)과 같이 여러 연구 결과들이 존재하는데, 여기서는 보호요인에 대하여 개인적 요인, 가족적 요인, 사회·환경적 요인으로 나누어 알아보고자 한다.

1) 개인적 요인

다음 표에 정리된 개인적 요인들을 고려하면, 각 요인들이 보호요인으로 작용하여 위험행동을 감소시킬 수 있다.

[보호요인]

개인적 요인	목표지향성	삶의 목표가 분명하여 노력하는 사람은 능동적이고 적극적이며 문제 상황에 직면하여도 좌절하지 않고 지속적으로 추구해 감
	희 망	• 목표에 도달하기 위해 형성된 긍정적 동기부여의 상태 • 우울, 통제력 상실, 낮은 자존감을 가진 경우 핵심적 보호요인으로 작용함 • 희망 수준이 높은 사람들은 도전적이며, 성공을 중심으로 긍정적인 정서 상태에 이름
	자아존중감	자기를 가치 있는 존재라 믿고, 스스로를 사랑하고 존중하며 자기 발전을 위해 애쓰는 품성
	자아효능감	어려운 여건 속에서 강한 의지를 가지고 이겨내면서 자신의 능력에 대해 가지는 강한 믿음 수준
	책임감	상호의존적으로 구성된 공동체 안에서 자신을 완성하고 공동체의 공동선 실현을 위해 자신의 의무를 다하는 것
	내적 자기 통제력	• 외부로부터 강화나 벌이 없는 상태에서 스스로 특정 행동을 증가·감소시키는 것 • 자신의 감정, 육체적 욕구를 조절하는 것
	대처 기술	• 사회적으로부터 압력을 받을 때 자신을 보호하는 데 도움이 되는 사회적 기술 • 의사소통, 의사결정, 문제해결, 대안 전략 이끌기, 장애 예측, 결과 평가 등의 사회적 삶의 기술

2) 가족적 요인

다음 표에 정리된 가족적 요인들을 고려하면, 각 요인들이 보호요인으로 작용하여 위험행동을 감소시킬 수 있다.

[보호요인]

가족적 요인	부모의 감시와 통제	• 부모님의 양육방식이 청소년의 위험행동을 조절할 수 있음 • 자녀의 행동에 대한 기준을 수립하고 이 범위 내에서 자율성과 자기 의존성을 존중할 때 더욱 효과적으로 위험 행동 감소 가능
	바람직한 양육방식	민주적인 양육 방식과 온정적 태도를 가졌을 때 자녀의 학교생활에 도움이 되며, 또래의 압력에 의한 문제 행동에 도움이 됨
	의사소통	• 부모와 자녀 사이의 의사소통이 가족 간의 응집력과 애착을 형성함 • 부모와 이야기를 나누지 않는 청소년들은 또래의 규범을 더욱 쉽게 받아들이고 따른다는 연구결과 • 부모와 자녀의 의사소통은 자녀가 부모로부터 정확한 정보를 얻어 또래로부터 오는 부정확한 정보를 차단할 수 있음 • 또래의 가치보다 부모의 가치에 더 부합한 방향으로 행동을 하게 될 가능성이 높음

3) 사회·환경적 요인

다음 표에 정리된 사회·환경적 요인들을 고려하면, 각 요인들이 보호요인으로 작용하여 위험행동을 감소시킬 수 있다.

[보호요인]

사회·환경적 요인	또래	• 주변 또래의 위험행동 정도에 따라 위험행동에 가담하는 가능성이 달라짐 • 사회적인 행동을 바르게 수용하고 있는 또래들과의 관계는 위험행동을 예방하는 완충효과가 있음
	보호 성인 존재 여부	• 자신을 보호해주는 성인의 존재 여부에 따라 위험행동에 변화가 있음 • 청소년이 주변 성인들과 긍정적인 관계를 가질 때 문제 행동에 개입할 가능성이 적다는 연구 결과 • 보호 성인은 잠정적인 감시 요인으로 작용함과 동시에 심리적 안정감을 주고 사회적으로 지지할 수 있는 존재가 됨
	긍정적 학교환경	• 학교생활에 대해 긍정적인 가치관을 가지거나 좋은 관계를 맺는 경우 학생의 정서와 정신건강에 긍정적인 영향을 끼침 • 학교에 대한 긍정적 시각은 교육자, 학부모 등 교육공동체의 관계를 향상시키고 건전한 학업 풍토 조성 가능
	건전한 단체 활동	• 건전한 단체 활동에 참여하는 청소년들이 또래의 부정적인 압력이나 규범으로부터 자유로움 • 집단 스포츠 활동, 종교 활동, 청소년 단체 활동 등

(4) 안전교육 지도 방법

1) 주요 위험행동을 예방할 수 있는 안전교육

① 고등학생 청소년기에는 사망 원인 중 1위가 고의적 자해로서의 자살이라고 한다. 청소년의 45%가 스트레스를 받고 있다고 하는데, 이러한 부분에서 발생할 수 있는 문제점들을 예방하고 대처할 수 있는 안전교육이 필요하다.

② 청소년들의 관심사를 주제로 많은 이야기를 나누고 관심을 가지며, 이후 청소년들의 행동에 어떠한 변화가 있는지 지속적으로 살펴야 한다.

③ 학교생활, 방과 후 활동, 예술 활동, 자원 봉사 활동, 시민 활동 등을 활용하여 위험 요소를 예방한다.

④ 청소년들과 안전 주제에 대하여 토론의 시간을 가지고, 안전교육을 진행하는 교육자로서의 느낌을 전하며 진솔한 대화를 나눈다.

2) 보호요인 강화를 통한 안전교육

① 안전교육 속에서 자아존중감과 자기효능감을 신장시킬 수 있도록 한다. 교육을 통한 성공의 경험, 성취의 경험은 학습자의 자존감을 높여주고 이러한 것들이 결국 보호요인으로 작용하게 된다.

② 안전 체험 프로그램을 통해 활동 및 훈련에 참여하고, 위기에서 벗어나는 학습을 하며 자신의 능력을 확인하게 된다. 자신의 능력을 직접 발휘해보며 해낼 수 있다는 자신감이 안전교육의 효과를 극대화시킨다.

③ 보호요인이 되는 부모에 대해서도 안전교육이 필요하다. 부모와 자녀 사이의 독립 문제로 위험행동이 발생할 수 있으며, 부모의 통제와 양육방식이 보호요인으로 작용하기 때문이다. 부모는 자녀에게 되는 것과 안 되는 것을 분명하게 가르치고, 안전 규칙을 반복해서 실천하며 자녀의 모범이 되어야 한다.

3) 발달 특성을 고려한 안전교육

① 고등학생 청소년기는 발달특성상 자신 스스로를 성인으로 여긴다. 따라서 교육자가 자신을 하나의 인격체이자 성인으로서 대우해주는가에 대해 예민하게 반응한다. 따라서 청소년들을 한 명의 성인으로 대우하고 그들의 의견을 소중히 들어주고 적극적으로 반응해주는 안전교육을 실시한다.

② 형식적 조작기의 발달이 상당한 정도이므로, 안전과 관련하여 추상적이고 도전적인 문제 제시, 탐구와 발견학습, 문제해결과 토론학습, 프로젝트 학습과 같은 자율적이고 창의적이며 비구조화된 안전교육을 실천한다.

(5) 교육자 유의사항

① 나이와 경험이 많다는 우월감이나 자만심을 보이는 교육자를 심히 기피하는 경향이 있으므로, 훈계식으로 안전교육을 진행하거나 강압적인 조언은 용납되지 않는다.

② 자신에게 직접적으로 필요하다고 생각되는 내용일수록 교육적 효과가 강해지는 경향이 있다.

③ 머릿속으로 이해한 내용을 직접 행동으로 실천하는 정의적 영역에 중점을 두고 교육하여야 한다.

④ 청소년들을 한 사람의 성인으로 대우해주어야 긍정적인 관계를 형성할 수 있다.

⑤ 교육자 또한 인간이므로 실수할 수 있다는 것을 보여주고, 교육활동에 대해서 진솔한 모습을 보여주어야 한다.

⑥ 현대적 테크놀로지 및 기술에 대하여 지식을 겸비하고, 교육에 활용하려는 연구 과정이 필요하다.

5 노년기(65세 이상)

안전교육은 유아부터 학생, 성인을 거쳐 노년기의 노인까지, 이 세상에 살고 있는 모든 인류를 대상으로 한다. 하지만 대부분 학습자라고 하면 어린 아동들을 떠올리며, 노인을 포함시켜 생각하지 않는다. 위험 요소와 안전사고는 성별과 연령 등 그 무엇도 가리지 않으므로, 안전교육을 진행함에 있어 포괄적이면서도 개별성을 겸비하여야 한다. 따라서 노년기의 학습자가 가지는 발달 특성과 교육 방법에 대하여도 인지할 필요성이 있다.

(1) 발달특성

노년기 시기의 학습자들은 신체적으로 쇠퇴하여 안전한 생활을 실천하는 데 많은 어려움이 있다. 신체적 쇠퇴뿐만 아니라 정신적 쇠퇴까지 이어져 활동성 감퇴, 인내력 감퇴, 관찰 및 탐구 능력 감퇴, 흥미 감퇴 등 전반적인 감퇴양상을 보인다. 이와 반대로 노년기에는 나이가 들면서 자기중심적인 성향이 증가하는데, 자기중심적 사고방식은 노년기의 학습자들이 안전한 생활을 인지하고 실천하는 데 큰 걸림돌이 된다. 이미 오랜 기간 동안 자기 나름의 생활방식을 유지하며 안전한 생활을 영위했다면, 자신의 생활방식이 옳다고 생각한다. 따라서 이미 학습자가 가지고 있는 생각을 수정하기란 쉽지 않다.

심리적인 측면에서는 노화에 따라 성격이 변화하며 우울증을 겪는 경우가 많다. 신체적 질병이나 배우자의 죽음을 경험하고, 경제적 소득이 악화되며 사회와 가족들로부터 고립을 겪으며 일상생활에 대한 통제가 불가능해지는 경우도 있다. 이러한 상태를 기피하기 위해 생애에 대한 회상을 자주 하며 과거를 좇는 성향이 강하다. 이 시기의 학습자들은 신체적으로나 정신적으로나 위험한 상황에 처할 가능성이 높으므로 학습자 특성에 맞게끔 변형된 안전교육 프로그램이 필요한 실정이다.

(2) 안전교육 지도 방법

노년기 학습자들을 대상으로 한 교육에서는 노인들이 자신의 위치를 확인하고 노인과 노화의 특성을 정확히 이해하게 하는 것이 필요하다. 따라서 노화에 한층 효율적으로 적응하고 노년기에게 필요한 안전 지식과 행동을 습득하고 실천할 수 있게 하여야 한다. 안전교육을 위해서는 노년기 학습자가 생활하고 있는 환경을 사전에 분석하고, 그에 맞는 적절한 안전지식과 행동수칙이 제공되어야 한다. 성인기의 학습자들을 교육하듯이 일반적인 내용을 알려주고 스스로 사고하고 적용해보게 하는 것은 노년기의 학습자들에게는 어려움이 있다. 심층 사고를 통해 개념을 형성하는 토의, 토론 및 탐구학습보다는 직접교수법이 효율적이며, 아동기 학습자들의 특성과 비슷하게 여길 필요성이 있다.

나아가 노년기의 학습자들은 이미 청년기와 성인기를 지나오며 무궁무진한 지식과 전문성을 가지고 있는 경우가 있다. 교육이 진행되는 곳, 또는 교육 대상자 중 관련 전문가가 존재한다면 협력하여 교육활동을 계획할 수 있다. 학습자와 협력한 교수법은 교육에 참여하는 기회를 제공함으로써 노인의 삶의 보람과 자신의 가치를 발견할 수 있는 기회를 제공할 수도 있다. 또한 노인교육은 노년기의 성장을 경험하게 하고 노인의 자립과 안전한 생활 영위에 도움을 줄 수 있도록 하여야 한다.

(3) 교육자 유의사항

① 노년기의 학습자들은 자신의 생각이 강하고 자기중심적인 특성이 있으므로 이를 고려하여 교수·학습·활동을 계획하여야 한다.
② 노년기 학습자 자신에게 안전교육이 필요하다고 느끼도록 수업을 진행하여야 한다.
③ 교육자는 노년기 학습자들의 환경을 사전에 분석하고, 그에 적합한 안전 행동 요령을 제시하여야 한다.
   예시) 일반적인 지진 대피 방법을 가르치는 것이 아니라 교육이 진행되는 노인센터를 기준으로 어떻게 몸을 숨기고, 이동하며, 어디서 무엇을 해야 하는지를 구체적으로 가르쳐야 한다.
④ 일반적인 안전지식보다 자신의 생활에 필요한 행동요령에 중점을 두고 교육하여야 한다.

6 장애인

학교에서는 인권교육 시간을 활용하여 장애인의 인권에 대해 사람은 누구나 평등하고 존중받아야 할 존재라고 가르친다. 그리고 일상생활에서 도움이 필요한 경우 장애인들을 어떻게 도우면 좋을지 생각해보기도 한다. 하지만 이러한 활동들은 주로 평범한 일상생활 속 상황을 가정하며, 재난상황과 관련하여 장애인들을 돕는 내용은 흔치 않다. 우리는 안전 지식과 기능을 실천하여 실제로 안전한 생활을 영위할 수 있다. 하지만 장애인들은 재난이 발생하더라도 쉽게 대피하거나 대응하는 데 어려움을 겪을 가능성이 높다. 따라서 공동체사회에 살고 있는 우리는 개인의 안전에서 사회의 안전으로 범위를 더 넓혀 생각해야 할 필요성이 있다.

[장애인의 재난취약성 통계 자료]

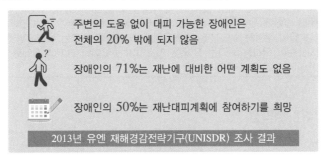

- 재난이 발생한 경우 가장 중요한 것은 신속 대피와 적절한 대처이다. 하지만 장애인들에게는 이러한 기본적인 것 또한 어려울 수 있으므로, 재난약자에 포함시킬 수 있다.
- 재난약자에 해당되는 장애인은 보통 사람에 비해 재난과 안전사고로 인한 위험성이 상대적으로 높다.

(출처 : 국민안전교육 표준실무 2020)

(1) 장애의 유형과 특성

장애를 가진 학습자는 일반 학습자들에 비해서 고려해야 할 사항이 많다. 특히 장애 종류에 따라 행동양식이 다른 만큼 교수·학습 방법과 유의점 또한 다르다. 따라서 장애의 종류와 그 특성들을 이해할 필요가 있다. 장애인의 유형은 크게 시각장애, 청각장애, 지체장애, 정신지체, 언어장애 등으로 구분할 수 있다.

유 형	특 성
시각장애	• 시각장애는 물체를 식별하는 시력의 기능에 장애를 가진 것을 뜻한다. 시각은 모든 감각 가운데서 가장 중요한 감각이고, 시각은 청각, 촉각, 미각, 후각을 통제하거나 판단하는 상위 감각이기도 하다. • 시력의 장애 정도에 따라 시각장애를 나눌 수 있으며, 아무것도 보이지 않는 실명, 물체를 약간 확인할 수 있는 약시, 색을 구분하기 어려운 색맹 등이 있다. • 선천적으로 실명된 상태로 태어난 경우 빛, 색, 윤곽 등에 관한 경험이나 기억이 없으므로, 관련 개념을 이해하는 데 어려움을 겪는다.
청각장애	• 청각장애는 소리와 관련된 청신경의 기능에 이상이 생겨 말과 음을 잘 듣지 못하는 상태를 말한다. 태어날 때부터 말을 못하거나 소리를 듣지 못하는 경우 수화를 사용하기도 하고, 타인의 말을 알아듣는 데 어려움을 겪기도 한다. • 청각장애를 가진 경우 시각이나 촉각에 의존하여 상황을 판별하는 경향이 강하다.

유 형	특 성
지체장애	• 신체구조에 어떠한 질병이나 외상으로 그 기능에 장애가 생겨 자유롭게 활동을 하지 못하는 상태를 지체부자유 또는 지체장애라고 한다. 이러한 지체장애의 원인으로는 뇌의 손상이나 근육 조절기능 약화, 또는 바이러스 감염으로 인해 마비증상의 발생 등이 있다. 더불어 성인 지체장애의 경우 뇌졸중이나 산재사고로 인한 지체절단이 많다. • 지체장애인은 단순히 신체상 장애로 문제가 되는 것이 아니라 이로 인하여 심리적으로 위축되거나 열등의식이 생기는 등 사회적응에 많은 영향을 받게 된다.
정신지체	• 정신지체란 지능이 현저히 낮아서 일상생활과 사회생활에 어려움을 겪거나 전혀 하지 못하게 되는 장애를 뜻한다. 대뇌의 신경세포조직에 이상이 생겨 지능과 사고능력이 정상적으로 활동하지 못하여 생기는 정신장애이다. • 정신지체인은 다른 장애에 비해 생각이나 통찰, 판단, 기억 등의 능력과 추상적 개념 및 수 개념이 매우 부족하여 학습능력이 현저히 떨어진다. 따라서 항상 고립되거나 멸시, 소외를 받으며 이로 인해 다른 심리적인 문제가 생기기도 한다. 또한 정신적 발달의 지체는 신체 발육에도 영향을 주어 신체와 관련된 합병증을 갖는 경우가 많다.
언어장애	• 언어장애는 선후천적인 원인으로 언어습득 및 발달에 지장을 초래하여 의사소통에 어려움을 겪는 경우를 말한다. 언어장애는 언어를 습득하는 과정에서 문제가 생겨 언어습득이 되지 않은 언어발달지체, 발음이 분명하기 되지 않는 조음장애, 뇌성마비로 오는 뇌성마비언어장애, 뇌의 손상으로 인해 의사표현에 어려움을 겪는 실어증, 말소리의 높낮이나 크기에 장애를 겪는 음성장애, 말을 더듬는 리듬장애 등으로 구분된다.

(2) 장애 유형에 따른 취약점

장애의 종류는 다양하므로, 이에 따라 재난발생 시 겪게 되는 어려움 또한 다양하다. 시각장애인은 보이지 않음으로써 생기는 문제, 청각장애인은 들리지 않음, 지체장애인은 이동의 제한 등 각 장애별로 가지고 있는 고유한 어려움이 있다. 하지만 장애가 없는 사람들은 이러한 부분이 너무나 당연하고 일상적인 것이라 구체적으로 고려하지 않는 경향이 있다. 따라서 장애인 안전교육에 대하여 논하기 전에 각 장애별 특성으로 인해 생기는 재난 취약점은 무엇인지 알아둘 필요성이 있다.

유 형	취약점
시각장애	• 눈이 보이지 않아 시각 정보에 대해 많은 착오를 하고, 공간을 이용함에 있어 어려움이 있음 • 눈으로 먼저 보고 피해야 하는 재난 상황에 대해서는 전혀 대응할 수 없음 • 재난이 발생한 경우, 많은 소음과 사람들의 분주함으로 다른 감각을 활용하여 대피하는 데 어려움이 있음 • 대피하기 위해 걸어 나갈 때, 보행속도가 비장애인에 비해 많이 낮은 편임
청각장애	• 일반적으로 시각에 대한 의존율이 높으며, 이로 인해 사고 발생 초기에 사고를 인지하기 쉽지 않음 • 화재경보에 취약하며, 시각경보기를 확인하기까지에 시간이 걸림 • 대피를 위한 보행속도에 비장애인과 큰 차이는 없음
지체장애	• 휠체어를 탄 경우 이동 반경, 이동 거리, 수직 이동 등에 어려움이 많음 • 대피를 위해 휠체어에 탑승하는 것 자체에도 어려움이 있을 수 있음 • 경사로 등 장애인을 위한 대피시설 유무에 따라 안전 확보 여부가 갈림

(3) 재난 특성에 따른 취약점

안전을 위협하는 재난 및 사고의 종류는 다양하다. 여러 가지 사고에서 발생하는 위험 요소와 문제점에 대하여 재난 대처 특성을 고려하여 5가지로 나누어볼 수 있다. 이동 어려움, 계단이동 어려움, 의사소통 어려움, 음성 의사소통 어려움, 시각정보 취득 어려움으로 나누어 보고, 각 어려움을 겪는 대상자는 누구이며 필요한 사항은 무엇인지에 대하여 생각해보자.

이동의 어려움	대 상	• 움직일 수 없거나 누워서 생활하는 전신마비 장애인 및 노인 • 스스로 휠체어 등 보조 기구에 타지 못하는 장애인
	필요 사항	• 대피 과정에서 수평이동 가능 여부 사전 점검 및 대처 • 재난 발생 시를 대비한 조력자 지정 및 안전교육 • 소방관 구조 활동 우선순위
계단이동 어려움	대 상	휠체어 및 목발, 보조 기구를 활용하는 장애인 및 노인
	필요 사항	• 계단이동 보조 장치 설치 • 건물 내 대피 통로 및 공간 확보
음성 의사소통 어려움	대 상	청각장애인, 뇌병변 장애인, 의사소통 장애가 있는 노인 등
	필요 사항	• 눈으로 사고 발생 여부를 알 수 있는 시각경보장치 설치 • 진동을 활용한 경보장치 설치 • 응급수어 또는 의사소통 지원 마련
의미 의사소통 어려움	대 상	정신지체 장애인, 발달장애인, 뇌손상 노인 등
	필요 사항	• 재난 상황을 인지하는 안전교육 필요 • 이해하기 쉬운 안전교육 자료 개발 • 반복 실천 교육을 통한 안전 기능의 체화
시각 정보 취득 어려움	대 상	시각장애인, 저시력 및 노화 노인 등
	필요 사항	• 대피 훈련을 통한 대피로 사전 인지 • 재난 상황을 인지하는 안전교육 필요

(4) 장애인 대피 특성

장애를 가지고 있더라도 이성적인 판단능력과 신체적인 이동이 온전한 경우 초기 대처 및 대피에 큰 어려움은 없다. 하지만 스스로 자력대피가 불가능한 경우에는 재난 약자가 될 수 있는데, 이에 대한 사전 이해와 대피 시설 마련에 대하여 고민해보아야 한다. 따라서 장애인이 스스로 대피가 가능한 경우와 사람이나 기구의 도움을 받는다면 대피가 가능한 경우 등과 같이 여러 조건으로 나누어 살피고, 필요에 따른 추가 대피계획을 마련하여야 한다.

자력 대피가능		자력 대피가능		휠체어 대피가능	
평상시 운동거부 자력이동	지팡이, 스테퍼 자력이동	보조기구 자력이동	보조기구 자력이동	수동휠체어 자력이동	전동휠체어 자력이동

도우미+휠체어 대피가능				특정 대피계획 수립필요	
수동휠체어 장애인 도우미	수동휠체어 손동작 장애	전동휠체어 손동작 장애	목재 고정식 의자 전신마비	휠체어 자력탑승 불가	와상침대, 위기상황 인지불가

장애인의 신체적 조건에 따라 자력 대피 여부가 정해진다. 안전교육의 대상이 되는 장애인의 특성을 사전에 살펴 위험 요소 진단 및 적절한 방안을 교육하여야 한다.

(출처 : 국민안전교육 표준실무 2020)

(5) 안전교육 지도 방법

장애인의 교육은 장애인이 가지고 있는 능력을 최대로 향상시키고 발휘할 수 있도록 도우며, 가지고 있는 잠재능력을 개발하여 사회에서 안전한 생활을 영위하는 데 초점을 맞추어야 한다. 장애인 교육을 위해서는 우선 장애를 이해하여야 한다. 장애의 종류에 따라 너무나도 명확하고 구분되는 특성을 가지고 있기 때문에 장애의 특성을 고려하지 않고 교육활동이 진행되어서는 안 된다.

유 형	지도 방법
시각장애	• 장애 정도에 따라 점자책, 시각장애인용 교재 등 적절한 교수・학습 자료를 준비하여야 한다. • 다른 감각(청각)에 의존하여 위험한 상황을 구분하고 대처하는 방법을 중점적으로 가르친다.
청각장애	• 청각장애를 가진 경우 말을 이해하기 위해 상대방의 입모양을 보고 판별하는 경우가 있다. 따라서 쉬운 단어로 천천히 말하며 입모양을 분명하게 보여준다. • 시각경보기와 같은 여러 안전장비・시설을 눈으로 보고 판별하는 능력을 길러준다. • 필요한 경우 말보다는 글로 의미를 전달하는 것이 효율적이며, 수어를 활용하여 소통할 수 있다.
지체장애	• 신체활동이 어려우므로 학습자의 신체적 특성을 파악하여 알맞은 활동을 진행한다. • 위험한 상황에 자유롭게 움직일 수 있는 신체로 대처하는 능력을 가르쳐야 한다. • 학습자의 생활환경을 사전에 분석하고, 이에 적합한 대처요령을 교육하여야 한다. • 도움을 구할 수 있는 방법이나 시스템을 마련할 수 있도록 돕고, 안전 대피 시설이 필요한 경우 신청할 수 있는 기관을 소개한다.
정신지체	• 정신지체를 가진 학습자는 스스로 인지하고 판단하는 데 어려움을 겪으므로 위험한 상황이 발생한 경우 즉시 도움을 요청하거나 안전한 장소로 대피할 수 있는 요령을 실연실습 수업을 통해 집중적으로 가르치는 것이 좋다. • 안전 행동 요령 및 대처 방법이 반복 교육되어 행동으로 즉각 실연될 수 있도록 한다.

(6) 교육자 유의사항

유 형	유의사항
전 체	• 무조건적으로 교육활동 이전에 장애의 특성을 이해하고 그에 맞는 교육을 준비하는 과정이 필요하다. • 장애를 가진 학습자들을 존중한다는 명분으로 동정심을 갖거나 상대의 기분을 해칠 수 있는 발언은 삼간다. • 청각장애, 정신장애, 언어장애 등 장애 학습자의 말이나 문장구사력이 미숙하더라도 끝까지 들어주고 공감해주어야 한다.
시각장애	• 인사나 대화를 하기 전에 자신의 소속과 이름을 말소리를 통해 알려준다. • 상대의 동의를 구하지 않은 채로 도움을 주기 위해 몸을 잡는 행동은 실례이며, 장애인을 놀라게 할 수도 있다. • 물건이나 교구를 제시할 때에는 어떠한 것인지, 어떻게 만져보면 좋은지 등에 대해 구체적으로 설명한 뒤 건네준다. • 안내견이 있는 경우 안내견을 만지거나 간식을 주는 등의 행동을 자제하며, 접촉이 필요한 경우 허락을 받는다.
청각장애	• 모든 청각장애인이 수화를 하는 것은 아니므로, 상대의 의사소통 방법을 묻는다. • 교육자가 말을 하게 되면 입모양을 참고하여 이해하기 때문에, 입모양을 크게 하고 좋은 발음을 유지한다. • 효과적인 의미 전달을 위해 표정, 몸짓을 적극 활용한다.
지체장애	• 휠체어를 타는 경우 눈높이를 맞추기 위해 앉아서 대화하는 것이 좋다. • 교육활동 중 넘어졌을 때 무조건 몸을 붙들지 않고, 어떻게 일어나는 것이 편한지 묻고 요청한 내용에 따라 움직인다.
정신지체	• 사고능력과 인지능력이 낮더라도 개인의 욕구와 감정이 있으므로, 항상 장애인의 의견을 묻고 존중한다. • 안전교육활동을 구체적으로 반복 제시하여 교육 효과를 높인다. • 교육을 위해서는 최대한 쉬운 표현을 사용하고, 한 문장에 한 가지의 정보나 지시만을 담아 전달한다.

◆ Tip **생애에 따른 발달특성**

교수설계 모형에서도 학습자 분석을 강조하듯이, 학습자의 발달단계를 이해하고 특성을 파악할 필요성이 있다. 하지만 소방안전 교육사 2차를 준비하며 이 모든 내용을 암기하기에는 어려움이 따른다. 따라서 생애주기별로 전체적인 특성을 이해한 뒤 한, 두 가지의 특성만 암기해두자.

또한 2차 답안을 작성할 때 이 특성을 적극적으로 활용하여 서술해보자. 예를 들어 교안 작성 문제가 출제된 경우 교안 오른쪽에 적는 지도 시 유의사항 칸에 학습자의 특성을 적을 수 있다.

생애에 따른 발달특성 만능멘트 예시
• 유아기 : 유아의 인지 발달 특성에 따라 동화를 적극 활용하여 수업에 집중시킨다.
• 학령기 : 아동의 발달특성을 고려하여 직접 만지고 관찰하는 구체적 조작활동을 통해 안전지식을 형성하게 한다.
• 청소년기 : 청소년은 발달특성상 또래를 중요시 여기므로, 안전교육을 통해 학교 내 안전문화를 형성하는 데 집중한다.
• 노년기 : 노년기의 신체적 발달특성을 고려하여, 학습 과정을 지속적으로 관찰하고, 수시로 난이도를 조절하며 교육을 진행한다.
• 장애인 : 학습자가 가진 장애의 특성을 고려하여 활동을 적절하게 변형하여 제시한다.

안전교육 지도 방법 및 교수 · 학습 자료

01 안전교육 지도 원리

1 지도 원리

어떠한 일이 진행되기 위해서는 그에 마땅한 근거와 계획이 필요하다. 교육 또한 마찬가지로 적합한 근거와 계획이 필요한데, 교육활동의 의의를 뒷받침할 수 있는 것이 바로 지도 원리이다. 그렇기 때문에 실질적인 안전교육을 실시하기 위해서, 전문성을 가진 소방안전교육사가 되기 위해서는 안전교육의 지도 원리를 심층적으로 이해하고 있을 필요가 있다.

(1) 효과적인 안전교육을 위한 10가지 원리

국외 영국재해방지협회(RoSPA ; Royal Society for the Prevention of Accident)에 따르면 효과적인 안전교육을 위한 원리를 총 10가지로 제시하고 있다(RoSPA, 2012). 여기서 제시한 원리들은 비단 안전교육에서만 적용되는 것이 아닌 교육 분야를 불문하고 교육전반에 필수적인 것이라는 사실을 알아두자.

> 효과적인 안전교육을 위한 10가지 원리
> 1. 안전교육은 보다 넓은 공동체 속에서 전 학교적 접근으로 이루어져야 하며 또 강화해 나아가야 한다.
> 2. 교수 · 학습에 있어 상호작용과 경험학습과 같은 활동적 접근법들을 활용한다.
> 3. 안전을 지키는 데 도움을 줄 수 있는 실제적 의사결정에 아동과 청소년들을 참여시킨다.
> 4. 아동과 청소년들의 학습 요구를 반영한다.
> 5. 사회 및 건강 교육의 포괄적 접근으로써 안전을 지도한다.
> 6. 실제적이고 적절한 환경과 자료들을 활용한다.
> 7. 가정 및 지역사회 유관 기관과의 동반자적 관계 속에서 안전교육을 실행한다.
> 8. 위험요인과 그 보호요인들에 대한 이해를 도모한다.
> 9. 안전에 관한 심리사회적인 측면들, 예를 들어 자신감, 회복탄력성, 자부심, 자기효능감 등을 고려한다.
> 10. 안전하고 지원을 받는 환경 속에서 안전한 행위를 보상하고 모델링하는 긍정적인 접근을 실시한다.

(2) 여러 안전교육 지도 원리

효율적인 안전교육을 위한 지도 원리에 대해서는 연구자 또는 연구기관마다 조금씩 의견이 다르다. 하지만 큰 틀에서 바라보았을 때 말하고자 하는 바는 다르지 않다. 행정안전부에서 제시한 안전교육의 원리로는 일회성의 원리, 지역 특수성의 원리, 인성교육의 원리, 실천의 원리를 언급 하였다.

위에서 언급한 네 가지의 원리에 대하여 간략하게 설명해보자면 다음과 같다.

원 리	내 용
일회성의 원리	사고는 한 번 일어나면 되돌릴 수 없으며, 단 1회의 안전교육 실시 여부로 생존과 사망을 결정할 수도 있다는 것
지역 특수성의 원리	안전교육은 해당 지역의 지형, 산업, 인구 등 지역적 특성을 반영하여야 한다는 것
인성교육의 원리	안전교육은 자신과 타인의 생명, 그리고 여러 생명들을 존중하도록 하는 교육이라는 것
실천의 원리	안전교육이 단순한 지식 전달로 끝나서는 안 되며, 올바른 태도와 습관을 형성하여 실제 삶 속에서 위기 대응능력을 기르고 실천할 수 있도록 가르쳐야 한다는 것

이 외에도 안전교육 지도 원리에 대한 다양한 의견이 존재한다.

지도 원리	출 처
일회성의 원리/자기 통제의 원리/이해의 원리/지역성의 원리	(이상우 외, 1994:14–15; 김창현, 2014:30)
1. 안전교육은 타인을 배려하는 윤리교육이어야 한다. 2. 안전교육은 체험 중심의 실천교육이어야 한다.	(한국산업안전보건공단, 2003:36,42)
1. 안전교육은 이해 교육, 기능 교육, 태도 및 습관 교육 등 단계별 이론과 실습을 병행하며 정기적으로 재교육을 하여야 한다. 2. 안전교육은 학생의 발달 단계와 생활 주기에 맞게 이루어져야 한다. 3. 안전교육은 학교 내·외에서 함께 이루어져야 한다. 4. 안전교육은 가정과 연계하여 이루어져야 한다. 5. 안전교육은 지역에 따라 차별화되어야 한다.	(정영식·박원, 2015:148–149)

2 지도 방향

(1) 목 표

안전교육 지도 원리에 근거하여 실제적인 교육활동을 실행하기 위해서는 어떠한 방향성을 가지고 있어야 하는지 생각해보아야 한다. 단순히 안전지식과 기능을 전달하는 것을 안전교육의 종착점으로 삼는 것이 아닌 세부적인 목표와 방향성이 필요하다. 다음의 내용을 숙지하여 논술형 평가에서 소방안전교육의 방향 또는 의의, 지향점 등에 연결시켜 서술할 수 있다.

(2) 안전교육의 지도 방향

① 생명존중교육과 인성교육으로서의 안전교육을 실시하여야 한다

자신의 안전을 도모하기 위한 바른 습관을 기르고 실천하며, 참된 인간으로서 성장하기 위해 생명존중의 가치관과 바른 인격을 갖출 수 있는 안전교육을 꾀하여야 한다. 다양한 안전 지도를 통해 자신과 타인의 생명을 존중하며 책임 있고 성실한 습관이 형성되도록 한다.

② 단 1회의 사고라도 일어나지 않도록 안전교육을 실시하여야 한다

사고는 일어나면 돌이킬 수 없으며, 단 1회의 안전교육으로 생사를 결정할 수도 있으므로 항상 철저하게 준비되고 완전한 안전교육을 실행하여야 한다.

③ 안전교육을 통해 스스로를 통제하고 적절하게 대처하는 능력을 개발하여야 한다

안전교육은 지적 능력과 실천적 능력의 신장, 안전한 생활에 대한 의지 함양을 통해 안전을 확보하는 것이 목표이며, 이를 위해서는 자신을 통제하는 능력이 궁극적으로 필요하기 때문이다.

④ 체험 및 실습 중심의 활동을 반복적으로 교육하여야 한다

안전교육을 통해 안전 생활 지식, 이해력, 사고력, 판단력, 합리적 의사결정력, 창의적 문제해결력을 기르되 반드시 올바른 안전 행동 기능 및 실천 능력까지 길러주어야 한다. 이를 위해서는 체험과 훈련을 통한 교육이 이루어져야 하며, 장기간에 걸쳐 심화 반복되는 집중력 있는 교육을 실시하여야 한다.

⑤ 교육은 학습자 연령과 발달 단계에 맞추어야 한다

성장 발달 단계에 따른 특성이 각기 다르므로, 학습자의 특성에 맞추어 교육 내용과 방법, 교재, 자료 등 적절하게 선정하여야 하며, 효율적으로 재구성하며 활용할 수 있어야 한다.

⑥ 여러 장소에서 일어날 수 있는 다양한 경우에 대한 안전교육을 하여야 한다

안전사고는 다양하고, 항상 같은 조건으로 사고가 일어나지 않으므로, 장소 및 상황별 사고 원인과 대처 방법을 연구하여 지도하여야 한다.

⑦ 가정 및 지역사회와 연계하여야 한다

안전교육을 통해 습득한 지식, 기능, 태도가 실제적으로 실현될 수 있도록 삶 속 학습 환경을 구성해주어야 한다. 따라서 지역의 경찰, 소방 및 여러 기관들과 협조하여 교육을 실시하거나, 각 가정에서 안전교육을 연계하여 지도하고 실행할 수 있도록 하여야 한다.

⑧ 지역적 특성을 고려하여야 한다

안전한 생활을 영위하기 위해 학습자가 실제로 살고 있는 지역이나 장소의 특수성을 고려하여야 한다. 지역적 특수성을 고려하지 않은 안전교육은 교육적 의미와 실효성을 상실할 수 있다.

1 AHE 모델

안전교육의 절차에 대한 이론적 배경을 논해보자면 데니슨(Dennison)과 골라츠스키(Golaszewski)가 주장한 AHE 모델을 생각해볼 수 있다. 이 모델에서는 안전교육의 수행 절차를 크게 3단계로 나누고 있는데, 경험적 단계(Experiential Phase), 인지 단계(Awareness Phase), 책임감 획득 단계(Responsibility Phase)이다. 경험을 통해 안전한 행위에 대해 깨닫고 평가하게 되며, 이후 행위에 대한 지식과 이로움을 인지한 뒤 책임감 있는 자기 관리와 실천으로 안전한 생활을 습관화시켜 나가는 것이다.

단 계	특 징
경험적 단계	• 학습자 개인의 안전 생활이나 경험을 반성해보고 평가해보는 활동 실시 • 안전 행위가 실제로 어떠한 것인지 확인하고 중요성을 깨달음 • 안전 정보에 대한 수용성 증가 및 책임감 증대시키는 단계
인지 단계	• 경험 단계의 내용을 바탕으로 하여 이론적 정보를 곁들여 안전한 행동에 대한 사실과 지식을 제공하는 단계 • 안전한 행동을 함으로써 얻을 수 있는 이로움이 무엇인지, 반대로 안전한 행동을 하지 않으면 어떠한 위험이 있는지 인지하는 활동 실시 • 고쳐야 할 행동이나 문제 해결 방안에 대한 방법을 모색
책임감 획득 단계	• 학습자의 개인 안전에 대한 가치를 인식시키고, 책임감 있는 행동 실천을 고무하는 단계 • '자기 관리 전략'을 활용하여 학습자 스스로 자신의 행동에 대한 진단, 반성, 계획, 발전시켜나갈 수 있도록 지도 • 안전 도구를 직접 착용해보기, 착용 모습 관찰하기, 안전한 행동 실천하고 반복하기, 보상과 벌 제시 등과 같은 방안을 활용하여 안전 행동을 하도록 동기 강화하기

2 안전교육 교수 · 학습

안전교육의 지식, 기능, 태도를 가르쳐서 교육의 본질과 목적을 달성하기 위해서는 교수 · 학습 과정을 체계적으로 구성하여야 한다. 모든 교육활동 과정이 획일화되어 하나로 통일될 수는 없지만 일정한 기준이나 틀은 필요하기 마련이다. 안전교육의 일반적 과정은 안전한 생활을 영위해갈 수 있는 인지적, 행동적, 정의적 측면의 능력을 통합적으로 기르는 데 중점을 두고 있다.

다음 도표를 분석해보자면 하단부에 기록된 수업모형들은 교육의 방법적인 측면으로 생각할 수 있다. 지식을 가르칠 것인지, 행동을 가르칠 것인지, 정의적 요소를 가르칠 것인지 목적에 따라 적절하게 선택하여 활용하는 교육활동의 방법인 것이다. 필요한 수업모형을 선택하여 수업 과정 및 교육 방법을 교육 과정에 활용할 수 있다.

도표의 중간부에 표시된 과정은 안전교육 교수 · 학습 과정의 일반적인 절차이며, 각 부분의 내용을 증감하여 운영할 수 있다. 수업을 크게 나누어보면 도입, 전개, 정리의 3부분으로 나눌 수 있는데 경험 나누기 및 학습문제 인식은 도입에 해당되며, 이후 탐구, 기능 실습, 가치 · 태도 강화 3단계는 모두 전개에 넣을 수 있으며, 필요에 따라 가치 · 태도 강화는 정리에 넣어 운영할 수 있다.

도표의 위에 표시된 사항은 안전교육의 궁극적 목표라 할 수 있으며, 교육을 통해 가르치고자 하는 안전 기능과 교육을 통해 얻을 수 있는 안전 역량에 해당한다. 단순히 안전 지식, 기능, 태도를 가르치는 것이 아닌 주어진 자료를 처리하거나 정리하는 지식정보처리 역량, 창의적으로 문제의 원인을 분석하고 해결방안을 구상하는 창의적 문제해결 역량 등 다양한 안전 역량을 꾀하고 있다.

[안전교육 교수 · 학습 과정의 일반적 절차]

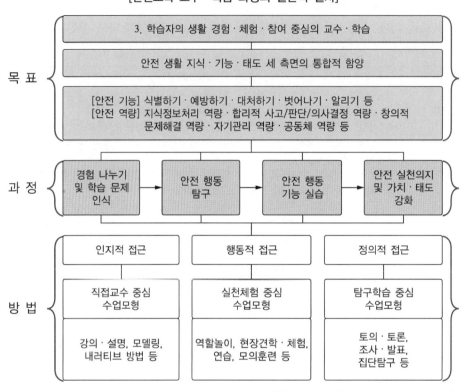

(출처 : 국민안전교육 표준실무 2020)

3 안전교육 일반적 운영 방안

안전을 주제로 수업을 하게 될 경우 교육프로그램을 설계하거나 교수지도계획서(교안)를 작성하게 된다. 수업을 실질적으로 어떻게 진행할지에 대한 내용을 구상하는 단계인데, 가르치고자 하는 개념(지식, 기능, 태도)을 수업에 어떠한 단계로 녹여낼지에 대한 고민이 필요하다. 이 부분은 이전에 논의하였던 수업 과정에 대한 내용이며, 안전 수업이 어떠한 과정으로 진행되는지에 대한 일반적인 절차이다. 소방안전교육사 시험 또는 강사 활동 중 교육 프로그램 설계 및 교수지도계획서 작성에 반드시 필요한 요소이므로 이해하여 암기해두도록 하자.

수업을 진행할 때 크게 3단계로 나누어 계획한다. 수업분위기를 형성하고 학습주제를 펼치는 도입, 가르치고자 하는 개념이나 기능을 직접 수행하는 전개, 한 차시의 수업에서 배운 내용을 정리하고 요약하며 평가해보는 정리의 3단계이다. 아래의 안전수업 진행 4단계를 수업 흐름으로 설정할 수도 있으며, 도입, 전개, 정리의 3단계를 수업의 흐름으로 설정할 수도 있다. 또한 이후에 학습할 수많은 수업모형의 단계들을 수업 흐름으로 설정할 수도 있다. 정해진 바는 없으나 일반적인 수업에서는 도입, 전개, 정리의 3단계로 수업을 계획하고, 교육 주제나 방식에 맞추어 필요한 부분들을 접목시켜 활용하고 있다. 본 책의 교수지도계획서(교안) 작성 부분과 연결 지어 학습하면 이해하기 쉽다.

[안전수업의 진행 단계]

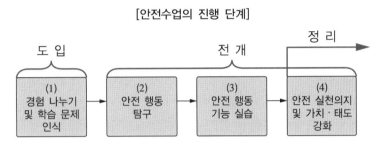

(출처 : 국민안전교육 표준실무 2020)

(1) 경험 나누기 및 학습 문제 인식과 동기 유발

학습을 시작하는 첫 단계로, 생활 속에서 발생할 수 있는 위험한 상황이나 사고들에 대하여 학습자들의 생각 및 경험을 묻는다. 이 과정에서 안전 민감성을 높이고 학습에 대한 호기심과 동기를 자극하며 학습과제로 자연스럽게 이끌어 나간다. 해당 수업에 배워야 하는 학습목표가 무엇인지 명확하게 아는 것이 중요하며, 수업과 평가가 어떻게 진행될지 살펴봄으로써 수업에 대한 기대감을 갖게 한다.

안전 민감성이란 어떠한 상황의 안전 여부, 즉 안전한지 위험한지에 대해 분별하며 그 상황에 어떻게 행동할지 관심을 가지고 적극적으로 생각하는 성향을 뜻한다. 이러한 안전 민감성 또는 안전 감수성의 싹을 틔우고 성장시켜 나갈 수 있도록 기틀을 잡는 것이 본 단계의 목표이기도 하다.

경험을 나누는 활동은 학습자가 자신의 이야기를 학습과 연관시켜나가는 과정이므로 안전 민감성과 학습 동기를 강화하기에 적합하다. 또한 자신의 삶 속에 실제로 안전이 연관되어 있고 필요하다는 것을 느끼게 하여 수업에 몰입할 수 있게 해준다.

교육자는 경험을 묻고, 동시에 학습 목표 공유, 동기 유발을 활동을 실시하며 이 과정에 발달 단계에 맞는 적합한 교수·학습 자료를 제공한다. 구체적인 모형부터 동영상 자료, 기사 및 그래프 자료 등을 적절하게 활용하고, 학습자들이 여러 자료를 활용하여 자신의 경험과 생각을 비판하고 성찰할 수 있도록 활동을 구성한다. 본 단계의 핵심은 학습자가 학습의 주체가 되어 수업을 이끌어 나갈 수 있는 분위기를 형성하는 것이다.

(2) 안전 행동 탐구

　　본격적인 학습을 시작하는 단계로, 안전한 행동에 대해 직접 탐구해볼 수 있도록 다양한 활동들을 진행할 수 있다. 어떠한 위험 상황 또는 안전 교육 주제에 대하여 바람직한 모범 행동과 그렇지 못한 행동에 대하여 탐색하고, 어떠한 점이 좋고 나쁜지, 어떻게 해야 위험을 인지하고 예방하여 대처할 수 있는지 등에 대하여 논의하게 된다. 본 단계에서는 안전 행동에 대한 지식 및 정보를 얻으며 지적기반을 형성하는 것을 주목적으로 한다. 안전 교육의 지식, 기능, 태도 중 지식 교육에 해당한다.

　　다만 안전 지식을 전달하는 과정에서 단순히 학습 내용을 일방적으로 전달하는 방식은 교육의 중심이 학습자가 아닌 교육자에게 있는 것이므로 지양하여야 한다. 따라서 다양한 활동과 참여 및 체험 활동을 통해 학습자가 직접 지식 기반을 형성하는 자기 주도적 학습을 진행하는 것이 좋다.

　　안전 행동 탐구 단계부터 전개 단계에 해당되므로 학습자들이 학습 활동을 진행해나가게 되는데, 학습자들은 학습 과정에서 열정을 보이기도 하고, 의욕을 잃고 도태되기도 한다. 따라서 교육자는 학습자의 발달 특성을 고려하여 알맞은 교육방법을 실천하여야 하며, 학습에 흥미를 갖도록 지속적으로 쌍방향 소통을 하여야 한다. 위험 요소 및 안전 행동에 대해 자유롭게 토의하며 합리적 의사결정능력 및 창의적 문제해결능력 등과 같은 안전 역량을 신장시킬 수 있게 한다.

　　활동을 어떻게 구성할지에 대해서는 교육 주제 및 학습 목표에 따라 달라져야 한다. 이 부분에 대해서는 본 책의 CHAPTER 05의 수업모형 부분을 연결시켜 학습하여야 한다. 교육자가 중심이 되는 직접교수법, 학습자가 중심이 되는 탐구학습 중심 학습, 실제 체험을 강화하는 실천체험 중심 학습 등 다양한 교수법 중 적절한 모형을 선택하는 것이 바로 교육자로서의 전문성이라 할 수 있다.

(3) 안전 행동 기능 실습 　2022년 기출

　　이전 단계에서 안전 지식 교육이 마무리되었다면 이를 직접 수행해보는 기능 실습 활동을 해보는 단계이다. 안전 행동 또는 기능을 직접 따라 해보거나 체험해보며 위험을 예상하고 대처하는 기능을 신장시킨다. 교육의 내용 분류(지식, 기능, 태도) 중 기능 교육에 해당하는 부분이다. 어떠한 위험 상황을 가정하고 모의 훈련을 진행하거나 주어진 문제 상황에 몸소 행동을 실천해보는 활동 등을 구상할 수 있다.

　　본 단계에서는 학습자가 가지고 있는 지식을 적극적으로 활용하여 몸으로 행동해볼 수 있도록 활동을 계획적으로 구상하여야 하며, 활동 중에 일어날 수 있는 위험상황에 대해서도 대비하여야 한다. 필요한 교구나 기자재 및 장비는 학습자의 특성에 맞게 준비해두며 사전에 안전 점검 및 안전 대책을 마련한다. 학습자 요구에 따라 학습규모를 개인부터 소집단, 대집단 활동까지 알맞게 구성할 수 있어야 한다.

학습자는 안전한 생활과 관련된 여러 기능과 능력을 기르기 위해 다양한 방식으로 체험해보고, 다양한 전략을 추구해볼 수 있다. 자신의 대처능력을 활용하여 여러 상황에 접목시켜보거나, 새로운 해결법을 구상해보게 한다. 이러한 과정에서 자신의 행동을 조절하고 식별하며 위험을 진단하고 예방하는 안전 기능과 자기 관리 능력과 같은 안전 역량을 신장하게 된다. 또한 위험 상황에 학습자가 협력하며 문제를 해결해 나가며 공동체 역량을 강화할 수도 있다.

(4) 안전 행동 및 생활의 실천 의지와 태도 강화

안전 지식과 기능 교육이 수행되었다면, 마지막 단계에서 정의적 영역에 해당하는 태도 교육을 수행하여야 한다. 도입, 전개, 정리의 3단계 기준에서 바라보면 본 단계는 전개 단계의 한 가지 활동으로 수행할 수도 있고, 정리 단계의 마무리 활동으로 수행할 수도 있다.

본 단계에서 학습자는 식별하기, 예방하기, 대처하기, 벗어나기, 알리기 등의 기능을 바탕으로 자신의 생활 방식이나 행동을 성찰하는 활동을 한다. 부족한 부분은 무엇인지, 앞으로 어떻게 하면 좋을지 서로 의논하고 다짐하며 안전 교육이 생활 속에 스며들 수 있도록 유도한다. 또한 지역사회의 유관기관과 협력교육을 실시하거나 가정에 연계학습을 요청하여 실천과 체험의 학습 기회를 더욱 확보할 수 있다.

안전교육에서는 반드시 앎이 행함으로 이어지지 않는, 알지만 실천하지 않는 상황을 피해야 한다. 따라서 바람직한 태도와 가치관으로 안전한 생활습관을 형성하고, 이를 생활 속에서 반복 실천할 수 있도록 내면화, 성향화하는 것이 안전교육의 궁극적인 목표가 된다. 이러한 일련의 과정으로 안전 감수성을 신장하고 안전 문화를 확산할 수 있는 민주시민으로 길러낼 수 있도록 한다.

Q. 안전 행동 기능 실습 단계에서 이루어지는 안전교육의 목표를 고려할 때, 교수·학습 과정에서 교수자가 중점을 두어야 할 사항에 대해 5가지 설명하시오. 그리고 각각의 지도 방법을 선정한 이유를 설명하시오.

답안을 작성해보세요.

예시답안은 본 책의 부록에 있습니다.

03 교수 · 학습모형

1 수업모형의 갈래

교육의 핵심은 '무엇을 어떻게 가르치느냐'에 있다. 또한 교육방법은 교육의 목적을 실현하는 데 요구되는 모든 방법을 통칭하는 것이라 할 수 있다. 교육자가 가르치고자 하는 개념을 효율적으로 가르치기 위해 활용하는 것이 수업모형이다. 좁은 의미에서 교육방법이란 '가르치는 방식'이나 '수업목표를 달성하기 위해 사용하는 효과적인 수업방식'이라 할 수 있겠다. 또한 학습 목표에 맞는 내용을 효과적으로 전달하고 학습활동을 지원하기 위해 사용하는 방법이라고도 정의할 수 있겠다. 결론적으로 수업모형은 학습목표를 정확하고 효율적으로 달성하기 위한 하나의 도구인 것이다.

고대시대 때부터 후세를 가르치고 양성한다는 것은 중요한 사회적 덕목으로 여겨졌다. 따라서 이를 담당하는 전문직종이 생겨났다. 서양 역사를 살펴보면 기원전 5~4세기의 소피스트가 최초로 가르치는 일을 직업으로 삼았다고 볼 수 있다고 한다. 소피스트는 준비된 강연, 즉흥적 강연, 자유토론 등 세 가지 방법을 주 교수법으로 사용하였다. 당시 큰 비중을 차지한 수업방법은 가르치고자 하는 원칙과 이론을 가르친 후, 모범 사례를 제시함으로써 학습자가 이를 모방, 분석, 토론하고 실제로 연습해보는 과정을 겪게 하였다. 그 후 학습목표를 효과적으로 달성하는 여러 방법이 탄생하여 발전하게 되었다고 한다. 이러한 수업방법을 연구하여 활용할 수 있도록 틀로 만들어놓은 것이 바로 '수업모형' 또는 '교수 · 학습모형'이다.

이러한 수업모형은 여러 갈래로 나누어볼 수 있지만 소방안전교육사의 관점에서 이해하기 쉽도록 크게 세 가지로 나누어본다. 안전 지식과 기능, 태도를 반복하고 습관화하는 과정을 학습자가 몸소 체험하며 배우는 실천체험 중심 수업모형과 머릿속으로 개념을 탐색하고 연결 지어 분석해내는 탐구학습 중심 수업모형, 그리고 교사가 직접 모든 개념을 심어주는 직접교수 중심 수업모형이다.

	실천체험 중심 수업모형	탐구학습 중심 수업모형	직접교수 중심 수업모형
접근	행동적 접근	정의적 접근	인지적 접근
개념	직접 체험해보며 개념 습득	학습자가 스스로 개념을 구성해 나감	교사가 직접 개념을 제시
활동	역할놀이, 실습, 실연	토의, 토론, 관찰, 실험	강의, 질문, 개인교수
규모	소규모	전체, 모둠, 개인	전체, 개인
교사 역할	모델, 조력자, 독려자	안내자, 협조자	주도자, 의사결정권자
학습자 역할	주도자, 참여자	주도자, 분석가	구성원, 순응자
수업 모형 종류	• 역할놀이 수업모형 • 실습·실연 수업모형 • 놀이 중심 수업모형 • 경험학습 수업모형 • 모의 훈련 수업모형 • 현장견학 중심 수업모형 • 가정·지역사회 연계 수업모형 • 표현 활동 중심 수업모형	• 토의·토론 수업모형 • 조사·발표 수업모형 • 관찰학습 수업모형 • 문제 중심 수업모형 • 집단 탐구 수업모형 • 프로젝트 학습 수업모형	• 강의 중심 수업모형 • 모델링 중심 수업모형 • 내러티브 중심 수업모형

◆ Tip

지금까지 교수·학습모형 파트에서 출제된 문제들을 살펴보면 모두 모형을 이해하고 적용하거나 특징을 서술하는 문제가 출제되었다. 그만큼 수업모형에 대해 심층적으로 이해하여야 문제에 대비할 수 있다. 본 책을 보고 있는 수험생 당신은 앞으로 제시되는 다양한 수업모형의 특징과 예시를 학습할 것이다. 예비 소방안전교육사로서 실제 강의를 나가고 교수·학습 과정안을 구성한다고 상상하며 제시된 모든 수업모형을 살펴보자. 본인에게 맞는 수업모형은 어느 것이며, 어떠한 스타일로 재구성하여 활용할 수 있을지 상상하며 학습하자. 또한 각 모형에서 교육자는 어떠한 역할을 수행하여야 하는지 확인해보자.

교육자들은 각각 자신만의 강점이 있고 이를 활용하는 방법은 다양할 것이다. 자신의 강점은 부각시키고, 약점은 감출 수 있는 수업모형, 학습자에게 안전교육을 효율적으로 실현시킬 수 있는 수업모형을 찾아나가자.

자신에게 맞는 수업모형을 선택하는 이유는 2차 시험에서 교안을 작성하라고 나왔을 때 만능틀로 활용할 수 있다는 큰 장점이 있다(본 책의 나만의 교수지도계획서 만능틀 만들기를 확인). 또한 자신의 특성과 연결 지어 각 수업모형의 특성을 이해하게 되면 외워야 하는 개념들이 머릿속에 더욱 잘 남는 효과가 있다. '나는 이러한 성격이니 이러한 모형이 잘 맞을 것 같다', 또는 '나는 이러한 성격이니 이러한 모형은 활용하기 힘들 것 같다' 등으로 간단하게라도 활용하면 수업모형 암기학습에 큰 도움이 될 것이다.

• 각 수업모형의 단계를 구체적으로 상세하게 외우기보다는, 수업모형의 특성과 흐름을 이해하여 적용할 수 있는 능력을 기르자.
• 기출 경향을 분석하자면 [학습자의 발달 단계 특성 + 수업모형의 특성 + 수업 주제]의 흐름으로 시험을 대비하여야 한다. 예를 들어 역할놀이 수업모형을 공부한다면, 단지 수업모형의 단계나 특징만 외우고 넘어갈 것이 아니라, '초등학생들의 특징이 역할놀이 수업모형에 잘 어울리는 이유는?', '소화기 사용법을 역할놀이 수업모형으로 가르친다면 그 흐름은?' 등과 같이 연결하는 연습이 더더욱 중요하다. 특히 각 수업모형을 공부할 때에는 어떠한 연령의 학습자에게 적합한지 생각해보고 앞에서 공부한 발달특성과 관련지어 생각해보자!

실천체험 중심 수업모형은 가르치고자 하는 개념을 교육자가 직접 전달하는 것이 아닌, 학습자가 몸소 실천하고 체험하며 개념을 정립해 나가는 수업모형의 한 분류이다. '행함으로써 배운다'는 학습 원리에 기반을 두고 있으며 바람직한 행위를 직접 실천해봄으로써 안전한 생활을 영위할 수 있도록 교육하는 방식이다.

학습자는 교육자의 안내하에 교육활동에 참여하며 안전의 중요성과 기능, 실천 능력을 길러가게 되는데 교수·학습 과정에 적극적으로 참여하여야 교육적 효과를 얻을 수 있다. 따라서 교육자는 실천체험 중심 수업모형으로 수업을 진행할 경우 학습자들의 내적 동기를 적극적으로 격려하고, 순회 지도를 하며 지속적으로 피드백을 제공하여야 한다. 또한 학습의 과정을 단계를 세분화하여 구체적으로 제시하여 학습자들이 참여 과정에 어려움이 없도록 해야 한다. 교육자는 학습자들의 참여활동이 자신이 설계했던 교수·학습 목표와 다른 방향으로 활동이 흘러가고 있는 경우 이를 잡아주는 안내자의 역할도 수행하여야 한다.

(1) 역할놀이 수업모형

역할놀이 수업모형은 학습자들이 실제와 비슷한 안전 문제 상황을 가정하고, 그 속에서 있을 것 같은 생각과 행동, 그리고 해결 방안을 직접 연출하고 보고 느끼면서 안전 학습을 해나가는 방식이다. 또한 학습자는 위험 요소 및 안전 관련 주제를 역할놀이에 적용하고, 이러한 놀이를 통해 생활 주변에서 겪을 수 있는 여러 가지 위험 상황을 경험해 봄으로써 적극적인 대처방법이나 자발적인 문제 해결력을 기를 수 있게 된다. 또한 역할놀이는 여러 명의 학습자가 함께 힘을 모아 활동을 이끌어나가기 때문에 그 과정에서 의사소통능력과 공동체의식을 신장하고, 서로에게 동기를 부여할 수 있는 긍정적인 효과도 있다.

안전교육의 방법은 구체적이고 실제적인 상황에서 실시하여야 교육적 효과가 높다. 이러한 관점에서 학습자들에게는 실제 상황과 비슷한 모의 상황과 역할 놀이를 안전교육에서 활용하는 것이 가장 효과적임을 강조하고 있다. 이러한 교육 방법이 효과적인 이유는 가르치고자 하는 안전 지식과 기술, 태도 등의 반복적 실시가 가능하다는 점, 다양한 상황에서 교육 내용의 적절한 변화와 적용이 가능하다는 점 때문이다.

역할놀이 수업은 대체로 역할놀이 상황 설정 → 참가자 선정 → 무대 설치 → 청중의 준비 → 역할놀이 시연 → 토론 및 평가 → 재연 → 경험의 공유와 일반화의 과정으로 진행된다. 수업단계는 항시 필수적인 요소는 아니며, 재연 단계 또한 교육자가 필요성을 판단하여 선택적으로 실시할 수 있다. 역할놀이 수업에서 교육자는 학습자들에게 안전교육 내용을 선정하여 이를 역할놀이로 연결하거나 재구성하여 진행하는 능력이 요구된다.

역할놀이 수업모형 요점 정리	
특 징	• 역할놀이를 실제 상황과 비슷하게 구체적이고 현실감 있게 제시하여야 함 • 필요한 소품을 다른 물건이나 자료로 적절하게 대체하여야 함 　예시) 칼에 베인 상황에서 소독 알코올 대신 물을 활용하도록 제시하는 것 　예시) 화재 위험성을 알리기 위해 실제 연기 대신 드라이아이스를 활용하는 것
장 점	• 구체적이고 실제적인 위험 상황을 가정하여 안전교육의 효과를 높일 수 있음 • 극적이고 현실감 있는 안전 경험을 제공하여 학습자의 동기 유발 가능 • 여러 명의 학습자가 함께 역할놀이에 참여하며 의사소통 능력, 공동체의식 함양
교사의 역할	• 역할놀이에 적극적으로 참여하도록 학습자에게 동기부여를 하여야 함 • 교사 또한 역할극에 놀이자로서 적극적으로 참여 • 안전 교육목표를 위해 적절한 자료의 선정 및 제공

수업 단계

경험 나누기 및 학습 문제 인식	역할놀이 준비	역할놀이 실연 및 토론과 재연	정리 및 실천 생활화
• 생활 속 안전 관련 　경험 나누기 • 안전 관련 문제 찾기 • 학습 문제 인식 및 　동기 유발하기	• 역할놀이 상황 설정 　하기 • 참가자 선정·무대 　설치·청중의 준비 　갖추기	• 역할놀이 실연하기 • 토론 및 평가하기 • 재연하기	• 경험의 공유와 일반화 　도모하기 • 종합 정리 및 평가 　하기 • 생활 속 확대 적용 및 　실천하기

실제 수업 방법 예시

• 소꿉놀이 : 가정 안전 교육, 여가 안전 교육 등
• 병원 놀이 : 심폐소생술 및 응급처치방법 교육, 환자 이송 교육, 보건 위생 교육 등
• 소방관 놀이 : 화재 대응 방법 교육, 소화전 교육 등
• 경찰관 놀이 : 교통안전 교육, 횡단보도 교육, 자전거 및 안전장비 교육 등

(2) 실습·실연 수업모형

킬패트릭(W. K. Kilpatrick)은 세상에는 옳은 행위의 방식과 그렇지 못한 방식이 있고, 사람은 그러한 올바른 행위의 방식을 훈련을 통해 배워야 한다고 생각하였다. 이는 행동주의와도 관련지을 수 있는데 이러한 관점의 연장선으로 안전한 행동 기능, 능력, 반복 실천, 습관 형성을 이어나가는 데 그 의의가 있다.

'실습'은 실제적인 상황에서 직접 해보는 것을 뜻한다.

'실연'은 있을 법한 상황을 연출해 놓고 해보면서 익히는 것을 뜻한다.

두 가지의 공통점은 우리가 겪을 수 있는 위험한 경우 또는 재난 상황에서 어떻게 행동해야 하는지에 관해 실제적인 대처법을 직접 안전 행동을 해봄으로써 체화할 수 있다는 점이다. 일반교과와 연계지어 설명해보자면 학창시절 실과 또는 기술가정 교과에서 불을 안전하게 사용하는 방법을 가르치며 직접 요리를 해보거나, 위험한 공작 도구를 안전하게 활용하는 방법을 가르치며 책꽂이를 만들어보는 등의 활동이 이에 해당된다.

실습·실연 수업모형은 문제 상황 제시 및 인식 → 안전 행동 탐색 → 안전 행동의 실습·실연 → 실천 의지 강화 및 태도 강화의 단계로 이루어진다. 유의할 점으로는 안전 기능을 직접 실천하면서 단순히 행동이나 동작을 기계적으로 익히거나, 움직이다가 무엇을 했는지조차 잘 모르고 끝나는 경우, 수업 내내 탐구 과정 없이 실습이나 실연만을 반복하다 수업이 끝나는 경우를 피해야 한다. 좋은 수업을 위해서는 실습, 실연 전후에 가르치고자 하는 개념이 지니는 가치와 의미, 필요성, 좋은 점 등에 대해 생각해보고 탐구해보는 과정이 필요하다. 또한 마무리 단계에서 정의적 영역을 고려하여 학습내용 정리 및 안전한 생활에 대한 의지와 실천능력을 강화하며 수업을 정리해야 한다.

실습·실연 수업모형 요점 정리	
특 징	• 교육자료, 기능 연습 장소, 사전 시뮬레이션 등 실습·실연 안전교육을 하기 위한 환경을 구성하는 데 어려움이 있어 교육활동에 제한이 있음 • 실습·실연의 전후에 가르치고자 하는 개념의 중요성, 필요성, 가치, 좋은 점, 한계점 등에 논의해보며, 마무리 단계에서 학습 과정을 정리하고 실천 의지를 심화하는 활동이 생략되어서는 안 됨
장 점	• 실제적인 상황에 행동으로 직접 참여하기 때문에 직접적인 안전지식을 습득할 수 있음 • 안전 교육과 관련된 행동을 반복적으로 수행하여 습관화하기 쉬움 • 교육활동을 통해 창작물을 만들어내는 경우 노작의 즐거움과 성취감을 느낄 수 있음
교사의 역할	• 실습·실연에 앞서 학습자에게 기본 기능 시범을 보여주어야 하므로 교사는 사전에 관련 지식 및 기능을 습득해두어야 함 • 만들기 활동을 하는 경우 재료와 자원을 준비해두어야 함 • 실습·실연 과정을 설명, 시범, 연습, 평가, 적용의 단계로 교육하여야 함

수업 단계

경험 나누기 및 학습 문제 인식		안전 행동 탐색		안전 행동 실습 실연		정리 및 실천 생활화
• 생활 속 위험 및 안전 사고 경험 나누기 • 상황에 따른 안전 행동 확인하기 • 학습 문제 인식 및 동기 유발하기	⇒	• 안전 행동 시범 보이기 • 안전 행동 방법 탐색 하기	⇒	• 안전 행동 연습하기 • 안전 행동 단계별로 세분하여 익히기 • 안전 행동 반복해서 익히기	⇒	• 정리 및 평가하기 • 생활 속 확대 적용 및 실천하기

실제 수업 방법 예시

• 소방 합동 훈련 : 실제 화재상황에 대한 대처능력을 키움(소화기 사용, 소화전 사용 등)
• 지진 및 대테러 대피 교육 : 자신의 생활공간에서 재난 상황 발생 시 내피하는 방법과 대피로를 파악함
• 기도폐쇄 및 심폐소생술 교육 : 응급상황 발생 시 어떻게 대처해야 하는지와 흉부압박을 어느 정도의 세기로 얼마나 하는지 등을 직접 실연하며 익힐 수 있음

(3) 놀이 중심 수업모형

놀이는 어린 아이들의 생활이며 언어라고 한다. 놀이는 자신을 표현하고 다른 사람과의 소통을 위한 매개체가 되며, 놀이하는 과정에서 자연스럽게 탐색과 분석의 과정이 이루어지고, 그 과정 속에서 개념을 배우고 이해하게 된다. 아이작스(Isaacs)는 '놀이가 어린이의 삶 자체인 동시에 이 세상을 이해하는 수단'이라고 하였으며, 듀이(Dewey)는 '놀이는 어린이의 신체적, 정서적, 인지적, 사회적 발달을 꾀하는 수단'이라고 하였다.

따라서 놀이 중심 수업모형은 놀이 등 다양한 활동으로 구체적인 사물을 가지고 조작을 하거나 놀이를 통해서 어떤 사실이나 개념을 깨닫게 하는 활동 중심 수업모형이다. 놀이는 주변세계를 이해하고 숙달하도록 도우며, 정서적 적응 및 사회적 능력을 길러주기도 한다. 또한 문제해결능력 및 창의력 신장과 학습자의 발달 정도를 진단하는 도구가 되기도 한다.

나이가 어린 아동들일수록 놀이가 곧 삶이고 학습이므로 놀이를 통해 안전 교육을 실시하는 것은 아동들의 특성을 반영한 적절한 교육방법인 것이다. 놀이 중심 수업모형은 여러 가지 놀이도구를 통해 일반화된 안전 개념을 발견해나가고, 동시에 놀이를 하는 과정에서 그 개념보다 확장시켜 용이하게 습득해나갈 수 있다는 장점이 있다. 이 수업모형을 적용하기 위해서는 교육자는 놀이 과정을 통해 지도하고자 하는 안전개념은 무엇인가, 또 다른 형태의 놀이 방법은 없는가 등의 사항을 고려하고 아이들과 토의해 봄으로써 계획적인 놀이가 되도록 준비하여야 한다. 더불어 놀이 활동에서 안전사고가 발생하지 않도록 사전에 안전교육과 놀이 방법, 규칙 등에 대하여 안내하여 학습자들이 유의하며 활동에 참여할 수 있도록 하여야 한다.

국민안전교육 표준실무에서는 놀이·게임을 통한 학습의 특성을 6가지로 꼽았다. 첫째는 내적 동기화로 어린 학습자는 놀이가 하고 싶어 내적 욕구와 동기를 통해 자기 주도적으로 놀이에 임하게 된다는 것이다. 둘째는 긍정적 정서로 놀이는 기쁨과 즐거움을 주며, 어려움도 흥미와 기쁨과 같은 긍정적인 정서로 극복할 수 있게 도와준다는 것이다. 셋째는 비사실적 행동으로 유아들이 하는 상징놀이나 역할놀이에서 많이 보이는데, 놀이 활동에서 '마치 ~인 것처럼' 사고하여 가작화 행동(사실이 아닌 것을 꾸며내 표현하는 것)을 하는 것이다. 넷째는 과정 중시로 놀이 활동 결과보다 다양한 놀이에 참여하는 과정을 중시하는 것이다. 다섯째는 외적 규칙으로부터의 자유로 사회의 규칙이나 외부의 규칙을 따르는 것이 아닌 놀이 참여자들의 자체 규칙을 만들어 자유롭게 놀이한다는 것이다. 마지막 여섯째는 자유로운 선택으로 놀이 활동에 참여하며 자유롭게 선택하고, 생각·느낌·표현·능력을 최대한 표출할 수 있다. 자유로운 선택은 자유에 대한 책임과 통제를 포함한 자율성을 기반으로 한다.

놀이·게임을 적용한 안전교육 수업은 탐구 상황 및 학습문제 인식 → 탐색 및 준비 → 활동 및 발견 → 정리·평가 및 실천화의 단계로 구상해 볼 수 있다. 교육자가 다양한 놀이·게임 안에서 가르치고자 하는 개념에 부합한 적절한 방법을 선택하여 적절한 단계에 적용하여 활용한다. 놀이에 대한 학습자의 욕구를 바탕으로 수업을 진행하되, 안전교육의 목적에 벗어나지 않도록 제공 자료 선택 및 제공 시기, 활용 방법 등을 고려하여야 한다.

놀이 중심 수업모형 요점 정리	
특 징	놀이를 통해 안전개념을 직접 발견하고 형성하며, 즐거운 놀이 활동 속에서 개념을 점차 확장시켜나가고 이를 습관화시킴
장 점	• 놀이를 통해 학습자의 내적 동기를 이끌어내기 쉬움 • 어린 학습자들의 문제해결능력, 창의력, 이해력 신장에 도움 • 놀이 활동을 살펴 학습자의 발달정도 및 이해 정도를 확인할 수 있음
교사의 역할	• 놀이 활동이기 때문에 학습자들이 안전교육이 아닌 '놀이'에 초점을 두고 수업 목표를 벗어날 수 있으므로 수시로 방향성을 제시하여야 함 • 가르치고자 하는 안전개념, 다양한 방법의 놀이 등을 고려하여 계획적인 안전 놀이 교육을 구성하여야 함 • 활동에서 일어날 수 있는 안전사고를 진단하고 예방하며, 사전 안전 교육 및 놀이 방법을 구체적으로 지도한 뒤 놀이에 임하여야 함

수업 단계

안전 경험 나누기 및 학습 문제 인식		탐색 및 준비		활동 및 발견		실천 의지 강화 및 확대 적용 발전
• 생활 속 안전 경험 나누기 • 안전 관련 문제 찾기 및 학습문제 인식하기	⇒	• 소집단을 조직하고 준비물 갖추기 • 놀이 규칙 정하고 숙지하기 • 놀이활동 방법 및 유의할 점 살펴보기	⇒	• 소집단별로 협동하며 놀이하기 • 안전 관련 지식, 기능을 발견하고 학습하기 • 다양한 방법 적용 및 창의적인 놀이하기	⇒	• 학습된 안전 지식, 기능을 실생활 문제에 적용해보기 • 활동소감 나누기 및 평가하기 • 생활 속 확대 적용 및 실천하기

실제 수업 방법 예시

• 안전 낱말카드 놀이 : 화재 발생 시 대처하는 방법을 가르치기 위해 안전행동요령을 그림과 함께 낱말카드로 제시함. 어린 학습자들은 카드를 순서대로 배열하여 맞추는 놀이를 진행
(카드 종류 : 불이야!/도와주세요!/코와 입 막기/밖으로 도망가기/주변 어른들에게 알리기/119 전화하기 등)
• 그림 찾기 놀이 : 재난 상황을 표현한 그림을 주고 안전 용품을 찾고 활용방법을 말하는 놀이
(그림에 남자아이가 방석으로 머리를 감싸고 있어요! → 생활 용품인 방석을 지진 안전 용품으로 활용할 수 있음을 지도)

(4) 표현 활동 중심 수업모형

표현 활동 중심의 수업모형은 음악과 미술 신체 활동을 통한 표현 활동을 안전지도와 결합하여 수업을 운영하는 모형이다. 이 수업모형의 장점은 어린 아동 학습자들의 경우 음악과 미술, 체육의 신체 활동을 통해 자신의 생각과 느낌을 표현하며 학습하고, 이러한 표현 과정을 매우 좋아한다는 특성을 안전 교육에 활용할 수 있다는 것이다. 또한 음악, 미술, 체육의 신체 활동을 통해 안전 개념을 형성하고 안전 생활과 관련된 자신의 감정을 창의적으로 표현하는 기회를 제공함으로써 창의력 신장과 자아실현의 기회를 제공한다. 또한 재미와 기쁨, 배려심, 협동심, 자신감, 신체와 정신의 건강에 긍정적인 영향을 줄 수 있다는 연구결과도 있다.

안전한 생활을 유지하는 데 반드시 알아야 할 내용이나 행동 요령 등을 노랫말과 선율에 담아 노래로 불러보거나, 만들기 활동을 통해 가정 안전과 관련하여 가정에서 필요한 간단한 안전 기구를 학습자 스스로 만들어보는 활동 등이 해당된다. 교통안전에 관한 내용을 학습하는 과정에서는 학습자들이 실제 교통 경찰관이나 신호등이 되어 안전한 행동에 관한 상황을 신체로 표현해 보는 체육활동, 또는 이러한 상황을 그림으로 그리고 어울리는 노래 부르면서 안전 생활에 관한 학습을 효과적으로 할 수 있다.

표현 활동 중심 수업모형은 경험 나누기 및 학습 문제 인식 → 발상 및 표현 방법 탐색 → 창조적 표현 및 안전 학습 → 정리 및 실천 의지·태도 강화의 과정으로 운영될 수 있다. 이러한 표현 활동 중심의 안전 지도 수업모형을 실행할 때 교사는 학습 과정에서 학습자들이 중심이 되도록 주도성과 협동심을 가지도록 분위기를 형성하며, 안전 정보를 종합하며 개념을 만들도록 사고를 촉진하여야 한다. 더불어 학습에 흥미와 관심을 가지고 안전과 관련한 창의적인 활동을 해나가도록 격려할 필요가 있다. 학습자 자신이 가지고 있는 안전 이미지나 대상에 대한 경험과 생각, 느낌의 공유 과정을 통하여 스스로 안전에 중요한 지식과 기능, 태도를 발견해가도록 적절한 동기부여와 지도를 운영하는 것도 중요하다.

표현 활동 중심 수업모형 요점 정리	
특 징	• 음악, 미술, 체육 교과를 활용하여 안전 교육을 실천하며 학습자의 창의력과 내적 동기를 쉽게 꾀할 수 있음
장 점	• 예술 활동을 통해 학습자의 창의력 신장과 자아실현의 기회를 제공할 수 있음 • 학교의 경우 안전교육 시간을 따로 확보하지 않고, 예체능 교과 시간을 활용하여 자연스러운 안전교육을 실천할 수 있음 • 안전교육과 함께 예술적 감수성을 같이 신장할 수 있음
교사의 역할	• 학습자들이 적극적으로 표현 활동에 참여하도록 교육자의 참여, 예시 활동, 조언 등을 적극적으로 제시 • 창의적인 작품이 나올 수 있도록 다양한 표현 방식을 인정하고 격려하여야 함

수업 단계

경험 나누기 및 학습 문제 인식	발상 및 표현 방법 탐색	창조적 표현 및 안전 학습	정리 및 실천 생활화
• 생활 속 안전 관련 경험 나누기 • 안전 관련 문제 찾기 및 학습 문제 확인하기 • 학습 동기 유발하기	• 안전 학습 주제에 관한 다양한 생각과 느낌을 떠올리기 • 음악, 미술, 신체활동을 통한 다양한 표현 방법 찾기	• 위험 요소 및 안전 행동에 관해 자유롭게 표현해 보기 • 음악, 미술, 신체활동으로 창의적으로 표현하기 • 상호 감상하며 안전의식 및 바른 실천 성향 기르기	• 활동 소감 나누기 및 평가하기 • 안전의식 내면화 및 다짐하기 • 생활 속 확대 적용 및 실천하기

실제 수업 방법 예시

소화기 안전 교육
(체육) 소화기를 사용법을 4단계로 나누어 몸동작으로 표현하기
(음악) 소화기 유의사항을 동요 노랫말에 넣어 노래 따라 부르기
(미술) 소화기를 더 잘 보이게 할 소화기 디자인 그리기
(실과, 기술가정) 더욱 편리한 소화기 만들기/소화기 브랜드 메이커 교육

(5) 경험학습 수업모형

경험학습 수업모형이란 학습자들이 학습 대상에 대해 읽거나 말하거나 쓰는 것에 그치지 않고, 관찰, 탐구 등의 방법으로 그것과 직접 접하면서 체험을 통해 배우는 교수·학습 방법이다. 경험학습 수업모형은 주로 과학교과 수업에서 많이 활용되는데, 학습자들이 배우고자 하는 개념에 대하여 여러 차례 경험하고, 경험들 속에서 공통점을 추출하여 새로운 개념을 발견, 구성해나가는 방식으로 수업이 진행된다.

경험학습은 어떠한 이론이나 법칙을 이해하려면 그 이론을 직접 적용하는 행동을 통해 어떠한 결과가 일어나는지 직접 보면서 배우는 학습을 말한다. 또한 경험학습을 주장하는 학자들은 인간들의 학습과 발달에 경험은 핵심적인 학습 요소라고 주장하였으며, 구체적 경험 → 성찰적 관찰 → 추상적 개념화 → 실제적 실험 → 다시 구체적 경험의 순환 과정으로 학습이 이루어진다고 하였다. 이러한 수업모형을 안전교육과 연계하면 학습자들에게 안전과 관련된 경험을 제공함으로써 경험 속에서 본인에게 필요한 안전 지식과 마음을 가지게 하고, 문제해결 과정에서 사고능력, 판단능력, 더불어 행동 실천력을 신장하는 데 목적이 있다.

수업 단계는 문제 인식 및 동기 유발 → 경험학습 계획 → 경험학습 실행 → 정리 및 실천 의지·태도 강화의 순서로 수업이 진행된다. 해당 수업시간에 경험하지 않고 이전에 했던 경험을 바탕으로 수업을 진행하게 된다면 경험학습 계획단계를 생략할 수 있다.

이 수업모형으로 수업을 진행할 경우 교육자는 학습자들이 양질의 경험을 할 수 있도록 학습 환경을 제공하는 데 노력하여야 하며, 그 경험을 적절히 해석하고 공유하여 일반화시킬 수 있도록 하는 일에 집중하여야 한다. 교수·학습 과정에서 단순한 지식이나 정보를 일방적으로 전달해주기보다 학습자가 직접 안전 생활과 관련한 사고에 참여할 수 있도록 하고, 학습자들의 안전개념을 생활에 적용하도록 연계시켜주어야 한다. 또한 학습자가 직접 움직이거나 만지고 조작해볼 수 있는 반복적인 활동을 구상하여 학습 흥미를 유발시킬 수 있는 수업을 계획하는 것이 중요하다.

경험학습 수업모형 요점 정리	
특 징	• 가르치고자 하는 개념을 학습자들에게 직접 경험하게 하고, 반복되는 경험 속에서 공통점을 발견하여 스스로 안전 지식을 구성해나가는 수업방식 • 백문이 불여일견(百聞不如一見) 말과 상통함
장 점	• 직접 상황을 경험하고 실천하여 안전 지식을 구성함으로써 안전 요소들을 더욱 잘 기억하고 학습하며 생활에 연결하기 수월함 • 경험을 통해 학습하므로 안전문제가 자신의 삶과 연결되어 있다는 것을 느낄 수 있음
교사의 역할	• 학습자들이 양질의 경험을 할 수 있도록 학습 환경을 구성하여야 함 (제시된 활동이 학습자에게 새로운 경험으로서 다가가지 못하면 효율적인 학습이 이루어지지 못함) • 반복적으로 제시되는 상황 속에서 공통된 안전 개념을 발견할 수 있도록 수업 자료의 주제를 통일시켜야 함

수업 단계

경험 나누기 및 학습 문제 인식		경험 학습 계획		경험 학습 실행		정리 및 실천 생활화
•생활 속 안전 관련 경험 나누기 •학습 문제 인식과 동기유발하기	⇨	•경험 학습 주제 설정하기 •경험 학습 계획 및 방법 탐색하기	⇨	•경험 학습 실행하기 (관찰, 행동, 인터뷰, 실습, 실연, 만들기 등) •경험의 교류와 논의 및 공유와 일반화하기	⇨	•종합 정리하기 •활동 소감 나누기 및 평가하기 •생활 속 확대 적용 및 실천하기

실제 수업 방법 예시

소화원리 및 소화기 교육
• 우리 생활에서 볼 수 있는 소화방법의 예시 몇 가지를 제시함
• 과학실에 비치된 모래주머니, 집에서 작은 불이 났을 경우 두꺼운 이불을 던지는 상황, 주방 기름에 불이 붙었을 때 배추 잎을 넣는 상황 등 산소제거의 여러 경험들을 제시하고 공통점을 발견하게 함
• 학습자들이 직접 소화의 원리와 방법을 깨닫게 함
• 이후 소화기의 원리와 방법을 설명하며 직접 소화기를 분사해보거나, 간이 소화기를 만들어 소화 과정을 경험하게 함

(2015 개정 교육 과정 6학년 과학 연소와 소화 과정 연계 가능)

(6) 모의 훈련 수업모형

모의 훈련은 실습·실연의 과정을 통해 안전 기능과 역량의 총체적인 습득 훈련을 하는 것에 목적을 두고 있다. 위험한 상황이 발생했을 때 침착하게 벗어나고 사고를 예방할 수 있도록 가르치는 안전 생활 훈련의 수업모형이다.

모의 훈련은 언제라도 발생하거나 겪을 수 있는 대표적인 위험 상황(화재, 지진 등 재난, 테러 등)이 발생하였음을 가상하고, 이러한 상황에서 침착한 태도로 모의 훈련에 참여해 봄으로써 실제적인 재난 대응 능력을 습득할 수 있다. 무엇보다 모의 훈련의 가장 큰 장점은 실제적인 위험이나 사고 또는 재난이 없음에도 불구하고, 거의 실제와 같은 상황에서 안전 관련 경험을 통해 기능 습득 및 대처방법을 몸으로 익히도록 한다는 것이다. 이는 안전교육이 행동주의에 입각하여 실시되어야 하는 이유이기도 하다. 또한 실제와 가장 비슷한 상황에서 직접 경험하고 연습하며, 실제현장에서 우연하게 발생할 수 있는 돌발 상황에 대한 대처 역량을 함양할 수 있다는 장점을 가진다.

모의 훈련 수업모형은 경험 나누기 및 학습 문제 인식 → 참여자 사전 훈련 및 준비 → 모의 훈련 학습 실행 → 종합 정리 및 실천 의지·태도 강화의 순서로 진행된다. 본 모형을 활용한 안전교육이 진행될 때에는 사전에 철저한 준비를 하여 활동 분위기를 형성하고, 훈련 과정에서 실제와 같은 자세로 안전 수칙과 매뉴얼을 따르도록 한다. 이러한 과정의 연습이 중심이 되어야 하며, 발생되는 문제의 해결과 극복, 훈련 이후의 검토, 평가, 반성, 개선의 피드백 과정이 연계되어 이루어져야 한다.

모의 훈련 수업모형 요점 정리	
특 징	위험한 상황(화재 및 재난 대피 등)을 가정하고 모의 훈련에 참여하여 돌발 상황 대처 역량을 함양하는 등 실제적인 안전교육을 실시하는 것
장 점	• 재난상황이 일어나더라도 침착하게 대처하는 방법을 몸소 익힐 수 있음 • 반복된 모의 훈련과 피드백 과정으로 대피 시간을 단축시키는 활동을 계획하여 실제적이고 효율적인 대피 능력을 기를 수 있음
교사의 역할	• 화재 및 재난 대피상황이 실제로 일어날 수 있음을 삶과 연계하여 지도하고, 훈련 활동 시 진지하게 임할 수 있도록 분위기를 형성하여야 함 • 훈련 참여로 활동이 끝나는 것이 아닌 훈련 과정 속에서 발견한 문제의 해결과 극복 방법을 토의하고 검토하며 평가, 반성, 개선 등의 피드백 과정을 필수적으로 실시하여야 함

수업 단계

경험 나누기 및 학습 문제 인식		참여자 사전 훈련 및 준비		모의 훈련 학습 실행		종합 정리 및 실천 생활화
• 재난 및 안전사고에 대한 경험 나누기 • 안전사고 또는 재난 시의 문제 찾기 • 학습 문제 인식 및 동기 유발하기	⇒	• 시나리오 설정하기 (규칙, 역할, 절차, 유의점 등) • 안전 행동 또는 대피 경로 및 절차, 행동 방법 익히기 • 단축된 연습 시간 갖기	⇒	• 모의상황 제시하기 • 침착한 태도로 안전과 질서를 유지하기 • 실제 상황과 같은 자세로 모의훈련에 참여하기	⇒	• 훈련 결과 반성 및 소감 나누기 • 종합 정리 및 반성, 평가, 개선점 토의하기 • 생활 속 확대 적용 및 실천하기

실제 수업 방법 예시

대피훈련 매뉴얼 만들기 활동
• 불시의 상황에 화재대피훈련 및 민방위 대피훈련 사이렌을 울리고 대피훈련을 실시함
• 대피하는 과정을 되돌아보고 학습자들이 직접 발견한 일련의 문제점들을 공유하고, 이를 해결하기 위한 방안들을 토의함
• 대피 상황에 중요한 요소들, 안전 교육을 재실시한 뒤 대피 모의 훈련을 반복 실시함
• 대피 시간 단축을 꾀하며, 훈련 과정에 대한 평가, 반성, 개선 등의 피드백 과정을 거쳐 안전 대피 매뉴얼을 자체 제작해보는 활동

(7) 현장 견학 중심 수업모형 2022년 기출

　　현장 견학 중심 수업모형은 다른 어떤 수업 방법에서도 얻기 어려운, 현장에서 직접 가서 보고 배우는 학습 경험을 제공해 줄 수 있다는 것을 큰 장점이자 특징으로 가지고 있다. 예를 들어 지진, 화재, 육·해·공에서 발생할 수 있는 교통사고, 방사능 등과 같은 일상에서 체험하기 힘든 특수한 경우의 재난들에 대한 대처능력을 효율적으로 지도할 수 있다. 또한 학교 주변과 지역사회의 유관기관(경찰서, 소방서, 안전체험관, 시청 등) 등과 같은 안전 관련 시설을 직접 방문하고 견학하며 지역의 협조를 통해 학습에 필요한 정보를 수집할 수 있다. 또한 안전 대처 방법을 실습해 봄으로써 위험 상황 시 활용하여야 하는 대응 능력 신장에 중점을 둔다.

　　현장 체험학습 장소에서 지진, 화재 등의 재난 발생 시 위험 요소와 대피 요령 등을 직접 몸소 체험해보거나 응급처치 방법, 교통안전 등을 직접 배움으로써 안전의 중요성을 깨달을 수 있다. 이뿐만 아니라 자신의 안전 생활에 대해 깊이 이해하며, 바른 안전 행동의 기능을 익히고 사고 예방에 대한 인식과 상황 발생 시 대응 능력을 높일 수 있다는 장점도 있다.

　　수업모형의 단계는 현장 견학·체험 사전 탐색 및 학습 문제 인식 → 현장 견학·체험 계획 및 준비 → 현장 견학·체험 학습 실행 → 종합 정리 및 실천 의지·태도 강화의 과정으로 구성되어 있다. 현장 견학 학습이 제대로 이루어지기 위해서 교육자는 현장 견학을 가게 되는 이유와 필요성에 대한 인식을 사전에 공유하여야 하며, 교육목표에 따른 사전 계획과 준비를 철저히 하여야 한다. 그리고 현장 견학 시 적극적인 현장지도로 양질의 학습 경험이 확보되어야 하며, 견학 이후에 습득한 자료 및 체험학습 결과를 분석, 논의, 정리하여 서로 공유하며 안전 실천의지를 다지는 기회를 마련하여야 한다.

	현장 견학 중심 수업모형 요점 정리
특 징	제한된 교육현장을 벗어나, 학습자의 참여가 가능한 학교 및 지역사회 기관에 방문하여 체험 중심의 안전교육을 실천할 수 있음
장 점	다른 수업모형에서는 교육자가 직접 재난 상황을 가정하고 위험한 분위기를 연출하여야 하지만, 견학 장소에서는 자연적으로 분위기 연출이 가능하여 수월하게 교육활동이 가능
교사의 역할	• 교육자들 사이에 현장 견학의 목적과 가르치고자 하는 안전개념 등의 공유로 통일되고 체계적인 교육 계획을 수립하여야 함 • 현장 견학 활동 이후 단순 체험으로 안전교육이 끝나서는 안 되며, 정리, 발표, 공유 등의 점검활동을 연결 지어 수행하여야 함

수업 단계

경험 나누기 및 학습 문제 인식		현장 견학·체험 계획 및 준비		현장 견학·체험학습 실행		종합 정리 및 실천 생활화
• 안전 관련 경험 나누기 • 학습 문제 인식 및 동기 유발하기 • 견학지 및 유의점 등에 대한 사전 조사 발표하기	⇒	• 견학 장소 및 안전 행동 학습에 필요한 준비 갖추기 • 위험 요소 및 안전행동 탐색하기 • 안전한 행동 방법 익히기	⇒	• 현장 견학 및 안전체험 활동하기 • 학습한 내용에 대해 교류하고 공유하기 • 견학 및 안전체험 활동 실행에 대해 반성 및 평가하기	⇒	• 견학하고 익힌 내용 종합 정리하기 • 정리한 사항 발표 및 평가하기 • 생활 속 확대 적용 및 실천하기

실제 수업 방법 예시

• 안전체험관 견학 : 학교에서 이론 중심의 안전교육을 실시하고, 이후 관련 내용을 소방서 및 안전체험관에서 체험프로그램 참여. 각종 안전체험을 실시한 뒤 각 상황별 위험 요소와 대처 요령, 유의점 등에 토의 과정을 거쳐 안전 개념 수립 및 생활화를 강조
• 직업인 면담활동 : 현 교육 과정에서 진로교육을 위해 국어교과 내 직업인 면담 단원을 구성해 놓았음. 이와 연계하여 시청 및 경찰서에 방문하여 지역사회를 지키는 시청 및 경찰, 소방 공무원들의 이야기를 인터뷰함. 그 과정 속에서 안전의식을 확보하고 안전문화를 확산시키는 보고자료를 제작하여 발표함

Q. 소방안전교육사나 안전 선생님은 안전 행동 기능 실습 단계에서 '현장 견학 · 체험 수업모형'을 적용하고자 한다. 해당 수업모형을 적용할 때, 교수자가 취해야 할 '안전조치 및 확인 사항'에 대해 5가지 제시하시오.

답안을 작성해보세요.

예시답안은 본 책의 부록에 있습니다.

(8) 가정·지역사회 연계 수업모형

부모의 안전 의식과 태도는 아동들의 안전 행동에 가장 큰 영향을 미치는 요인이라는 점에서, 효율적인 안전교육을 위해서는 가정 연계 교육을 반드시 고려하여야 한다. 특히 가정 안전에 관한 학습의 경우에는 가정에서 부모와 함께 실천해 보면서 배울 수 있도록 하여야 실질적인 안전교육이 가능하기도 하다. 또한 학교와 가정에서 모든 교육을 실행하기에는 학습 기회와 체험 설비가 턱없이 부족하다. 따라서 현재 교육부 및 각 시도교육청에서도 교육의 범위를 학교가 아닌 가정, 그리고 지역사회까지 넓혀나가 마을교육공동체 및 교육생태계의 확장을 꾀하고 있다.

이 수업모형은 학습의 장을 가정으로, 지역사회로 넓혀나감으로써 가정이 가진 유리한 학습 환경 요소를 학습에 이용하는 방법이다. 가정·지역사회 연계 수업은 안전교육의 연장 교육을 부모가 가정에서 실시하게 되며, 필요한 경우 부모가 자녀에게 선생님이 된다. 또한 소방청, 경찰청, 지자체 등 지역사회의 유관기관이 협조하여 교육의 다양성과 전문성을 확보하게 된다. 본 수업모형을 활용하게 되면 환경적 제약으로 체험 및 실습실연이 제한되었던 내용을 보완하여 가르칠 수 있다는 장점이 있다. 또한 학습자는 안전교육 수업 외에 가정 및 지역사회에서 또 한 번의 안전교육 기회를 경험하며 안전 생활의 반복실천과 습관화에 다가선다.

이렇듯 가정·지역사회 연계 수업모형은 가정과의 연계를 통해 학생들로 하여금 학교에서의 안전 교육활동뿐만 아니라 교육공동체의 협력을 통하여 안전교육활동에 참여하게 하고, 그 속에서 직접적인 실천과 체험 활동을 함으로써 일상생활 속에서 안전한 생활에 관한 지식, 기능, 태도를 심화시키고 생활화하도록 하는 데 중점을 둔다.

가정·지역사회 연계 학습은 경험 나누기 및 학습 문제 인식 → 가정·지역사회 연계 학습 주제 설정과 계획 및 준비 → 가정·지역사회 연계 학습의 실행 → 연계 학습 결과 공유 및 확대 적용의 순서로 수업이 진행된다. 이 수업모형으로 교육을 운영할 때에는 수업 시간에 가족과 함께 실천할 수 있는 과제와 행동 요령 등을 숙지하고 익히도록 한 후, 가정 연계활동으로 이어 나가야 한다. 또한 학습자의 안전을 위협할 수 있는 여러 요인들과 예방 방법 등을 부모에게 사전에 전달하여 가정에서도 안전한 활동이 이루어지도록 해야 한다. 또한 실제적인 교육프로그램 구성을 위해서는 가정과 지역사회, 교육자 등 교육공동체의 활발한 소통이 필요하다.

가정·지역사회 연계 수업모형 요점 정리	
특 징	• 안전교육이 이루어지는 기관, 학교, 가정, 지역사회가 연계되어 교육생태계가 확장됨
장 점	• 다른 수업모형에서 환경 요소의 제한으로 하지 못했던 안전교육활동을 실시할 수 있음 예시) 학교에서 예산 및 인원 부족으로 안전체험관 견학을 가지 못하여 이론 수업만 진행하였으나, 가정에서 주말에 견학을 실시하여 체험하는 경험 제공 • 가정이 필요로 하는, 환경에 맞는 실제적이고 삶과 연계되는 교육이 가능함 • 부모가 교육활동에 함께 참여함으로써 아동들에게 직접적인 학습 동기 부여
교사의 역할	• 가정에서 이루어져야 하는 안전교육활동에 필요한 기초 기능 및 이론을 사전에 지도하여야 함 • 안전교육의 의도와 활동방법을 조직화, 체계화하여 가정에 협조요청을 하여야 함 • 가정 교육활동에서 생길 수 있는 위험 요소를 예상하고 예방법 및 교육법을 안내하여야 함

수업 단계

경험 나누기 및 학습 문제 인식		가정·지역사회 연계 학습 계획 및 준비		가정·지역사회 연계 학습 실행		종합 정리 및 실천 생활화
• 안전 생활 관련 경험 나누기 • 가정·지역사회 연계 학습 필요성 인식하기 • 학습 문제 인식 및 동기 유발하기	→	• 가정·지역사회 연계 학습 주제 설정 및 계획하기 • 안전 행동 사전 지도하기 • 가정·지역사회에서의 안전 지도 지원 체제 마련하기	→	• 가정·지역사회의 지도하에 안전 행동 학습하기 • 가정·지역사회에서 안전 생활 체험하기 • 학습 및 체험 결과 요약·정리하기	→	• 가정·지역사회에서의 안전 학습 내용 발표 및 공유하기 • 종합 정리 및 평가하기 • 생활 속 확대 적용 및 실천하기

실제 수업 방법 예시

• 화재 예방 점검 교육 : 점검하는 방법을 교육한 뒤 가정예방점검표를 배부하여 가정집에서 직접 점검해보도록 안내
• 소화기 체험 캠페인 : 소화기 안전교육을 실시한 후 가정에 돌아가 소화기 점검하기 활동 실시. 더불어 지역사회에서 실시되는 119페스티벌 등에 참가하여 소화기 분사 및 불 꺼보기 활동 등에 참여

3 탐구학습 중심 수업모형 2020년 기출

어린 학습자들을 대상으로 안전교육을 실천할 때 대부분의 활동은 체험 및 실습 활동들이다. 안전교육이 행동주의에 입각하여 진행되어야 하는 것은 맞지만 모든 교육활동이 체험과 실습 중심으로 이루어져야 하는 것은 아니다. 학습자가 안전한 생활을 누리는 데 필요한 필수적인 지식, 원리, 위험 요소, 대처 방법 등에 대해 바르게 이해하고 타당한 근거와 합리적인 판단으로 안전 지식 기반을 다지는 것도 중요한 안전 교육이다.

문제는 이러한 점들을 고려함에 있어 교육자가 단순히 안전 지식을 일러주거나 일방적으로 제시하는 것이 아니라, 관련된 자료와 정보를 바탕으로 학습자들이 자기 주도적으로 탐색하고 문제를 해결해 나갈 수 있도록 필요한 자기 주도적 능력과 안전 역량을 기르는 탐구 중심의 교수·학습 방법이 요구된다는 것이다. 바로 이러한 점들을 고려하여 토의, 조사, 관찰, 문제 해결, 집단 탐구 등의 방법으로 수업이 이루어 나가기 위해 고안한 것들이 본 탐구중심의 수업모형들인 것이다.

(1) 토의 · 토론 수업모형 `2020년 기출`

토의 · 토론은 집단이 협동적으로 반성적 사고를 통해 문제를 해결할 목적으로 수행하는 공동의 대화라고 할 수 있다. 따라서 토의 · 토론 교수 · 학습활동은 집단적 공동사고의 학습 방법인 것이다. 초등학교 저학년 학생들의 수준에서의 토의는 짝 토의, 모둠 토의 등을 통하여 자신이 직간접적으로 경험한 일이나 위험 사례에 대하여 이야기를 나누면서 안전사고의 원인과 예방법 등을 탐색해 보는 활동으로 구성될 수 있다. 학습자가 서로 상호 존중하며 진실한 대화를 통해 안전한 삶에 대한 민주적인 태도, 개인 및 집단의 기능의 발달과 의사결정능력, 공동체역량과 같은 안전 역량이 신장된다.

본 수업모형을 활용하기 위해서는 다양한 토의 · 토론기법에 대하여 이해할 필요성이 있다. 각 기법들은 가지고 있는 특성과 추구하는 방향성이 있기 때문에, 가르치고자 하는 개념이 무엇인지에 따라 적절하게 선택하여야 한다.

[다양한 토의 · 토론 기법]

중 점	기 법
자유롭게 다양한 생각을 나누는 것에 중점을 두는 기법	브레인 라이팅 토론/회전목마 토론 등
주장이나 견해가 다를 때 문제해결을 위해 함께 고민해보는 기법	가치수직선 토론/신호등 토론/피라미드 토론 등
입장의 차이, 대립, 장단점을 분석하며 보다 나은 의사결정을 도출해내는 기법	P.M.I.토론/모서리 토론/위시리스트 토론 등
협동적인 사고 과정을 통해 문제를 해결하는 데 중점을 두는 기법	둘 가고 둘 남기 토론/롤링페이퍼 토론/구름모형 토론 등
깊이 있는 사고와 의사소통을 통해 올바른 의사결정과 판단을 이끌어내는 기법	찬반대립 토론/패널 토론 등

토의 · 토론을 계획하는 단계에서 교육자는 교육목적과 활동방법이 적합한지 분석하여야 한다. 이를 바탕으로 수업에서 토의 · 토론의 안전 문제의 특성과 최종적으로 어떠한 결과물을 원하는지 분명히 설정하여 지도할 필요가 있다. 또한 학습자가 토의 · 토론에 참여하는 과정에서 대화 태도에 대한 교육도 이루어져야 하는데, 상대를 존중하는 능력, 다른 사람의 입장이나 생각을 경청하고 깊이 생각해보는 능력, 비판적이고 이성적으로 생각하는 능력, 자신의 주장을 간결하고 분명하게 말하는 능력, 근거를 바탕으로 논리적으로 토론하는 능력, 소수의 의견도 고려하는 능력 등을 신장시켜야 한다.

주제에 관련된 안전한 상황과 위험한 경우에 대한 그림 자료를 이용하여 짝이나 모둠 친구들과 함께 이야기를 나누어 보고, 점차 학습규모를 키워나가는 활동(피라미드 토론)도 가능하다. 고학년 또는 그 이상의 경우에는 위험한 문제 상황에 대해 어떻게 해결하면 좋을지 토의를 통해 보고서를 작성하여 발표하는 집단 탐구 활동도 가능하다.

토의·토론 수업모형은 문제 인식 및 경험 나누기 → 토의·토론 준비 → 토의·토론 실행 → 정리 및 생활 속 확대 적용의 단계로 진행된다. 토의·토론 활동에서는 이미 제시된 것 또는 잘 알고 있는 것을 단순히 반복하는 것보다는 학습자들이 개인적인 경험과 생각을 적극적이고 창의적으로 표현하도록 하는 것이 좋다. 그리고 토의 활동에 가급적 모든 학습자들이 참여할 수 있도록 소집단으로 구성하고, 학습자 연령대를 고려하여 적절한 방법으로 토의를 구성하여 안전 주제에 대한 주의력과 응집력을 높일 수 있도록 하여야 한다.

토의·토론 수업모형 요점 정리	
특 징	안전 문제를 해결하기 위해 집단이 협동적으로 반성적 사고에 참여해 결론을 도출해내는 것
장 점	• 공동의 대화를 통해 안전개념을 구축해 나감으로써 의사결정능력과 문제해결력, 자기주도력, 협동심 등 여러 안전 역량들을 신장할 수 있음 • 상호 대화를 통해 심층적인 사고가 가능하며, 고차원적인 집단지성을 발휘할 수 있음
교사의 역할	• 개방적인 토의·토론의 분위기를 형성하여 다양한 의견이 교환될 수 있도록 지도함 • 교육 주제와 목표에 맞는 토의·토론 기법을 선정하고, 대화의 태도에 대한 기본 소양 및 태도를 함께 지도함

수업 단계

경험 나누기 및 학습 문제 인식		토의·토론 준비		토의·토론 실행		정리 및 실천 생활화
• 생활 속 안전 생활 경험 나누기 • 학습 문제 인식 및 동기 유발하기	⇒	• 토의·토론 주제 및 내용 정하기 • 토의·토론 방법 및 조직 형태 계획하기	⇒	• 집단 토의·토론을 통해 문제해결 방법 찾기 • 집단 토의·토론 결과 발표하기 • 공동 논의로 문제 해결 방안 도출하기	⇒	• 전체 토의·토론 내용 정리 및 평가하기 • 생활 속 확대 적용 및 실천하기

실제 수업 방법 예시

• 저연령(유아, 저학년)
  위험 상황 경험 이야기 나누기 → 그림 보고 위험 요소 알아내기(짝 토의) → 대처방법 생각해보기(모둠 토의)
• 고연령(고학년, 청소년기, 성인 등)
  사고 기사 및 뉴스 파악하기 → 사고 원인 분석하기(둘 가고 둘 남기 토론) → 대처 매뉴얼 및 보고서 만들어보기

(2) 조사·발표 수업모형

조사·발표 수업모형은 학습자들이 직접 생활 주변에서의 위험과 안전에 대해 흥미와 호기심을 가지고 조사, 관찰, 탐색, 발표, 공유하면서 스스로 깨우치고 문제 해결을 모색해보도록 하는 탐구 학습의 한 방법이다. 조사·발표학습은 어떠한 안전 주제나 문제에 대해 자료를 얻기 위해 관련 도서를 찾아보거나, 부모, 전문가 등에게 문의하거나, 또는 학습자들이 직접 관찰, 탐구하여 발표하면서 문제를 해결하는 등의 활동으로 운영될 수 있다. 이러한 조사·발표학습은 학생들이 반드시 알아야 하는 안전 및 위험 요소, 바른 행동 방법 등에 대한 지적 측면들을 학생 스스로 생각해 보고 탐색해 봄으로써 중요한 학습 내용들을 자각화, 내면화하는 데 유리한 장점을 지니고 있다.

예를 들어 운동장이나 놀이터의 위험 요소 알기라는 학습 내용과 관련하여, 교사는 학생들에게 운동장이나 놀이터를 이용할 때 어떤 위험성이 있고 어떻게 해야 안전하게 놀 수 있는지 함께 운동장에 나가서 조사해 보는 과제를 부여한 후 이를 발표하면서 전체가 공유하게 할 수 있다.

수업 단계는 경험 나누기 및 탐구 문제 설정 → 조사 학습 준비 → 조사 학습 실행 및 발표와 논의 → 정리 및 실천 의지 강화의 과정으로 진행된다. 이 수업모형을 잘 활용하기 위해서는 학습자가 직접 조사할 수 있는 적절한 난이도의 과제를 주어야 한다. 또한 이를 수행하는 데 필요한 시간을 정확하게 예상하여 제시하여야 한다. 시간 안에 과제를 끝내지 못할 경우에는 가장 중요한 정리활동이 제대로 이루어지지 않으므로 교육목적 자체를 달성하지 못할 수도 있다. 특히 활동에 무임승차하거나 잘못된 방향으로 과제가 흘러가는 것, 또는 활동이 산만해지는 것 등 다양한 상황을 대비하기 위해 교사가 수시로 살피고 주의를 주어야 한다. 또한 조사 결과를 정리하여 발표하고 토의하면서 안전 생활 및 행동과 관련한 다양한 의견의 공유와 전체의 이해를 꾀하면서 마무리되도록 하는 일이 중요하다.

조사·발표 수업모형 요점 정리	
특 징	주어진 안전 주제에 대하여 학습자가 스스로 조사, 관찰, 탐색하여 개념을 정리하고 이를 발표 및 공유를 통해 전체에 확산시키는 수업 방법
장 점	• 학습자가 교육활동의 주도자가 되며 학습을 이끌어 나감 • 자신이 개념을 정리해나가기 때문에 학습 내용들을 자각화하고 내면화하는 데 유리함
교사의 역할	• 학습자가 직접 조사할 수 있는 난이도의 과제를 잘 선정하여야 함 • 조사, 관찰, 탐색하는 데 필요한 시간을 예상하여 적절하게 안배하여야 함 • 무임승차 및 잘못된 조사 활동에 대한 지속적인 관찰 지도가 필요함

수업 단계

경험 나누기 및 학습 문제 인식		조사 학습 준비		조사 학습 실행 및 발표·논의		정리 및 실천 생활화
• 문제와 관련된 위험 및 안전에 관한 경험 나누기 • 학습 문제 인식 및 동기 유발하기	➡	• 위험 및 안전 관련 탐구 문제 설정하기 • 탐구 문제의 특성 탐색하기 • 조사 계획 및 방법 정하기	➡	• 소집단별 조사 활동 실행 및 내용 정리하기 • 조사 결과 발표 및 토의하기 • 조사 및 발표 활동 평가 및 반성하기	➡	• 종합 정리 및 활동 소감 나누기 • 생활 속 확대 적용 및 실천하기

실제 수업 방법 예시

• 우리 반 안전 보고서 만들기
1. 우리 반에서 가장 많이 일어나는 안전사고에 대해 설문조사를 실시하고 통계자료를 만들기
2. 자료를 바탕으로 원인을 분석하고 해결 방안을 보고서로 작성하여 발표하기
3. 해결방안을 직접 행동으로 실천하기(안전 캠페인 활동 등)
• 안전한 놀이터 만들기
1. 놀이터에 직접 나가 관찰, 분석, 탐구 과정을 통해 상처를 유발할 수 있는 위험 요소를 파악
2. 서적, 인터넷 등을 활용하여 사고를 예방하기 위한 방법 찾기
3. 구상한 방안을 직접 행동으로 실천하기(안전 매뉴얼 만들기, 안전 표지판 게시 등)
4. 활동 결과를 평가하고 반성하여 안전 문화를 확산시키기

(3) 관찰학습 수업모형

관찰학습 수업모형은 구체적인 지각활동(Perceptual Activity)을 통해 우리 주위에서 일어나는 여러 가지 위험 상황이나 바람직한 안전 행동에 대하여 탐구하고 깨우치게 하는 데 중점을 두는 수업모형이다. 교육 방법 중 간접적이고 피상적이기만 한 언어주의 교육의 한계를 극복하기 위해 나타난 것이 관찰학습이고, 이는 실학주의에 기반을 두기도 하였다. 따라서 구체적이고 지각적인 경험을 통해 학습의 내실화를 추구할 수 있다는 장점이 있다.

관찰학습이란 보고 듣고 느끼며 학습을 하는 과정이라고 하였다. 관찰학습의 방법 첫 번째로, 어떠한 모범 대상(모델)을 관찰하여 안전 기능을 따라하면서 배우게 되는 모델링(Modeling)이 관찰학습이 될 수 있다. 하지만 이러한 관찰학습은 사회학습 이론과 관련되어 있으며 탐구학습 중심 수업모형이 아닌, 다음에 설명하는 직접교수 중심 수업모형의 모델링 수업모형에 해당된다. 두 번째 방법으로, 학습자의 환경을 집중적으로 관찰하여 위험 요소를 인지하고 안전 행동, 문제해결 방법을 구상하게 해보는 수업방식이 있다. 이러한 방법이 탐구학습 중심에 해당하며, 주로 과학 교과에서 활용하는 관찰학습과 같은 방식이다.

이러한 관찰학습을 통한 안전교육의 예를 들어보면 황사나 미세 먼지와 같은 자연 재난이 발생하였을 때의 모습을 통해서 공기의 변화를 관찰하고 황사나 미세 먼지가 발생하였을 때에는 어떻게 대처해야 할 지 모둠별로 탐색해 보는 활동을 전개할 수 있다. 또는 어떻게 하면 이러한 위험을 예방하거나 피할 수 있는지, 무엇을 어떻게 해야 안전한 생활을 할 수 있는지 등을 확실하게 보고 느끼고 생각하면서 익히도록 하는 방법으로 적용할 수도 있다.

관찰학습 수업모형은 경험 나누기 및 문제 인식 → 관찰학습 준비 → 관찰학습 실행 → 정리 및 실천 의지·태도 강화의 순서로 운영될 수 있다. 물론 관찰활동을 통해 문제를 해결하는 학습에서는 교육자가 관찰 시 구체적으로 무엇을 관찰해야 하는지 관찰 포인트와 기타 유의할 점을 학습자들에게 확실히 알려주어야 한다. 또한 관찰 과정에서 발생할 수 있는 위험 사고에 신경 쓰며 안전한 관찰과 탐구 과정이 이루어질 수 있도록 주의해야 한다.

관찰학습 수업모형 요점 정리	
특 징	언어가 아닌 학습자의 직접적인 관찰(지각) 활동을 통해 안전 지식과 행동을 탐구해보게 하고, 직접 개념을 형성해볼 수 있도록 하는 것
장 점	• 보고 듣고 만지고 느끼는 구체적인 지각활동을 통해 위험 요소에 대한 심각성을 깨닫고, 스스로 안전 개념을 수립하므로 안전교육의 효율을 높일 수 있음 • 몸으로 교육활동에 참여하므로 안전 요소를 익히고 습관화하는 데 수월함
교사의 역할	• 수업에서 무엇을 어떻게 관찰해야 하는지 분석하여 구체적으로 설명하여야 함 • 관찰이 가능한 대상과 교육 주제에 한하여 본 수업모형을 활용하여야 함 • 관찰활동 시 발생할 수 있는 위험 요소를 진단하고 사전에 지도하여야 함

수업 단계

경험 나누기 및 학습 문제 인식		관찰학습 준비		관찰학습 실행		정리 및 실천 생활화
• 안전과 관련한 생활 속 경험 나누기 • 안전 관련 문제 찾기 및 학습 문제 인식 • 학습 동기 유발하기	⇨	• 관찰해야 할 대상, 장소, 관찰 방법 등 탐색하기 • 관찰 계획 세우기 및 관찰 시 유의할 점 알아보기	⇨	• 관찰 계획에 따라 오감을 통해 관찰하기 • 관찰한 내용을 기록하기 • 소집단별 조사 내용 정리 및 발표하기	⇨	• 관찰학습 평가와 안전 생활 실천의지 다지기 • 관찰 결과를 생활 속 상황에 적용하고 실천하기

실제 수업 방법 예시

• 미세먼지 안전교육
  1. 프로젝트 학습으로 오감을 통해 며칠간 미세먼지의 변화 정도를 관찰하고 기록
  2. 관찰 결과를 통해 특이사항과 불편한 점, 관련된 경험 등 나눔
  3. 미세먼지가 몸에 좋지 않은 이유와 대처법에 대해 조사하고 토의하여 해결법을 이끌어내기
  4. 직접 만들어 구상한 방법들을 생활 속에서 실천할 수 있도록 의지 다지기
• 손 씻기 위생 교육
  1. 세균 배양 패드에 손바닥을 찍고 1주일 기간 동안 세균이 자라나는 것을 관찰하기
  2. 일정한 간격으로 세균의 수와 크기의 변화를 관찰하고 기록하기
  3. 세균의 위험성을 조사하고 관찰 결과와 연결 지어 손 씻기의 중요성을 인식하기
  4. 손 잘 씻기 캠페인을 실시하여 자신의 삶과 그 주변에 안전 문화를 확산시키기

(4) 문제 중심 수업모형

문제 중심 수업모형은 학생들이 생활에서 직면하는 여러 문제들을 해결해 나가면서 지식, 기능, 태도 등을 교육적 요소들을 익히도록 하는 수업모형이다. 이론과 기능을 학습하여도 실제 문제 상황에 적용하여 문제를 해결할 수 없다는 한계점을 발견하여 이를 극복하고자 개발된 학습자 중심의 수업모형이다. PBL(Problem Based Learning)이라고도 불리며, 탐구식 수업 방식으로서 안전과 관련하여 발생할 수 있는 문제를 파악하여 해결책을 강구해 보고, 도출해낸 결과를 일반화 하도록 하는 데 중점을 두는 특성이 있다.

> 문제 중심 수업모형 특징
> 1. 학생의 소집단 활동이 중심이 되어 학습자가 교육활동의 주축이 된다.
> 2. 교육자는 수업의 안내자·촉진자로서 교육활동을 보조한다.
> 3. 수업의 주제가 되는 문제는 실제 생활 속의 문제를 선정한다. 학습자의 실제 생활과 관련된 문제는 학습 동기를 자극하며, 교육 이후 실생활의 문제는 안전 기능을 적용해 볼 수 있는 학습 기회가 된다.
> 4. 학습의 과정은 문제를 해결하는 능력·기술을 발달시키는 과정이다.
> 5. 학습자의 자기 주도적 학습을 통해 새로운 지식, 기능, 태도를 신장시키게 된다.

특히 이 수업모형은 학습자들의 논리적 추론 과정을 자극하여 안전 생활과 관련된 문제 해결력과 사고력 등을 기르는 데 유리하며, 안전에 관한 지식이나 개념을 단순히 수동적으로 받아들이기 보다는 학습자 자신의 관점에서 탐구하여 재구성할 수 있다는 장점을 가지고 있다. 또한 자신이 생활하고 있는 지역사회의 문제를 수업 안으로 가져와 직접 고민해보고 해결하며 삶과 교육을 연계시킬 수 있다는 장점이 있다.

이 모형은 문제 만나기 → 문제 해결 계획 세우기 → 탐색 및 재탐색하기 → 해결책 고안하기 → 발표 및 평가하기의 과정으로 진행된다. 이러한 일련의 과정에서 학습자는 자신 및 타인의 안전을 위협하는 다양한 문제들을 놓고 개별 또는 집단적으로 과거의 경험이나 지식을 활용하여 해결방안을 이끌어낸다. 창조적 사고나 반성적 사고를 통해 의문점을 제시하고 논리적으로 추론해볼 수 있는 기회를 제공한다. 또한 문제를 해결해가는 과정에서 학습자 자신의 경험과 지식을 활용하고, 탐구하며 재구성할 수 있는 학습이 되도록 지원하여야 한다.

문제 중심 수업모형 요점 정리	
특 징	안전과 관련된 문제를 제시하고 이를 해결해나가며 안전 지식, 기능, 태도를 습득하는 교육방식
장 점	• 자신의 삶에서 발생되는 문제를 바탕으로 수업을 진행할 수 있으며, 이러한 경우 안전교육과 삶을 연계시켜 학습 동기 자극 및 높은 교육적 효과를 꾀할 수 있음 • 학습자가 지식을 자신의 관점에서 탐구하며, 논리적으로 추론하여 개념을 재구성할 수 있는 기회가 있음
교사의 역할	• 문제를 해결하기 위한 올바른 방향으로 접근할 수 있도록 추가 자료 및 피드백을 지속적으로 제공하여야 함 • 학습자의 토의 과정을 통해 해결 가능한 부분을 수업 주제로 선정하여야 함 (해결 불가능한 주제인 경우 활동 자체에 동기부여가 되지 않아 교육이 이루어질 수 없음) • 수업의 주도자가 아닌, 안내자, 촉진자, 튜터로서 지도하여야 함

수업 단계

경험 나누기 및 학습 문제 인식	문제 해결 계획 수립	문제 해결 탐색 및 해결책 고안	정리 및 실천 생활화
• 생활 속 안전 문제에 대해 경험 나누기 • 탐구 문제 만나기 : 문제 인식, 발견, 설정하기 • 학습 문제 인식 및 동기 유발하기	• 알고 있는 것, 알아야 할 것, 알아내는 방법 등의 측면에서 살펴보기 • 문제 해결 방법 강구하기 • 문제 해결을 위한 예상과 계획 세우기	• 개별 또는 집단으로 문제 해결을 위한 지식, 정보 탐색하기 • 필요한 정보를 추가로 탐색하기 • 문제 해결 방법/전략의 적용과 해결책 고안하기	• 문제 해결 결과 발표 및 토의하기 • 탐구 결과 평가와 일반화하기 • 생활 속 확대 적용과 실천하기

실제 수업 방법 예시

우리 지역 불법주차 해결 수업(교통안전)
1. 지역에 불법 주차 문제로 접촉사고가 발생하였고, 부상자가 발생하였다는 문제를 제시
2. 이러한 문제가 우리의 삶과 안전 문제에 직접적인 연관이 있다는 분위기를 형성
3. 문제 상황과 원인을 명확하게 파악하고, 해결 방법을 모둠단위로 토의
4. 토의 내용을 정리하여 전체 공유하고 문제 해결을 위한 적절한 대안을 선택
5. 불법주차 금지 표시 스티커 만들기, 직접 신고하기 운동 등 고안된 문제해결 방안을 실천
6. 해결 방안 실천 결과에 대하여 평가 및 피드백

(5) 집단 탐구 수업모형

집단 탐구 수업모형은 집단 협동학습과 탐구수업을 결합하여 고안해 낸 고차원적 교수·학습모형이라고 할 수 있다. 탐구 학습과 마찬가지로 주어진 주제에 대해 학습자가 스스로 안전 지식과 기능, 태도를 정립해나가지만 모둠 단위로 이루어진다는 점에 차이가 있다. 갈등 상황이나 문제해결의 상황에 직면했을 때 학습자들이 서로 의견교환을 통해 공동의 목적을 달성해나갈 수 있는 수업모형이다. 모둠 토의 과정에서 자유롭게 자신의 의견을 표현하고 타인의 의견을 수용하는 태도를 배울 수 있다.

집단 탐구 수업모형은 배움을 혼자 하는 것이 아닌 동료와 함께한다는 점에서 학습자들의 호기심과 흥미를 자극하여 학습 의욕을 높일 수 있다. 또한 집단 안에서 분배된 역할 속에서 서로 경쟁하고 협동하는 심리적 특성을 이용해 문제 해결 능력을 신장하고 협동 경험을 갖게 할 수 있다는 장점이 있다. 집단 구성원들의 집단 활동과 상호 교류의 과정을 통해 민주적 인간관계와 협동성, 사회생활에 중요한 가치 및 태도를 형성할 수 있는 기회도 확보할 수 있다.

수업의 단계로는 경험 나누기 및 탐구 문제 설정 → 집단 탐구 계획 수립 → 집단 탐구 실시 및 결과 발표 → 종합 정리 및 실천 의지·태도 강화의 과정으로 진행된다. 이 수업모형을 적용하고자 할 때에는 다른 탐구 중심 수업모형과 마찬가지로 교육자가 사전에 많은 준비와 철저한 계획이 필요하다. 집단 탐구를 위해 학습자들을 나누어 소집단을 구성하여야 하는데, 이때 주제와 관련한 능력, 입장, 견해, 배경, 환경 등이 다른 학습자들이 하나의 소집단에 모이도록 구성하여 다양성을 확보한다. 반대로 학습자의 특성과 친밀도를 고려하여 어느 정도 동질성을 가지게 하여 탐구 과정이 원활하게 진행되도록 한다.

본 수업모형을 위해서는 학습자들의 협동학습 훈련이 필요하며, 모든 학습자들의 의사결정권을 존중하며 균등하게 발언하고 참여할 수 있도록 한다. 학습자들의 탐구내용이 의도하였던 교육 주제와 벗어나게 되면 교육자는 학습자의 관심을 집중시키고 명료화시키는 발문을 하여 학습의 촉진자 및 안내자 역할을 하여야 한다. 탐구의식을 활발하게 만들기 위해 학습자의 수준에 따라 구체적이고 상세한 자료(실물, 사진, 영상 등)를 시작으로 추상적인 자료(언어)의 단계를 나누어 적절하게 제시하여야 한다.

집단 탐구 수업모형 요점 정리	
특 징	학습자와 동료가 하나의 공동체가 되어 함께 안전 지식, 기능, 태도를 형성하고 정립해나가는 학습 방식(탐구식 수업 방식과 같으나 개별학습이 아닌 협동학습인 점에서 구별됨)
장 점	• 동료와 함께 교육활동에 참여한다는 생각으로 호기심, 흥미, 내적 동기 자극 • 공동체 속에서 탐구 과정을 진행하며 의사소통능력, 문제해결능력, 민주적 시민으로서의 성장, 협동성 등 정의적 영역까지 동시에 교육 가능
교사의 역할	• 학습자를 소집단으로 구성하되 다양성을 확보하고 동시에 친화성과 동질성도 겸비할 수 있도록 고려 • 모든 학습자들의 의사결정권을 존중하며 균등한 발언, 참여 기회 제공 • 학습자들의 탐구내용이 주제와 벗어난 경우 올바른 길로 이끌어 나가는 촉진자와 안내자의 역할을 하여야 함

수업 단계

경험 나누기 및 학습 문제 인식		집단 탐구 계획 수립		집단 탐구 실시 및 결과 발표		종합 정리 및 실천 생활화
• 생활 속 안전 관련 경험 나누기 • 탐구 문제 설정하기 • 학습 문제 인식 및 동기 유발하기	⇒	• 탐구를 위한 집단 조직하기 • 탐구 문제 세분화 및 탐구 계획 수립하기	⇒	• 소집단 별 탐구 활동 실행하기 • 탐구 결과 요약, 정리하기 • 탐구 결과 발표 및 토의하기	⇒	• 탐구 과정 정리 및 평가, 반성하기 • 생활 속 확대 적용 및 실천하기

실제 수업 방법 예시

안전 문화 진단 수업
1. 생활 속에서 안전사고가 일어나는 사례를 공유함
2. 사례들을 바탕으로 위험 문제가 극복되지 않는 원인에 대하여 브레인스토밍 활동하기
3. 집단의 다양한 생각 중 핵심 원인이라고 생각되는 것들을 선택하기
4. 원인을 제거하거나 해결하기 위한 방안 토의하기
5. 소집단별 탐구 결과를 요약, 정리하여 발표하기
6. 학습자 전체 대상으로 탐구 과정 평가 및 반성하기

(6) 프로젝트 학습 수업모형

프로젝트 학습 수업모형은 최근 교육현장에서 가장 각광받고 적극적으로 활용되고 있는 수업모형 중 하나이다. 킬패트릭에 의해 개발되기 시작했으며, 이전의 전통주의적 수업과는 전혀 다른 모습을 띠고 있다. 프로젝트란 학습자가 스스로 생각하며 계획을 세우고 학습활동을 수행해나가는 것을 뜻한다. 프로젝트 수업의 방법은 현실 생활 속에서 원하는 바를 목적으로 설정하고 이 목적을 달성할 수 있도록 활동 계획을 세우고, 계획에 따라 실행, 평가, 피드백 등의 과정을 거치며 새로운 지식이나 기능을 습득하는 학습방법이다.

프로젝트 학습은 학습할 가치가 있는 주제를 학습자가 직접 선정하고, 이에 대해 탐구하며 학습을 진행한다. 학습자의 흥미와 관심에 따라 주제나 방법이 달라지며, 개인 또는 집단으로 진행할 수 있다. 이러한 일련의 과정을 통해 학습자는 자기 주도적 성찰, 탐구, 체험의 기회를 가지며 배려, 소통, 협력, 공동체의식과 같은 정의적인 인성교육을 겸할 수 있다. 프로젝트 학습은 실천적이고 구체적이며 조직적인 성격을 가진 문제해결 활동인 것이다.

프로젝트 학습 특징

- 학습 과정에 반드시 문제 해결 과정이 포함되어야 한다.

  프로젝트 학습은 실생활의 문제를 선정하여 해결하는 일련의 과정이다. 학습자들이 선택하고 실시한 해결방안이 현실적으로 문제를 해결할 수 없더라도 문제를 해결하기 위해 노력하는 과정이 학습의 과정이기 때문이다. 따라서 반드시 학습은 문제 해결 과정이 포함되어야 하고 활동의 방향이 되어야 한다.

- 학습이 마무리되면 산출물이 나와야 한다.

  문제 해결을 위해 노력했다면 그 결과로 어떠한 산출물이 나와야 한다. 여기서 말하는 산출물은 일반적으로 생각하는 보고서뿐만 아니라 학습자의 활동 과정을 담은 여러 자료들을 뜻한다. 학습자가 선택한 문제해결 방법에 따라 산출물이 나올 수 있는데, UCC 영상, 웹툰, 연극 공연, 노래, 박람회 운영 등 다양한 방식이 가능하다.

- 프로젝트는 개별 또는 집단으로 운영되며 자발성을 가진 다양한 교육활동으로 이루어진다.

  학습 규모는 개별, 집단 등 필요에 따르며, 자신들이 해결하고자 하는 문제를 프로젝트 주제로 선정하므로 학습에 자발성을 가진다. 또한 여러 가지의 방식으로 문제를 해결해가며 다양한 교육활동을 수행하게 된다.

- 프로젝트 학습은 비교적 많은 시간이 소요된다.

  학습자가 중심이 되어 다양한 활동으로 수업을 이끌어나가므로 일반 전통주의 학습에 비해 비교적 많은 시간이 소요된다.

- 교육자는 보조자, 안내자, 촉진자, 상담자의 역할을 수행한다.

  프로젝트 학습의 중심은 학습자여야 하므로 교육자가 권위자나 지도자여서는 안 된다. 따라서 교육자는 학습을 보조하는 보조자, 방향을 안내하는 안내자, 학습자의 동기와 학습의 속도를 높이는 촉진자, 어려운 부분에 조언을 해주는 상담자의 역할을 수행하여야 한다.

이와 같이 프로젝트 학습은 다른 수업모형과 다르게 두드러지는 특징이 존재한다. 앞에서 언급된 특징은 최대한 암기하고 실제 본 수업모형을 적용하거나 교수지도계획서를 작성할 때 적극적으로 활용하도록 하자.

프로젝트 학습은 목적 설정(Purposing) → 계획(Planning) → 실행(Executing) → 평가(Evaluation)의 순서로 진행된다. 프로젝트 수업모형은 3단계부터 6단계까지 다양하게 존재하며 필요에 따라 조정하여 활용한다. 여기서는 4단계를 기준으로 설명하며, 각 단계별로 학습자가 무엇을 해야 하는지, 또한 교육자는 어떠한 점에 유의하여 지도하여야 하는지 필히 알아두어야 한다. 따라서 수업 단계별 유의점을 정리하여 본다.

수업 단계	유의점
1. 목적 설정	• 학습자가 자신의 흥미와 능력, 요구에 맞는 프로젝트(학습목표)를 설정하도록 한다. • 교육자는 곁에서 선정한 프로젝트가 적절한지 판단하고 조언한다.
2. 계 획	• 프로젝트를 효율적으로 수행하기 위한 방법을 선정하고 검토한다. (계획 단계의 준비도에 따라 프로젝트의 성공 여부가 갈림) • 교육자는 방법이 현실적이고 수행 가능한 것인지를 검토하고 수정할 수 있도록 지도한다.
3. 실 행	• 학습자들이 적극적으로 활동에 참여하며 문제를 해결해 나간다. (학습자들이 가장 흥미를 가지며 내적 동기가 자극되는 단계) • 실행 과정에 발생한 문제는 기록하여 반성, 성찰, 개선, 발전의 자료로 삼는다. • 교육자는 학습자들이 문제에 부딪혀 좌절할 때 포기하지 않도록 적극적으로 격려하고 다른 해결 방법을 제시하여 학습을 안내하여야 한다.
4. 평 가	• 프로젝트 학습의 과정과 산출물에 대하여 반성적으로 사고해보고 평가한다. • 다양한 평가방법을 활용한다. (자기평가, 상호평가, 관찰평가 등) • 산출물에 대해 발표하거나 전시하여 결과물을 공유하고, 발견한 문제점을 분석하고 피드백하는 과정을 가진다.

프로젝트 학습 수업모형 요점 정리	
특 징	• 적극적인 학습자가 또래/교육자/환경과의 상호 협력을 통해 흥미 있는 주제를 중심으로 심층적으로 탐구해가는 자기 주도적 학습활동 • 실생활 문제가 학습주제가 되며 문제 해결 과정, 산출물이 반드시 포함되어야 함
장 점	• 학습자가 능동적·적극적·주체적으로 학습에 참여할 수 있음 • 학습자의 관심 주제로 학습이 이루어지므로 내적 동기 유발이 쉬움 • 창의적으로 새로운 발견을 할 수 있는 기회를 제공 • 실생활의 문제로 학습이 이루어지므로 생활과 삶 속에 교육을 통합시킬 수 있음
교사의 역할	• 보조자 : 프로젝트 주제, 목적, 방법, 해결 과정에 도움 제공 • 안내자 : 장기간 프로젝트 활동에서 수시로 학습 방향을 제시 • 촉진자 : 문제에 부딪힌 학습자의 동기 유발 및 학습 속도 촉진 • 상담자 : 어려운 문제 및 학습자 고민에 대한 조언 제시

수업 단계

경험 나누기 및 학습 문제 인식	목적 설정 및 계획	실행 및 평가	종합 정리 및 실천 생활화
• 생활 속 안전 관련 경험 나누기 • 탐구 문제 설정하기 • 학습 문제 인식 및 동기 유발하기	• 프로젝트 목적 설정 및 프로젝트명 정하기 • 활동 과정에 대한 구체적인 계획 수립하기 • 프로젝트 수행 방법 강구하기	• 프로젝트 활동 실행하기 • 문제 발생 시 해결방안 강구하고 교수자의 조언, 격려 제공하기 • 프로젝트 완성하고 전체 수행 과정과 산출물 평가하기	• 탐구 과정 정리 및 평가, 반성하기 • 산출물 발표, 전시하기 • 생활 속 확대 적용 및 실천하기

실제 수업 방법 예시

학교 안전불감증 해결하기 프로젝트(실제 사례)
1. 경험 나누기 : 학교에서 사전 안내 없이 소방설비 점검을 위해 사이렌을 울림. 처음에는 학생 및 교직원 전원 대피하였으나 설비 점검 사이렌이었음. 며칠 뒤 소방설비 점검을 위해 사이렌이 또 울렸지만 사전 안내가 없었기 때문에 학생 및 교직원이 대피하지 않고 고민함
2. 목적 설정 : 소방설비 점검에 대한 사전 안내가 없다면 추후에 실제 재난이 발생하였을 때 사람들이 대피하지 않는 경우가 발생할 수 있음. 따라서 사이렌에 대한 안전불감증 문제를 해소하기 위한 방법이 필요함
3. 계획 : 학급회의 결과 소방설비 점검 안내방송문을 만들고 이를 교장실, 행정실, 방송실에 전달하여 정식 건의하기로 함
4. 실행 : 모둠별로 소방설비 안내문을 만들고 학급 전체에 공유하여 최종 방송문을 완성함. 이후 대표단을 선정하여 방송문을 교장실, 행정실, 방송실에 제출 및 게시함
5. 평가 : 활동 과정 및 산출물에 대한 자기평가, 동료평가를 실시하고 깨닫게 된 점을 발표함
6. 정리 및 생활화 : 생활 속에서도 사이렌이 울리면 반드시 대피 우선을 명심하고, 안전불감증에서 탈피하여 안전 문화를 형성하도록 다짐함

◆ Tip 국민안전교육 표준실무는 2020년 개정되면서 탐구학습 중심 수업모형에 프로젝트 학습모형을 추가하였다. 프로젝트 학습모형은 구성주의 학습의 대표적인 방법으로 교육계에서도 중요시되고 있다. 학교 현장에 근무하고 있는 필자 또한 프로젝트 학습을 실제로 운영 중이고 중요성을 알고 있는 바, 본 교재에 최대한 상세하게 수록하였다. 따라서 프로젝트 학습모형에 대한 내용을 최대한 숙지하고, 이를 안전교육 프로그램에 접목하거나 교수지도계획서(교안) 작성 연습에 적극적으로 활용해보자.

4 직접교수 중심 수업모형 2019년 기출

안전 교육은 학습자들의 자기 주도적인 체험과 탐구를 통한 교수·학습 방법 외에도 교육자의 단순 설명 및 모범 행동 보이기 등의 직접적인 교수 방법에 의해 수행될 수도 있다. 직접적인 교수 방법은 가장 오래된 전통적인 지도법으로서 핵심적인 내용을 체계적으로 전달할 수 있고, 학습자가 이해하지 못하였을 경우 반복하여 설명하거나 수정하여 가르칠 수 있으며, 짧은 시간에 적정한 내용을 효과적으로 전수할 수 있어 경제성이 높다는 장점이 있다. 따라서 교육 내용이나 대상 및 환경적 특성, 그리고 안전 교육 교수·학습의 목적과 교육자의 의도 등을 고려하여 경우에 따라서는 직접적인 교수법을 통해 안전교육을 실행하는 것도 효과적일 수 있다.

(1) 설명(강의) 중심 수업모형

설명 및 강의 중심의 교육 방법은 전통적으로 가장 오래 되고 일반적으로 사용되어 온 대표적인 교수·학습방법이다. 학습자가 직접 개념을 구성하는 구성주의식 학습이 대세인 현재, 설명/강의법에 대해서는 낡고 비효과적인 교육방법으로만 인식하는 경우가 많다. 그러나 오슈벨(David P. Ausubel)이 지적한 바 있듯이, 강의법은 아이디어나 정보를 의미 있고 효과적으로 제시함으로써 학습자들이 주요 개념이나 원리 등을 학습할 수 있는 최선의 기회를 갖게 하며, 학습의 일반성과 명료성, 정밀성을 갖출 수 있다. 다만, 이렇게 되기 위해서는 교육자가 사전에 연구 및 준비를 충분히 하고 목표와 교육 내용을 정확하고 명료하게 체계화시켜 강의의 흐름을 논리적으로 이끌면서 증거와 예를 충분히 들어 설명하는 등의 노력이 필요하다.

효과적인 안전교육은 학습자들의 행동 변화에 중점을 두어야 하므로, 설명식의 언어적 강의만으로는 불충분하다. 따라서 교사의 직접적인 설명 외에 학습자들의 생각을 묻고 답변하는 '문답법'을 같이 활용하여 상호 간 묻고 답하면서 안전 관련 문제를 집중적으로 탐구하는 수업방식이 효율적일 것이다. 교육자와 학습자 혹은 학습자와 학습자 간의 문답은 강의(설명)법과 같이 안전과 관련된 지식들을 직접적으로 가르쳐주는 것에 더하여 학습자들의 문제의식과 자발적인 사고 활동을 자극하고 이를 통해 안전 의식을 심화하고 바람직한 태도를 형성하는 데 도움이 된다.

이 수업모형은 경험 나누기 및 문제 인식 → 강의·설명의 실행 → 강의·설명의 발전 및 심화 → 정리 및 실천 의지·태도 강화의 과정으로 진행할 수 있다. 하지만 안전교육에 있어서 단순한 강의식 교육은 안전 기능과 괴리되어 실제 문제 상황에 적용능력을 떨어뜨릴 수 있다. 따라서 문답법, 모범 제시(모델링), 실습 및 체험 등 다양한 방법들을 병행할 필요가 있다.

	설명(강의) 중심 수업모형 요점 정리
특 징	• 가르치고자 하는 안전 지식을 교육자가 학습자에게 직접적으로 언급하거나 보여주며 이해하고 암기하고 따라하도록 유도하는 수업방식 • 학습자의 사고 과정을 박탈한다는 비판을 받음 (따라서 일방적 강의가 아닌 학습자와 질문을 주고받은 문답법 병행 필요)
장 점	• 정해진 시간 내에 정해진 내용을 직접적으로 가르칠 수 있음(경제성) • 학습의 일반성, 명료성, 정밀성을 확보하기 쉬움
교사의 역할	• 교육 내용을 체계적으로 정리하여 강의의 흐름을 논리적으로 이끌어나가야 함 • 강의 도중에 수시로 학습자의 이해 정도를 물어보며, 추가설명이나 설명의 수정이 필요한 경우 즉각적인 대처 필요

수업 단계

경험 나누기 및 학습 문제 인식		강의·설명 실행		강의·설명의 발전 및 심화		정리 및 실천 생활화
• 위험 및 안전에 관한 경험 나누기 • 강의 주제/내용 안내 및 학습 문제 인식하기 • 학습 동기 유발하기	⇒	• 강의 전개 및 설명, 예시, 논증 등으로 학습 밀도 높이기 • 학생들의 이해 정도 점검 및 강의 내용, 방법 등 조정하며 이끌기	⇒	• 교수자－학생－학생 상호 간 문답 및 재문답 하기 • 강의·설명과 여타 방법 결합하여 발전시키기 • 명료화와 요약/정리, 재 강의·설명 이어가기	⇒	• 강의/설명 결과 요약 및 정리하기 • 평가 및 피드백 하기 • 생활 속 확대 적용 및 실천하기

실제 수업 방법 예시

• 심폐소생술 교육 : 환자가 쓰러진 경우 의식 확인 방법 및 119 신고, 흉부압박 등의 일련의 과정을 교육자가 직접 정하고 전달
• 교육자가 중심이 되는 대부분의 전체 강의식 수업이 이에 해당됨

(2) 모델링 중심 수업모형

본 수업모형은 모범 행동을 보여야 하는 도덕 교과와 관련이 깊다. 모델링이란 어떠한 행동의 모범, 또는 따라할 수 있는 모델을 보여주고 행동을 따라하게 하는 것을 뜻한다. 모델링 중심 수업모형은 모범 제시형 교수법 또는 시연법이라고도 할 수 있다. 이 모형은 모범을 제시하거나 바람직한 안전 행동을 시연해 보임으로써 이를 본받아 따라하고, 익히도록 하는 것이 목표이다.

여러 가지 이론 중 '사회학습 이론'은 심리학자인 반두라가 언급하였고, 사람의 행동에 관해 연구한 이론이다. 사람의 행동은 다른 사람의 행동이나 어떤 주어진 상황을 관찰하고 모방함으로써 이루어진다는 이론이다. 이는 안전 모델이 행하는 행동과 그 결과를 학습자들이 보고 간접적으로 경험함으로써 안전 행동이나 태도가 학습되고 습득된다고 연결시킬 수 있다.

모델링에 의한 학습은 간접 경험과 관찰학습에 강화 요소가 더해짐으로써 학습효과를 증진시킬 수 있다. 이 수업모형은 어떠한 행동의 진행 과정과 결과를 보는 사람이 바로 알 수 있기 때문에 기술이나 절차를 가르칠 때 특히 효과적이며, 가치나 태도의 정의적인 영역을 연결시켜 가르칠 수도 있다. 모델링 중심의 수업은 안전한 생활과 관련된 어떤 행동이나 동작, 모습 등을 학습자들에게 학습시키기 위해서 교사, 자원 인사, 전문가, 혹은 학생이 어떤 일이 어떻게 행해지는지를 시각적으로 직접 보여주거나 시청각 매체를 활용하여 보여주는 식으로 이루어진다. 이때 아동들에게 모델의 행동에 따르는 결과를 관찰하게 하여 학습을 촉진시키거나, 실제 또는 가상 모델의 행동을 관찰하여 안전 행동 기능과 태도를 학습하도록 이끈다.

다만, 교육자나 학습자가 시범을 보일 때에는 정확하게 잘하지 못하면 신뢰감을 잃을 수 있기 때문에 시범을 보이기 전에는 충분한 경험과 연습으로 모범적인 안전 행동을 잘 익혀두어야 한다. 또한 시연할 때에는 강의실 규모, 학습자 수, 방송시설, 교육 기자재 등 모든 학생이 시범을 볼 수 있는지에 관련된 환경 요소를 고려하여야 한다. 추가적으로 강의가 논리적인 순서로 진행되는가, 시범을 보이면서 추가 설명이나 자료가 필요한지 등 여러 측면들을 고려해야 한다.

모델링 중심 수업모형은 경험 나누기 및 학습 문제 인식 → 모범 행동 시연 및 관찰 → 모범행동 모방 및 연습 → 정리 및 실천 생활화의 과정으로 이루어진다. 여기서 유의해야 할 점은 학습자가 단순히 모델 관찰만 하면 자동으로 안전 기능 학습이 이루어진다고 생각하며 오류에 빠지기 쉽다. 학습이란 인간의 능동적인 인지 특성, 개인적 요소, 환경 요소들이 학습자 개인에게 작용하는 것이기 때문에 보는 것만으로 학습이 이루어지지는 않는다.

결론적으로 본 수업모형에서는 모델을 관찰하고 그 모델이 자신에게 주는 의미를 심층적으로 생각하여 의식적으로 받아들이는 과정이 진정한 학습이다. 따라서 모델의 행동을 살피고, 그 이후에 바람직한 결과가 동반되는 모습을 같이 보여주어 안전 행동을 강화하는 방식의 안전교육을 진행하여야 한다.

모델링 중심 수업모형 요점 정리	
특 징	• 안전과 관련된 모범적인 행동이나 예시를 보여주고 이를 모델로 삼아 따라하고 익히도록 하는 교육 방식 • 올바른 모델이 준비되어야만 교육적 효과를 발휘함 • 반두라가 언급한 사회학습 이론과 관련 (사람의 행동은 다른 것을 관찰하고 모방함으로써 이루어진다는 이론)
장 점	기술이나 절차를 가르칠 때 직접 보여주고 따라하게 하여 안전 기능 중심으로 지도할 수 있음
교사의 역할	• 올바른 모범 행동(시범, 모델)을 제시할 수 있도록 사전 기능 연습이 필수적임 • 직접 시연이 불가할 경우 시청각 자료 등 교육매체를 준비하여 활용 • 단순히 모델을 보여주는 것으로 학습이 이루어지지 않으므로, 학습자가 나름대로 모델이 주는 의미를 분석할 수 있는 학습기회 제공 • 안전 행동 뒤에 안전한 생활(바람직한 결과)이 가능해지는 것을 반드시 보여주어 실천 의지 강화

수업 단계

경험 나누기 및 학습 문제 인식		모범 행동 시연 및 관찰		모범 행동 모방 및 연습		정리 및 실천 생활화
• 생활 속에서 위험 및 안전사고에 관한 경험 나누기 • 학습 문제 인식 및 동기 유발하기	➡	• 모범 행동 설명 및 시연하기 • 모범 행동 관찰 및 탐색하기	➡	• 모범 행동 모방 연습하기 • 모범 행동의 단계적 구분 연습 및 연계 통합 연습하기 • 모범 행동 반복 연습하기	➡	• 정리 및 평가하기 • 생활 속 확대 적용 및 실천하기

실제 수업 방법 예시

• 교통안전 교육 : 교차로에서 길을 건널 때 유의할 점에 대하여 시범을 보이고 따라하게 하기
• 하임리히법 교육 : 기도폐쇄 상황을 가정하고 신고 및 처치하는 방법을 시범 보이기
• 기침 예절 교육 : 옷소매로 입을 가리고 기침하는 모습을 평소에 꾸준히 학습자들에게 보이기

(3) 내러티브 중심 수업모형

내러티브의 정의는 '실제 혹은 허구적인 사건을 설명하는 것'이나 '인물과 사건이 시공간적으로 엮여서 전개되는 이야기'이다. 이를 교육과 연결 지어 쉽게 이야기하면 이야기를 통해 가르치고자 하는 개념을 지도하는 것을 뜻한다. 이야기법이라고도 할 수 있으며, 교훈적이고 감명 깊은 이야기를 활용해 안전에 관한 학습자들의 이해나 사고를 심화시키고 안전한 생활의 바람직한 모범을 제공하는 것이다. 또한 학습자의 마음에 감동을 주어 실천 의욕을 증진시키는 것을 꾀한다. 이전에 언급한 강의(설명) 중심 수업모형과 마찬가지로 이 내러티브 중심의 수업모형은 이전부터 교육 현장에서 많이 활용되어 왔다.

이야기법의 형태는 여러 가지의 방법으로 활용될 수 있다. 말로 이야기해주기, 좋은 글을 읽어 주기, 교육자가 이야기해주기, 학습자가 이야기해주기, 자원 인사가 이야기해주기 등등 다양하게 운영될 수 있다. 그런가 하면 주제가 담긴 만화나 영화와 같은 시청각 매체를 활용하여 이야기를 해줄 수도 있고, 안전과 관련된 흥미 있는 이야기나 동화, 동시 등을 접하고 이에 대한 생각이나 느낀 점을 나누어보게 할 수도 있다. 또한 학습자들 자신이 직접 동화나 동시를 지어 보거나, 역할극 등을 통하여 학습자 자신이 직접 이야기의 주인공이 됨으로써 안전한 생활에 대한 학습을 강화할 수도 있다. 예컨대, 교통안전과 관련한 내용을 학습하는 과정에서 학생들이 관련 동화를 듣고 이야기 속에 나오는 인물의 역할을 맡아 역할극으로 실연해 보는 것과 같은 것이 이에 해당된다.

내러티브 수업모형은 경험 나누기 및 학습 문제 인식 → 내러티브 구연 및 참여 → 내러티브 창조 및 주체화 → 정리 및 실천 의지·태도 강화의 순서로 활용 가능하다. 다만, 이 모형을 활용할 때에는 즉흥적이고 무미건조한 이야기로 재미 중심의 수업이 이루어지지 않도록, 사전에 계획적으로 연구되고 좋은 모범과 감동이 겸비된 이야기로 내러티브로 수업이 진행되어야 한다.

내러티브 중심 수업모형 요점 정리	
특 징	• 내러티브(스토리텔링, 이야기)를 통해 가르치고자 하는 개념을 지도하는 것 • 지식, 기능뿐만 아니라 감동, 감화로 정의적인 영역을 교육하는 데 유용함
장 점	• 이야기를 활용하여 수업이 진행되므로 학습자들이 지루해하지 않고 관심을 가지고 참여함 • 동화, 동시, 이야기 등 다양한 작품과 연계지어 문학적 감성을 신장시킬 수 있음 • 안전 태도와 자기반성, 생활 속에서의 실천을 효율적으로 지도하여 안전한 생활의 반복과 습관화를 꾀할 수 있음
교사의 역할	• 가르치고자 하는 개념을 효율적으로 지도할 수 있는 이야기만을 선정하고 각색하여 활용하여야 함(단순 흥미 위주의 이야기를 활용할 경우 교육적 효과가 매우 미비해짐) • 단순 지식 전달이 아닌 이야기를 통한 감동을 느끼고 행동의 변화가 생기도록 지도하여야 함

수업 단계

경험 나누기 및 학습 문제 인식		내러티브 구연 및 참여		내러티브 창조 및 주체화		정리 및 실천 생활화
• 생활 속 위험 및 안전에 관한 경험 나누기 • 학습 문제 인식 및 동기 유발하기	➡	• 이야기 제시 및 주요 내용 파악하기 • 이야기 속 인물, 사건 전개 및 주요 내용 탐구하기 • 관련되는 자신의 경험 발표 및 공유하기	➡	• 자신의 안전 이야기 및 유사한 상상의 이야기 구성하기 • 이야기를 다양한 방법으로 창의적으로 표현하기	➡	• 활동 소감 나누며 정리 및 평가하기 • 안전의식 내면화 및 실천 다짐하기 • 생활 속 확대 적용 및 실천하기

실제 수업 방법 예시

• 각종 전래동화, 동시, 이야기 및 애니메이션을 활용하는 교육이 해당됨
• 뽀로로 이야기를 각색하여 겨울철 안전수칙을 지도하는 것
 – 뽀로로가 겨울철에 놀다가 미끄러짐, 동상에 걸린 이야기를 제시
 – 학습자에게 도움을 요청하는 편지 또는 영상을 통해 학습자의 동기 유발
 – 뽀로로의 문제 분석 및 안전 관련 지식 탐구
 – 안전 생활 수칙을 알려주는 답장을 쓰며 안전 개념 정리 및 실천 생활화 다짐
• 소방청 심폐소생술 만화를 통해 흉부압박, AED, 신고가 가족을 지킬 수 있음을 깨닫게 함 등

소방안전교육사 선생님은 초등학교 저학년을 대상으로 '실천체험 중심 수업모형'을 활용하여 교수지도계획서를 작성하려고 한다.

Q1. '실천체험 중심 수업모형'을 선택한 이유를 '강의중심 수업모형'과 비교하여 설명하시오.

Q2. '실천체험 중심 수업모형'을 활용할 때 요구되는 선생님의 역할에 대해 설명하시오.

답안을 작성해보세요.

예시답안은 본 책의 부록에 있습니다.

1 교수·학습 자료의 뜻

(1) 교수·학습 자료의 정의

교수·학습 자료란 교육활동 중에 사용되는 하나의 도구로서, 학습자들의 사고 과정을 심화시키고 학습목표 도달 과정에 도움을 주는 각종 물적·인적 자료 일체를 뜻한다. 교수·학습 과정이 보다 효율적이고 의미 있기 위해서는 양질의 환경이 갖추어져야 하는데, 여러 환경 조건 중 하나가 교수·학습 자료인 것이다.

교육활동에 얼마나 의미 있고 적합한 자료가 활용되는지의 여부에 따라 수업의 성공 여부가 결정된다. 교수·학습 자료는 '교육공학'이라는 별도의 학문으로 연구될 만큼 교육활동에서 중요성을 가지고 있다. 무작정 자료를 투입한다 하여 전부 교육적인 것은 아니며, 다양한 조건들을 고려하여 활용하여야 한다. 자료의 적절성 여부는 해당 수업의 목표와 내용, 학습 지도 방법, 학습자의 특성, 자료의 종류와 활용 시기, 환경적 조건, 분위기 등 여러 변수들과 영향을 주고받는다. 따라서 교육자는 어떤 자료를 언제, 어떻게, 얼마큼 활용할지 고려해야 하며 이를 통해 교육 효과를 최대로 끌어올려야 한다.

(2) 교수·학습 자료 용어의 구분

안전교육을 위한 교수·학습 자료를 연구하다보면 다양한 용어로 표현되는 것을 볼 수 있다. 안전교육 소재, 제재, 교재, 교구 등의 용어가 있는데, 각 단어를 혼용하더라도 사전에 내포된 뜻과 의미를 이해하여야 한다.

용 어	설 명
교수·학습 자료	• 수업에 활용되는 교수·학습의 소재, 제재, 교재, 교구 등 모든 물적·인적 자원과 재료, 매체 등을 포함하는 넓은 개념의 용어 • 학습자에게 안전 교육을 실시하는 데 활용되는 모든 인적·물적 자료
소 재	• 학습자에게 가르칠 내용 요소를 포함한 재료 • 승강기 안전교육을 위해 '승강기 사고 사례'를 활용하는 경우
제 재	• 가르치고자 하는 중심 개념에 사용하는 주된 자료 • 지진 안전교육을 위해 '영웅이의 지진 대처법'이라는 영상 자료를 활용하는 경우
교 재	• 학습목표를 위해 일정한 내용 및 활동 등을 의도적·계획적으로 조직하여 구성한 학습 자료 • 교과서 및 책, 읽을거리, 활동거리 등을 수집하여 만든 활동 자료도 포함
교 구	• 개념 또는 내용을 전달하거나, 학습자들이 습득하는 과정에 도움을 주는 수단적 도구 • 물놀이 안전교육을 위해 '물놀이 사고 동영상'을 활용할 경우, 영상의 내용에 해당하는 사고 사례는 '소재'에 해당하며, 동영상 자체는 '교구'에 해당됨

2 교수·학습 자료의 조건

앞서 언급한 바와 같이 교수·학습 자료는 무궁무진하며 일상의 생활 소재, 경험담 또는 책 등 다양한 것들이 교수·학습 자료가 될 수 있다. 하지만 수업 내용과 관련되어 있다고 하여 아무런 조건 없이 활용될 수 있는 것은 아니다. 교육자는 전문성을 바탕으로 여러 조건에 근거하여 양질의 교수·학습 자료를 선별하고, 적절한 시기에 적합하게 사용할 줄 알아야 한다.

양질의 학습 자료는 학습 경험을 심화시키고 성장과 발달에 도움을 줄 수 있는 교육적 가치를 지닌 것이어야 한다. 학습목표 달성을 위해 만족스러워야 하며, 학습자의 발달 단계와 흥미, 특성에 부합하여야 하며 발전에 도움이 되어야 한다. 또한 교육자가 안전교육 지도 활동에 효율적으로 활용할 수 있는 다양한 것이어야 한다. 이렇듯 양질의 교수·학습 자료를 선별하는 기준은 여러 가지가 존재하는데, 교육자, 학습자, 자료의 내용 측면에서 나누어 살펴보자.

(1) 교육자 측면

① 교육 과정의 기본 방향에 적합하면서 해당 교수·학습의 주제와 목표에 알맞은 것이어야 한다.
② 학습자들의 발달 특성, 배경, 환경, 안전 생활의 실태 등 다양한 조건들을 고려하고 분석하여 선정된 것이어야 한다.
③ 주어진 교수·학습 시간 내에 소화가 가능하고 활용이 용이한 것이어야 한다.
④ 특정 입장이나 관점, 편견에 치우치지 않은 합리적이고 객관적인 것이어야 한다.
⑤ 교육자가 시간, 비용, 노력을 적게 들이고도 쉽게 제작과 활용이 가능한 것이어야 한다.

(2) 학습자 측면

① 학습자들의 신체적·인지적·정서적 발달 수준에 맞는 것이어야 한다.
② 학습자들의 흥미와 관심을 자극하며, 학습 의욕을 높이는 데 도움이 되는 것이어야 한다.
③ 학습자들에게 친근하고, 실제 생활 및 경험에 적용 가능한 것이어야 한다.
④ 학습자들의 필요를 바탕으로 환경에 적합한 것이어야 한다.
⑤ 학습자들이 수업의 중심이 되어 주체적으로 학습할 수 있는 것이어야 한다. 학습 자료를 있는 그대로 가르치거나 배우는 것이 아니라 학습 자료를 통해 스스로 사고하고 재구성할 수 있는 자료여야 한다. 또한 학습자가 자료를 적극적·능동적으로 활용하여 배울 수 있는 것이어야 한다.

(3) 자료의 내용 측면

① 학습자의 지적 이해와 내면화, 태도 형성 및 습관화에 도움을 줄 수 있는 것이어야 한다.

② 학습자들의 사고력과 판단력을 자극하고 개념을 심화시킬 수 있으며, 합리적 의사결정력과 문제해결력을 기르는 데 도움을 줄 수 있는 것이어야 한다.

③ 학습 목표와 관련하여 감동·감화를 느껴 실천 의욕을 높이는 데 도움을 주는 것이어야 한다.

④ 지나치게 자극적인 내용이나 표현 방식을 사용하지 않고 학습자들의 정서와 태도를 심화할 수 있는 자료이어야 한다.

⑤ 그림, 사진, 도표 등 필요한 자료를 포함하여 학습 지도의 효과를 높이는 자료이어야 한다.

⑥ 자료의 수준이나 문자, 어구 등의 표현이 학습자의 수준에 맞고 편안한 마음으로 접근 가능한 자료이어야 한다.

3 교수매체 이론 2019년 기출

교수매체란 학습자의 학습목표의 도달을 촉진시키기 위해서 교육자가 사용하는 모든 자료와 물리적인 수단들을 뜻한다. 간단하게 말하여 학습자가 이해하기 쉽도록 제공하는 자료이자 방법이 교수매체인 것이다. 교수매체는 교육자가 효과적으로 지도하기 위해 활용하는 시청각 기자재 및 첨단 디지털 매체 등이 해당된다. 칠판, 모형, 실물, 게시판, 사진, 영화 등의 아날로그적인 매체나 비디오 프로젝터, 컴퓨터, 인터넷, 스마트 전자기기 등과 같은 디지털 매체가 있다.

이러한 교수·학습자료, 즉 교수매체를 무작정 사용한다고 하여 교육적 효과가 높아지는 것이 아니다. 학습주제를 분석하여 가르치고자 하는 개념에 맞는 교수매체를 활용하여야 하며, 학습자의 발달 특성에 맞는 방식으로 제공하여야 한다. 이러한 사항에 대하여 연구한 것이 교수매체 이론이며, 교수·학습 과정을 작성할 때에는 반드시 고려하여야 하는 요소이다.

◆ Tip
교수매체 이론은 실제 교육활동을 계획하고 진행할 때 필수적으로 고려하여야 한다. 이론이라는 이유만으로 등한시하는 순간 교육활동이 원활하지 못하고 수업이 붕괴될 우려가 있다. 그만큼 중요한 개념이기에 2019년 소방안전교육사 2차에는 2문제나 출제되기도 하였다.

2019년 기출 : 데일(E.Dale)의 경험 원추 이론의 정의와 특징을 설명하시오.

2019년 기출 : 데일(E.Dale)의 경험 원추 이론을 바탕으로 한 교육매체와 활용방법의 예시를 3가지 들고, 근거를 설명하시오.

교수매체 이론을 학습하기 전에 결론을 먼저 언급하고자 한다. 여러 학자들이 언급한 내용은 전부 공통점을 가지고 있다.

교수매체 이론의 공통점

• 교수매체 자료는 학습 과정에 이해를 돕기 위한 것이고, 학습자의 특성에 맞추어 제시하여야 한다.

• 일반적으로 학습 지도에 필요한 교수매체는 사진과 실물, 모형과 같이 직접 눈으로 볼 수 있는 구체성 있는 자료로 시작하여야 한다.

• 점차 개념이 심화됨에 따라 도표, 언어와 같이 추상성 있는 자료로 사고를 확장시켜나가야 한다.

교수매체 이론의 예시

실제 수학 교과학습(1학년 덧셈 가르치기 단계)

활동 1	활동 2	활동 3
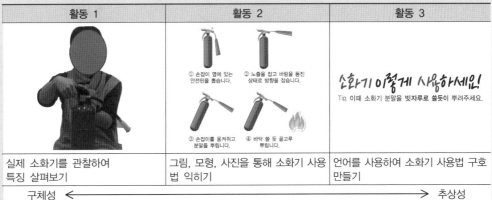	2개 1개 3개	$2 + 1 + 3 = 6$ 3 6
실제로 만질 수 있는 바둑돌을 세보며 더하기 개념 이해	그림, 모형, 사진을 통해 더하기 개념 확장	수학적 기호, 언어를 활용해 식을 만들며 더하기 개념 심화

구체성 ←―――――――――――――――――――――――――→ 추상성

안전 교육 예시(주제 : 소화기 사용 방법)

활동 1	활동 2	활동 3
	① 손잡이 옆에 있는 안전핀을 뽑습니다. ② 노즐을 잡고 바람을 등진 상태로 방향을 잡습니다. ③ 손잡이를 움켜쥐고 분말을 뿌립니다. ④ 바닥 쓸 듯 골고루 뿌립니다.	*소화기 이렇게 사용하세요!* Tip. 이때 소화기 분말을 빗자루로 쓸듯이 뿌려주세요.
실제 소화기를 관찰하여 특징 살펴보기	그림, 모형, 사진을 통해 소화기 사용법 익히기	언어를 사용하여 소화기 사용법 구호 만들기

구체성 ←―――――――――――――――――――――――――→ 추상성

위에서 언급하였듯이, 실제 교육활동은 구체성을 가진 자료로 시작하여 추상성을 가진 자료로 확장시켜 나가야 한다. 실제 초등학교 1학년 수학 교과서에서도 덧셈을 가르칠 때 바둑돌을 직접 만져보게 한 뒤, 그림을 제시하여 덧셈을 연습하고 숫자와 기호를 사용해 식을 만들어보게 한다. 바둑돌, 그림, 숫자와 기호 모두 교수매체에 해당되며 구체성을 가진 자료에서 추상성을 가진 자료로 확장시켜 나간 경우이다. 안전교육에서도 마찬가지로 각 교수매체 이론들이 공통적으로 가진 점들을 고려하여 교수·학습 과정을 구성하여야 한다.

교수매체 이론이 안전교육에 시사하는 바는 무엇인지 꼭 고민해보기 바란다(부록에 있는 출제예상문제 확인하기).

(1) 호반(Hoban)의 시각 자료 분류체계론

호반(Hoban, 1937)은 교육을 위해 학습 경험과 자료를 시각화해야 한다고 주장하였다. 저서 『교육 과정의 시각화』에서 비판하길, 당시 교육은 교사의 말에만 의존하여 수업이 이루어지는 언어주의에 빠져 있다고 하였다. 따라서 구체적 경험이 결여된 언어 교육은 변화가 필요하다고 주장하였다. 언어와 경험이 분리되어 있는 문제를 해결하기 위해 교육에 시각 자료를 활용할 것을 제안하였다.

인간 정신의 성장을 위해서는 개념의 분화, 통합, 재조직화를 거치며 성장해나가야 한다고 하였다. 이를 위해 학습목표는 구체성에서 추상성으로 나아가야 하며, 개별적 경험을 일반화시켜 나가고 유연화 수준으로 도달시켜야 한다고 하였다. 그렇게 하였을 때 교수·학습의 실효성이 확보되고 인간 성장과 학습목표의 성취라는 교육의 본질적 목표에도 도달 가능하다고 하였다. 이러한 전반의 과정을 위해서는 시각 자료를 활용하여 구체적 경험을 많이 제공하는 과정이 필요한 것이다.

호반의 주장을 실현하기 위한 방법을 구체적으로 살펴보자면, 교육 과정을 시각화하여 구체적인 내용으로부터 점차 추상적인 내용으로 구성하여야 한다. 어린 연령의 학습자들에게는 추상적인 학습이 어려우므로 이를 사실적이고 구체적으로 제시하여 이해를 도와야 하는 것이다. 호반은 시각 자료를 가장 구체적인 전체장면부터 시작하여 가장 추상적인 매체인 언어의 순서로 나열하였다.

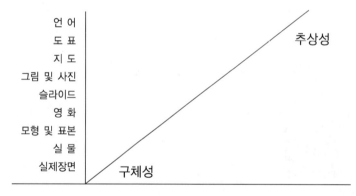

(출처 : 국민안전교육 표준실무 2020)

도표의 세로축에 제시된 교수매체 자료들 중 구체성이 강한 아래에 있는 실제장면(구체물)을 먼저 활용하여야 한다. 그리고 점차 발달단계에 따라 모형, 그림, 사진을 활용하고 최종적으로는 도표나 언어, 숫자, 기호 등과 같은 추상성이 강한 교수매체 자료들을 활용하여야 한다.

(2) 데일(Dale)의 경험 원추 이론 2019년 기출

　데일(Dale, 1946)은 호반의 시각 자료 분류 이론을 발전시켜 경험 원추 이론을 제시하였다. 시청각자료가 제공하는 경험의 정도에 따라 구체적인 것과 추상적인 것으로 나누어 정리한 것이다. 또는 어떠한 방식으로 학습 경험을 가지게 되는지에 따라 매체를 분류하고 이를 원추(원뿔)형으로 나타낸 것이다. 학습 경험을 총 3단계로 나누었는데, 학습자가 직접 매체를 가지고 활용해보는 행동적 단계, 학습자가 시청각매체를 통하여 간접경험을 해보는 단계, 언어와 시각기호를 이해하고 직접 사용해보는 상징–추상적 단계, 행동하기–보기–말하기의 3단계로 구분하였다.

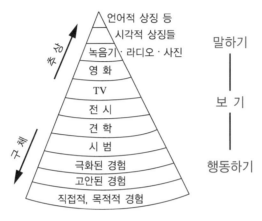

(출처 : 국민안전교육 표준실무 2020)

　호반의 이론과 같은 맥락으로 교수매체 중 아래에 위치한 구체성 있는 자료를 먼저 제시하고, 점차 단계를 높여나가 최종적으로 추상성 있는 언어로 접근하여야 한다. 다만 교수매체 자료를 학습 경험에 따라 세 묶음으로 나누어 나타내었다는 점에서 차이가 있다. 각 교수매체 별 설명과 활동 예시는 다음과 같다. 예시를 참고하여 안전교육을 진행할 때 어떠한 순서로, 어떻게 자료를 제시할지 구상해보자.

단 계	교수매체 종류	설명 및 예시
행동적 경험 (행동하기) ↓ ↓ ↓	직접 경험	• 구체적이고 직접적인, 감각적인 경험으로 학습활동을 진행하는 것 • 보고 듣고 만지고 느끼며 생활 속 실제 경험을 통해 지식을 습득함 　예시) 소화기에 대하여 알아보기 위해 소화기를 직접 만지고 관찰함
	구성된 경험 또는 실물 모형	• 실제의 상황이나 모양이 아닌 비슷하게 만든 모형을 통해 학습활동을 진행하는 것 • 직접 만지고 느끼며 경험하나 실제 사물이 아닌 것에서 차이가 있음 • 모형은 실물의 복잡성을 단순화시켜 기본적인 요소만을 남겨둠 　예시) 소화기 모형을 가지고 물을 직접 분사해 봄
	극화된 경험	• 연극을 보거나 직접 연출함으로써 직접 접할 수 없는 사건이나 개념을 경험하도록 하는 것 　예시) 불이 났다고 가정하고 소화기로 불을 꺼보는 역할극을 함
시청각적 경험 (보기) ↓ ↓ ↓ ↓ ↓ ↓ ↓ ↓ ↓ ↓	시 범	• 교육자가 직접 시범을 보이거나 사진, 그림을 통해 시각적으로 설명하는 것 　예시) 화재대피훈련에서 직접 소화기를 분사하는 모습을 보여줌
	견 학	• 학습하려고 하는 요소를 직접 현장에 가서 보고 경험하는 것 　예시) 소방학교 및 안전체험관에 견학을 가서 화재의 위험성과 소화기 사용법을 　　　 직접 경험함
	전 시	• 사진, 그림, 책, 포스터, 실물, 모형 등을 벽이나 게시판, 테이블에 전시하여 관찰할 수 있게 하는 것 • 전시된 것을 보면서 자신의 생각을 정리하거나 비교 평가함 　예시) 전시된 여러 종류의 소화기를 보고 특징을 비교함
	TV	• 현재 진행되고 있는 사건이나 일어나는 현상을 영상으로 담아서 보여주는 것 • 중요한 부분들만 편집하여 수록하거나 보여줄 수 있는 동시성이 있으며 직접 경험의 시청각 경험을 제공할 수 있음 　예시) 소방관들이 소화기로 불을 끄는 장면을 영상으로 보여줌
	영 화	• 영상을 보고 듣도록 하며, 경험하지 않은 사건을 상상으로 구성하여 간접경험하게 함 • TV와 비슷하나 사건의 흐름을 교육자가 원하는 대로 구성하여 교육목적에 가장 가까운 것을 선택적으로 경험하게 함 　예시) 화재 초기 소화기로 불을 꺼서 시민들을 구한 영화를 보여주며 소화기 사용법 　　　 과 인류애적인 마음을 가지도록 집중하여 교육함
	녹음, 라디오, 그림	• 음향에 집중된 간접경험을 제공함 • 동기를 유발하는 데 효과적임 　예시) 소화기 사진이나 그림을 제시하거나 재난방송을 들려줌
상징적 경험 (말하기) ↓ ↓	시각기호	• 지도, 도표, 차트 등을 이용해 실제 물체를 나타내거나 시각적 기호로 표현하는 것 　예시) 도표를 보고 소화기의 소화능력을 파악하게 하는 것
	언어기호	• 언어(문자 및 기호)를 활용하여 글로 개념을 나타내는 것 • 가장 추상적이고 상징적인 교수매체 방법 • 언어(기호)의 의미를 이해하고 있어야만 사용할 수 있음 　예시) 소화기 사용 매뉴얼 만들기/단독경보형감지기 설치 확산 연설문 쓰기 등

데일 – 경험 원추 이론에서 교수·학습 자료를 경험의 구체성 및 추상성에 따라, 학습 경험의 방식에 따라 교수·학습 자료를 나열하다 보니 학습자들이 쉽게 빠지는 오류가 있다. 이 부분은 소방안전교육사로서 적합한 교수매체를 선정하는 데 필수적이며, 이론의 시사점과도 관계 지을 수 있다. 따라서 아래 내용을 숙지하여 2차 논술형 평가에 활용하여 보자.

유의점 및 시사점
- **원추의 아래에 있는 구체적 경험이 가장 중요하지는 않다**
  - 일반적으로 학습자들에게 구체적 경험부터 제공하는 것이 좋다고 하였지만, 학습 주제와 교육 방식에 따라 접근 방식이 달라진다. 때때로 추상적인 경험을 통합적으로 제시하는 것이 바람직할 수도 있기 때문이다.
  - 직접적·구체적인 경험 자료만 추구하다보면 학습자들은 체계적이고 고차원적인 학습을 하는 데 어려움을 느낀다. 반대로 추상적인 경험 자료만 추구하면 실제 사례나 현실과 동떨어지는, 현실과 괴리된 학습을 할 수 있다.
- **교수·학습 자료 제공 순서는 정해져 있지 않다**
  - 학습 경험을 구체에서 추상으로, 원추 아래에서 위로 순서대로 제공하여야 한다고 생각하는 경우가 있다. 이는 이론에 대해 단편적으로 접근하여 생기는 오류이다. 학습자의 선행 학습 정도, 현재 능력 등을 살펴 필요한 매체를 계획한 순서대로 제공하는 것이 옳다.
- **원추의 위에 있다고 하여 어려운 학습경험이 아니다**
  - 다른 학습 경험에 비해 추상적이라고 하여 무조건 어려운 것은 아니다. 매체의 구체성과 추상성에 따른 학습 난이도는 학습자의 능력이자 경험, 환경에 따라 달라지기 때문이다.
- **원추에 있는 경험이 다른 경험들보다 항상 더 유용한 것은 아니다**
  - 생활 속에서 사용하는 물건부터 경험까지, 교수·학습 자료로 활용할 수 있는 요소들은 무궁무진하다. 교육자가 어떻게 계획하고 재구성하여 활용하느냐에 따라 적합성이 결정되는 것이다. 따라서 원추에 없는 자료나 학습 경험이더라도, 어떠한 교육에는 더욱 유용하고 효율적일 수 있다.
- **수업에 꼭 맞는 한 가지의 교수매체만 활용해야 하는 것은 아니다**
  - 교육 주제, 학습목표에 따라 다양한 교수매체나 학습 경험이 필요할 수 있다. 따라서 꼭 한 가지만 활용할 것이 아니라, 필요한 경우 다양한 자료들을 재구성하여 사용할 수 있다. 다만 지나친 자료의 제공은 학습의 효율을 떨어뜨릴 수 있다는 점에 유의하여야 한다.

사실 교수·학습 자료에 대한 일정한 틀이나 고정된 정답은 없다. 교육자가 어떻게 선정하고 어떻게 구성하며 어떻게 활용하는지에 따라 양질의 학습 경험이 될 수도 있고, 아닐 수도 있다. 따라서 교육 주제와 목표, 학습자의 요구사항, 교육 환경 등 여러 제반사항에 맞추어 교수·학습 자료를 선정하고 재구성하여 활용하는 것이 교육자로서의 전문성이라 할 수 있겠다.

소방안전교육사 선생님은 "화재의 위험성을 이해하고, 이를 예방할 수 있는 지식, 기능, 태도를 함양할 수 있다"로 수업목표를 세웠다. 이 목표를 달성하기 위해 데일의 '경험 원추 이론'에 입각하여 교육매체와 활용방법을 고려하였다.

Q1. 데일의 '경험 원추 이론'의 정의와 특징을 서술하시오.

Q2. '경험 원추 이론'을 바탕으로 한 교육매체와 활용방법의 예시를 3가지 들고, 근거를 설명하시오.

답안을 작성해보세요.

예시답안은 본 책의 부록에 있습니다.

(3) 올슨(Olsen)의 효율적 학습 방법 이론

올슨은 진정한 교육이란 학교 교육을 통해 민주시민을 길러내는 것이라 하였다. 여기서 민주시민은 보다 나은 공동체를 만들어가는 활동에 적극적으로 참여해야 한다고 하였다. 하지만 당시 교육이 현실과 분리되어 언어로 추상적인 교육만 하는 장소로 변질되었으며, 지역 공동체로부터 자꾸만 멀어져간다고 생각하였다.

올슨은 이러한 문제를 해결하기 위해 학교와 공동체의 현실적 삶을 연결하는 교육이 필요하다고 하였다. 그리하여 학교 교육을 지역사회 공동체와 연계하여 운영할 수 있는 방안을 10가지 제시하였는데, 그 방법이 아래에서 제시하는 다양한 교수·학습 자료이자 학습 경험들이 해당한다. 호반의 이론과 비슷하게 올슨도 현실의 실재 사실성과 일치 정도에 따라 구체성과 추상성을 기준으로 분류하였고, 구체성이 높을수록 직접적 경험으로, 추상성이 높을수록 대리적 경험으로 분류하였다.

이러한 방법을 활용하면 학교 교육은 지역사회와 연계되고, 실제적 삶 중심의 공동체 학교 교육이 실현되는 것이다. 교육은 현실과 실재에서 분리되면 안 되며, 추상적이고 피상적인 지식보다 구체적이고 현실적인 지식을 가르쳐야 한다고 하였다. 또한 구체적인 경험을 기반으로 추상적인 경험으로 학습이 이루어져야 한다고 하였다.

올슨의 이론이 다른 이론에 비해 가지는 차별점은 교육의 본질을 위해 학교와 지역사회 공동체를 연결시켰다는 점, 교수·학습 자료 및 활동에 지역사화를 연계시켜 구체화, 추상화시켰다는 점이다.

	종 류	방 법	내 용
구체적 ↑ ⵙ ↓ 추상적	직접 학습	지역사회 경험	• 직접 지역 사회에서 겪은 경험을 교수매체로 활용하는 단계 (학습이 삶 속 경험을 통해 시작됨) • 자원 인사 만나기/면담/견학/조사/현장 실습/학교 캠핑
		표현적 활동	• 직접 다양한 방법으로 표현하는 활동을 교수매체로 활용하는 단계 • 그림 그리기/모형 만들기/벽화 그리기/연극/조립/수집/게시판 꾸미기
	대리 학습	시청각 자료	• 실제 상황이나 실물이 아닌, 간접적인 시청각 자료를 교수매체로 활용하는 단계 • 지도/표/그래프/표본/모형/라디오/텔레비전
		언 어	• 최종적으로 언어를 통한 다양한 활동을 교수매체로 활용하는 단계 • 책/잡지/신문/강의/토의/토론/편지/수필/보고서

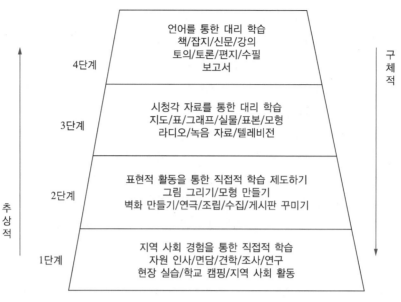

(출처 : 국민안전 표준실무)

(4) 브루너(Bruner)의 발견학습 이론

　　브루너는 피아제의 인지발달 이론과 관련하여 교수매체를 제공하여야 한다고 주장했다. 피아제의 인지발달 이론에 대하여 간단하게 설명하자면 어린아이는 성장하는 과정에서 단계별 특성을 보인다는 것이다. 피아제에 따르면 유아들에게는 직접 구체적인 물체를 주고 만지게 하는 활동이 교육에 적합하고, 점차 어린이, 청소년이 되어가면서는 심층적으로 생각하고 비판하며, 추상적인 언어로 표현하는 방식으로 교육이 이루어져야 한다. 사실 이 피아제의 인지발달 이론을 교수매체에 적용해보면 앞서 반복적으로 언급한 공통점들과 비슷한 것이다.

　　브루너의 이론에 따르면 어린이의 발달단계에 따라 교수매체를 3단계로 제시하여야 한다. 교수매체를 어떠한 양식으로 보여줄 것인지에 따라 행동적 표상, 영상적 표상, 상징적 표상으로 구분 지었다. 이는 데일의 경험 원추 이론에서 학습 경험을 행동적 경험, 시청각적 경험, 상징적 경험의 단계로 나눈 것과 유사하다. 결국 브루너도 교수매체 및 학습 경험을 행동으로 보여주는 구체적인 경험으로 시작하여 이후 사진, 그림과 같은 영상자료를 보여주고, 최종적으로는 언어나 기호, 말로 배운 내용을 표현하는 상징적인 방법의 단계로 교육이 이루어져야 한다고 하였다.

종 류	내 용
행동적 표상	• 0~1세 정도의 유아들에게 나타나는 경험 양식 • 적절한 행동이나 동작의 형태로 운동 양식이 학습되고 기억되는 것 • 몸과 행동으로 직접 경험해보는 것이 학습
영상적 표상	• 2~6세 정도의 아동들에게 나타나는 경험 양식 • 이미지에 기반한 시각 자료나 영상 자료를 보고 느끼며 상황을 파악하는 것 • 어떠한 개념에 대해 간이 모형을 만들거나 그림을 그려보는 활동 통해 학습 (실제로는 불가능한 수업도 가능하게 되어 공간적, 시간적인 한계를 극복 가능)
상징적 표상	• 7세 이상의 아동 수준에서 나타나는 경험 양식 • 언어나 기호와 같은 상징적 요소를 통해 자신의 생각을 표현 • 행동, 이미지, 단어나 기호를 통합적으로 이해하고 수준 높은 학습, 평가, 판단, 비판적 사고 등도 가능

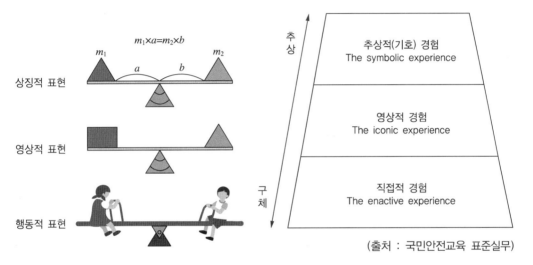

(출처 : 국민안전교육 표준실무)

위의 예시와 같이 행동적 표현에서 영상적 표현으로, 그리고 상징적 표현의 단계 순서로 교수매체 및 활동이 전개되어야 한다. 모든 학습자들은 유아부터 청소년기까지 일정한 발달단계가 있고 단계별 적합한 교육방법이 존재한다. 그 발달단계와 특성을 무시하고 교수매체를 제공하게 되면 학습자는 개념을 습득할 수 없다. 또한 청소년과 성인을 대상으로 익숙하지 않는 주제에 대하여 교육을 실시할 때도 같은 방식으로 지도할 필요가 있다.

브루너는 교육 과정을 체계적으로 구안하여 실행하면서 교육자가 적절한 지도와 피드백으로 성장의 발판(비계)을 제공한다면, 학습자는 익숙하지 않은 과제에 대해서도 보다 높은 수준으로 발전할 수 있다고 주장하였다. 본 책에서는 교수·학습 자료를 중심으로 서술하여 3단계 표상에 초점이 맞추어져있지만 브루너는 교육 과정 및 학습에 다양한 이론을 제시한 중대한 인물이다. 따라서 각 이론들이 연관성을 지니고 있기 때문에 관련된 이론들을 아래에서 확인하고 인지해두는 것을 추천한다.

1. 비계(Scaffolding, 飛階)

브루너는 비계에 대한 중요성을 교육에 최초로 도입하였다고 한다. 여기서 비계란 쉽게 말해 하나의 발판, 한자 그대로 날아오르기 위한 계단으로 설명할 수 있다. 학습자가 학습에 어려움을 겪고 있을 때 교사가 제공할 수 있는 교수·학습 자료 또는 피드백은 비계가 된다. 비계를 제공 받은 학생은 교사의 비계를 발판으로 삼아, 혼자서는 도달하기 힘들었던 학습 수준에 도달하게 된다. 결국 비계는 학습자들이 스스로 학습 수준을 발전시켜 나갈 수 있는 원동력인 것이다.

비계와 관련지어서는 다른 학자인 '비고츠키'의 근접발달영역(ZPD)이 가장 대표적이다. 학습자의 발달수준을 나누어 생각해 보면 학습자의 학습된 영역(현재 수준)이 있고, 혼자서는 도달할 수 없지만 교육자의 도움을 받으면 도달할 수 있는 수준인 잠재적 발달 영역이 존재한다. 여기서 학습된 영역과 잠재적 발달 영역 사이의 공간이 근접 발달 영역에 해당한다. 결국 학습된 영역에서 잠재적 발달 영역까지 나아가기 위해 필요한 교사의 도움이 비계(스캐폴딩)인 것이다. 근접 발달 영역은 학습자 개인마다 차이가 있으며, 적합한 비계 제공 방식에도 차이가 있다. 따라서 교육자는 학습자의 현재 수준과 학습 목표를 잘 판단하고, 교수·학습 자료와 관련된 여러 이론들을 바탕으로 급간 차이를 줄여줄 수 있는 적절한 비계를 제공할 줄 알아야 한다.

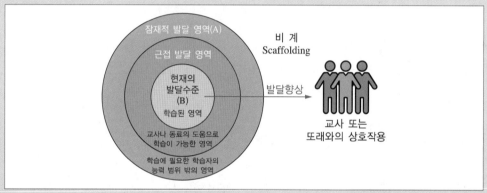

2. 발견학습

발견학습에 대하여 논의되기 이전, 경험 중심 교육 과정은 아이들이 흥미와 관심을 가지고 경험하는 활동 자체에만 초점을 두어 지적 발달을 등한시하였다는 비판을 받았다. 따라서 이러한 문제점을 극복하기 위해 '지식의 구조'를 중심으로 한 구조 중심 교육 과정이 탄생하였다.

브루너는 인간이 정보를 이해하고 통찰하는 '앎의 과정'에 대하여 생각하였고, 학습 과정은 '이미 가지고 있는 정신세계와 새로운 경험들을 통합하여 결정을 내리는 과정'이라고 정의하였다. 즉, 발견학습은 학습자 스스로 발견을 통해 지식을 습득하는 과정이며, 교육자는 학생 스스로 탐색하고 조작할 수 있는, 발견할 수 있는 다양한 경험과 교수·학습 자료를 제공해야 하는 것이 임무이다.

CHAPTER 06 안전교육의 평가

01 평가의 본질

1 평가의 정의

교사들이 수업을 구상할 때 가장 먼저 떠올리고 가장 중요시 여기는 것은 무엇일까? 수업모형도 아니고 활동 내용도 아니다. 바로 수업 목표와 평가이다. 어떠한 교육활동을 계획할 때에는 항상 수업 목표를 설정한다. 그리고 바로 활동을 구상하는 것이 아니라 활동은 건너뛰고 평가 계획을 먼저 수립한다. 그만큼 평가는 수업을 계획하고 실시하고 정리하는 데 있어서 중요한 부분이다.

평가(Evaluation)란 어떠한 일에 대해 제대로 수행되고 있는지, 결과는 목적에 부합하는지, 뜻하는 바를 성취하였는지를 점검해보는 활동이다. 평가의 결과를 통해 잘된 점은 더욱 강화하고, 부족하거나 문제가 되었던 점은 수정·보완하여 보다 나은 결과를 이끌어내도록 하는 일련의 과정인 것이다. 이러한 평가는 교육에서 더욱 강조되고 필수적인 부분으로 자리 잡고 있다.

평가는 학습자의 현재 발달 상태와 수업 목표의 도달 정도, 학습 과정을 정확히 파악하여, 앞으로 나아갈 발달에 대해 더 긍정적인 방향으로 이끌어나가기 위함이다. 평가는 교수·학습활동의 전, 중, 후 전반적으로 실행되어야 하며 지식과 기능뿐만 아니라 태도까지 범주를 종합적으로 다루어야 한다. 또한 평가는 객관적인 입장에서 실시되어야 하고 평가 결과는 이후 학습자의 지도자료, 상담자료, 교육 과정 개선을 위한 참고자료로 활용될 수 있다.

신규 소방안전교육사들이 안전교육에서 자주 실수하는 부분이 바로 평가에 대한 부분이다. 평가를 교육 프로그램에 반드시 반영하여야 하는데, 겉으로 잘 드러나지 않거나 단편적인 수업시간으로 인해 생략하는 경우가 많다. 실시하더라도 대부분 수업 후반에 퀴즈로 정리하고 교육을 마무리하는데, 평가는 수업 정리단계에서만 활용하는 것이 아닌 수업 전, 중, 후 그리고 교육 프로그램 이후에 별도로 실시할 수도 있다.

안전교육 시간에 소화기 사용법을 가르쳤다면 정보를 전달하고 끝나는 것이 아닌, '소화기를 제대로 관리할 줄 아는가?', '소화기를 제대로 분사할 수 있는가?'를 평가하여야 한다. 만약 여건이 어렵다면 '소화기 분사 방법을 구체적으로 설명할 수 있는가?'와 같이 평가 목적은 같지만 방법을 달리 하여서라도 반드시 평가를 실시하여야 한다. 그리고 부족한 부분은 다음 수업에 반영하여 추가지도를 실시함으로써 학습자들이 안전한 생활을 영위할 수 있도록 교육한다.

2 평가의 목적

평가가 없는 교육이란 건물을 건축하면서 지붕을 빠뜨리는 것과 같다. 그만큼 평가는 필수적이고 유의미한 활동이다. 평가의 의미를 알기 위해서는 '왜 평가를 실시하는가?'라는 의문을 가져보자. 이 질문에 답을 생각해보면 평가의 목적까지 연결시켜 이해할 수 있다. 평가의 의미에 대해 좁은 의미와 넓은 의미로 구분지어 알아보자.

좁은 의미의 평가란 교수·학습 과정을 통해 학습자가 학습 목표에 얼마나 도달하였는지, 얼마나 성취하였는지를 판단하는 기준이 되는 것이다. 안전교육에 비추어 생각해보면 지진 대피 교육을 통해 얼마나 지진에 대한 지적 이해와 대피 기능을 습득하였고, 안전한 생활 태도를 갖추게 되었는지 정도를 측정하고 점검해보는 것이다.

하지만 단순히 학습 수준을 확인해보는 방식의 평가만으로는 교육의 본질을 실현시키기 어렵다. 좁은 의미의 평가에서 부족한 부분을 보충하기 위해서는 넓은 의미에서 평가에 접근하여야 한다. 넓은 의미의 평가란 학습 목표에 도달한 성취도를 확인함은 물론이고, 더 나아가 학습자들의 안전 지식, 기능, 태도에서 부족했던 부분을 진단하고 보충하여 능력을 더욱 신장시키는 것이다. 또한 학습자뿐만 아니라 교육자까지 범주를 넓혀 안전교육을 위한 학습 방법, 지도, 자료의 개선까지 꾀하는 것이 넓은 의미의 안전교육이다.

안전교육을 수행함에 있어 단순히 안전 지식, 기능, 태도를 성취하였는지 여부를 판단하는 좁은 의미의 평가에서 벗어나 학습자들이 실질적인 안전 역량을 함양하고 안전한 삶의 태도를 가질 수 있게 도울 필요성이 있다. 교육 주제와 방법에 맞는 다양한 평가법을 활용하여 실질적이고 효과적인 안전교육 프로그램을 구성하는 것 또한 소방안전교육사의 전문성이라 하겠다.

3 평가관

평가를 실시하는 목적으로 두 가지 관점을 들 수 있다. 우선 첫 번째로 '판정과 분류로서의 평가관'과 두 번째로 '개선과 성장으로서의 평가관'으로 나눌 수 있다. 두 가지 관점은 평가의 본질과 목적을 다르게 생각하는데 어떠한 것이 정답이고 오답인지는 정해지지 않았다. 특징을 바탕으로 필요에 따라 선별적으로 활용하는 자세가 필요하다.

첫 번째, 판정과 분류로서의 평가관의 관점에서는 말 그대로 학습자를 판정하고 분류하기 위해 평가를 활용한다는 입장이다. 평가를 진행하고, 그 결과를 통해 학습목표 도달에 성공하였는지 실패하였는지를 구분한다. 학습자들은 성공집단과 실패집단으로 나뉘게 되고 그 이후 후속 교육 활동이 따르게 된다. 우리가 일상생활에서 말하는 Pass/Fail과도 같은 개념이며, 일정한 기준에 따라 성공과 실패가 나뉘기 때문에 결과를 중시하게 된다.

두 번째, 개선과 성장으로서의 평가관의 관점에서는 학습 능력과 자질을 교육시키고 개선하며, 발전시켜 나가는 것이 평가의 목적이다. 이 또한 평가이기 때문에 학습자들의 학습목표 달성 성공과 실패 여부를 따지게 된다. 하지만 학습 결과에서 더 나아가 학습의 '과정'도 함께 살펴 학습자들의 진보와 성장의 결과를 추구하는 데에 차이가 있다.

두 가지 관점을 비교하여 살펴보면 당연히 후자의 관점에서 평가를 바라보아야 한다고 생각할 것이다. 하지만 상황에 따라 전자의 관점도 필요한 것이다. 예를 들어 신규 소방관을 선발하는데 소방학교에서 관련 지식과 능력을 가르치고, 이후 평가를 치르게 된다. 평가 결과에 따라 소방관이 될 수 있는지, 탈락하여 추가교육을 받아야 하는지 여부를 가리게 되는데 이러한 경우는 전자에 해당되지만 소방관 자격에 대해서는 반드시 거쳐야 하는 평가인 것이다. 이처럼 평가의 목적에 따라 다른 관점이 적용될 수 있다. 교육자에게는 평가의 정의와 특성, 목적을 잘 분석하여 적절한 평가를 활용하는 능력이 요구된다.

02 평가의 유형과 조건

1 평가의 유형

평가에 대해서는 다양한 관점과 방법론들이 존재한다. 따라서 일반적으로 평가에 대해서는 상대평가, 절대평가, 그리고 진단평가, 형성평가, 총괄평가가 주로 논의된다. 따라서 이번 장에서는 이 5가지 평가의 유형과 특성에 대하여 알아보고자 한다.

(1) 상대평가 `2020년 기출`

상대평가(Relative Evaluation)는 규준 지향 평가라고도 부르며, 학습자의 학업 성취 정도를 속해 있는 집단의 기준에 비추어 평가하는 방식이다. 상대평가는 자신이 얼마나 학습목표에 도달했고, 어느 정도 성취했는지는 관계가 없고, 자신이 속한 집단 안에서의 서열이 중요하다. 따라서 집단의 수준에 따라 상대적 서열이 바뀌게 되므로 평가 결과 또한 바뀌게 된다는 특성이 있다. 다시 말해 평가결과는 학습자가 '무엇을 얼마나 잘 하느냐?'를 알려주는 것이 아닌, '다른 학습자들과 비교하여 어느 위치에 있느냐?'를 알려주게 된다.

상대평가의 장점으로는 학습자의 개인차를 변별하는 데 도움이 된다는 점이다. 따라서 학습자들 사이의 학업 순위, 우열 등을 가리거나 소수 인원을 선발해야 하는 경우에는 적합하게 활용할 수 있다. 또한 집단 내에서 상대적으로 평가하는 방식이기 때문에 평가자 주관에 의한 편견이 가지는 영향력을 줄일 수 있다는 장점도 있다.

상대평가는 이와 반대로 단점도 가지고 있다. 집단 내에서 서열을 가리기 때문에 타인의 실패가 자신의 이익이 되는 등 학습자 사이에 과도한 경쟁의식을 부추길 수 있다. 따라서 상대평가를 무조건적으로 활용하기 보다는 교육목적을 살피고, 가능한 절대평가 방식을 취하여 안전교육의 목적에 도달하는 데 초점을 두어야 한다.

(2) 절대평가 `2020년 기출`

절대평가(Absolute Evaluation)는 절대 기준 평가, 목표 지향 평가, 준거 지향 평가라고도 불린다. 그만큼 어떠한 기준이나 목표를 중시하며, 그 목표를 도달하였는지의 여부가 평가의 중요한 판단 기준이 된다. 절대평가에서는 학습자가 목표 성취를 위해 노력하는 능동적이고 자기 주도적인 존재라고 보며, 분명한 교육목표와 기준을 설정하여 최대한 많은 학습자들이 목표에 도달할 수 있도록 교육하는 과정이 필요하다고 하였다.

절대평가에서는 학습자의 내적 동기 유발을 강조하고 있으며, 모든 학습자들의 개인차를 줄이는 것이 목적이다. 따라서 학습자가 모두 함께 목표에 도달하기를 바라며, 부족한 부분을 계속하여 고쳐나가는 자세를 추구한다. 따라서 절대평가는 경쟁을 초월하여 협동학습이 가능하다는 장점을 가지고 있다. 또한 목표지향적인 평가를 지향하기 때문에 학습자가 목표에 달성하였을 때보다 큰 성취감과 만족감을 느낄 수 있게 된다.

절대평가는 학습자가 학습목표와 관련하여 얼마나 달성해냈는지가 중점이기 때문에, 성공/실패로 나누는 것은 지양한다. 평가 자체를 안전교육과 유기적긴 관계를 맺도록 노력하며, 그 자체를 교육 변수로 여긴다. 따라서 절대평가가 진정한 평가의 본질과 교육적 효과 모두 달성하기 위해서는 평가의 목표와 기준 등이 적절하게 설정되어야 하고, 수업 과정이 절대평가의 의의와 본질에 부합하도록 운영되어야 한다.

평가를 학습자의 관점에서만 활용하는 것이 아니라, 더 나아가 교육자에게도 비추어 볼 수 있다. 절대평가는 학습목표 도달 여부를 판단하기 때문에 학습자가 성취한 부분과 실패한 부분을 즉각적으로 알 수 있다. 여기서 산출된 결과는 학습자의 평가 자료임과 동시에 교육자의 피드백 자료가 되기도 한다. 교육자들은 평가 결과를 통해 자신의 수업방법과 과정을 반성하며, 앞으로 나아가야 할 개선 방향에 대해 고민하여 질적 향상을 지향하게 된다.

(3) 진단평가

진단평가(Diagnostic Evaluation)는 수업 전 또는 도입 단계에서 학습자의 기초 상태를 측정하는 평가이다. 진단평가의 목적은 학습자의 현 상태와 도달하고자 하는 목표 사이의 간격을 파악하고, 이를 통해 알맞은 교육목표를 설정하고 알맞은 수준에서 교육활동을 실시하기 위함이다. 진단평가에서 확인하여야 할 요소는 학습자들의 상태, 특성, 배경, 선수 학습 정도, 적성, 준비도, 흥미, 동기 상태 등이다.

진단평가의 방법으로는 학습자의 환경 요소를 분석하고, 수업 이전에 간단한 설문조사를 실시하거나 간단한 문제를 제시하여 정답률을 확인해보는 것이다. 안전교육을 실시하기 전에 가르치고자 하는 안전 개념과 관련하여 OX퀴즈를 진행하거나 몇 가지 핵심 단어를 제시하고 설명할 수 있는지 묻거나 관련 사고를 당한 학습자가 있는지 물어 이야기를 들어보는 활동 등이 진단평가에 해당된다.

(4) 형성평가

형성평가(Formative Evaluation)는 수업 중 또는 전개 단계에서 교수·학습 활동이 수업 목표를 향해 계획대로 진행되고 있는가를 중간 중간 확인하는 과정이다. 여기서 말하는 교수·학습 활동은 1차시의 짧은 수업 중간이 될 수도 있고, 1단원 또는 1학기, 1년 등의 장기 수업에 대한 중간 평가가 될 수도 있다. 이러한 교육이 운영되는 과정에서 평가를 실시하고, 오류를 발견하게 되면 피드백을 즉각적으로 제공하게 된다. 따라서 형성평가의 장점은 학습자의 학습 과정을 수시로 점검하고, 빠르게 피드백을 제공할 수 있으며, 교육자의 진행 속에서 교수 방법을 개선해나갈 수 있다는 점이다.

교육자는 형성평가 결과를 분석하여 교육활동이 올바른 방향으로 진행되고 있는지 파악하고, 잘못된 부분이 있다면 즉시 수정하여 수업을 진행하여야 한다. 다만, 피드백을 제공할 때 '참 잘했어요'와 같은 평가적 피드백을 제공하기보다, '무엇을 해내다니 대단해요. 혹시 고칠 점은 없을까요? 어떻게 발전시켜나가면 좋을까요? 어떠한 부분은 어떻게 개선해나가면 더 좋을 것 같아요'와 같은 과정 중심의 설명적 피드백을 제공할 필요가 있다.

형성평가의 예시로는 심폐소생술 수업 중간에 학습자 또는 교육자가 체크리스트 표를 바탕으로 활동이 제대로 이루어지는지 점검하고 평가하는 활동 등이 해당된다. 또는 재난 대피 방법, 응급상황 대처 방법에 대하여 짝, 모둠에서 토의하는 과정을 살펴보고 관찰평가, 구술형 평가를 실시할 수도 있다.

(5) 총괄평가

총괄평가(Summative Evaluation)는 정리 단계 또는 1차시의 수업이나 단원, 학기, 연도 끝에 종합적으로 성장과 변화 정도를 평가하는 것이다. 총괄평가를 통해 초기 계획했던 대로 학습자가 수업 목표에 도달하였는지 도달 정도를 점검하고 미도달한 경우 다음 교육활동 때 이를 고려하여 수업을 계획하여야 한다. 교육자는 총괄평가 시 학습자의 문제점을 발견하고 해결책을 제시하여야 하며, 긍정적인 방향으로 평가를 이끌어나가야 한다.

총괄평가의 예로는 한 차시, 한 단원, 한 학기, 1년 등 계획하였던 교육 프로그램이 마무리된 후 실시하는 학업성취도평가, 기말고사 등이 해당되며 안전교육의 예로는 응급처치법 실기평가, 소방안전교육 후 1차시 내용정리 퀴즈, 단원 종합평가 등이 해당될 수 있다. 총괄평가는 목표 달성 정도를 측정하는 절대평가의 성격도 지니면서 경우에 따라 학습자의 성취 수준, 상호 우열을 확인하는 상대평가의 성격을 지니기도 한다.

종 류	설 명
진단평가	• 교육 실시 전 학습자의 발달 정도, 학습준비 상태, 능력 등을 평가 • 학습자에게 알맞은 교육목표를 설정하고 수준에 일맞은 교육활동을 실시하기 위힘 • 수업의 도입 부분에 주로 실시 • 방법 : 설문조사, OX퀴즈, 경험 묻기, 질문하기 등
형성평가	• 교수·학습활동 중간 중간 수업의 방향성을 확인하는 평가 • 활동 중 평가를 통해 잘못된 부분이 확인되면 수업의 계획을 수정하여 실시하여야 함 • 수업의 전개 부분에 주로 실시 • 방법 : 체크리스트, 관찰평가, 문답법 등
총괄평가	• 수업, 단원, 학기, 연도 말에 종합적으로 성장과 변화 정도를 평가 • 수업목표에 도달하였는지를 점검하며 미도달 시 다음 교육활동 때 이를 고려하여 수업을 계획하여야 함 • 수업의 정리 부분에 주로 실시 • 방법 : 실기평가, 종합평가, 기말고사, 내용정리 퀴즈 등

평가는 교수·학습 운영 및 교수지도계획서(교안) 작성에 있어서 필수적이다. 필수적인 만큼 소방안전교육사 2차 시험에도 이미 출제가 된 부분이기도 하다. 본 교재의 교수·학습 설계 파트에서 다시 한 번 언급하겠지만 수업은 도입 – 전개 – 정리의 단계로 이루어진다. 이러한 단계 안에서 진단평가는 도입, 형성평가는 전개, 총괄평가는 정리 단계에 각각 적용될 수 있다. 따라서 2018년 기출문제와 같이 교수지도계획서의 단계를 묻거나 실제로 수업안을 작성하라는 문제가 출제되었을 때 평가 항목을 반영하여야 한다. 아래 내용을 참고하여 평가 방법과 교사 발문, 지도상 유의사항을 자신의 것으로 만들고 하나씩 선택하여 실제 논술형 답안에 기입하자!

진단평가 예시 – 수업 도입 단계
• 문답법 : (지진/진원/규모) 단어를 들어본 적이 있나요?
• OX퀴즈 : 지진이 일어났을 때 머리와 몸 중 어느 부분을 먼저 숨겨야 할까요?
• 교안 도입 단계 지도 유의사항 칸에 '학습자의 사전 지식을 분석하여 교수·학습활동의 수준을 재조정한다'라는 만능 멘트 넣어주기

형성평가 예시 – 수업 전개 단계
• 체크리스트 : 지진 대피 요령을 말로 설명해보게 한다.
　　　　　　　동시에 (스스로/동료)가 설명을 듣고 내용이 맞는지 체크하도록 한다.
• 관찰평가 : 교육자는 학습자들이 설명하는 모습을 관찰하여 수행 정도를 평가한다.
• 교안 전개 단계 지도 유의사항 칸에 '수업 중 형성평가를 진행하여 학습의 방향과 활동 과정을 점검한다'라는 만능 멘트 넣어주기

총괄평가 예시 – 수업 정리 단계
• 실기평가 : 학습한 지진 대처 요령을 직접 행동으로 실연해보고 수행 정도를 평가한다.
• 종합평가 : 지진에 대한 지식, 대피 기능, 안전한 생활을 지키려는 태도를 종합적으로 평가한다.
• 내용정리 퀴즈 : 지진에 관련한 내용을 초성퀴즈, OX퀴즈, 골든벨 퀴즈 등으로 확인한다.
• 교안 정리 단계 지도 유의사항 칸에 '총괄평가를 통해 수업목표 도달 정도를 확인하고 부족한 부분은 추가적으로 지도한다' 또는 '총괄평가 결과 수업목표에 미도달한 경우 부족한 부분은 다음 차시에 반영하여 연계 지도한다'라는 만능멘트 넣어주기

2 바람직한 평가의 조건

평가를 통해 어떠한 결과를 도출할 때, 평가 대상자들은 '이 평가가 과연 얼마나 정확할까?'라는 의문을 갖게 된다. 이 의문을 해결하기 위해서 각각의 평가들은 모든 평가자들에게 인정받을 만한 일정한 수준 또는 기준이 필요하게 된다. 따라서 어떠한 평가가 얼마나 바람직한지에 대하여 검증하기 위해 일반적으로 타당도, 신뢰도, 객관도 세 가지 기준을 논한다. 바람직한 안전교육을 위해서도 세 가지 기준에 부합한 평가 체계를 마련할 줄 알아야 한다.

(1) 타당도 2022년 기출

타당도(Validity)란 평가를 통해 측정하고자 하는 것을 얼마나 충실하게 측정하고 있는지에 대한 정도를 뜻한다. 다시 말해 '무엇을 얼마나 제대로 평가하고 있는가?'에 대한 답이다. 예를 들어보면 이해하기가 쉬운데, 안전교육에서 심폐소생술을 가르쳤다면 심폐소생술에 대한 지식, 기능, 태도를 얼마나 잘 갖추게 되었는지 측정해야 할 것이다. 하지만 만약 평가가 심폐소생술에서 벗어나 붕대감기, 부목 고정하기, 화상 처치하기 등과 같은 다른 요소를 평가하고 있다면 이는 타당도를 갖추지 못한 것이다. 따라서 타당도를 갖추기 위해서는 교육을 통해 가르치고자 했던 개념을 충실히 측정하는 평가가 되어야 하는 것이다.

타당도에 대해 조금 더 세부적으로 살펴보면, 내용타당도, 예언타당도, 공인타당도, 구인타당도로 나눌 수 있다. 타당도에 대해 여러 방식으로 접근하여 분석하는 방식으로, 필요에 따라 적합한 타당도 검증방식을 취하여야 한다.

종 류	설 명
내용타당도	• 측정하려는 개념에 대해 얼마나 내용을 타당하게 평가하고 있는지 평가하는 것 • 검사내용의 전문가가 전문지식을 활용하여 주관적으로 타당성을 검증하므로 사람마다 결과가 다르게 나올 수 있다. • 주로 이원목적분류표를 활용해 측정하며, 교육목표에 얼마나 부합한지, 내용을 잘 포함시켰는지, 학습자의 수준에 맞는 난이도인지 등에 대하여 분석한다.
예언타당도	• 현재의 평가가 미래의 행동 특성을 얼마나 잘 예언할 수 있느냐를 평가하는 것 • 입시, 선발, 채용과 같은 시험에 필요한 타당도 • 평가가 실시되는 시점에서는 결과를 확인할 수 없으며, 해당 시점이 되어서야 예언타당도에 대한 결과를 얻을 수 있다. (고3 학생들이 수능을 통해 평가받는 능력은 대학에 가서 얼마나 잘 학습할 수 있을지 능력을 예측하여 평가하기 위한 것과 같다. 하지만 수능성적 여부와 대학 학업 능력의 상관관계는 대학생이 되어서야 결과를 판단할 수 있다)
공인타당도	• 평가를 통해 측정하려는 점수가 기존에 활용되고 있는 검사 체계와 부합한지를 평가하는 것 (이 평가가 기존의 공인된 평가와 얼마나 닮아있는지를 비교하여 타당도를 파악하는 것) • 예언타당도는 미래의 능력을 평가하지만, 공인타당도는 현재 다른 검사와의 상관관계를 나타낸다. • 내용타당도가 전문가의 주관적인 정보라면 공인타당도는 계량화를 통해 객관적인 정보를 제공한다.
구인타당도	• 조작된 정의가 측정하고자 하는 특성과 얼마나 유의미한 관계가 있으며 타당한지를 평가하는 것 • '검사가 의도하고 있는 것을 타당하게 측정하고 있는가?'에 대한 것 • 주로 창의력, 태도 등과 같은 심리적이고 정의적 요소들을 측정하는 데 활용 • 요소들 사이에 상호관련성이 있는지 분석하거나, 집단 간 비교를 통해 측정 (예를 들어 창의력은 민감성, 이해성, 도전성, 개방성, 자발성, 자신감으로 구성되어 있다면 창의력 평가도구가 이 요소들을 제대로 측정하고 있는지를 밝히는 것)

(2) 신뢰도 `2022년 기출`

신뢰도(Reliability)는 평가 도구가 얼마나 믿을 만한 것인지에 대한 내용으로, 믿음성, 안정성, 일관성, 정확성의 의미로 생각하면 이해가 쉽다. 대상을 얼마나 정확하게 안정되게, 일관되게 평가하는지를 평가하는 것으로, 평가를 같은 조건에서 여러 차례 실시하였을 때 점수가 일정한 범위 내에서 일치하여야 한다.

여러 번의 평가에서 측정오차를 가질 수 있지만, 많은 결과들이 일정한 범위 내에서 일치한다면 이는 신뢰도를 확보하였다고 할 수 있다. 예를 들어서 같은 수준으로 검증받은 학습자들이 해당 평가를 실시하였는데, 각각의 점수 차이가 너무 크거나, 같은 사람이 여러 번 응시하였는데 매회 점수 차이가 큰 경우 신뢰도를 확보하지 못한 것이다.

안전교육에서도 안전의 여러 분야와 다양한 지식, 기능, 태도를 평가하기 위해서는 평가의 신뢰도를 반드시 확보하여야 한다. 신뢰도를 확보하기 위해서는 평가의 문항수를 늘리거나, 선택 답지의 수를 늘리는 방법이 있다. 평가 문항이나 선택지가 많아질수록 학습자들은 해당 내용에 대하여 얼마나 정확하게 알고 있는지 평가가 가능해지기 때문이다. 또는 변별력이 높은 문제를 같이 제시하거나 시험 시간을 난이도에 맞추어 충분하게 제공하는 것도 신뢰도를 높이는 방안이 될 수 있다.

(3) 객관도

　객관도(Objectivity)는 평가를 채점하는 사람이 얼마나 일관성 있게 평가를 실시하는지에 대한 것이다. 채점자의 신뢰도라고도 하며, 채점자에 따라, 또는 시간의 흐름에 따라 평가 결과가 얼마나 일치하는지를 뜻한다. 예를 들어 학습자가 지진 대피 매뉴얼을 만들어서 제출하였고, 이를 평가하려고 하는데 여러 명의 교육자가 채점기준에 의거하여 채점한 결과 평가 결과가 제각각이었다면 이는 객관도를 확보하지 못한 것이다.

　객관도를 확인하기 위해서는 한 사람의 평가자가 시간 간격을 두고 여러 번 평가해보는 방법이 있다. 이 방법은 '평가자 내 객관도'라고 할 수 있으며, 한 명의 평가자가 얼마나 일관성 있게 평가할 수 있는지를 측정하게 된다. 또는 여러 사람이 같은 시험을 채점하여 결과의 일치도를 확인해보는 방법이 있다. 이 방법은 '평가자 간 객관도'라고 할 수 있으며 여러 명의 평가자가 주관성을 배제하고 일관성 있게 평가할 수 있는지를 확인할 수 있다.

　평가의 객관도를 확보하기 위한 방법으로는 우선 명확한 평가기준이 설정되어야 한다. 평가자는 평가기준에 따라 채점을 하게 되는데, 시간이나 장소, 여러 환경 요소에 영향을 받을 수 있기 때문에 어느 누가 보더라도 일정한 채점을 할 수 있는 세부적인 평가기준이 수립되어야 한다. 다른 방법으로는 주관식 검사를 지양하고, 객관식의 평가를 실시하거나 여러 명의 평가자가 공동 채점한 후 결과를 종합하여 다시 평가하는 방식이 있다.

> **◆ Tip**　평가에 있어서 타당도, 신뢰도, 객관도는 무엇보다도 중요하다. 선생님이 되기 위한 임용고시에서도 평가의 세 가지 조건을 어떻게 확보할 것인지에 대하여 방안을 묻기도 한다. 따라서 세 가지 개념을 확실하게 이해하고 암기해두도록 하자.
> 2016년도 국민안전교육 표준실무에는 안전교육 평가에 대한 내용이 없었으나, 2020년도에 내용이 추가되었으며, 그 이후 평가에 대해 묻는 문제가 출제되고 있다. 그만큼 중요성을 갖고 있는 부분이니, 아직 출제되지 않은 부분에 대해서는 더욱 각별하게 공부할 필요가 있다.
> CHAPTER 06은 '평가'에 대한 내용이므로 여러 기준들과 다양한 평가 방법들에 대하여 학습할 것이다. 예비 소방안전교육사 여러분은 평가 방법을 공부하면서 자신이 실제로 안전 교수·학습 프로그램을 구성할 때 어떠한 것을 선택하여 적용할지 골라보도록 하자. 그리고 수업 과정의 전, 중, 후에 어떠한 평가법을 사용할지 꼭 상상해보며 공부해야 한다.

Q1. 평가도구의 신뢰도를 제고하기 위한 방법을 3가지 제시하시오.

Q2. 평가도구의의 내용타당도, 공인타당도, 예언타당도, 구인타당도를 평가하기 위한 방법을 각각 1가지씩 제시하시오.

Q3. 공인타당도와 예언타당도의 평가 과정에서 발생할 수 있는 문제점을 각각 1가지씩 설명하시오.

답안을 작성해보세요.

예시답안은 본 책의 부록에 있습니다.

03 평가의 원리와 절차

1 평가의 원리와 시사점

(1) 안전교육 평가는 목표지향적 평가가 되어야 한다

안전교육의 목표와 평가 사이의 정합성을 확보하기 위해 평가는 학습 성과를 높이기 위한 하나의 과정으로서 실시하여야 한다. 안전교육 표준 규범이나 교육 과정을 통해 성취 기준을 파악하고, 안전교육의 목표, 내용을 사전에 확인하여야 한다. 그리고 이에 맞는 평가의 목표와 내용, 기준을 설정하여 교육목표-평가가 일치되도록 하여야 한다. 다시 말해 평가는 교육 목표를 기준으로 설정되어야 하므로 목표지향적인 특성을 지니는 것이다.

(2) 교육 과정 - 수업 - 평가는 유기적으로 연결되고 통합적으로 실천되어야 한다

위에서 교육목표와 평가 사이의 정합성을 확보했다면, 그 이후에는 교육 과정, 수업과도 연계시켜야 한다. 따라서 평가에 앞서 평가 대상, 내용, 요소, 기준 등을 확인하여 무엇을 평가할 것인지 구체적으로 설정하여야 한다. 목표를 통해 평가를 계획하고, 이후 실제 수업과 연계시킨다면 통일성을 확보하여 안전교육 목적에 더욱 쉽게 접근 가능할 것이다. 만약 안전교육에서 심폐소생술을 가르치고 평가에서 실기를 빠뜨린다면 이는 크나큰 결함인 것이다.

또한 안전 능력의 지식, 기능, 태도 등을 제대로 평가해내야 한다. 교수 설계 과정에서 필요한 지식, 기능, 태도를 설정하고, 이에 부합하게 교육을 구성하였을 것이다. 그렇다면 평가에서도 마찬가지로 가르친 요소들을 제대로 확인하여야 한다. 따라서 무엇을 평가할 것인가의 측면을 바르게 설정하고 평가에 임하여야 한다.

(3) 필요에 따라 다양한 평가 방법을 선택하여야 한다

평가의 원리에 대하여 논하는 것에서 더 나아가 어떻게 평가해야 하는지에 대해서도 살펴야 한다. 안전교육의 평가는 평가의 목적, 내용의 특성에 따라 적절한 평가 방법과 도구를 사용하여야 한다. 예를 들어 물놀이 안전교육을 위해 구명조끼의 중요성과 활용법, 그리고 생존수영 기법에 대하여 지도하였다. 그리고 평가를 실시함에 있어 구명조끼를 직접 착용하고 수영기법을 시연해 보는 등의 실기평가가 아닌, 지필형 평가나 구술형 평가를 활용하게 된다면 평가가 적절하게 이루어졌다고 하기 어렵다. 교육목적이 안전하게 물놀이를 할 수 있는 역량을 길러주어야 하는데, 이러한 평가법은 실제 위험 상황에 처했을 때의 기능을 신장시키지 못하기 때문이다.

또한 여러 상황에 평가를 실시하여 평가 장면을 다양화하거나, 지필·구술형 평가에서 더 나아가 포트폴리오 평가 등 평가 방법을 다양화하는 것도 필요하다. 기존 전통주의식 교육에서 교육자가 학습자를 평가하는 단편적인 평가 방법에서 학습자가 서로를 평가하는 동료평가, 자기 스스로를 되돌아보는 자기평가 등과 같은 평가자의 다양화도 추구하는 것이 좋다.

(4) 평가 결과를 적절히 활용하여야 한다

교육에서 평가를 실시하면 대부분의 교육자들은 단순히 학습자의 성취 정도를 분별하는 척도로만 활용한다. 교육의 본질과 진정한 교육적 효과를 내기 위해서는 교육 과정, 수업보다 평가 이후의 수정·보완의 과정이 더 중요한데도 말이다. 따라서 평가 결과에 대해 학습자, 교육자, 교육 과정의 측면으로 나누어 보다 적극적으로 활용할 필요성이 있다. 학습자들에게는 부족한 부분을 보충하며 계속적인 성장을 촉진하는 자료로서 활용한다. 교육자 측면에서는 수업을 통해 학습자들에게 내용을 잘 전달하였는지와 같은 교수법 측면에서 전문성 개발용 자료로 활용한다. 또한 교육 과정의 측면에서는 교육 과정 운영, 수업의 목표, 내용, 방법 등을 개선하기 위한 근거 자료와 수단으로서 활용하는 것이 좋다.

(5) 평가는 학습자들의 배움과 성장까지 영향을 미칠 수 있어야 한다

평가는 학습자가 단순히 수업을 잘 들었는지를 평가하고 끝내는 것이 아니라, 교육 이후에 학습자들이 배움을 실천함으로써 더욱 성장하고 발전할 수 있도록 하는 데 목적이 있다. 안전교육 측면에서 생각해보면, 교육을 통해 안전 지식을 배우고 끝내는 것이 아니라 생활 속에서 기능을 실천하고, 이로써 안전한 삶을 영위하는 것이 궁극적인 목적이다. 하지만 학습자들이 만약 배우기만 하고 실천하지 않는다면 결국 양질의 수업도 무의미하게 변하고 만다. 따라서 평가는 학습자 평가뿐만 아니라 학습 성취 과정까지 고려하여 양질의 안전 교육 과정을 구성하여야 한다.

2 평가의 절차

(1) 성취 기준 및 평가 요소 설정

평가의 과정에서 가장 먼저 해야 하는 것은 성취 기준과 평가 요소를 설정하는 것이다. 성취 기준의 정의에 대하여 알아보기 위해서는 먼저 국가에서 고시된 초, 중, 고 교육 과정을 살펴보자. 교육 과정에는 법적 기준과 함께 '성취 기준'이라는 요소가 포함되어 있다. 성취 기준이란 교육 과정의 목표와 내용을 분석하여 상세화한 진술문을 뜻하는데, 이는 교수·학습 과정에서 실질적인 기준이 된다. 예를 들어 국가 교육 과정에 '소화기 관리 방법에 대하여 알 수 있다'가 성취 기준으로 수록되어 있다면, 전국의 교사들은 소화기 관리 방법에 대하여 교육을 하여야 한다. 하지만 이것은 하나의 기준일 뿐이므로, 소화기 관리법에 대한 내용은 같지만 다양한 교수법과 평가법으로 교육이 진행되는 것이다.

성취 기준은 학습자들이 성취해야 할 능력이자 교수·학습 과정, 평가의 실질적인 기준이다. 따라서 평가를 위해서는 기준이 되는 성취 기준을 먼저 수립하여야 한다. 성취 기준은 내용 기준과 행동 기준이 혼합되는 것이 일반적이며, 최소한의 내용과 행동의 형식이 더해진 '(내용)을 (행동)할 수 있다'와 같은 진술문으로 서술한다.

성취 기준 예시
• 지식 : 소화기의 중요성을 이해할 수 있다.
• 기능 : 소화기 분사하는 방법을 따라하고 설명할 수 있다.
• 태도 : 생활 속에서 화재에 대비하는 습관을 가질 수 있다.

성취 기준 이후에는 평가 요소를 구체화하는 과정이 필요하다. 학습자들은 성취 기준에 근거하여 교육을 받고, 이로 인해 어떠한 능력을 가지게 된다. 이러한 능력을 평가할 내용으로 삼게 되며, 교육 과정에 있는 내용체계에 따라 평가가 수립되는 것이다. 따라서 교육자들은 평가 요소를 쉽게 '평가 내용'이라고 부르기도 한다. 예를 들어 지식을 평가하기 위해 '소화기의 중요성 알기'를 평가 요소로 삼거나, 기능을 평가하기 위해 '소화기 활용 방법 설명하기' 등을 평가 요소로 삼을 수 있다.

학교 안전교육 7대 표준안의 중학교 화재 안전 내용체계

단 원	차 시	내 용
1단원 (화재 발생)	1	화재의 종류와 주요 특성에 대한 이해
	2	화재의 피해 사례와 배워야 할 점
2단원 (화재 발생 시 안전수칙)	1	화재 발생 시 대피 방법과 대피 장소
	2~3	화재 발생 시 신고와 전파 방법
	4	화재 유형별 기본 대처 방법
3단원 (소화기 사용 및 대처방법)	1~2	소화기와 소화전의 사용 방법

(2) 평가 기준 설정하기

성취 기준과 평가 내용을 설정하였다면, 그 다음으로는 평가 기준을 마련하고 등급화 하는 과정이 필요하다. 여기서 평가 기준이란 평가를 진행할 때 학습자들의 성취 정도를 수준에 따라 몇 개로 나누고, 각 수준별로 기대되는 성취 정도를 구체적으로 진술한 것이다. 이러한 평가 기준 설정과 함께 등급화의 과정도 필요하다. 등급화란 평가 기준의 수준에 따라 상/중/하 또는 잘함/보통/노력 요함 등으로 등급을 나누는 것이다.

평가 기준 예시
• 잘함 : 소화기의 중요성을 알고, 소화기를 활용하는 방법을 단계별로 설명하는 경우
• 보통 : 소화기의 중요성 및 소화기 활용 방법 중 1가지만 이해한 경우
• 노력 요함 : 소화기의 중요성과 활용 방법 모두 어려워하거나 이해하지 못한 경우

평가 기준은 평가 척도 또는 채점 기준 등으로 불리기도 한다. 교육활동 이후에 학습자가 어느 정도 수준인지 구분지어지는 실질적인 척도이자 지침이 되는 것이다. 평가 기준을 설정할 때에는 기준을 구체적이고 명확하게 진술하여 평가자가 객관도와 신뢰도를 확보할 수 있도록 한다.

(3) 평가 장면 및 기회 선정하기

평가 기준까지 준비되었다면 이 평가를 어느 시점에서 어떻게 제시할 것인지에 대한 논의가 필요하다. 수업이 진행되는 과정에서 활동 중간에 평가를 진행할 것인지, 수업이 끝나가는 정리 단계에서 진행할 것인지, 또는 수업시간 외에 별도의 평가시간을 확보하여 진행할 것인지에 대해 고민하여야 한다. 또한 평가를 교실/운동장/실습장 등 어느 장소에서 진행할지와 같은 환경 요소도 고려하여 평가 장면과 기회를 선정하여야 한다. 여기서 중요한 점은 평가는 교육목표 도달 정도 및 학습 성취도에 관한 평가 자료를 가장 잘 수집하고 파악할 수 있는 조건을 갖추도록 해야 한다는 점이다.

(4) 평가방법 및 도구의 결정

다음으로는 원하는 요소를 측정하기 위해 적절한 평가 방법을 선택하고, 평가 도구를 마련하는 것이다. 안전 지식을 평가하기 위해서 단답형, 선택형 평가 방법을 실시하거나 안전 기능을 평가하기 위해 실기 관찰법 등을 실시하는 것과 같다. 이 단계에서는 교육자는 최대한 다양한 평가 방법과 도구를 활용할 줄 알아야 하며, 적절한 방법을 선택하는 것이 교육 전문성으로 연결된다.

앞서 논의한 바에 따르면 평가 방법과 평가자는 다양화되는 것이 좋다고 하였다. 평가 방법이 다양할수록 교육 주제에 적합한 방법을 선택할 수 있으며, 평가자 또한 교육자 단독평가가 아닌 학습자가 참여하는 동료평가, 자기평가까지 실현하는 것이 교육적 효과를 높일 수 있다. 따라서 학습자 자신, 동료, 교육자, 학부모, 안전교육 전문가, 지역 인사 자원 등 많은 요소들을 평가에 참여시켜 평가의 방법과 도구를 다양화한다. 다만 평가에 있어서는 항시 타당성, 객관성, 신뢰성을 확보하여야 하며 공정성을 배제하여서는 안 된다.

초등 안전한 생활 교육 과정의 평가계획 예시

소주제	성취 기준	평가 요소		평가 방법	평가 시기
화재의 원인과 예방 방법	가정에서 화재의 발생 원인을 알고 예방할 수 있다.	지식/사고	가정에서의 화재 원인 및 예방법 이해하고 적용하기	지필(서술형)	수업 후
		행 동	가정에서의 화재예방 실천하기	포트폴리오	학기 말
		태 도	가정에서의 화재 안전에 노력하는 태도 기르기	가정 화재예방 실천 카드	학기 말
화재 발생 시 대피 방법	화재 발생 시 대피 방법을 알고 스스로 대피할 수 있다.	지 식	화재 발생 시 기본 대피 방법 이해하기	프로젝트	단원 말
		행 동	학교에서 화재 발생 시 바르게 대피하기	실기 및 관찰	단원 말
		태 도	학교생활에서 화재 안전을 위해 노력하는 태도 기르기	관 찰	학기 말
소화기 사용 방법	화재 초기에 소화기를 사용하여 불을 끌 수 있다.	지 식	소화기의 작동 원리 이해하기	지필(형성평가)	수업 중
		지식/사고	소화기의 종류와 사용 방법 이해하고 적용하기	조사 · 발표	수업 후
		행 동	일반 소화기를 이용하여 화재 진압하기	실기 및 관찰	실기 수업 중

(5) 평가 실시 및 결과 정리

이전까지의 단계가 모두 평가를 계획하는 과정이었다면, 이번 단계부터는 실질적으로 평가가 진행되어 가는 과정이다. 평가를 실시하는 과정에서는 평가의 목표와 종류, 방법, 실시 시기, 횟수, 소요 시간, 장소, 평가 대상자의 조건 등을 고려하여 객관적이고 신뢰할 만한 평가 결과가 얻어질 수 있도록 주의하여야 한다.

구술법이나 면담법 또는 실기평가 등에서는 평가를 진행하면서 동시에 기록이 필요하기도 하다. 이러한 경우 반드시 필요한 부분을 정확하고 세세하게 기록하여, 추후 평가 근거로 활용할 수 있다. 평가를 실시하여 얻어진 결과는 목적에 따라 분류하고 정리해두어야 하며, 점수화를 통해 구체적인 비교자료가 필요한 경우 통계 처리하여 보관해두는 것이 좋다.

(6) 평가 결과 해석 · 처리 · 활용

최종 단계로, 평가 결과 자료를 해석하여 필요한 부분을 개선하거나 수정 · 보완하는 데 활용한다. 자료를 해석할 때에는 특정 능력의 형성과 발달 정도에 초점을 맞추어 의미를 파악하거나, 학습자의 학습 과정을 전체적으로 살펴보는 데 초점을 둘 수 있다. 또한 어떠한 부분이 학습에 문제가 되었고, 원인에 따라 해결책을 마련하여 실행해볼 수 있다. 궁극적으로 학습자 개인 및 집단의 안전 역량을 증진하고, 교수 · 학습 과정에 부족한 점을 개선하고 양질의 안전교육 프로그램을 만들어가는 과정에 도달하여야 한다.

학습자 중심으로 평가 결과를 바라보면 학습자가 가지고 있는 안전 지식, 기능, 태도, 그리고 학습자의 성향에서 좋은 점, 고칠 점, 학습에서 발전된 점, 발전되지 못했다면 왜 발전하지 못하였는지에 대한 이유 등 종합적으로 학습자의 학습 과정을 파악하는 해석적 방법으로도 활용 가능하다. 또한 교육자 자신과 안전교육 교육 과정의 측면에서도 바라보며 교육 전체적인 관점에서 평가 결과를 활용하여야 한다.

평가를 계획하기 위해서는 다양한 평가 방법을 숙지하고 있어야 한다. 여러 가지의 평가 방법을 필요에 따라 적절하게 활용할 수 있는 능력이 소방안전교육사의 전문성이다. 여기서는 우리가 흔히 접할 수 있고 시행할 수 있는 지필평가법, 면접법, 자기보고법, 관찰법에 대하여 알아보고자 한다.

1 지필평가법

지필평가법은 우리가 가장 쉽게 접할 수 있는 방법으로, 학업 성취 능력에 대해 필답시험으로 능력을 측정하는 방식이다. 안전교육에서는 안전에 대한 지식, 기능에 대해 얼마나 알고 있는지 선택지 중 답을 고르거나 간단하게 답을 적는 방식이 해당된다. 지필평가 안에서도 선택형, 서답형, 논술형으로 나뉘는데 각각에 대하여 예시와 함께 알아보자.

(1) 선택형

선택형 평가는 단어 그대로 여러 가지 선택지 중에서 가장 답에 가까운 선택지를 고르게 하는 방식의 평가법이다. 우리가 흔히 일상에서 객관식 시험이라고 부르는 것이 이에 해당한다. 선택형으로 평가를 실시하게 되면 채점에 대하여 평가자의 주관이 들어가지 않으므로 채점의 객관성과 신뢰성을 쉽게 확보할 수 있다. 또한 평가기준이 명확하기에 채점이 수월하여 신속성을 확보하기에도 좋다.

이러한 장점에도 불구하고 선택형 평가가 가지는 단점 또한 명확하다. 선택형은 학습자가 알고 선택하는 것이 아닌, 추측에 의해 선택이 정답이 될 가능성이 있다는 것이다. 추측에 의하여 정답이 된 경우 학습자는 자신의 학습성취도를 정확하게 측정할 수 없다. 또한 정해진 선택지 중 답을 고르기 때문에 학습자의 창의성을 자극하거나 비판적으로 사고하고 표현할 기회가 주어지지 않는다.

지필평가법 중 선택형 안에도 또 문제의 형태에 따라 진위형, 선다형으로 나뉜다. 문항 선택지의 종류나 제시 방법에 따라 특징이 달라진다.

1) 진위형
① 특 징
- 문제에 주어진 제시문이 정답인지 오답인지를 판단하게 하는 방식
- OX퀴즈 또는 양자택일형 이라고도 불림
② **장점** : 문항 제작이 쉽고, 채점이 편함
③ **단점** : 선택지가 두 개뿐이므로, 추측이나 우연에 의한 정답일 가능성이 높음

④ 유의사항

- 진위형으로 문제를 제시할 경우 부정문장은 피하기
- 한 문항 안에는 하나의 개념만 묻기
- 정답과 오답이 확실하게 구분되는 것에 대해서만 묻기

⑤ 예 시

> ※ 다음 문제를 읽고, 맞으면 O, 틀리면 X를 표시하세요.
>   1. 소화기의 수명은 정해져 있다. (   )

2) 선다형

① 특징 : 문제 하나에 선택지를 두 개 이상 제시하여 고르게 하는 방식

② 장 점

- 선택지가 다양하여 추측이나 우연에 의한 정답의 가능성을 줄일 수 있음
- 평가의 신뢰성을 확보하기 쉬우며 채점도 용이함
- 문항을 제작하는 능력을 발휘하면 고등정신능력을 측정할 수 있음

③ 단점 : 평가문항 제작에 많은 시간과 노력이 소모됨

④ 유의사항

- 문제는 논리적이면서 동시에 이해하기 쉬워야 하고, 핵심이 잘 드러나야 함
- 문제는 가능한 한 긍정문을 사용하며, 다른 문항 사이에 정답이 추측되는 근거가 제공되는 경우를 피해야 함

⑤ 예 시

> ※ 다음과 같은 긴급 상황에 가장 먼저 해야 하는 행동은 무엇인가요? (   )
>   집에서 혼자 핸드폰을 가지고 놀고 있었는데, 주방에서 큰 불이 났다.
>   ① 서둘러 집 안에 소화기가 어디 있는지 찾아본다.
>   ② 119에 신고하기 전에 '불이야'를 외치며 밖으로 대피한다.
>   ③ 불이 어떻게 났는지 자세히 살펴 119에 먼저 신고한다.
>   ④ 화장실에 있는 물을 가져다 붓는다.

(2) 서답형

서답형 평가는 주어진 문제에 어느 정도 허용 범위 내에 알맞은 답을 기입하는 평가 방식을 뜻한다. 우리가 일반적으로 주관식 시험이라고 부르고 있으며, 답에 대한 학습자의 생각을 직접 적어 넣게 된다. 서답형 평가의 장점으로는 문항 제작이 쉽다는 점과 개념의 난이도와 중요도에 따라 선택적으로 문항을 조절할 수 있다는 점이다. 하지만 평가 기준과 학습자의 답이 정확하게 떨어지지 않아 난처한 경우가 잦으며 이로 인해 평가의 객관성과 신뢰성을 확보하는 데 어려움을 겪는다. 또한 일일이 기준과 정답을 비교하여 채점해야 하므로 시간과 노력이 많이 소모된다는 단점이 있다.

1) 단답형

① 특 징
- 주어진 문제에 간단한 단어, 구, 문장, 숫자, 그림 등으로 대답하게 하는 방식
- 질문 형식이나 명령문 형식으로 문제를 제시함

② 장 점
- 문제를 만들기 쉽고, 채점하는 과정이 편리함
- 개념에 대한 단순이해 및 암기 여부를 묻기에 좋음

③ 단점 : 학습자의 고등사고능력을 판별하기에는 무리가 있음

④ 유의사항
- 질문을 명료하고 명확하게 제시하여야 함
- 답을 긴 문장이 아닌 간단한 단어, 어구, 수, 기호로 답하게 지시함
- 정답의 개수를 정확하게 안내하고, 범위를 제한하는 것이 좋음

⑤ 예 시

※ 문제를 읽고 정답을 한 가지 적으세요.
　1. 화재사고 시 방 안의 열과 연기를 인식하고, 소리를 내어 화재를 알리는 기계의 이름은?

　　　　　　　　　　　　　　　　　　　　　　　　　　　　　　(　　　　　　)

---

2) 완성형

① 특징 : 개념을 설명하는 문장 안에 중요한 부분을 (　)로 비워놓고, 칸을 채우게 하는 괄호 메우기 방식

② 장점 : 문항을 제작하기 쉬우며 여러 범위의 내용을 한 번에 평가하기에 용이함

③ 단점 : 고등사고능력을 평가하기에는 무리가 있으며, 채점에 평가자의 주관이 개입할 수 있음

④ 유의사항
- 문장 안에서 평가하고자 하는 중요한 부분을 빈 곳으로 함
- 문장 내 빈 곳의 수를 조절하고, 길이를 제한하여야 함
- 같은 문장 안에 정답을 암시하는 단서가 없도록 점검하여야 함

⑤ 예 시

※ 설명하는 개념을 바탕으로 빈칸을 채워 문장을 완성하세요.
　1. 의약품을 필요하지 않은 경우에 잘못 사용하는 것을 약물의 (　　　)라고 한다.

---

(3) 논술형

논술형 평가도 서답형 평가의 한 종류이다. 서답형 평가 중 단답형, 완성형에서는 한 단어, 구, 문장, 숫자 같은 짧은 수준의 답을 요구한다. 하지만 논술형 평가에서는 더 나아가 답안의 처음부터 끝까지 학습자의 지식과 가치관을 바탕으로 모든 답을 서술해 내려가게 하는 데 차이점이 있다.

논술형 평가는 문제에 대한 학습자의 생각을 논리적으로 조직하고, 자유롭고 창의적으로 표현하도록 한다. 답안 작성의 자유가 있는 만큼 학습자들의 분석능력, 비판능력, 문제해결능력, 종합적 사고능력 등을 측정하는 데 효과적이다. 또한 단순하게 어떤 개념을 암기하고 있는지 묻거나 확인하는 수준을 벗어나 안전 개념들을 문제 상황과 연결시키고 해결 방법을 구상하게 하는 등 다양한 방식의 문제 제시가 가능하다. 이러한 과정에서 학습자가 평가 내용에 대해 어떠한 생각이나 가치관을 지니고 있는지 물어 흥미, 태도, 동기, 자아 개념과 같은 정의적 영역을 파악할 수도 있다.

이러한 특성들이 논술형 평가의 장점이기도 하지만 동시에 단점이 되기도 한다. 학습자들의 자유롭고 창의적인 답안은 평가자가 채점하기에는 난해하게 느껴진다. 따라서 평가기준과 답안을 비교하는 과정에 객관성, 신뢰성을 보장하기 매우 어렵다. 또한 일정한 시간 동안 여러 논술형 문제를 제시하다보면 평가의 질이 하락되고, 학습자 또한 답안을 완성시키지 못하게 된다. 이러한 문제를 극복하고 논술형 평가를 실시하기 위해서는 문항의 수를 줄여야 한다는 단점이 생긴다. 무엇보다 문제를 출제하고 채점하는 평가자의 전문성이 부족한 경우에는 평가 자체의 의미를 상쇄시켜버리기도 한다.

논술형 평가를 활용하기 위해서는 무조건 답안을 개방시켜 자유롭게 표현하도록 하기보다, 문항을 구조화시켜 답안에 어떠한 개념을 서술해야 하는지 구체적으로 방향을 제시해주어야 한다. 더불어 단편적인 지식을 묻기보다는 고등 정신 능력을 활용할 수 있는 문제를 선정해야 하며, 문항수와 난이도를 고려하여 적절히 배치하여야 한다.

채점 과정에 객관성과 신뢰성을 확보하는 것이 중요한데, 이는 평가 계획을 수립하는 단계에서 평가 기준을 최대한 세부적으로 작성하여야 한다. 또한 이에 따른 모범 답안을 제시하여 답안의 방향성을 제시하는 것이 좋다. 또한 평가자 수를 늘려 공동으로 채점을 실시하고, 전체 점수를 평균내거나, 채점 결과에서 최고점과 최저점을 뺀 나머지 점수를 평균 등의 방법을 활용할 수 있다.

1) 논술형

① **특징** : 문제에 대한 학습자의 생각을 자유롭고 창의적으로 표현해내는 방식

② **장점** : 학습자의 고등 사고 능력을 측정할 수 있으며, 다양한 답안을 도출해낼 수 있음

③ **단점** : 채점이 매우 난해하며, 평가의 객관도와 신뢰도 확보가 어려움

④ **유의사항**

- 문제를 구조화하여 답안의 방향성을 구체적으로 제시하여야 함
- 세부적인 평가 기준과 모범답안을 마련하고, 채점의 객관성과 신뢰성을 확보하여야 함

⑤ **예 시**

바람직하지 못한 논술형 문제	바람직한 논술형 문제
1. 사이버 중독에 대하여 서술하시오.	1. 사이버 중독이 발생하는 이유를 현대 사회의 특성과 연관 지어 설명하고, 이로 인해 생길 수 있는 문제점을 세 가지 서술하시오.

2 면접법

우리는 일상생활 속에서 얼굴과 얼굴을 맞대고 대화를 나눈다. 대화를 통해 서로의 생각을 이해하고 같고 다름을 느끼게 된다. 이러한 과정을 활용하여 평가를 실시하는 것이 면접법이다. 면접법이란 언어적 상호작용을 통해 학습자와 의사소통하며 안전 생활에 관한 역량을 평가하는 방법을 뜻한다. 일반적으로 면접이라 함은 기업에 입사하기 위해 정장을 입고 치루는 공식적인 말하기처럼 느껴질 수 있지만 교육 현장에서의 면접법은 이와는 조금 다르다.

안전과 관련된 지식, 기능, 태도에 대해 평가하고자 할 때 면접법을 활용할 수 있지만, 대체적으로 지식은 지필평가로, 기능은 관찰평가로, 태도는 면접법으로 활용되고 있다. 의사소통을 통해 기능을 평가하기는 어려우므로, 면접법은 주로 지식(인지적 측면), 태도(정의적 측면)를 측정하는 데 활용되는 것이다.

면접법은 여러 목적으로 수행될 수 있는데, 기존 다른 평가로 얻는 자료에 의문점이 생길 때 학습자와 별도의 소통기회를 갖기도 한다. 이 경우 추가질문을 제시하거나 깊은 사고 과정을 경험하게 하며 면접법을 실시할 수 있다. 또한 영유아 및 저학년의 학습자와 같이 지필 평가가 난해하여, 대화를 통해 내용을 평가하는 경우도 이에 해당된다.

면접법의 장점으로는 교육자와 학습자 사이의 생각을 직접 말로 주고받을 수 있으며, 질문과 응답을 즉각적으로 제시할 수 있다. 또한 지필 평가, 관찰 등으로 알아내기 어려운 학습자의 생각, 감정, 마음, 성격, 흥미, 가치관, 태도, 환경과 같은 제반 요소들을 심층적으로 파악하기에 용이하다. 반대로 면접을 실시하기 위한 준비, 그리고 처리 과정에는 시간과 노력이 많이 든다는 단점이 있다. 또한 면접에 대한 전문성이 필요하며 제대로 활용하지 못할 경우 경제성과 신뢰성 모두 떨어지는 평가가 될 수 있다.

면접법은 모든 학습자, 모든 상황에 적용 가능한 것은 아니다. 기본적으로 교육자와 학습자 사이의 관계, 즉 라포(Rapport)라고 부르는 유대감이 형성되어 있어야만 평가의 목적을 달성할 수 있다. 의사소통이 원활하게 이루어지기 위한 긍정적인 분위기가 전제조건이 되어야 하며, 이 위에 명확한 면접의 목적, 사전 조사 자료, 구체적인 질문 등이 필요하다. 또한 면접에서는 예/아니오로 답하거나 단답으로 끝날 수 있는 질문은 지양하며, 학습자의 심층적인 사고를 물을 수 있는 질문을 하여야 한다. 또한 면접 과정에서 철저한 기록이 필요하며, 이후 대화 내용을 통해 원하는 요소를 추출하여 평가 자료로 활용한다.

(1) 구조화된 면접

면접이 얼마나 구조화되었는지에 따라 3단계로 나누어 생각해볼 수 있다. 그중 가장 많이 구조화되어 정형적인 특성을 가진 면접 방식에 해당되며, 면접 목적, 질문 내용, 질문 순서, 질문 방법, 주의사항 등 세부적인 내용에 대하여 구체적으로 설정된 경우이다. 면접을 구조화하여 진행하게 되면 면담자의 능력에 의해 생기는 오차범위를 줄이고 평가의 신뢰도를 높일 수 있다는 장점이 있다. 구조화된 면접의 경우 질문과 응답이 구체적으로 설정되어 있기 때문에, 질문과 선택지를 말로 읽고 고르게 된다. 다시 말해 설문지를 입을 통해 실시한다고 느끼기 쉽다.

(2) 비구조화된 면접

앞서 언급한 구조화된 면접과 반대로, 면접의 목적, 핵심 질문, 주의사항 정도만 설정해두고 자유롭게 진행되는 면접을 뜻한다. 면담자와 학습자의 특성에 따라 방법, 순서 등은 자율적으로 운영되며 분위기 또한 매우 자유로워진다. 따라서 학습자도 평가에 대한 부담이 줄어드는 효과가 있어 다양한 생각과 솔직한 발언을 하기도 한다. 이러한 자료는 구조화된 면접에서는 얻을 수 없는 학습자 내면의 자료인 것이다.

평가에 있어서 자유가 주어지게 되면, 평가를 진행하고 자료를 처리하는 과정에는 어려움을 겪게 된다. 따라서 비구조화된 면접의 경우 계획을 구체적이고 세심하게 구성하지 않으면 자칫 평가 목적과 다른 이야기로 흘러갈 가능성이 있다. 그만큼 면담자의 사전 준비와 면담의 전문성이 필요한 것이다. 또한 평가 목적은 존재하지만 이야기가 자유롭게 흘러갈 경우, 면담자는 조바심을 느끼게 된다. 결국 학습자의 발언을 평가 내용에 부합하도록 유도하거나 끌고 오는 오류를 범하기 쉽다.

(3) 반구조화된 면접

면접이라고 하였을 때 머릿속에 그려지는 과정은 대부분 반구조화된 면접에 해당된다. 반구조화된 면접은 구체적인 계획을 수립하고 이에 따라 면접을 진행시키지만, 면담 과정에서 필요한 경우 면담자가 재량껏 추가로 질문하는 방식이다. 면담자는 정해진 틀 내에서 융통성을 발휘할 수 있다. 계획 측면에서는 구조화된 면접이지만, 실제 상황에서는 비구조화된 면접인 것이다.

예를 들어보면 평가자는 지진과 관련된 안전 지식을 평가하기 위해 질문을 준비하였다. 면담자는 면접 과정에서 학습자에게 준비된 질문을 한 뒤, 지진과 관련된 구체적인 경험이 있는지, 또는 재난 대피 방법에 대하여 추가적인 의견은 없는지 물을 수 있다. 이러한 과정을 통해 학습자가 재난 안전에 대하여 얼마나 지식을 가지고 있고, 기능을 수행할 수 있는지, 어떠한 마음가짐과 태도를 가지고 있는지 종합적으로 평가할 수 있다.

3 자기보고법

인간은 다른 누구보다 스스로에 대하여 생각하고 경험할 기회를 많이 갖는다. 말과 행동뿐만 아니라 마음가짐, 태도와 같이 겉으로 보이지 않는 요소에 대해서도 스스로 되돌아보고 반성하는 기회는 매우 소중하고 의미 있는 것이다. 이러한 점을 기반으로 어떠한 문제에 대해 자신의 생각을 답하게 하는 평가 방법이 자기보고법이다.

자기보고법이라는 용어가 생소하고 난해하게 느껴지지만, 사람들은 일상생활 속에서 자기보고법을 많이 접하고 있다. 자기보고법은 주로 질문을 제시하고 지필로 응답하게 하는 '질문지에 의한 자기보고법'으로 실시되며, 주로 내적인 요소, 정의적 특성을 측정하고자 할 때 활용한다.

자기보고법은 적은 노력과 경비로 안전과 관련된 역량, 평가자료를 효율적으로 측정할 수 있는 장점이 있다. 또한 앞서 언급한 바와 같이 안전과 관련된 경험이나 생각, 가치관, 태도, 흥미도, 인성 요소 등 내면적인 정의적 특성을 측정하기에도 용이하다. 하지만 효율적이고 경제적인 이점을 활용하여 손쉽게 평가를 실시하려고 자기보고법을 조급하게 활용하는 경우가 있다. 이러한 우려로 '게으른 자의 방법' 또는 '안락의자 방법'이라고 자기보고법을 낮추어 부르기도 한다. 이러한 점을 극복하기 위해서라도 질문 제작 및 채점 과정에 전문성이 요구되는 것이다.

질문지에 의한 자기보고법을 활용하기 위해서는 질문 제작에 많은 주의를 기울여야 한다. 질문을 통해 무엇을 평가하려는 것인지 명확하게 분석하고, 이를 체계적으로 구성하여 평가 내용을 함축한 질문들을 추출하여야 한다. 질문은 간단명료하고 정확해야 하며, 학습자들의 흥미를 자극하여 내적 동기를 유발할 수 있어야 한다.

질문지에 의한 자기보고법 유형으로는 일정한 선택지를 주어 선택을 하여 응답하게 하는 '구조적 질문지(폐쇄적 질문지)'와 질문에 대해 학습자가 비교적 자유스럽게 응답할 수 있도록 답안을 열어두는 '비구조적 질문지(자유반응형 질문지)', 그리고 어떠한 항목에 대해 생각하거나 느끼는 정도를 측정하는 평정척도형 등이 있다. 평가자는 평가 목적에 맞추어 여러 유형을 적절하게 조절하여 보완적으로 사용하는 것이 좋다.

(1) 자유반응형

자유반응형은 주어진 질문에 대한 학습자의 다양한 의견이나 태도를 글로 써서 응답하도록 하는 방식이다. 글을 통해 지식, 기능, 태도를 평가하기 때문에 언어능력이 갖추어지지 않은 경우에는 활용할 수 없다. 평가지를 만드는 과정은 어렵지 않으나 이에 대한 응답을 보고 정리하거나 채점하는 평가 후 과정에 많은 노력이 요구된다.

1) 자유반응형

① 특징 : 응답에 대한 형식이나 제한이 없고, 학습자들의 순수한 생각 자체를 물음
② 장점 : 학습자들의 지식, 기능, 태도의 수준을 답변 안에서 자유롭게 표현 가능
③ 단점 : 답안의 범주가 너무 넓어 채점하기 힘들며, 학습자가 지나치게 단순한 답을 하는 경우 평가의 의미가 퇴색됨
④ 유의사항
  • 언어능력이나 표현능력 등의 결핍으로 인해 측정하고자 하는 안전능력의 평가가 정확하게 이루어지지 않을 수 있음
  • 지나치게 단순한 답만 적지 않도록 평가관의 주의가 필요함

⑤ 예 시

※ 영웅이는 아파트에서 놀던 중 어린 아이가 혼자 놀이터에서 놀고 있는 것을 보았습니다. 그러던
중 어떤 어른이 와서 아이를 억지로 끌고 가려고 하는 것이었습니다. 아이는 싫어하는 표정이었으나
어떠한 상황이지 몰라 고민에 빠졌습니다.
1. [직접적 질문] 영웅이가 당황한 이유는 무엇인가요? (   )
2. [투사적 질문] 여러분이 영웅이었다면 어떻게 하고 싶은가요? (   )
3. 그 이유는 무엇인가요? (   )

(2) 선택형

선택형은 질문과 함께 2개 이상의 선택지를 제시하고, 학습자가 자신의 의견과 동일한 선택지를
고르게 하여 평가하는 방식이다. 학습자는 질문에 대한 자신의 생각을 정리할 때, 주어진 선택지를
먼저 보고 생각하게 되어 자신의 사고 과정에 영향을 받게 된다. 또한 자신의 생각과 똑같은 선택지가
없을 경우 응답을 하지 않거나, 아무 선택지나 적당히 골라 평가의 의미를 퇴색시킬 수도 있다.
결국 학습자는 자신의 생각에 대해 강제적 선택을 요구당할 수 있으므로, '기타' 항목을 만들어
생각이 다른 경우 자유롭게 의견을 서술하도록 하는 것이 좋다.

1) 선택형

① 특징 : 정답이 없는 객관식 평가와 같은 형태를 가짐
② 장점 : 선택지가 있어서 학습자들이 자신의 생각과 비슷한 항목을 쉽고 빠르게 선택 가능
③ 단점 : 선택지의 존재로 인해 사고하지 않고 대충 고르거나, 기타란에 적고 싶은 말이 있어도
편의를 위해 다른 선택지를 골라 평가의 정확성이 떨어질 수 있음
④ 유의사항 : 보기와 다른 자신의 생각이 있을 때에는 기타란을 적극적으로 활용하도록 안내
⑤ 예 시

※ 안전교육이 필요한 이유에 대해서 자신의 생각과 가장 가까운 항목 두 가지를 골라 동그라미를
표시하세요.
(   ) 1. 우리의 생명과 관련이 있기 때문에
(   ) 2. 안전사고는 교육을 통해 예방할 수 있기 때문에
(   ) 3. 안전사고가 발생하게 되면 경제적으로 손해를 입기 때문에
(   ) 4. 개인의 안전은 국가의 안전으로 이어지기 때문에
(   ) 5. 기타 : [   ]

(3) 평정척도형

평정척도형은 안전교육 내용에 대해 지식이나 기능, 특성 존재 유무를 판단하기보다 정의적 요소 및 내용의 정도나 수준을 평가하기 위해 주로 활용된다. 사전에 계획한 척도에 따라 학습자가 판단하고 표기하도록 하여 평가자료를 수집하는 방식이다. 질문지에 대한 응답을 수량화하여 평가 이후 통계처리를 통해 의미를 해석하게 된다.

1) 평정척도형

① 특징 : 주어진 질문에 따라 본인이 해당하는 정도를 파악하여 수직선이나 도표에 체크하는 형태를 가짐

② 장 점
- 학습자는 질문에 대해 생각하고, 결과를 체크하기만 하면 되므로 진행의 편의성을 가짐
- 항목이 정해져 있어 결과를 정리하고 통계를 내기 좋음

③ 단 점
- 학습자가 질문에 비추어 자기 스스로를 객관적으로 판단하기 어려움
- 질문과 선택지가 정해져 있어 대략적인 측정만 가능하고 정확한 능력을 평가하기 어려움

④ 유의사항
- 지식, 기능을 물을 수도 있지만 기준이 모호한 경우에는 지양하는 것이 좋음
- 평정척도만으로 평가를 진행하는 것보다 다른 평가법과 혼용하는 것이 좋음

⑤ 예 시

※ 학교에서 실시한 '우리 집 화재예방' 교육을 실시하였습니다. 교육을 받은 뒤 나는 집에서 화재사고를 예방하기 위해 얼마큼 힘썼는지, 노력한 정도를 체크해 봅시다.

우리 집 화재예방 생활	전혀 그렇게 하지 않는다	자주 그렇게 하지 않는다	그저 그렇다	자주 그렇게 한다	늘 그렇게 한다
• 조리할 때 잠깐이라도 자리를 비울 때는 조리 기구를 끈다.					
• 주방에 가스 누설 경보기가 작동 중이며, 가스를 사용하지 않을 때는 중간 밸브를 잠근다.					

4 관찰법

교수·학습모형 중 관찰학습이 있는 것처럼, 평가에서도 관찰법이 존재한다. 단어 그대로 학습자의 행동 특성을 자세히 관찰하고 그 안에서 평가 내용과의 관련성을 분석하여 평가하는 방식이다. 평가 대상이 되는 사람 또는 현상을 정확하게 지각하며 동시에 관찰한 내용을 기록하는 것이 중요하다.

(1) 자연적 관찰과 조직적 관찰

이러한 관찰법은 일상생활과 같이 자연스러운 학습자의 행동을 살펴보는 자연적 관찰과 평가하고자 하는 내용을 기준으로 어떠한 조건을 주며 살펴보는 조직적 관찰로 구분할 수 있다. 두 가지 중 조직적 관찰의 종류와 활용 예시에 대하여 알아보자.

종 류		설 명
자연적 관찰		• 일상생활 자체를 관찰하거나 자연스러운 모습 그대로를 관찰하여 평가 자료를 수집하는 것
조직적 관찰	전기적 관찰법	• 종단적 방법 : 평가 내용을 장시간에 걸쳐 계속 관찰하는 것 • 횡단적 방법 : 평가 내용을 일정 시간 동안에 관찰하는 것 예시) 학습자가 안전한 생활을 위해 행동을 변화시키고 발전해 나가는 모습을 관찰
	행동요약법	• 평가 내용을 여러 측면으로 나누어 장시간 동안 조직적으로 관찰하고, 관찰 결과를 종합하여 전체적인 결론을 내리는 것 • 단점 : 시간이 오래 걸림
	시간표본법	• 비교적 짧은 시간 동안 학습자에게 평가 내용이 어떻게 얼마큼 발생하는가를 관찰하는 것(빈도기록법이라고도 함) 예시) 생활안전 교육 이후 쉬는 시간에 복도에서 몇 명이 몇 회 부딪히는지 행동을 관찰
	장면표본법	• 관찰하고자 하는 내용이 잘 나타나는 장면, 상황을 선택하여 관찰하는 것 예시) 사고에 대한 대처능력을 평가하기 위해 모의 대피 훈련을 실시하고, 학습자들의 행동을 관찰하는 것
	참가관찰법	• 평가자가 학습자와 함께 평가 상황에 참여하여 행동을 관찰하는 것 예시) 단체활동 및 수련활동에 함께 참여하여 학습자가 안전 수칙에 맞게 행동하는지 관찰하는 것
	실험적 관찰	• 평가하고자 하는 장면이나 조건을 인위적으로 조작하여 학습자들이 대응하는 모습을 관찰하는 것 예시) 교통안전체험관에서 활동과 과제를 제시하여 평가하고자 하는 내용을 잘 수행하는지 관찰하는 것

(2) 관찰법 제반사항

① 눈에 보이는 사실을 그대로 보는 것은 평가가 아니며, 눈에 보이는 사실 중 무엇을 어떻게 관찰할지, 왜 관찰하는지, 언제 관찰할지 등의 세부 기준이 필요하다.
② 학습자의 특정 행동이 어떠한 조건과 상황 속에서 나타나는지를 관망하는 분석적 관찰을 해야 한다.

③ 관찰 과정에 평가자의 주관, 편견, 감정, 개인적 경험, 기억 등의 요소가 개입되지 않도록 하여 객관성과 신뢰성을 확보한다.

④ 관찰하는 상황의 환경과 상황을 고려하여 종합적으로 판단한다.

⑤ 한 번 관찰한 사실을 통해 성급하게 일반화해서는 안 된다.

⑥ 여러 조건과 상황에서 관찰하며, 한 시기에 집중 관찰하는 것보다 여러 시기에 걸쳐 관찰 자료를 누적하는 것이 좋다.

⑦ 기록법과 정리법을 사전에 정하며, 관찰한 사항은 가급적 바로 기록하는 것이 좋다.

⑧ 분석적 관찰과 정확한 기록, 정리, 해석이 관찰법을 유의미하게 만든다.

(3) 기록법

관찰법을 활용하기 위해서는 관찰한 내용을 가능한 즉시 기록하는 것이 중요하며, 기록하는 방식에 대해서도 체계를 마련하는 것이 좋다. 따라서 평가내용에 대한 학습자의 행동이나 반응을 정확하게 기록하여야 하는데, 이러한 상황에 여러 기록법 중 적절한 것을 선택하여 활용할 줄 알아야 한다. 따라서 여기서는 일화기록법, 체크리스트법, 기계에 의한 기록법에 대하여 알아보자.

1) 일화기록법

① 특 징
- 구체적인 행동이나 관찰 결과를 상세하게 기록하여 누적해나가는 방식
- 정해진 형식은 없으나 어떠한 행동이 언제 어떻게 실시되었는지를 사실에 입각하여 기술

② 장점 : 학습자의 행동과 평가자의 의견을 별도로 분리하여 기록하는 것이 좋음

③ 단점 : 지속적으로 구체적인 일화를 기록하고 누적해나가는 데 많은 힘이 듦

④ 유의사항
- 하나의 행동이나 사건은 각각 별도로 분리하여 기록하여야 함(여러 사건 종합 ×)
- 평가자는 냉정하고 객관적인 자세로 관찰하여야 함
- 학습자의 긍정적 측면과 부정적 측면 모두를 관찰하여 누가기록하여야 함

⑤ 예 시

			학습자 : ○○○ / 담임교사 : ○○○
일 시	장 소	일 화	해 석
3/5	교 문	아침 등굣길에 학교 앞 횡단보도에서 무단횡단을 함	주변 친구나 학부모님, 선생님의 시선을 신경 쓰지 않는 것으로 보아 문제의식을 느끼지 않는 것 같음
3/10	교 실	교통사고 사진을 보고 무단횡단을 하면 다칠 수 있다고 말함	무단횡단의 위험성을 인지하고 있으나, 사고가 본인에게는 일어날 가능성이 없다고 생각하는 것 같음

2) 체크리스트

① 특징 : 안전한 행동을 세세하게 나누고, 각 행동이 나타나면 표에 체크하여 평가하는 방식

② 장점 : 평가의 기록과 자료 처리가 쉬움

③ 단점 : 모든 행동을 단위별로 나누고 분류하는 것이 어려움

④ 유의사항

  • 단위로 나누는 행동이 서로 배타적이고, 분류기준이 동일하여야 함

  • 평가 내용이 기준에 포괄적으로 제시되어 행동을 관찰할 수 있어야 함

⑤ 예 시

평가자 : 담임교사 ○○○

과학실 안전하게 사용하기	1모둠	2모둠	3모둠
1. 실험복, 장갑, 보안경을 제대로 착용하였다.	✔	✔	✔
2. 실험 단계에 맞추어 실험을 진행하였다.	✔		
3. 실험이 끝난 뒤 장난치지 않고 화학 약품을 정리하였다.			✔

3) 기계에 의한 기록법

① 특징 : 카메라, 캠코더, 컴퓨터, 녹음기 등과 같은 전자기기를 활용하여 평가 장면을 기록하고, 이를 활용하여 평가하는 방식

② 장점 : 간편하고 정확하게 기록해둘 수 있음/평가 장면을 놓친 경우 재생해서 볼 수 있음

③ 단점 : 평가 진행 과정에서 초상권, 저작권과 같은 부분에 문제가 생길 수 있음

④ 유의사항

  • 학습자가 자신이 기계에 의해 기록되고 있다고 의식하는 순간 행동이 부자연스러워질 수 있으므로, 학습자가 인식하지 못하도록 하여야 함

  • 기계를 통해 기록된 자료는 개인정보 및 저작권 등 관리에 철저하여야 함

  • 다른 기록법 및 평가법과 함께 활용되어야 함

요즘 교육 현장에서는 학교에서 이루어지는 모든 평가를 과정 중심 평가로 계획하며, 실시하려고 노력 중이다. 이전까지의 평가 패러다임이 '결과' 중심이었다면, 지금부터는 '과정'에 중심을 두고 평가를 실시하여야 한다는 것이다. 하지만 여기에서 강조하는 과정은 절대 결과를 배제하는 것이 아니며, 학습 과정에서 일어나는 배움과 성장을 중시하라는 뜻이다. 이러한 패러다임 속에서 과정 중심 평가를 진행하기 위해서는 수행평가를 활용하여야 한다. 따라서 이번 장에서는 두 항목의 정의와 특성, 그리고 관계에 대하여 알아보고자 한다.

1 수행평가

(1) 정 의

수행평가란 학습자 스스로가 자신의 지식이나 기능을 나타낼 수 있도록 답을 작성하거나, 발표하거나, 산출물을 만들거나, 행동으로 나타내도록 하여 이를 기반으로 평가하는 방식을 뜻한다.

수행평가의 필요성에 대해서는 다양한 의견이 있는데, 평가를 통해 사고의 다양성과 창의성을 강조하기 위해서, 여러 측면의 지식이나 능력을 지속적으로 평가하기 위해서, 학습자가 지식을 알고 끝내는 것이 아니라 실제 상황에 적용할 수 있는 능력을 길러주기 위해서, 학습자 개인에게 의미 있는 학습 활동이 되기 위해서, 다양성을 존중함과 동시에 그 속에서 타당성을 확보하기 위해서, 교수·학습 목표와 평가 내용을 직접 관련시키기 위해서 등이 있다.

(2) 특 징

수행평가는 기존에 실시되던 평가들과는 조금 다른 특징을 지니고 있다. 결론적으로 교육의 본질을 찾고 실현시키기 위하여 수행평가가 대두되었는데, 아래의 특징을 살리지 못한 채 수행평가의 방법만을 활용하게 된다면 이 또한 결국 교육의 본질을 살리지 못하는 것이다. 따라서 수행평가를 활용하기 위해서는 사전에 특징에 대한 심층적 이해가 필요하다.

① 수행평가는 학습자들이 정답을 선택하게 하는 것이 아니라, 자기 스스로 정답을 구성하거나 행동으로 나타내도록 해야 한다.

② 교육목표를 실현시킬 수 있는 실제 상황에서 수행평가를 실시하여야 한다.

③ 학습의 결과뿐만 아니라 학습의 과정도 함께 중시한다.

④ 일회성으로 단편적인 영역을 평가하기보다, 지속성 있는 전체적인 관점에서 평가하여야 한다. 또한 평가에 학습자의 변화와 발달 과정을 종합하여 반영하여야 한다.

⑤ 개인 평가뿐만 아니라 집단 평가도 중시한다.

⑥ 수행 평가는 학습자의 학습 과정을 진단하고 개별 학습을 촉진하려는 노력을 중시한다.

⑦ 학습자의 인지적 영역(지식, 고등사고능력 등), 정의적 영역(행동, 발달상태, 흥미, 태도 등), 더불어 심동적 영역(체격, 체력 등)을 종합하여 전인적인 평가를 중시한다.

⑧ 수행평가는 단순 사고 능력(기억, 이해력)보다 고등 사고 능력(창의, 비판, 분석, 종합)을 중심으로 측정한다.

(3) 수행평가가 안전교육에 주는 시사점

수행평가는 학습자들이 학습한 내용을 바탕으로 진정한 수행 능력을 평가하려는 것이며, 이러한 평가 과정을 통해 교육활동 자체를 더욱 의미 있게 한다. 학습자에게 교육을 실시하고 수업이 완료되었다고 해서 교육적 효과로 무조건 이어지는 것은 아니며, 평가를 실시하였다고 해서 모든 능력을 측정하였다고 할 수는 없는 것이다. 이러한 맹점을 조금이라도 방지하고자 수행평가를 통해 진정한 교육의 실현을 꾀하는 것이다.

본 책에서 여러 번 언급하였지만, 안전교육은 지식, 기능, 태도 모두 중요하지만 실질적으로 안전 기능이 결여되면 안전한 생활을 영위하는 데 큰 어려움이 있다. 수행평가는 평가 장면이 실질적인 상황, 실제 문제 상황을 가정하고 진행되기 때문에, 학습자들의 실질적인 기능 평가가 가능하다. 따라서 안전교육에서도 수행평가를 활용하면 안전지식을 실제로 문제 상황에 적용하고, 안전 기능을 수행할 수 있는지를 평가할 수 있게 되는 것이다.

화재 상황, 지진 및 테러 대피 상황 등 위험하고 급박한 위기 상황은 무수히 많다. 이러한 상황에 처했을 때 학습자들이 당황하지 않고 실제 안전 기능을 수행할 수 있도록 교육하는 것이 바로 안전교육이다. 화재 및 대피교육을 실시하였음에도, 학습자들이 어떻게 해야 할지 모르고, 어떻게 대피하여야 할지 모른다면 이는 안전교육의 의미를 상실한 것이다.

따라서 이러한 부분을 해소하기 위해 교수·학습 목표 및 평가를 계획할 때 수행평가를 활용하여 지식, 기능, 태도 능력의 결손을 방지하는 데에 의미가 있다. 또한 수행평가를 통해 학습 과정을 강조하고 의미를 부여하며 배움과 발전의 즐거움을 느끼게 하는 효과도 누릴 수 있다. 정말 안전교육에서 평가해야 할 수행 능력을 제대로 평가하기 위함이고, 이를 통해 안전교육 그 자체를 온전히 실행하기 위함인 것이다.

② 과정 중심 평가

(1) 정 의

과정 중심 평가란 교육과정 성취 기준에 기반을 둔 평가 계획에 따라 교수·학습 과정에서 학습자의 변화와 성장에 대한 자료를 다각도로 수집하여 적절한 피드백을 제공하는 평가를 뜻한다. 결과에 중심을 두고 학습 목표에 도달했는지의 여부를 중시하는 평가에서 벗어나, 결과와 함께 학습자의 학습 과정을 중시하고 배움과 성장을 함께 꾀하는 평가 방식이다. 따라서 과정 중심 평가는 학습을 위한 평가활동이며, 평가 자체가 학습 활동이 되기도 한다.

과정 중심 평가에서는 교육자만이 평가자가 되는 것이 아닌 학습자 본인이 평가자가 되어 자기평가, 동료평가에 참여해보는 다양한 방식을 포함한다. 그리고 교수·학습 과정에서 진단적 평가, 형성적 평가, 결과 및 과정 중심 평가의 방향성을 가지고 다양한 시기에 지속적인 평가를 실시하기도 한다. 이렇듯 과정 중심 평가는 개방적이면서도 다양성을 띤 유의미한 평가활동인 것이다.

[결과 중심 평가와 과정 중심 평가]

	종래의 평가 방식	새로운 평가 방식
평가 체제	• 상대평가 • 양적평가	• 절대평가 • 질적평가
평가 목적	• 선발·분류·배치 • 한 줄 세우기	• 지도·조언·개선 • 여러 줄 세우기
평가 내용	• 학습의 결과 중시 • 학문적 지능의 구성 요소	• 학습의 결과 및 과정 중시 • 실천적 지능의 구성요소
평가 방법	• 선택형 문항을 사용한 지필평가 중심 • 일회적 평가 • 객관성·일관성·공정성 강조	• 다양한 평가 방법 고려 • 지속적·종합적 평가 • 전문성·타당성·적합성 강조
평가 시기	• 학습 활동이 종료되는 시점 • 교수·학습과 평가 분리	• 학습 활동의 모든 과정 • 교수·학습과 평가 통합
교사 역할	• 지식의 전달자	• 학습의 안내자·촉진자
학생 역할	• 수동적인 학습자 • 지식의 재생산자	• 능동적인 학습자 • 지식의 창조자
교수 학습	• 교사 중심 • 인지적 영역 중심 • 암기 위주 • 기본 학습능력 강조	• 학생 중심 • 인지적·정의적 영역 모두 강조 • 탐구 위주 • 창의성 등 고등 사고기능 강조

(출처 : 국민안전교육 표준실무 2020)

(2) 특 징

과정 중심 평가는 학습자의 학습 과정과 문제 해결 과정에 중점을 두고 진행한다는 특성이 있다. 더불어 교육 과정과 평가, 교수·학습 과정과 평가를 직접적으로 연계하여 학습활동 속에서 평가를 실시한다는 데에 의미가 있다. 결국 평가는 학습의 도구이며, 학습 과정은 평가의 내용에 포함되어 평가의 활용 범위가 더욱 넓어지는 것이다.

과정 중심 평가의 9가지 특징

01 성취기준에 기반하여 이루어진다.
과정 중심 평가는 가르치고자 하는 교육과정의 재구성을 통해 교사가 계획한 성취기준 순서에 따라 교수·학습과정에서 단계적으로 실시하는 평가임.

02 교육과정-교수·학습-평가 간 연계를 통한 수업의 변화를 모색한다.
과정 중심 평가는 수업 중에 이루어지며, 교수·학습과 연계된 평가를 지향하므로, 수업과 평가를 연계하여 평가 결과에 따라 수업 방식을 조정할 수 있음.

03 학생의 다면적 특성에 대한 종합적 평가이다.
학생의 다면적 특성은 인지적 및 정의적 특성, 역량 등을 포함하는 것으로, 과정 중심 평가를 통해 평가 내용의 범위가 확정되고, 내용 영역과 연계하여 기능이나 역량의 발달 과정을 평가할 수 있음.

04 학생의 학습 과정에 대한 평가이다.
학생의 학습 결과에 대한 평가와 더불어 학습 과정에서 일어나는 학생 간 상호작용에 대한 평가를 실시하여 지식, 기능, 태도의 발달 상태를 파악함.

05 수업 중 수시로 이루어진다.
평가 기간의 유연성을 의미하는 것으로 평가의 형성적 기능을 활성화할 수 있음. 그러나 수업과정에서 일회성으로 평가하기보다는 수시 평가가 이루어질 필요가 있음.

06 다양한 평가 방법을 활용하여 자료 수집을 다원화 해야 한다.
학습 과정과 결과에서 평가할 수 있는 학생에 대한 다양한 측면을 평가 요소로 설정하고, 이를 평가하기 위해 적절한 평가 방법과 평가 도구들을 개발하여야 함.

07 평가 주체를 다양화한다.
교사, 자신, 동료 학습자, 여러 교사가 평가의 주체로 참여할 수 있음. 특히 자기평가, 동료평가 등을 통해 직·간접적으로 학생이 평가의 주체가 되는 등의 활동을 실시하여 학생 중심의 평가가 이루어지도록 함.

08 즉각적이고 개별적인 피드백을 통해 학생의 학습과 교사의 수업을 개선한다.
결과 평가와 더불어 학습 과정에서의 평가를 실시하여 피드백이 필요한 시점에 교사와 학생에게 피드백을 제공할 수 있음. 교사와 학생은 이를 바탕으로 적절한 시기에 교수·학습 방식을 개선할 수 있음.

09 학생의 성장과 변화를 지원하기 위한 목적에서 평가 결과가 활용된다.
학생 학습 활동에 대한 관찰을 통해 학습자의 부족한 점을 채워주고, 우수한 점을 심화·발전시킬 수 있도록 학습 과정에 대한 평가를 통해 피드백을 제공해야 함.

(출처 : 국민안전교육 표준실무 2020)

3 수행평가와 과정 중심 평가의 연관성

지금까지 교육 현장에서 중요시되는 수행평가와 과정 중심 평가의 정의와 특성에 대하여 알아보았다. 그렇다면 이번 장에서 두 가지 사항에 대하여 왜 언급하였으며 어떠한 관계가 있는 것일까? 두 개념 사이의 관계를 한 문장으로 정리해보자면, '수행평가는 과정 중심 평가의 방향성을 실현할 수 있는 대표적인 평가 방법'이다. 수행평가의 특성을 활용하여 교육 속에 평가를 녹여내면 그것이 과정 중심 평가가 될 수 있는 것이다.

뿐만 아니라 교육 현장에 수행평가가 먼저 대두되었고 운영되었지만 그 의미가 점점 퇴색되어 갔다. 그러던 와중 수행평가의 본질을 더 살리기 위하여 고안된 것이 과정 중심 평가이기도 하다. 수행평가는 학습자가 실제 상황과 유사한 맥락에서 학습 과정에 능동적으로 참여하고, 산출물을 만들거나 언어·행동으로 표현해낸다. 또한 학습자의 수행 과정과 성장 과정까지 평가하고 기록하게 되는데, 과정 중심 평가는 이 과정 전체를 학습에 포함시켜 평가하기 때문이다.

두 가지 항목 모두 평가자의 관심과 끊임없는 피드백으로 학습자들의 지속적인 발전과 성장을 이뤄내는 것이 궁극적인 목표이다. 따라서 과정 중심 평가와 수행평가는 서로 분리되어 실시되는 별개의 개념이라기보다 상호 밀접하게 연계되어 있다는 것을 알 수 있다. 이러한 연관성을 도표로 나타내면 다음과 같다.

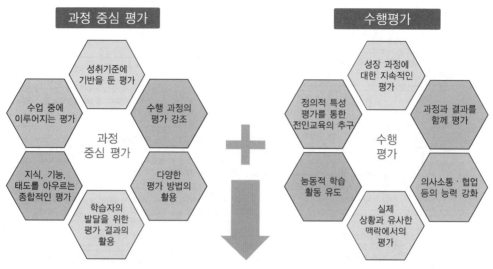

학습자의 수행과정, 성장과정까지 평가 및 기록

(출처 : 국민안전교육 표준실무 2020)

4 과정 중심 수행평가 방법

지금까지 언급한 많은 요소들은 실제적으로 평가를 실시하기 전에 이론적 기반을 형성하기 위함이었다. 이러한 기반 위에 다양한 과정 중심 수행평가 방법을 활용하면 학습자들의 배움과 성장을 이루어낼 수 있다. 여러 가지 평가 방법들은 안전교육에 접목시켜 안전 지식, 기능, 태도를 종합적으로 평가하고, 내적 동기를 자극해 안전 행동의 반복과 생활화까지 꾀할 수 있도록 하여야 한다.

다음에 언급되는 방법들 중에는 본 책의 평가의 유형에서 언급되거나 교수·학습 모형에서 하나의 수업모형으로 구체적으로 언급된 것들이 있다. 중복되어 언급되는 이유는 평가 방법 자체를 수업의 도구로 활용할 수도 있고, 수업모형으로 활용할 수도 있기 때문이다. 따라서 간단하게 언급된 내용을 바탕으로 필요에 따라 적절하게 선택하여 활용하도록 한다.

1) 논 술

① 방식 : 평가 내용에 대하여 학습자의 지식, 기능, 태도에 대하여 자유롭게 서술해나가는 평가

② 특 징

• 고등 사고 능력(창의력, 문제해결능력, 비판적 사고력, 정보수집능력 등)을 평가하기 적합함

• 문제에 대한 생각, 아이디어 및 표현의 적절성을 종합적으로 평가함

③ 안전교육 평가 예시 : 현대사회에서 전염병이 쉽게 확산되는 이유 2가지와 이를 극복하기 위한 해결 방법 2가지를 제시하는 논설문 쓰기 평가 등

2) 구 술

① 방식 : 평가 내용에 대해 학습자의 의견을 말로 풀어내어 평가하는 방식

② 특 징

- 1:1면담, 1:多면담, 전체 발표 등 다양한 형식으로 운영 가능
- 평가범위만 제시하고 즉각적인 구술을 듣거나 미리 문제를 제시하여 발표를 준비하여 평가를 실시할 수도 있음
- 의사소통 능력과 표현력, 학습자의 이해력, 판단력 등을 평가할 수 있음

③ 안전교육 평가 예시 : 어린이 안전 다짐 발표회 평가, 소방안전강사 경연대회 등

3) 토의 · 토론

① 방식 : 특정 주제에 대하여 의사소통하는 과정을 관찰하여 평가하는 방법

- 토의 : 어떤 문제에 대하여 협의하며 다양한 의견을 끌어내는 대화
- 토론 : 어떤 문제에 대하여 찬반을 나누고, 각각의 주장을 통해 서로를 설득시키는 대화

② 특징 : 토의 · 토론의 과정에서 학습자들의 준비성, 적절성, 논리성, 상대방의 의견을 존중하는 태도 등을 종합적으로 평가함

③ 안전교육 평가 예시 : 심정지로 쓰러진 사람에게 심폐소생술을 하였지만 사망한 경우, 흉부압박을 한 사람에게는 법적 책임이 있을 것인가에 대하여 토론하며 착한 사마리아인의 법과 생명존중 의식 함양

4) 프로젝트

① 방식 : 학습자가 탐구하고 싶은 문제를 선정하고, 학습 방법 선택 및 문제 해결의 전 과정을 평가하는 방식

② 특 징

- 탐구 중심 학습 모형의 프로젝트 학습법과 연계됨
- 학습자들의 학습 과정과 산출물 결과를 함께 평가함

③ 안전교육 평가 예시 : 우리 지역의 불법주차를 해결하기 위해 교통사고 자료를 분석하고 홍보자료를 만들어서 마을에 게시하는 프로젝트 학습의 전 과정을 평가

5) 실험 · 실습

① 방식 : 안전 문제를 주제로 삼아 직접 실험 · 실습에 참여하는 과정을 평가하고, 동시에 결과를 정리한 보고서를 함께 종합하여 평가하는 방식

② 특징 : 안전 실험 · 실습을 통한 지식, 기능, 태도, 문제해결능력, 탐구능력 등 평가 가능

③ 안전교육 평가 예시 : 세균배지에 씻지 않은 손을 문지르고, 세균이 번식하는 과정을 예상하고 관찰하며 보고서를 작성하게 함. 실험 과정과 보고서를 통해 위생 안전에 대한 지식, 기능, 태도를 종합적으로 평가

6) 포트폴리오

① 방식 : 학습 과정에서 제작한 결과물들을 체계적으로 누적한 자료집을 평가하는 방식

② 특 징

- 많은 평가 자료들을 통해 학습자의 성실성과 잠재 능력을 파악할 수 있음
- 학습자의 성장 과정이 눈에 보이는 것이 가장 큰 장점임
- 포트폴리오를 교육활동 끝에 한 번만 평가하고 끝내는 것이 아니라, 학습 과정 중에도 수시로 지속적으로 평가해나가는 것이 좋음

③ 안전교육 평가 예시 : 한 학기의 안전교육을 실시할 때, 안전교육 포트폴리오를 만들게 함. 교육 시작부터 안전일기쓰기, 안전 다짐하기, 안전 점검하기 등의 활동을 지속적으로 수행하고 자료를 모아 한 학기 동안 어떻게 행동이 변화되었고 습관이 형성되었는지 종합적으로 평가

7) 관찰법

① 방식 : 평가자가 학습자의 행동이나 특성을 관찰한 사실을 평가 자료로 활용하는 방식

② 특 징

- 특정 행동을 관찰하여 평가내용과 관련 있는 사실을 상세하게 기록해두는 것이 좋음
- 일화기록법, 체크리스트, 평정척도법, 기계를 활용한 기록 등의 기록법이 있음

③ 안전교육 평가 예시 : 생활안전 교육을 통해 실내에서 뛰지 않기를 가르친 뒤 일정 시간, 기간 농안 학습자들의 생활습관을 관찰하고 기록하여 평가하는 것

8) 자기평가, 동료평가

① 방식 : 평가자의 범위를 교육자에서 학습자로 더 넓혀나가, 학습자 스스로 자신을 평가해보거나 또래 동료를 서로 평가해주는 방식

② 특 징

- 학습자 스스로 자신의 준비도, 학습 의욕, 성실성, 만족도 등을 반성해보는 기회 제공
- 평가 대상자의 수가 많은 경우 자기평가, 동료평가 결과를 참고하면 평가자의 채점의 공정성을 높일 수 있음

③ 안전교육 평가 예시 : 금연 제도 박람회를 개최하고, 여러 학습자들이 서로의 작품에 대하여 평가하게 함. 동료평가 결과를 참고하여 평가자가 최종 성적을 산출하며 평가하는 것

안전교육 교수설계

01 교수설계

1 교수설계의 의미

우리는 인테리어나 건축 공사를 실시할 때 '설계'라는 단어를 많이 사용한다. 설계라는 단어는 우리가 무엇을 만들거나 문제를 해결할 때 어떤 행동을 수행하기에 앞서 체계적인 계획을 세우는 것을 말한다. 설계를 할 때는 계획을 실행함으로써 영향을 주거나 받을 수 있는 여러 가지 요인들에 대해 신중하게 고민해야 한다. 마치 인테리어 설계자라면 시설의 목적이나 용도는 무엇이며, 어떤 사람들이 사용할 것인가, 얼마나 많은 사람들이 사용할 것인가, 제품의 위치나 재료와 강도는 어떻게 할지 종합적으로 고민하여 계획을 세워야 한다.

마찬가지로 교수설계도 인테리어의 과정과 같다. 성공적인 수업을 위해서 사전에 수업을 구체적으로 계획하여야 하고, 수업에 영향을 끼칠 수 있는 요소들을 고려해야 한다. 인테리어에서도 다양한 조건에 대해 고민하듯이, 교수·학습 또한 얼마나 많은 학습자들이 어떠한 내용을 어떠한 방법으로 공부할지 등에 고민하여야 한다. 교육의 관점에서 이러한 과정이 바로 교수설계인 것이다. 교수설계는 수업의 시작부터 끝까지 전체의 과정을 구상하는 것이다. 수업의 여러 요소를 빠짐없이 고려하여, 효과적이고 효율적으로 수업목표를 달성할 수 있도록 하는 준비하는 과정이기도 하다.

교수설계에 대한 여러 학자들의 의견은 다양하다. 그중 라이겔루스(Reigeluth)는 교수활동이란 '기대하는 목표를 성취하기 위해 최적의 수단을 강구하는 것', '학습자의 지식과 기능에서 기대하는 변화를 성취하기 위한 최적의 교수방법을 마련하는 것'이라고 하였다. 또한 교수설계 이론은 인지적, 정의적, 사회적, 신체적, 영적 학습과 발달을 위해 도움을 줄 수 있는 방법에 관하여 도움을 주는 이론이라고 하였다. 따라서 교육 및 교수설계를 통해 다음과 같은 요소들을 제공해야 한다고 주장하였다.

명료한 정보	학습목표에 도달하기 위해 필요한 지식, 설명, 예시
최선의 실천	개념에 대해 학습자들이 직접 능동적으로 성찰하고 추구할 수 있는 기회
유용한 피드백	학습자들의 수행 과정에 필요한 분명하고 세심한 조언
강력한 내·외적 동기	학습자들이 흥미를 가지고 참여하도록 하거나 성취감을 맛보여 성장하도록 보상을 주는 활동들

이와 같이 교수설계란 가르쳐야 할 내용의 특성, 수업목표, 학습자들의 특성 등 여러 가지 조건들을 분석하고 이에 맞추어 적절한 교수방법, 전략, 매체를 선별하는 데 도움을 주는 과정이다. 또한 각 자료들을 어떠한 계열과 순서로 어떻게 활용할지 고민하며 어떠한 방법으로 어떠한 내용을 어떻게 평가할지에 대하여 숙고하는 과정이다. 결론적으로 교수설계는 교육의 질을 높이기 위한 방법으로서 교육활동의 목적을 달성하기 위한 바람직한 교수 활동들의 체계를 마련하고 구성해주는 지식 체계인 것이다.

◆ Tip

교수설계 이론은 실제로 교육활동을 구상할 때 필수적으로 활용되는 부분이다. 교수설계 이론은 소방안전교육사 2차 시험에서 이미 출제된 적이 있으며, 구체적으로 단계를 알고 있는지, 단계별 특성을 알고 있는지, 그리고 그 두 가지의 의미와 시사점을 서술할 수 있는지를 물은 적이 있다.

학습 Point!
• 각 교수설계 이론의 단계와 흐름은 꼭 외워두자.
• 교수설계의 단계별로 어떠한 요소들을 고려하여야 하는지 핵심을 파악하자.
• 어떠한 안전교육 주제를 정하고, 교수설계 단계를 적용하여 수업을 구상하는 연습을 하자!
(예 겨울철 안전사고를 위한 안전교육 계획을 ADDIE 모형을 기반으로 설계한다면 각 단계에서 무엇을 어떻게 해야 할까?)

1 ADDIE 모형

    교수·학습 과정을 계획하고 실시하여 마무리하기 위해 실시되는 일련의 과정을 나타내며, 총 5단계로 구분되어 있다. 분석(Analysis), 설계(Design), 개발(Development), 실행(Implementation), 평가(Evaluation)의 순서로 이루어지며 각 단계의 첫 글자를 따서 ADDIE 모형이라고 불린다. 하나의 교육활동을 계획하고 마무리하기까지 어떠한 단계로 이루어지는지, 단계별로 살펴야 할 내용은 무엇인지에 중점을 두고 살펴보자.

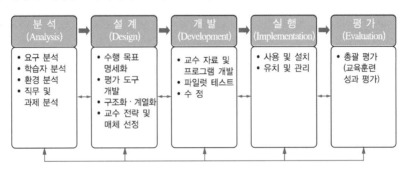

(출처 : 국민안전교육 표준실무 2020)

(1) 분석(Analysis) 단계

    교육을 시작하기 전에 '누구에게, 어디에서, 어떻게, 무엇을?'과 같은 기준으로 사전에 분석을 하는 단계이다. 궁극적인 목적은 현재의 상태에서 교육을 통해 도달하고자 하는 상태 사이의 차이를 규명하는 것이다. 학습자에 대한 요소뿐만 아니라 교육자에게 필요한 지식, 기능, 태도까지 포함하여 분석할 필요가 있다. 교육활동의 기틀을 잡는 단계이므로 정확하고 명확한 진단이 필요하다.

1) 요구 분석

    무엇을 가르쳐야 할지에 대해서 분석하는 단계이다. 교수설계에서 가장 먼저 이루어져야 하며 분석의 결과가 결국 수업 목표가 된다. 요구는 학습자가 현재 주제에 대해서 알고 있는 상태와 가르치고자 하는 완성된 개념 사이의 차이를 통해 파악한다.

2) 학습자 분석

    학습자가 어떠한 특성을 가지고 있는지 분석하는 단계이다. 학습자가 기본적으로 가지고 있는 능력을 파악하고, 어떠한 특성을 가지고 있는지, 어떠한 방식으로 학습하는지 등에 대해서 분석하여야 한다. 이 결과에 맞추어 적절한 수업모형이나 교수매체가 달라져야 한다. 예를 들어 '어린 유아들은 활동적이고 노래와 캐릭터를 좋아하는 특성이 있으니 뽀로로를 통해 겨울철 안전 습관을 노래로 부르게 하며 가르쳐야지!'라고 생각하는 것이다.

3) 환경 분석

학습자들이 교육을 받는 학습 환경이 어떠한 특성을 가지는지 고민하는 것이다. 예를 들어 강당에서 교육이 진행되는 경우에는 마이크와 같은 방송장비를 고려해야 하며, 좁은 교실일 경우 체험형 수업보다는 토의형 수업이 적합할 수 있다고 판단하는 것이다. 또한 학습자들이 교육받은 내용을 수행해야 하는 수행환경 또한 고려해야 한다. 예를 들어 학교 주변에 교통사고가 잦은 구역이기 때문에 학생들에게 체험 중심으로 도로를 살피는 법을 가르치고 삶 속에서 실천할 수 있도록 습관화에 중점을 두고 가르치도록 계획하는 것이다.

4) 직무 및 과제 분석

수업목표를 달성하기 위해 필요한 지식, 기능, 태도가 무엇인지를 파악하는 것이다. 그리고 이들 사이의 관계와 계열성을 이해하고 조직하는 것이다. 가르쳐야 하는 개념의 특성을 파악하고 이를 바탕으로 학습자들에게 어떻게 가르치면 좋을지 구상해보는 단계이다. 마치 학생들에게는 공사장 안전교육보다는 일상적인 생활안전교육을 가르치는 것이 더 현실적이라고 판단하는 것과 같다.

(2) 설계(Design) 단계

분석단계에서 인지한 GAP(현재와 도달 목표 사이의 차이)를 바탕으로 교육 과정을 '구조화'하는 단계이다. 다시 말해 분석 결과 자료를 토대로 구체적으로 어떻게 가르칠지 생각해보며 청사진을 그리는 단계이다. 수업목표를 조금 더 명확하게 정하고 평가를 계획하며, 교수매체를 선정하는 등 직접적으로 수업에 대해 고민해보는 단계이다.

1) 수행 목표의 명세화

요구분석 결과를 바탕으로 수업에서 가르치고자 하는 개념이자 목표를 설정한다. 교육을 통해 어느 정도의 수준까지 도달했으면 좋겠는지에 대해 생각해보고, 이를 바탕으로 기준을 학습목표로서 정하는 단계이다. 학습목표는 교육자가 직접 측정이 가능하고 관찰이 가능한 기준으로 설정해야 한다는 기준이 있다. 예를 들어 안전교육 학습목표를 '소화기 사용법 가르치기'라고 서술한다면 이는 구체적으로 어떻게 측정할지, 어떻게 관찰할지 알 수 없는 것이다. 하지만 학습목표를 '소화기의 사용법을 이해하고 단계별로 설명할 수 있다'라고 설정한다면 어떠한 방식으로 가르치고 어떠한 관찰평가를 실시할지 파악할 수 있는 것이다.

2) 평가 도구의 개발

수업의 전, 중, 후에 필요한 진단평가, 형성평가, 총괄평가에 대해 계획하고 도구를 개발하는 단계이다. 수업이 끝났을 때 평가를 계획하는 것이 아니라 평가는 수업 설계 초기 단계에서 학습목표설정 함께 이루어져야 한다. 학습목표에 도달하였는지에 대해 어떻게 측정할지 생각해보고 이를 바탕으로 평가 도구를 개발하여야 한다. 예를 들어 위와 같이 '소화기의 사용법을 이해하고 단계별로 설명할 수 있다'가 학습목표라면 학습자가 직접 자신의 입으로 소화기 사용법을 올바르게 설명할 수 있는지, 단계별로 순서를 지켜 설명할 수 있는지를 기준으로 구술평가를 시행할 수 있는 것이다.

3) 구조화 · 계열화

학습목표 달성을 위해 학습개념을 어떻게 구조화하고, 어떠한 순서로 제시할지 고려하는 단계이다. 지식, 기능, 태도를 어떻게 배열하여 효율적인 학습을 이루어낼지 고민한다. 소화기 사용법을 설명하기보다 기능 연습이 먼저 이루어진다면 계열화가 잘못된 것이다.

4) 교수 전략과 매체의 선정

설계한 학습목표에 도달하기 위해서 어떠한 수업모형을 선택하고, 어떠한 교수법을 활용하며 어떤 교수매체 자료를 활용할지 선정하는 단계이다. 분석 단계와 설계 단계의 내용을 종합적으로 분석하여 학습목표에 적합한 수업모형을 고르고, 이에 맞는 교수매체까지 탐색한다.

(3) 개발(Development) 단계

설계 단계에서 수립한 계획을 바탕으로 직접적으로 교수자료를 개발하는 과정을 말한다. 이전 자료들을 통해 계획 초안을 작성하게 된다. 수업 전 형성평가를 실시하여 현재 학습자들의 지적 수준이나 특성은 어떠한지 파악한 후 다시 프로그램을 수정하여 교육 프로그램을 완성시킨다.

1) 교수 자료의 개발

수업에 직접 활용할 교재나 활동지, 교수매체를 준비하는 단계이다. 소화기 사용법을 가르치기 위해서 학습자 특성에 맞게 소화기 모형을 준비하거나 모양을 보고 그리는 활동지 등을 개발하는 것이다.

2) 사전평가 및 수정

사전평가는 수업 사전에 학습자의 상태를 진단하기 위해 실시된다. 설계 단계에서 개발된 사전평가를 통해 가르치고자 하는 개념에 대해서 학습자가 얼마나 알고 있는지 파악한다. 이 단계에서 말하는 사전평가에 대해서 '진단평가'라고 언급하기도 하고 '형성평가'라고 언급하기도 한다. 이 개념은 표현하는 방식의 차이이기 때문에 수업이 이루어지기 전에 평가가 이루어진다는 점에 중점을 두어 '사전평가'로 표현하였다. 또한 진단평가나 모의 수업으로 파일럿 테스트를 진행해볼 수도 있다.

사전평가 결과를 통해 계획하고 있는 수업활동의 수업목표, 활동 내용, 교수전략 및 매체, 난이도 등을 수정하는 단계이다. 예를 들어 초등학교 고학년 학생들을 위해 '화재예방 글쓰기'를 활동으로 준비했지만 학생들의 쓰기능력이 부족함을 깨닫고 '화재예방 만화 그리기'로 활동을 변경하는 것이 이에 해당된다.

3) 제 작

제작 단계에서는 지금까지 분석하고 계획한 내용에 맞게 실질적으로 수업을 구상하고 자료를 마련한다. 머릿속에 있는 교육을 현실로 구체화시키는 작업이므로 제작 단계 과정에서 발견한 오점들은 순간순간 즉시 처리하여 개선해나간다.

(4) 실행(Implementation) 단계

개발된 프로그램을 실제 현장에서 사용해보는 과정이다. 실제로 수업을 해보면서 지속적으로 프로그램이나 교육 과정을 유지하고 관리하며 수정·보완할 부분을 파악할 필요가 있다.

1) 프로그램의 사용 및 설치

교육프로그램 또는 교육 과정을 직접 현장에서 사용해본다. 분석 및 설계 단계에서 고려한 내용을 바탕으로 학습자 및 학습 환경에 맞는 적절한 방식으로 교육활동을 실시해나간다.

2) 유지 및 관리

하나의 교육 프로그램은 만들어두면 반복해서 쓰기 마련이다. 하지만 현대시대의 빠른 변화에 맞추어 교수 자료 및 방식 또한 발맞추어 나가야 한다. 따라서 수업에 활용되는 자료(사진, 기사 등)를 최신의 것으로 바꾸거나 스마트 기기를 활용한 새로운 교수방법을 고안해내는 것이다. 또한 실행 단계의 실제 수업에서 겪었던 수업 중 발생한 문제점이나 부족한 부분을 진단하여 프로그램을 수정한다.

(5) 평가(Evaluation) 단계

최종적으로 프로그램의 적절성을 판단하는 단계이다. 학습자가 얼마나 학습목표에 도달했는지 성취도를 파악하거나 프로그램 개발 과정은 타당했는지, 교육 효과는 어느 정도인지 프로그램의 완성도를 평가하는 것이다(평가 항목 예시 : 학습자의 학업성취도, 교육자의 수업진행능력, 만족도, 효과성, 효율성, 매력도, 완성도 등).

1) 총괄평가

교수·학습 프로그램의 효과성, 효율성, 매력성 등을 종합적으로 평가하여 해당 프로그램을 계속 사용해 나갈 것인지에 대해 판단한다. 더불어 프로그램 운영상의 문제점을 파악하고 수정사항을 결정하여 피드백 과정을 거친다.

2) 교수 프로그램 평가 기준

① **효과성** : 교수활동이 얼마나 잘 진행되었으며, 학습목표에 얼마나 잘 도달하였는가?
② **효율성** : 학습목표에 도달하는 데 학습자들이 얼마나 많은 시간과 비용을 필요로 하였는가?
③ **매력성** : 학습자가 그 수업을 자신에게 얼마나 유의미한 것으로 인식하고 활용하는가? 학습에 얼마나 흥미를 느끼고 활동을 이어가려고 하는가?

단계별로 어떠한 절차로 교수 과정이 설계되는지가 핵심이다.

ADDIE 교수설계 모형 핵심정리		
분 석	요구 분석	무엇을 가르치고자 하는지 목적 정하기
	학습자 분석	학습자의 연령, 인원 수, 직업, 능력 등 특성 파악하기
	환경 분석	교육이 진행될 장소의 특성 파악하기 학습자가 교육내용을 직접 실천하게 될 환경 특성 파악하기
	직무 및 과제 분석	과목, 주제 등 가르칠 내용 분석하기
설 계	수행 목표 명세화	분석 결과를 토대로 수업목표 정하기 (수업목표는 관찰 가능하고, 측정 가능한 기준으로)
	평가 도구 개발	수업목표와 함께 진단, 형성, 총괄평가 도구 개발하기
	계열화	학습내용, 활동, 자료의 흐름 정하기
	교수 전략 및 매체 선정	분석, 설계 결과를 바탕으로 교수전략(수업모형, 교수법)과 교수매체(수업자료)를 선택하기
개 발	교수 자료 개발	수업에 필요한 교재, 활동지 등 자료 개발하기
	사전평가 및 수정	수업 전에 학습자 수준과 특성을 파악하기 위해 사전평가를 실시하고, 평가 결과에 따라 수업 내용을 수정하기
	제 작	최종적으로 교육 프로그램을 제작하기
실 행	프로그램의 사용 및 설치	제작한 교육프로그램을 실제 현장에서 활용하기
	유지 및 변화관리	프로그램을 재사용하기 위해 자료를 최신의 것으로 교체하거나 활동의 부족한 점을 파악하여 보완하기
평 가	총괄평가	총괄평가를 통해 프로그램의 효과성, 효율성, 매력성 판단하기

2 가네-브릭스(Gagné-Briggs)의 교수설계 모형 2018년, 2022년 기출

(1) 교수와 학습

가네는 '교수'에 대하여 학습의 촉진을 통해 학습자들에게 영향을 미치는 것, 학습을 수행하는 과정에서 학습자들이 발전해나갈 수 있도록 돕고 지원하는 것이라고 생각하였다. 또한 '학습'이란 인간의 성향이나 능력 변화이며, 경험의 결과이자 오랫동안 지속되는 변화일 때 학습이라고 생각하였다. 결국 교육자의 교수활동을 통해 학습자가 바람직한 방향으로 변화하고 발전해나가는 것을 진정한 학습이라 할 수 있겠다.

안전교육뿐만 아니라 모든 교육 분야에서 일반적으로 교육 범주를 지식, 기능, 태도로 나누어 분석한다. 하지만 가네는 학습 능력과 관련한 범주를 5가지로 나누어 제시하고 있다. 언어 정보, 지적 기술, 인지 전략, 운동 기술, 태도의 5가지 능력이며, 기존 3가지 범주와 무엇이 어떻게 다른지 이해한 후 기억해두길 바란다.

범 주	특 징
언어 정보	사실적 지식이나 개념 같이 언어로 표현될 수 있는 정보
지적 기술	기호, 상징을 통해서 환경과 상호작용하는 능력
인지 전략	자신의 학습, 사고, 전략 등 인지 과정 및 정보처리 과정을 통제하는 능력
운동 기술	신체를 통해서 여러 가지 운동 기능을 수행할 수 있는 능력
태 도	행동 선택에 영향을 주는 것으로 선호, 내적/정신적 경향

(2) 내적 조건과 외적 조건 2022년 기출

효과적인 교수·학습 과정을 위해서는 학습의 내적 조건과 외적 조건이 적절하게 충족되어야 한다고 하였다. 내적 조건이란 앞으로 진행될 학습을 위해서 학습자 내부에 갖춰야 하는 필수적인 것과 선수 학습 능력, 인지 과정(9가지 측면)을 뜻한다. 또한 학습자가 이미 가지고 있는 사전의 지식이나 생각하는 과정을 포함한다. 외적으로는 드러나지 않지만 학습을 위해 학습자 내부에서 일어나는 일련의 사고 과정인 것이다.

외적 조건이란 학습의 내적 인지 과정을 자극하고 도울 수 있는 것으로 외부에서 학습자에게 적용되는 교수 활동을 뜻한다. 학습자의 인지 사고 과정을 자극할 수 있도록 활용하는 다양한 교육방법들을 포함한다. 결국 외적 조건을 통해 학습자의 사고 과정인 내적 조건을 자극하는 것이 궁극적인 목표이다.

따라서 가네는 효과적인 교수·학습 과정이 이루어지기 위해서 내적 조건과 외적 조건을 활용하는 방법을 단계별로 제시하였다. 이해하기 쉽게 표현해보면 각 단계별로 실행하면 좋은 교수활동(외적 조건)과 그때 일어나는 학습자의 사고 과정(내적 조건)을 제시한 것이고, 이에 맞추어 수업을 구성하면 효율적인 학습 과정이 가능하다는 것이다.

(3) 교수설계 과정

다음 표를 보며 교수사태 단계를 외우고, 설명을 통해 각 단계에서 이루어지는 수업을 상상해보자. 학습자의 내적 과정이란 해당 단계를 수행하는 시기에 학습자가 느끼는 것, 또는 사고하는 것 정도로 해석할 수 있다. 따라서 다음 표와 같은 순서로 수업이 진행되고, 각 단계 안에서 학습자의 내적 과정과 교수사태가 조화되면 효과적이고 효율적인 교육활동이 된다고 본 것이다.

구 분	단 계	교수사태 · 수업 절차 (외적 조건)	학습자 인지 과정 (내적 조건)	설 명
학습 준비	1단계	주의의 획득	주 의	모든 교수 · 학습 과정은 학습자의 주의를 끌면서 시작된다.
	2단계	학습 목표의 제시	기 대	학습목표를 제시하여 학습자들이 수업에 대한 기대감을 가지게 한다.
	3단계	선수 학습 능력의 재생 자극	작용기억으로 재생	본 학습에 필요한 내용과 관련하여 이전에 배웠던 내용이나 이전에 알고 있던 지식, 경험들을 묻는다.
획득과 수행	4단계	자극 자료의 제시	자극 요소들의 선택적 지각	시각, 청각, 촉각을 활용한 자료나 다양한 교수매체 자료를 제시하여 수업 주제로 몰입시킨다.
	5단계	학습 안내의 제공	의미 있는 정보의 저장	구체적이고 분명하게 학습목표를 제시하여 학습방향을 안내한다.
	6단계	수행의 유도	재생과 반응	• 교육활동을 위해 학습목표와 관련된 행동을 수행하도록 유도한다. • 교육자는 학습자의 반응을 유도하기 위해 질문을 하거나 행동을 지시한다.
	7단계	수행에 관한 피드백 제공	강 화	• 수행한 결과에 따라 구체적인 정보를 담은 피드백을 제공한다. • 결과가 오답인 경우 이를 보완해줄 수 있는 보충 설명이 필요하다.
재생과 전이	8단계	수행의 평가	자극에 의한 재생	학습자가 학습목표에 도달하였는지를 확인하기 위한 평가를 실시한다.
	9단계	파지 및 전이의 향상	일반화	• 교육은 수업 활동과 평가의 종료로 끝나는 것이 아니라 학생의 행동을 변화시킬 수 있어야 하며, 삶 속에서 실천 가능하도록 하여야 한다. • 학습의 파지와 전이를 위해서는 반복적으로 학습하고 실천하도록 지도하는 것이 효과적이다. • 언어를 통해 학습의 파지와 전이를 위해서는 관련된 추가 언어정보들을 제시하여야 한다.

Q1. Gagné가 주장한 학습을 통해 얻어지는 학습능력(학습성과)의 5가지 범주에 대해 설명하시오.

Q2. Gagné가 제시한 학습의 내적조건과 외적조건에 대해 각각 개념을 설명하고, Gagné-Briggs 교수설계 모형의 특징을 5가지만 기술하시오.

답안을 작성해보세요.

예시답안은 본 책의 부록에 있습니다.

3 딕 & 캐리의 체계적 교수설계 모형 2020년 기출

(1) 정 의

효율적인 교육 프로그램 운영을 위해서는 일정한 기준과 순서에 따라 프로그램을 개발하여야 한다. 합리적이고 체계적인 교수설계를 위해 분석, 설계, 개발, 실행, 평가의 과정을 포함하도록 하는데, 이러한 방식을 교수 체계 개발(ISD ; Instructional Systems Development)이라고 한다. 이전에 학습하였던 ADDIE 모형도 이와 관련되어 있다. 2009년에 이와 관련하여 딕 & 캐리도 체계적인 교수설계를 위한 모형을 제시하게 된 것이다.

교수설계에 대한 정의를 살펴보면, 하나의 종합적인 과정으로 교육활동을 구성하는 교육자, 학습자, 교수 프로그램, 교수・학습활동, 자료와 매체, 수행 환경 등의 여러 요소들이 의존적으로 작용하며 학습자의 바람직한 학습 결과를 산출해낼 수 있도록 돕는 과정이다. 또한 그 속에서 서로 상호작용하고 피드백을 주고받으면서 성취목표를 향해 함께 작동해 가는 체계적 과정으로 보았다.

딕 & 캐리의 체계적 교수설계 모형은 교수 과정을 학습자 중심으로 조직적・체계적으로 구성하여 학습의 성취를 최대화하는 것을 목표로 삼았다. 학습자들이 알고 행동하기 위해 무엇을 필요로 하는지 분석하고 이를 바탕으로 교수설계 체계의 구성 요소들을 상호연관성을 가지게 하였다.

(2) 의의와 특징

1) 심리학적 이론들을 통합적으로 반영하고 있다

① 행동주의 측면(성취 목표, 준거 지향 검사, 교수 전략 등의 이론)
② 인지주의 측면(교수 자료 및 제시와 관련하여 정보처리 과정에 대한 이론)
③ 구성주의 측면(학습자 개인의 실제적 경험을 통하여 학습 환경을 제공하고자 함)

2) 체계적 접근을 추구하고 있다

'체계'란 상호 관련된 부분들의 집합으로 모든 부분들이 설정된 목표를 향해 함께 작동하는 구성체를 말한다. 이러한 체계를 교육에 접목시켜 효율적인 교육을 위해 체계를 어떻게 구성해야 하는지에 대하여 논의하였다. 각 체계는 상호 의존 관계에 있으며, 전체 체계가 서로 피드백을 주고받는다는 점을 시사하였다.

3) 교수 활동의 목표를 제시한다

어떠한 교육활동에서든 가르치고 나서 도달하여야 할 목표가 존재한다. 교육활동 전에는 해당 교육이 왜 필요하며, 이를 통해 무엇을 달성하고자 하는지 목적을 설정하여야 한다. 따라서 교수설계를 통해 목표를 명확히 인식하고 설정하며, 최선을 다해 활동에 임할 수 있게 돕는다는 데에 의미가 있다.

4) 교수설계의 요소들은 모두 가치가 있다

① 교수설계 과정에서 수많은 단계와 요소들이 존재하지만, 각 요소들은 서로 상호의존적으로 구성되었으며 피드백을 주고받으며 가치를 지닌다. 따라서 교수설계에서 체계적 접근을 위해서는 필수적인 요소들을 빠뜨리지 않도록 유의하여야 한다. 또한 각 요소들은 충실하게 설계되어야 하고, 역할과 기능이 수행되어야 한다.

② 모든 요소들은 중요하기 때문에 균형과 조화 속에서 상호작용하며 전체 교수의 목표를 달성하는 데 주력하여야 한다. 요소들 간에 우열을 가리는 것은 어려우며 중요하지 않다. 다만 고르고 균형 있게 모든 요소들을 구비하여 최적의 조직화를 이루는 것이 필요하다.

5) 교수 과정에 '피드백'은 중요하다

교육에서 목적을 설정하는 것만큼 평가를 계획하고 수행하는 것 또한 중요하다. 교육자와 학습자들이 수행하는 활동을 점검, 평가, 환류(피드백)하여 교수 체계의 문제점을 진단하여야 한다. 발견된 문제는 수정하고 보완하면서 지속적으로 발전해나갈 수 있도록 노력하여야 한다.

(3) 교수설계 과정

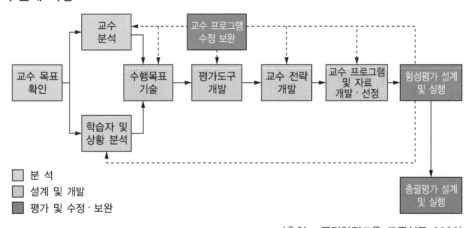

(출처 : 국민안전교육 표준실무 2020)

딕 & 캐리의 교수설계 과정을 보면 앞의 도표와 같이 진행된다. ISD와 관련하여 분석, 설계, 개발, 실행, 평가의 과정을 지니기 때문에 ADDIE 모형과 비슷해 보이는 특성이 있다. 딕 & 캐리의 교수설계 과정을 크게 분석, 설계 및 개발, 평가 및 수정·보완으로 나누어 설명해보고자 한다.

1) 분 석

① 교수 목표 확인
- 첫 단계로서, 교수 목표를 명확하게 해주어야 교수설계 과정이 성공적임
- 교수·학습 과정이 끝났을 때 학습자들이 도달하여야 하는 지식, 기능 수준이 무엇인지 분석하는 단계

- 수행 분석, 요구 분석, 학습자의 실제적 경험, 학습자 특성 및 환경 분석 등으로부터 교수 목표를 도출할 수 있음

② 교수 분석
- 교수 목표를 달성했을 때 학습자들이 할 수 있는 것들, 이를 위해 필요한 하위 기능들을 상세하게 분석
- 하나의 출발점으로서 지식, 기능, 태도 측면에서 필요한 요소들을 분석

③ 학습자 및 상황 분석
- 학습자들의 선수 학습 능력, 흥미·관심 등 선호도, 태도, 학습동기, 학습양식 등 분석
- 교수 분석과 병행하여 학습자에 대한 내용을 분석
- 학습자들이 실제로 활동에 참여하는 실행 과정과 학습 이후에 생활에 활용할 상황까지 범위를 넓혀 분석하여야 함(가르치는 활동에 대해서만 분석하여서는 안 된다)
- 이 단계의 분석 내용은 이후 교수설계 과정에 필수적이고 가장 중요한 요소임

2) 설계 및 개발
① 성취 목표 기술
- 분석 자료를 바탕으로 학습자들이 교육을 이수하였을 때 도달해 있어야 할 지식, 기능, 태도 수준에 대하여 구체적으로 기술
- 성취 목표에는 학습자들이 도달하게 될 행동과 조건, 성취 여부 판단기준 등이 포함되어야 함

② 평가 도구 개발
- 앞서 설정한 성취 목표(학습목표)를 바탕으로 수업 후에 이러한 목표가 달성되었는지 알아보기 위한 도구를 개발하는 단계
- 성취 목표(학습목표)와 평가 내용이 반드시 일치하여야 함(따라서 수업모형이나 교육방법을 정하기 전에 목표와 평가 계획의 연관성, 일관성이 확보되었는지 확인 필수)
- 평가 도구는 학습자들이 성취 목표(학습목표) 도달 여부를 측정할 수 있어야 하며, 내용에 따라 다양한 방식을 적용할 수 있음(객관식, 실습, 실연, 태도 형성 검사, 포트폴리오 등)

③ 교수 전략 개발
- 목표에 도달하기 위하여 어떠한 교수 방법을 사용할 것인지에 대해 전략을 생각하는 단계
- 도입 단계 고려 사항 : 동기 유발·주의 집중 방법
- 전개 단계 고려 사항 : 학습내용·학습 자료 제시 방법, 능동적인 학습자로 만들기 위한 방법, 평가 방법
- 정리 단계 고려 사항 : 마무리 내용 정리 및 요약 방법, 생활화 및 습관화 지도 방법, 개념 적용 기회 마련
- 전체 고려 사항 : 최신 학습 이론, 연구 결과, 교수자료·매체, 지도 내용, 학습자 특성·요구사항, 환경 등

④ 교수 프로그램 및 자료 개발·선정
- 이전 단계에서 구안한 전략을 바탕으로 실제적인 교수 프로그램을 개발하는 단계
- 학습자 안내 활동, 교수 자료 개발, 평가 등이 포함
- 고려 사항 : 목표를 위한 교수활동의 특성, 기존 학습자료 이용 가능성, 개발에 필요한 자원 등

3) 평가 및 수정보완
① 형성평가 설계 및 실행
- 형성적 평가 : 교수 프로그램의 초안이 개발되면 해당 프로그램의 문제점을 파악하고 개선하기 위해 실시하는 평가
- 형성평가 유형 : 일대일 평가, 소집단 평가, 현장 적용 평가
② 교수 프로그램 수정 보완
- 형성평가의 결과를 바탕으로 개선해야 할 문제점을 파악하고, 수정·보완함
- 형성평가를 통해 교수설계를 위한 과정의 타당성, 출발점 기능에 대한 점검, 학습자 특성 등을 재검토하는 기회로 활용
- 수정·보완은 교수설계 과정에도 수시로 지속적으로 이루어져야 하며, 마지막에 따로 실시하는 별도의 과정이 아님
③ 총괄평가 설계 및 실행
- 총괄평가는 교수 프로그램의 효과성을 종합적으로 진단하기 위해 실행하는 평가
- 교수 프로그램에 대한 수정·보완 과정이 충분히 실시된 이후에 목표달성 정도와 성과를 확인하기 위해 별도의 평가자에 의해 실시되어야 함
- 총괄평가는 교수설계 과정 자체에 포함되어 있는 것으로 보지 않음

◆Tip 소방청에서 발행한 2차 시험 범위인 국민안전교육 표준실무는 2020년 개정되면서 교수설계 이론에 딕 & 캐리의 체계적 교수설계 모형을 추가하였다. 이미 실시된 시험에서 교수설계 이론이 출제되었기에, 출제된 부분과 출제되지 않은 부분을 확인하고 공부할 필요가 있다.
학습 Point!
- 1회독 공부가 끝나면 기출문제를 풀어보고, 2회독을 할 때 미기출 부분을 강조하며 공부해보자.
- 모형에 대하여 구체적으로 논할 수 있도록 준비하고, 해당 모형을 활용하여 실제 안전교육 프로그램을 구상하는 연습을 해보자.

4 켈러(Keller)의 ARCS 교수설계 모형 2018년, 2022년 기출

(1) 정의와 의의

안전교육은 학습자들이 안전한 생활을 영위할 수 있는 기반을 마련해주기 위하여 실시한다. 하지만 애초에 학습자들이 학습 자체에 관심을 가지지 않고, 참여하지 않는다면 교육 프로그램은 무용지물이 되고 만다. 따라서 이러한 문제를 해결하기 위해서는 안전교육 프로그램을 설계할 때 학습자의 외적·내적 동기를 자극할 수 있는 방안이 필요한 것이다.

'동기'의 정의에 대하여 알아보면 '사람의 행동을 일으키고 방향을 정하며 지속적으로 해나가도록 하는 것'이라고 하거나 '사람들이 욕구하도록 하는 것', '무엇인가를 이루기 위해 헌신하게 하는 것' 등과 같이 다양하게 표현한다. 이러한 동기는 사람의 목표 지향적 행동을 유발하고 유지하게 도와주며, 행동의 방향과 강도에도 영향을 끼치는 요인이라고 한다.

이러한 동기와 관련지어 켈러는 어떻게 하면 학습자들이 동기를 가진 채로 수업에 집중하고 참여하게 만들지에 대해 고민하였다. 그 결과 학습자들의 내적 동기를 유발하기 위해서는 교수·학습 과정을 설계할 때부터 여러 요소들을 고려하여 수업을 계획하여야 한다고 하였다. 이에 언급된 요소들은 총 네 가지, 주의집중(Attention), 관련성(Relevance), 자신감(Confidence), 만족감(Satisfaction)이 해당되며, 이 요소들의 영어 앞 글자를 따서 ARCS 교수설계 모형이라고 부른다. 여기에서 이론을 더욱 발전시켜 자기 규율이나 지속적인 노력을 위한 의지(Volition)라는 요소를 추가하여 ARCS-V 모형을 개발하기도 하였다.

교수설계에서 중요시되는 효과성, 효율성, 매력성의 세 가지 요소 중 켈러의 모형은 '매력성'에 초점을 두고 있다. 교수설계를 통해 효과적이고 효율적인 프로그램을 구성하여 교육적 성과를 내는 것도 중요하다. 하지만 학습자들이 왜 학습을 해야 하는지 이해하고, 직접 참여하고 싶어 하며, 지속적인 관심을 가지게 되는 매력성이 필요한 것이다. 결국 ARCS 이론은 교수설계 단계에서부터 학습자의 학습동기를 유발시킬 수 있는 방법을 인지하고, 이를 수업에 계획적으로 적용하여 효과적인 교수·학습 과정을 만들어내기 위함이다.

> 교수 프로그램 평가 기준
> • 효과성 : 교수활동이 얼마나 잘 진행되었으며, 학습목표에 얼마나 잘 도달하였는가?
> • 효율성 : 학습목표에 도달하는 데 학습자들이 얼마나 많은 시간과 비용을 필요로 하였는가?
> • 매력성 : 학습자가 그 수업을 자신에게 얼마나 유의미한 것으로 인식하고 활용하는가?
>   학습에 얼마나 흥미를 느끼고 활동을 이어가려고 하는가?

(2) 모형의 구조

켈러는 ARCS 모형의 4가지 범주를 구분하고, 이를 실현하기 위한 하위범주와 전략을 구체적으로 설정하였다. 하위범주 및 전략을 활용하기 위해서는 표 안에 기록된 질문들을 설계하고 있는 교수 프로그램에 비추어 생각해보고 각각의 답을 마련해나가는 과정이 필요하다. 적합한 전략을 선택하고 적극적으로 활용하다보면 교육의 '매력성'을 확보함과 동시에 교육의 '효과성'까지 확보할 수 있을 것이다.

4범주	하위범주 및 전략	
주의집중 (Attention)	지각의 환기	학습자들의 관심을 끌기 위해 무엇을 해야 할까?
	탐구의 자극	학습자들의 탐구하고자 하는 태도를 어떻게 자극할 수 있을까?
	변화 다양성	어떻게 하면 학습자들의 주의 집중을 지속시켜 나갈 수 있을까?
관련성 (Relevance)	목표 지향성	학습자들의 바라는 바에 어떻게 하면 부응할 수 있을까? (학습자의 바라는 바를 알고 있는가?)
	동기에의 부응	언제, 어떻게 학습자들에게 적절한 선택권, 책임성 그리고 권한을 부여하는 것이 좋을까?
	경험 친숙성	어떻게 하면 수업을 학습자들의 경험과 연결시킬 수 있을까?
자신감 (Confidence)	학습 요건들	학습에서 성공에 대한 긍정적 예상을 할 수 있도록 어떻게 학습자들을 도울 수 있을까?
	성공 기회	학습 경험이 학습자들의 스스로의 능력에 대한 믿음을 키울 수 있도록 하려면 어떻게 해야 할까?
	개인적 통제	학습자들로 하여금 자신들의 성공이 그들의 노력과 능력에 의해 이루어진 것임을 어떻게 하면 명확히 알도록 할 수 있을까?
만족감 (Satisfaction)	자연적 결과	어떻게 하면 학습자들이 새로이 획득한 지식/기능을 사용할 의미 있는 기회를 제공할 수 있을까?
	긍정적 결과	무엇이 학습자들의 성공에 대한 강화를 제공할 수 있을까?
	공정성	어떻게 하면 학습자들이 스스로의 성취에 대해 긍정적 감정을 간직하도록 지원할 수 있을까?

1) 주의집중(Attention)

주의집중은 학습자의 흥미를 유도하고 학습에 대한 호기심을 유발하여 수업에 참여시키는 전략이다. 학습자에게 자극을 주거나 재미 요소를 고려하며 수업을 진행한다. 학습자가 지속적으로 주의집중할 수 있도록 수업이나 자료에 적절한 변화를 주어 흥미를 가지게 만든다. 방법으로는 학습자의 정보를 활용하여 질문을 하거나 도전감을 느끼도록 유도, 다양한 시청각 자료를 통한 집중과 몰입 등이 해당한다. 켈러가 주의집중을 위해 제시한 구체적인 전략은 3가지이다. 전략의 이름에 집중하기보다 예시를 통해 학습자들의 주의집중을 유도하는 방법을 익혀두자.

전략	'주의집중' 전략 방법
지각의 환기	• 새로운 접근/개인적 접근/감각적 접근을 통해 호기심과 놀라움을 제공하는 것 • 애니메이션이나 삽화, 그래프, 반짝거림, 소리 등 지각 요소를 활용하기 • 일상적이지 않은 특이한 요소 및 사건들을 활용하기
탐구의 자극	• 퍼즐/질문/문제/딜레마 상황 등을 제시하여 주제에 탐구심을 갖도록 만드는 것 • 문제해결 방법을 마련하기 위해 조사하거나 의견을 준비하며 학습 의욕을 가짐
변화 다양성	• 일관성 있는 주제를 그림, 표, 글자 등 다양한 방법으로 변화시켜 제시하기 • 학습자의 주의집중 시간에 따라 강의시간을 짧게 하고, 설명, 연습, 실습, 시험 등의 교수 방법을 다양하게 변화시켜 진행하기

2) 관련성(Relevance)

관련성은 '학습활동이 학습자에게 얼마나 가치 있는 내용인가?'라는 질문으로 이해할 수 있다. 관련성은 학습자가 학습에 대한 필요성을 느끼고, 학습경험에 대한 가치를 학습자 입장에서 최대한 높여주는 전략이다. 학습자에게 맞는 학습내용과 방법, 활동을 설계하여 교수·학습 과정과 학습자의 관련성을 높여야 한다.

여러 가지 질문을 통해 생각의 실마리를 제공하여 학습자가 자신의 흥미, 관심, 삶과 학습 주제가 관련되어 있다는 것을 느끼도록 하여야 한다. 따라서 학습자가 평소 관심을 가지고 있는 주제로 수업을 진행하거나 학습자의 경험을 토대로 수업을 이끌어나가는 것이 해당한다.

전 략	'관련성' 전략 방법
경험 친숙성	• 학습자에게 친밀한 인물, 이름, 그림, 문장 등을 사용하기 • 배경지식을 활용하여 새로운 개념 연결시키기 • 실제로 학습자가 겪고 있는 상황이나 문제를 수업주제로 선정하여 학습자가 관련성과 필요성을 느끼게 만들기
동기에의 부응	• 학습이 학습자들의 요구사항을 얼마나 충족시켜줄 수 있는지 알리기 • 학습목표에 도달하게 되면 학습자들의 요구와 관련지어 어떠한 좋은 점이 있는지 이해시키기(예시, 사례, 비유, 시뮬레이션, 연구결과 등)
목표 지향성	• 목표를 명확하게 인지시키기/목표의 예시를 제공하기/목표의 가치를 보여주거나 설명하기 • 학습목표를 도달하면 이 내용이 자신에게 중요하고 실용적이라는 점을 인지시키기 • 다양한 수업목표를 제시하고, 학습자 스스로에게 적합한 목적을 선택하여 참여하도록 하기

3) 자신감(Confidence)

자신감은 학습자 자신이 학습에 대해서 자신감을 가지고 활동에 적극적으로 참여함으로써 학습 과정을 강화하는 전략이다. 예를 들어 학습자에게 자신의 수준에 맞는 활동을 직접 선택할 수 있게 하여 학습에 대한 자신감을 불러 일으켜 주는 것이다. 직접 선택하게 되면 학습자는 자신이 충분히 그 활동을 해낼 수 있다는 자신감이 생겨 동기가 강화된다. 또한 이러한 환경을 만들기 위해서 교육자는 활동을 다양한 난이도로 준비하여야 하며, 너무 어렵지 않은 충분히 성공 가능하게끔 계획하여야 한다. 만약 학습자가 과제를 맞이한 순간 난이도 차이로 스스로 절대 해결하지 못한다고 생각하게 된다면 교육적 효과는 현저히 떨어지게 된다. 또한 자신감을 높이기 위해서는 학습내용을 자주 요약하고 검토해주며, 학습자들끼리 다양한 상호작용이 가능하도록 기회를 제공하여야 한다.

전 략	'자신감' 전략 방법
학습 요건들	• 수업목표와 활동을 구체적으로 알려주어 학습자가 스스로 무엇을 해야 하는지 미리 이해할 수 있게 하기 • 평가기준(방법, 시험문제 수, 시간제한 등)을 준비할 수 있게 미리 알려주기 • 평가나 수업목표를 달성할 수 있도록 연습의 기회를 제공하기 • 학습자가 활동을 성공할 수 있도록 미리 필요한 지식이나 기술, 태도 등을 언급하기
성공 기회	• 성공 가능한 난이도의 도전 과제 제시하기 • 활동을 쉬운 내용에서 어려운 내용의 순서로 제시하기 • 다양한 방법으로 난이도 조절 가능한 활동 제공하기 (활동시간 늘려주기/상황의 복잡성 조절해주기/기준 낮추어주기)
개인적 통제	• 능력과 노력의 정도에 따라 결과가 달라짐을 느끼게 하기 • 개인의 책임감과 노력이 성공과 직접적으로 연관되어 있음을 느끼게 하기 • 학습자가 현재 활동을 마무리하고 다음 내용으로 스스로 진행하게끔 하는 통제 조절의 기회를 주기

4) 만족감(Satisfaction)

학습자들은 자신들의 학습경험에 만족감을 느끼면 계속적으로 학습하려는 의지를 갖게 된다. 학습자가 자신이 노력한 결과가 기대했던 기준에 부합한 경우 학습경험에 대한 만족감을 느낀다. 그리고 이 과정이 반복되면 동기는 더욱 강화되어 양질의 학습을 이어나갈 수 있다. 또한 만족감은 내적 보상과 외적 보상을 통해 강화 가능하고, 이를 위해서는 지속적으로 학습동기를 유발시키는 것이 중요하다. 특히 만족감의 내적 동기, 외적 보상에 대한 이해를 위해서는 본 책 CHAPTER 04의 2절 교육학적 개념 요약 부분을 다시 학습해보자.

전 략	'만족감' 전략 방법
자연적 결과	• 학습한 지식이나 기능을 적용해 볼 수 있는 기회를 제공하여 내재적이고 자연적인 만족감을 느끼도록 하기(시뮬레이션, 게임, 연습문제 활용) • 학습한 지식이나 기능이 다음 학습 시간이나 생활 속에서 적용될 수 있음을 인지시키기
긍정적 결과	• 정답에 대하여 긍정적인 피드백이나 보상을 제공하기 (옳은 반응 뒤에만 긍정적인 보상을 하고, 잘못된 반응 뒤에는 어떠한 보상도 하지 않아야 함) • 학습자가 직접 선택할 수 있는 다양한 종류의 보상 제공하기 (보상이 수업 자체보다 더 관심이 가서는 안 된다는 점에 유의)
공정성	• 수업의 목표와 활동내용, 평가의 전반 구조에 공정성/평등성 확보하기 (학습자들의 학습계획, 학습 기대, 노력에 부정적인 영향을 끼치지 않도록 해야 함) • 목표 – 내용 – 평가 사이에 일관성과 정합성이 확보되도록 하기 (학습 의욕을 가진 학습자는 목표에서 어떠한 능력을 길러야 하는지 파악하고, 이에 맞추어 연습을 한 뒤 평가에 임하게 되기 때문)

학습 Point!

- 켈러의 동기설계 이론(ARCS)는 교수설계 과정에서도 필요하지만 실제 교수·학습 과정(수업)시간 및 교수지도계획서(교안) 작성에도 필수적임을 알자.
- 따라서 소방안전교육사 2차 시험 교수지도계획서(교안) 작성 문제가 나온다면, 앞서 전략 설명 예시를 참고하여 적극 활용해보자.

동기설계 이론 활용 만능멘트!
교수지도계획서(교안) 문제가 나오면 아래의 지도상의 유의점에 적힌 멘트를 외우고, 자신이 계획한 프로그램에 적절하게 반영하여 활용해보자.
2018년 기출 : 태풍에 대한 안전교육 프로그램을 구상하고 1차시(40분) 분량의 교수지도계획서(교안)를 작성하시오.

학습 목표	태풍의 위험성을 알고 대처하는 방법을 알 수 있다.		
학습 과정	교수·학습 활동	시간 (분)	지도상의 유의점
도 입	※ 교안 ARCS 활용 예시 (주의집중 – 지각적 주의집중 전략) ◆ 동기유발 • '뽀로로의 태풍 이겨내기'를 애니메이션을 보고 뽀로로가 어떠한 위험에 처했는지 이야기해봅시다.	3′	※ 학생들이 좋아하는 애니메이션을 활용하여 수업주제에 몰입시킨다. (ARCS 주의집중 전략) (내러티브적 접근법)
	※ 교안 ARCS 활용 예시 (관련성 – 필요 또는 동기와의 부합성 강조의 전략) ◆ 학습문제 제시 • 뽀로로처럼 요즘 우리도 태풍으로 인해 생활에 어려움을 겪고 있습니다. 여러분이 태풍으로 인해 겪고 있는 어려움은 어떤 것이 있나요? • 이러한 어려움을 해결하기 위해서는 어떻게 하면 좋을지 발표해봅시다.	3′	※ 사회적 문제나 실생활의 경험을 관련지어 학습문제로 이끌어 나간다. (ARCS 관련성 전략)
전 개	※ 교안 ARCS 활용 예시 (자신감 – 개인적 통제 증대 전략) ◆ 태풍 대처법 발표 준비하기 • 태풍에 대처하는 방법을 모둠별로 토의하여 봅시다. • 그림, 포스터, 도표, 보고서, 상황극, 노래, 동작표현 등 여러 가지 방법 중 한 가지를 선택하여 발표준비를 해봅시다.	10′	※ 학생들이 직접 원하는 방식으로 발표자료를 준비하여 학습활동에 자신감과 동기를 부여한다. (ARCS 자신감 전략)
정 리	※ 교안 ARCS 활용 예시 (만족감 – 자연적 결과(내재적 강화) 전략) ◆ 태풍에 대비하는 우리의 모습 다짐하기 • 요즘 태풍이 자주 오는데, 이를 대비하기 위한 자신만의 방법을 한 가지씩 생각해 봅시다. • 그리고 이 방법을 자신의 집에서 어떻게 실천할지 발표해봅시다.	4′	※ 태풍 대처법을 자신의 삶에서 어떻게 적용될지 생각해 보게 하여 내적 동기를 자극한다. (ARCS 만족감 전략)

효과적이고 매력적인 수업을 위해서는 교수설계 모형을 활용할 수 있다. 따라서 다양한 교수설계 모형 중 Gagné-Briggs의 포괄적 교수설계 모형과 Keller의 동기설계 모형을 적용해보려 한다.

Q1. Gagné-Briggs의 포괄적 교수설계 모형과 Keller의 동기설계 모형을 설명하시오.

Q2. 두 모형의 차이점을 설명하고, 소방안전교육 교수설계와 연관 지어 시사점을 설명하시오.

답안을 작성해보세요.

예시답안은 본 책의 부록에 있습니다.

CHAPTER 08 안전교육 표준 과정 및 지도 원칙

지금까지 안전교육 프로그램을 이해하기 위해 기초 이론부터 안전교육의 내용, 교육학 이론, 더불어 교수설계 이론 등 다양한 범주의 학습을 진행하였다. 이러한 지식 기반을 활용하여 안전교육을 어떻게 진행하면 좋을지에 대한 실질적인 접근을 할 차례다. 따라서 안전교육의 유형에 대해서 한 번 더 복습을 한 뒤에 교수설계 이론 중 'ADDIE 모형'을 활용하여 안전교육 프로그램을 작성하는 일련의 과정을 학습해보자. 프로그램 및 교육 과정을 개발하기 위해서는 어떠한 단계를 거치면 되는지 각 단계별 활동과 특이사항을 함께 확인하기 바란다.

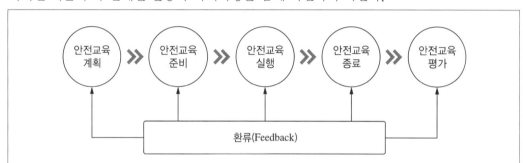

안전교육의 표준 과정과 절차는 위와 같다. 교육 담당자는 일련의 과정을 거쳐 안전교육 프로그램을 구성하게 된다.

(출처 : 국민안전교육 표준실무 2020)

안전교육 유형

안전교육의 종류 또는 유형에 대해서는 앞서 언급한 적이 있다. 안전과 관련된 지식, 기능, 태도를 반복적으로 학습하고 이를 통해 습관화를 추구하는 것이 안전교육의 목표이다. 조금 더 심층적으로 이야기해보면 안전교육의 유형은 지식교육, 기능교육, 태도교육, 반복교육으로 구분할 수 있으며 그중 2개 이상이 함께 연계되어 이루어지는 것을 복합유형이라고 할 수 있다. 지식교육을 이론교육이라고 부르거나 기능교육을 숙달교육으로 부르는 등 이름은 다를 수 있으나 추구하는 핵심은 같다. 여러 유형의 교육적 기대효과와 각각의 특징을 알아보자.

유 형	지식교육 (이론교육)	기능교육 (숙달교육)	태도교육 (행동교육)	반복교육 (순환교육)
기대효과	• 심층적인 사고 과정을 통해 안전지식을 습득함 • 기초 학습습관 및 학습능력 신장 가능	• 체험위주의 살아있는 교육 실시 • 체험을 통해 대처능력 및 안전의식 고취 가능	• 지식과 기능을 바탕으로 정의적 영역까지 교육 가능 • 타인의 안전까지 배려 가능	• 지속적인 반복교육을 통해 안전행동을 습관화할 수 있음 • 빠른 판단과 대처로 사고 방지 가능
교육방법	토의, 토론, 분석, 자료수집, 보고서 작성, 프로젝트 수업 등	소방서 견학, 실습, 실연, 실험 등	안전 다짐, 선서, 편지·연설문 쓰기, 프로젝트 수업 등	모의 훈련, 간이 게임 등을 반복적으로 실시

• 안전교육의 핵심 : 안전과 관련된 지식, 기능, 태도를 반복적으로 학습하여 안전한 생활습관을 형성하는 것
• 복합유형 : 지식교육, 기능교육, 태도교육, 반복교육 중 2개 이상이 함께 연계되어 이루어지는 교육
• 진로직업체험 : 안전교육과 연계하여 진로직업체험 교육을 실시할 수 있다. 소방관련 업무와 역할, 안전 책임에 대한 지식수준을 높이며 대중에게 소방에 대한 긍정적인 인상을 갖게 할 수 있다는 장점이 있다.

1 안전교육 표준 과정 및 제반사항 2019년 기출

효과적이고 효율적인 안전교육 프로그램을 설계하고, 진행하기 위해서는 여러 가지 유의점들을 파악하고 대비해야 한다. 교육자로서의 역할은 무엇인지, 교육 단계별 진행하여야 하는 요소들에는 무엇이 있는지 알아보자.

(1) 안전교육 주제 및 유형 선정

① 교육대상의 수준과 특성에 맞는 교육주제와 프로그램을 선정하고 운영한다.

② 안전교육을 실시하는 기관장은 안전교육 프로그램을 운영하고, 교육자를 관리·감독하여야 한다. 또한 안전교육에 관한 계획서, 보고서, 결과물을 기록하고 유지할 수 있도록 해야 한다.

③ 교육 프로그램을 운영하는 교육자는 학습자의 특성과 수요에 따른 맞춤형 프로그램을 제공하여야 하며, 교육활동 이후 피드백 과정을 위해 평가 및 설문조사를 실시하여야 한다. 더불어 교육활동 내 안전사고를 방지하고 필요한 경우 보험에 들어야 한다.

④ 교육자는 안전교육활동 영역과 관련된 문제에 대해서 국민들의 안전교육에 대한 필요를 적극적으로 충족시켜야 한다.

⑤ 교육자는 추후에 필요한 안전교육에 대하여 미리 준비해야 한다.

⑥ 교육자는 전문적인 기술과 활동 범위 안에서 국민을 위한 안전교육을 운영한다.

⑦ 교육자는 계절별, 월별, 시기별 재난사고 유형과 특성을 고려하여 교육을 계획하고 실시할 수 있다(실외 교육은 기온 5℃ 이상 ~ 34℃ 이하일 때 실시한다).

⑧ 계절별 재난사고 유형은 다음과 같다.

계 절	유 형
봄	황사, 산불, 해빙기 사고 등
여 름	물놀이 안전, 풍수해, 태풍, 폭염, 식중독 등
가 을	야외 활동 안전사고 등
겨 울	빙판 및 얼음 사고, 폭설, 화재 등

⑨ 시기별 재난사고 유형은 다음과 같다.

시 기	유 형
행사기간	행사장, 공연장 안전사고
설, 추석 연휴	교통사고, 예초기 등 안전사고
농번기	농기계 안전사고
지역축제	방문의 해, 나비축제, 불꽃축제, 전통축제 시 안전사고 등

⑩ 월별 재난사고 유형은 다음과 같다.

월	유 형	월	유 형
1월	빙판 안전사고	7월	물놀이 안전사고
2월	해빙기 안전사고	8월	태풍, 식중독
3월	교통사고, 등하굣길 안전	9월	동물(뱀) 안전사고
4월	황 사	10월	야외활동 안전사고
5월	산 불	11월	화재예방(불조심 강조의 달)
6월	폭 염	12월	동계스포츠 안전사고

(2) 교육 안전조치 확인사항

① 사전에 발생할 수 있는 안전사고를 진단하고, 이에 대비한 안전계획을 수립한다.
② 교육 전 검토회의를 진행하여 위험 요소 및 안전요원 배치를 확인한다.
③ 우천 시 실외교육은 자제한다.
④ 교육대상자 안전 확보에 최선을 다해야 한다.
⑤ 교육활동 이전에 교육활동에 참여한 단체 및 개인(학습자)에게 주의사항을 전달하여야 한다.
⑥ 필요한 경우 교육 참가자에게 보험가입을 권장하거나 가입 유무를 확인할 수 있다.
⑦ 응급처치에 필요한 약품을 상시 준비한다.
⑧ 체험교육을 실시할 때에는 참가자 서약서를 작성한다.

(3) 사전 검토 및 진단

안전교육을 계획하고 설계하는 과정에서 아래에 제시된 표를 활용하여 프로그램을 점검하고, 부족한 경우 이를 수정·보완하기 위한 사전 협의회를 진행하여야 한다. 이는 교수설계 모형의 분석 및 설계 단계와도 관련되며 효율적이고 안전한 교육활동이 진행되기 위함이다.

[안전교육 점검표]

점검사항	양 호	불 량	비 고
학습 대상파악			유아, 어린이, 청소년, 성인, 장애인
교육주제 선정			생애주기별 교육안전 프로그램 참고
교육유형 선택			안전교육 유형 : 지식(이론)교육, 기능(숙달)교육, 태도(행동)교육, 복합유형, 체험학습, 진로·직업교육
교육매체 선정			시청각 자료 또는 실습 모형 등 (PPT, 동영상, 애니메이션, 연기체험 텐트, 119전화기 키트, 물소화기 등)
교육자 편성			학습자당 교육자 및 안전요원 수 확인
위험성 진단			프로그램상의 위험 요소 진단 및 대처
안전계획 수립 여부			응급상황 발생 시 대처 계획(보험, 구급함 등)
사전 점검 여부			

(4) 안전교육의 진행

1) 수업 전
① [안전교육점검표]를 확인하여 교육 준비가 완벽히 되었는지 확인한다.
② 교육시간은 수업시간 40/45/50분, 휴식시간 10분으로 진행한다. 필요에 따라 유아·어린이·청소년 등 발달특성에 따라 수업시간을 조정하여 실시할 수 있다.
③ 학습자들의 발달단계와 사전지식, 능력, 개인차를 고려하여 수준에 맞는 눈높이 교육이 이루어지도록 노력해야 한다.
④ 교육자는 교육을 위한 적절한 시간과 공간을 확보하고, 무리한 교육을 지양하여 안전사고를 사전에 방지한다.

2) 수업 중
① 지도원칙을 준수하며 교육자의 역할에 맞게 프로그램을 진행한다.
② 교육자들 간의 사전 협의 내용과 역할을 준수하여 효율적인 교육활동을 진행한다.
③ 학습자들에게 해당 안전교육의 목적과 필요성을 설명하여야 한다.
④ 학습자들의 질문 및 돌발행동에 적절하게 대응하며, 활동이 지체되거나 잘못된 방식으로 흘러가지 않도록 유의한다.
⑤ 교육자는 교육 중 위험 요소 발생이 예측되거나 발생된 경우 즉시 교육을 중단할 수 있다.
⑥ 교육자는 수업 진행 시 일방적인 주입식 교육보다는 문답형 수업, 집단 토의 및 토론식 수업 등을 병행하여 교육의 효과를 높여야 한다.
⑦ 모의훈련, 실습, 실연 등 체험활동 시 개인안전장구 사용 시에는 반드시 안전 여부를 확인하여야 한다.
⑧ 안전교육 실시 중 신체적·심리적 이상을 보이는 학습자가 발견되면 즉시 교육을 중지하고 관리자 및 안전요원에게 협력을 구한다.
⑨ 교육자는 학습자들이 수업에 적극적이고 능동적으로 참여하여 안전사고 예방에 대한 자질을 신장할 수 있게 교육한다.

3) 기타 제반 사항
① 교육자는 적절한 시간과 내용배분으로 교육효과를 높여야 한다.
② 교육자는 활동 중 불필요한 언어나 행동으로 인해 교육에 차질을 주지 않도록 유의한다.
③ 교육자는 다양한 매체와 기법을 활용하여 학습자들의 흥미유발과 적극적인 참여 유도에 힘써야 한다.

(5) 안전교육 마무리 및 평가

① 안전교육이 끝나면 부상자 및 안전사고 발생 여부를 반드시 확인하고 조치한다.

② 안전교육 중 형성평가와 안전교육 종료 후 총괄평가나 설문조사를 실시하여 수업목표 도달여부 및 학습자 만족도를 확인한다.

③ 설문조사를 실시할 경우 방법은 교육현장에서 즉시 실시하거나 추후 인터넷 의견조사를 실시할 수 있다.

④ 결과를 확인하여 프로그램을 보완하거나 수정할 수 있다.

⑤ 필요한 경우 담당기관 또는 교육기관의 장에게 보고하여 교육적 효과를 증진시킬 수 있다.

⑥ 교육종료 후 교육진행에 관한 사항을 교육자 스스로 평가하고 반성한다. 자기 평가 기준은 다음과 같다.
- 교육자 및 학습자 인원 적정 여부
- 교육 기자재 활용 적정 여부
- 교육계획과 교육진행 내용 간의 일치 여부
- 향후 교육 시 개선사항

(6) 안전교육 관리

① 필요한 경우 기준에 따라 수료증을 발급할 수 있다.

② 수료증을 발급할 경우 발급대장에 반드시 기록하고, 발급대장에는 발급번호, 수료자명, 교육시간, 교육내용, 교육기관, 교육장소 등을 반드시 기재한다.

③ 필요한 경우 교육 참가자의 현황 파악 및 교육 참고자료의 활용, 이수증 발급 등을 위해 데이터 베이스를 구축할 수 있다. 단, 개인정보 보호를 위해 내용을 최소화하고 보관기간을 정해 기간이 경과되면 즉시 파기하여야 한다.

④ 반성적 사고를 통해 잘된 점과 개선할 점을 파악하고, 피드백 과정을 거친다.

⑤ 교육이 마무리되면 교육매체 및 기자재의 회수 및 파손 여부를 확인한다.

(7) 안전교육 피드백(환류)

① 교육자는 설문 및 평가결과를 요약, 정리하여 파악된 내용을 통해 프로그램을 개선, 보완할 수 있어야 한다.

② 교육활동 중 발굴된 우수사례나 개선 필요사례는 향후 교육시스템에 반영한다.

③ 교육자는 다음의 내용들을 추후 교육 계획에 반영할 수 있다.
- 교수·학습 방법의 새로운 시도나 제안사항
- 국가의 소방안전 관련 주요시책 및 화재 등 재난사고에 대한 예방대책
- 안전교육을 위한 시청각자료, 안내자료 홍보
- 교육자는 교육활동 자체보다 평가 실시 및 결과의 활용, 피드백 과정, 그리고 학습자들의 안전지식 실천을 통한 안전사고 방지가 더 중요한 것임을 깊이 인식하여야 한다.

2 ADDIE 적용 안전교육 프로그램 설계

안전교육 프로그램을 설계하기 위해서는 교수설계 모형에 따라 다양한 요소들을 분석하고 고려하여야 한다. 따라서 ADDIE 모형에 기초하여 안전교육 프로그램을 만들어나가는 과정을 서술한다. ADDIE 모형이 잘 기억나지 않는 경우 앞으로 되돌아가 내용을 복습하고 오자. 그리고 아래의 내용을 따라가며 자신이 프로그램을 만든다면 어떻게 만들어나갈지 같이 구상하면서 학습하길 바란다.

> **안전교육 프로그램 설계 조건 예시**
> 초등학교 저학년 30명을 대상으로 태풍 안전교육을 실시하게 되었다. 교실 내에서 수업이 진행될 예정이며 TV, 컴퓨터, 스피커를 활용할 수 있다. 소방안전교육사의 강의로 학생들이 여름철 태풍에 대비하고 안전하게 생활하는 것이 교육목표이다.
>
> **2018년 기출 관련 내용**
> (태풍에 대한 안전교육 프로그램을 구상하고 교수지도계획서를 작성하기)

(1) 안전교육 분석 및 기획 단계

1) 요구분석

안전교육 프로그램을 작성한다는 것은 어떠한 수업을 준비한다는 것이다. 그렇다면 분명히 가르치고자 하는 안전개념, 또는 기능, 태도가 존재할 것이다. 이것을 중심으로 무엇을 가르쳐야 할지에 대해서 분석하여야 한다. 수업목표가 될 안전 지식, 행동, 태도를 기준으로 학습자가 현재 무엇을 얼마나 더 배워야 할지 그 차이를 파악하여 요구를 분석한다.

> **예 시**
> 태풍 안전교육을 위해 교육프로그램을 구성하려고 한다. 태풍이 얼마나 무서운지 모르는 학생들을 위해 태풍의 대처 방법뿐만 아니라 태풍의 실제 위력과 위험성까지 가르쳐야겠다고 분석하였다.

2) 학습자 분석

안전교육을 수강할 학습자들이 어떠한 대상인지, 특성은 무엇인지, 학습자 규모는 어떠한지 등에 대하여 파악하여야 한다. 학습자 분석 결과를 통해 적절한 교수모형과 매체를 선정하여야 한다. 대상으로는 유아(미취학 아동), 어린이(초등학생), 청소년(중·고등학생), 성인(대학생 이상), 노인, 장애인 등으로 구분 지을 수 있다.

> **예 시**
> 안전교육 대상이 초등학교 저학년 30명이며 수업은 교실에서 이루어진다. 저학년의 경우 심층적인 분석은 어려우므로 단순한 체험위주의 활동을 계획하여야겠다. 학생들의 흥미를 이끌어낼 만한 동화를 바탕으로 태풍이라는 주제에 접근해야 한다고 분석하였다.

3) 환경분석

교육이 이루어지는 수업환경과 학습자들이 배운 내용을 적용해볼 실제 실천 환경 두 가지 모두를 고려하여야 한다. 더불어 환경에 따라 필요한 추가 장비나 교수매체 등을 적절하게 준비하여 교육적 효과를 높인다.

> **예 시**
> 수업은 교실에서 이루어지므로 활동반경이 큰 활동보다는 모둠단위로 이루어지는 소규모활동을 계획한다. 또한 교실에서 활용할 수 있는 기자재는 TV, 스피커, 컴퓨터이므로 시청각 자료를 중심으로 활동을 준비하려고 한다. 더불어 학생들이 배운 태풍 대처 방법을 교실이나 가정에서 직접 실천해야 하므로 태풍 대처 매뉴얼을 작게 만들고 준비물을 제공하는 활동을 해야겠다고 분석하였다.

4) 직무 및 과제분석

수업목표를 달성하기 위해 필요한 지식, 기능, 태도가 무엇인지를 확인한다. 안전교육을 통해 가르치고자 하는 지식과 수행할 수 있어야 하는 기능, 가져야 하는 태도를 구체적으로 분석한다.

> **예 시**
> 지식에 대해서는 학생들이 수업을 통해 태풍이 얼마나 위험한 것인지 알아야 한다. 따라서 태풍이 무엇인지 알고 설명할 수 있도록 가르쳐야 한다. 또한 기능으로는 태풍을 예방하고 대처하는 행동을 구체적으로 지도하여 행동으로 직접 따라하게 해보아야 한다. 이 행동을 반복적으로 교육하여 습관으로 만들 수 있게끔 지도하여 태도 교육을 같이 이끌어내야 한다고 분석하였다.

(2) 안전교육 설계 단계

1) 수행목표의 명세화

분석 결과를 바탕으로 어떠한 안전 개념을 어떻게 가르칠지 명확하게 수업목표를 진술하는 단계이다. 수업목표는 지식, 기능, 태도의 세 측면으로 나누며, 활동을 통해 관찰 가능하고 측정 가능한 것으로 명확하게 진술하여야 한다.

> **예 시**
> • 지식 : 태풍의 뜻과 태풍이 가진 위험성을 이해할 수 있다.
> • 기능 : 태풍에 대한 대처법을 따라하고 설명할 수 있다.
> • 태도 : 생활 속에서 자연재해에 대비하는 습관을 가질 수 있다.

2) 평가도구의 개발

학습자들이 수업목표에 대해서 얼마나 알고 있는지 확인하는 진단평가, 활동을 잘 수행해나가고 있는지 점검하는 형성평가, 최종적으로 수업목표 도달 여부를 따지는 총괄평가를 개발한다.

- 진단평가 : 수업 전 태풍에 대한 사전지식을 점검할 태풍 OX퀴즈 개발
- 형성평가 : 수업 중 학생들이 태풍 대처 방법을 단계별로 설명할 때 활용할 관찰 체크리스트 기준표 개발
- 총괄평가 : 수업 후 태풍에 대한 지식, 기능, 태도를 종합적으로 정리할 태풍 대처 매뉴얼 평가지 개발

3) 계열화

수업목표 달성을 위해 지식, 기능, 태도의 내용을 어떠한 순서로 제시할지 고민하는 단계이다. 한 차시 내의 수업의 계열을 구상할 수도 있고, 여러 시간이 배당된 하나의 교육프로그램에 대한 계열을 구상할 수도 있다.

예 시
1. 태풍에 대한 진단평가와 학습자들의 경험을 물어 수업주제를 이끌어낸다.
2. 태풍에 대한 정의와 위험성을 인지시킨다. (지식)
3. 태풍 예방 방법과 태풍 대처 방법을 익혀 학생들이 직접 설명하거나 따라해 본다. (기능)
4. 정리 활동으로 태풍 대비 매뉴얼을 작성하고 가정에 가서 실천해보도록 한다. (태도)

4) 교수전략과 매체의 선정

교육에 참여할 대상의 인원, 규모, 특성, 환경 등을 분석하여 어떠한 교수전략과 매체를 활용할지 선정한다. 가르치고자 하는 안전 개념을 어떠한 수업모형이나 교수법으로 가르칠지 고민하고 어떠한 교수·학습 자료를 제공할지 정하여 효율적인 교육활동이 되도록 해야 한다.

예 시
수업을 듣는 학생이 저학년이므로 TV, 컴퓨터, 스피커를 활용하여 태풍과 관련된 애니메이션을 상영할 것이다. 주인공이 학생들에게 질문을 던지거나 도움을 요청하는 방식의 내러티브 수업모형을 활용하면 좋겠다. 또한 학생들에게 지속적으로 질문하는 문답식 수업방법과 태풍 대처 방법을 따라 해보는 체험형 교육을 중심으로 수업을 진행하려 한다.

(3) 안전교육 개발 단계

1) 교수자료의 개발

안전교육 수업에 직접 활용할 교재나 활동지, 교수매체를 준비하는 단계이다. 분석한 내용을 바탕으로 설계를 잘 마쳤다면 개발 단계에서는 계획한 내용을 효과적으로 실현시킬 수 있도록 끊임없이 고민하고 되돌아보아야 한다.

내러티브 수업을 위해 애니메이션을 찾거나 편집하여야 한다. 또한 기능 교육을 위해 태풍 대처 방법을 단계적으로 설명할 자료를 제작한다. 이때 학습자가 초등학교 저학년이므로 단어의 선택에 신중하여야 한다. 마지막으로 태풍 대처 매뉴얼을 소책자로 만들어 집에서 실천해보게 할 계획이므로 학생들이 작성할 소책자 자료를 준비해둔다.

2) 사전평가 및 수정

수업 전에 학습자의 상태를 진단하여 안전교육 내용을 추가할 부분을 찾는 단계이다. 또는 해당 프로그램을 동일한 조건의 다른 대상자들에게 임의로 시연해보면서 착오점을 찾는 파일럿 테스트를 진행하기도 한다.

예 시
설계 단계에서 제작한 진단평가 자료를 초등학생들에게 미리 설문조사로서 실시해본다. 학생들이 어려서 생각보다 태풍이 무엇인지조차 모르고 있을 경우 학습 난이도를 낮추어 프로그램을 수정할 계획을 세운다. 또는 자신의 저학년 자녀에게 똑같이 안전교육을 실시해보고 보완할 점을 찾는 활동을 해본다.

3) 제 작

사전평가 및 수정 단계에서 확인된 내용을 바탕으로 안전교육 프로그램을 수정하고 검토하여 최종적인 프로그램을 완성시켜내는 단계이다.

예 시
사전평가 및 파일럿 테스트를 실시한 결과, 저학년 학생들은 태풍은 바람과 관계가 없고, 물이 휘몰아치는 것이라 생각한다는 사실을 발견하였다. 따라서 태풍에 대한 지식을 가르칠 때 태풍은 바람과 관계가 있다고 보여줄 추가 자료, 활동을 마련하여 프로그램을 수정한다. 또한 태풍 대처 매뉴얼 만들기 활동이 저학년 아이들의 글쓰기 수준에는 너무 어려워서 매뉴얼을 글로 쓰지 않고 그림으로 그리는 활동으로 대체할 필요가 있다.

(4) 안전교육 실행 단계

1) 프로그램의 사용 및 설치

수업이 진행되기에 앞서 준비한 안전교육 프로그램 자료를 해당 교실에 준비시킨다. 필요한 교수매체 자료는 미리 설정해두고 학습자의 특성, 모둠 구성, 활동 순서에 따라 자료를 미리 배분하여둔다. 앞서 교수설계에서 고려한 사항들을 바탕으로 안전교육을 실시한다.

예 시
내러티브 수업모형을 바탕으로 문답법, 체험형 수업방식으로 안전교육을 실천해나간다. 수업 단계에 맞게 지식, 기능, 태도 안전교육을 실시하고 학습자들의 내적 동기를 유발시킨다. 또한 학생들의 활동 과정에 대해 지속적으로 피드백을 제공하고 평가를 실시한다. 수업을 정리하면서 배운 태풍 대처 방법을 생활 속에서 반복하여 실천하고, 습관으로 만들 수 있도록 안내한다.

2) 유지 및 변화관리

　　실시하는 과정에서 느꼈던 장점들은 강화하거나 유지할 수 있도록 하며, 부족한 점은 보완한다. 또한 사용한 자료 중 시대에 따라 변화하는 자료(통계자료, 기사, 영상, 법령 등)는 시기에 맞게 적절하게 수정해가며 변화관리에 힘써야 한다.

> **예 시**
> 수업을 실시하여 느낀 강점은 태풍의 정의를 가르칠 때 피부로 직접 느낄 수 있는 강풍기를 활용했던 점은 매우 긍정적이었다. 따라서 학생들이 직접 느낄 수 있는 교육활동을 더욱 구성해야겠다. 그러나 마지막 정리 단계의 매뉴얼 만들기 활동은 그림으로 그리도록 수준을 낮추었지만 그래도 많이 어려워하였다. 따라서 내용을 더욱 쉬운 난이도로 바꾸어야겠다. 또한 태풍과 관련 기사를 활용하였었는데, 태풍 매미는 자료가 너무 오래되어서 가장 최근 태풍의 기사, 통계자료로 교체하여야 한다.

(5) 안전교육 평가 단계

1) 총괄평가

　　수업이 마무리되고 안전교육이 올바르고 효율적으로 실행되었는지 확인하는 단계이다. 학습자들이 얼마나 수업목표에 도달했는지 수업의 효과성을 살피고, 학습목표에 도달하는 데 얼마나 많은 시간과 비용을 들였는지 고민해보는 효율성, 그리고 학습자가 그 수업을 자신에게 얼마나 유의미한 것으로 인식하고 활용하였는지 판단해보는 매력성을 기준으로 삼을 수 있다. 결론적으로 수업이 얼마나 학습자에게 잘 녹아들었는지를 판단하고, 이후 수정·보완의 자료를 마련하는 과정이다.

> **예 시**
> (효과성) 총괄평가를 통해 태풍의 뜻과 대처 방법에 대해 얼마나 이해했는지 확인하였다. 관찰평가, 지필평가, 수행평가, 프로젝트 포트폴리오 평가 등 다양한 방법을 활용할 수 있었다.
> (효율성) 준비한 수업자료와 매체를 적절한 시간과 방법으로 활용했는지 수업 과정에 대한 반성을 해보았다.
> (매력성) 더불어 수업을 운영하면서 또한 일정 기간 뒤에 태풍 대처법을 집에서 얼마나 관심을 가지고, 실천하였는지를 설문해보았다.
>
> 전반적인 수업 및 교육 반성을 통해 부족했던 점들을 진단하고, 이 또한 안전교육 프로그램에 반영되어 더욱 양질의 프로그램으로 거듭나도록 노력하여야겠다.

소방안전교육사는 국민이 안전한 생활을 영위하고 안전한 습관을 형성하도록 만드는 교육을 실시하는 데 필요한 전문가이다. 소방과 안전 지식을 바탕으로 한 명의 선생님이자 교육자가 되는 것이 목표이다. 그 아무리 안전전문가라 하여도 본인이 가진 지식을 교육적으로 전달하지 못한다면 소방안전교육사로서는 자질이 부족한 것이다. 특히 소방안전교육사 2차를 준비하면서 '내가 선생님이 된다면?'이라는 생각으로 접근하여야 한다. 선생님으로서 어떻게 수업을 진행하고 어떠한 점에 유의해야 할지 이해하고 준비하는 과정이 필요하다.

소방안전교육사는 한 명의 '교육자'가 되는 것이 최종 목표이다

◆ Tip   '02 지도원칙 및 교육자의 역할' 부분은 ≪국민안전교육 표준실무≫에 수록된 내용을 바탕으로 서술하였다. 소방안전교육사 2차 시험과 관련된 내용이기는 하나, 어떠한 이론이나 개념이 아닌 교육에 대한 제반사항들이다. 따라서 해당 부분 내용을 암기하기보다는 참고하는 수준으로 학습하길 권장한다.

1 교육자의 자세

소방안전교육사는 교육자로서 알맞은 행동과 모습을 보여야 한다. 기본적인 용모와 복장을 갖추고 교육활동을 진행하며 학습자들에게 전문성을 드러내야 하고, 이 과정에서 신뢰성을 확보하여 안전교육의 효과를 신장시킬 수 있다. 하지만 우리가 일상생활 속에서나 수업 속에서 무심코 하는 행동들이 이러한 기준과 반대되는 경우가 있다. 따라서 다음의 기준을 확인하고 자신의 모습을 되돌아보며 올바른 소방안전교육사로서의 면모를 갖추어야 한다.

[교육자의 자세]

용 모	• 교육자는 교육시작 전 자신의 용모와 복장이 단정하도록 확인하는 습관을 갖는다. • 소방안전교육사를 나타내는 표식 또는 소방안전 분야의 흉장, 의복을 갖춘다.

자 세	• 교육자는 사전에 교육 환경에 대하여 철저하게 파악해두어야 한다.
	  (위험 요소, 교육계획과의 적합성, 준비한 교안과의 일치 여부, 조명시설, 스크린 위치, 마이크의
	  사용, 컴퓨터의 사용 등)
	• 교육활동에 있어 바른 언행으로 교육적 효과를 높이도록 노력해야 한다.
	• 사전에 계획한 내용에 따라 교육 시간 관리를 철저히 해야 한다.
	• 학습자 수준에 맞는 방법으로 교육을 진행하고, 주제와 벗어난 교육활동은 삼간다.

2 교육자의 질문

교육자는 교육활동을 진행하면서 학습자에게 끊임없이 질문하게 된다. 질문은 수업을 이끌어 나가기 위해 가장 필요한 요소이며, 학습자를 수업에 참여시키고, 이해도를 점검하고 평가하기 위해 없어서는 안 되는 존재이다. 따라서 교육자가 질문을 활용하기 위해서는 교육 현장에서 실질적으로 유의해야 할 점은 무엇인지에 대해 이해할 필요가 있다.

질문에 대한 교육학적 접근은 본 책 CHAPTER 04의 2절 교육학적 개념 요약에서 다룬 바가 있으니 앞으로 돌아가 해당 부분을 복습하고 돌아오길 추천한다. 질문에 대한 유의사항은 다음과 같다.

[질문 시 유의사항]

질문은 왜/언제 활용하는가?	• 학습자의 사고를 자극하기 위해 • 학습자를 수업에 참여시키기 위해 • 학습자의 내적 동기(흥미, 관심)를 유발하기 위해 • 학습자의 이해도를 측정하기 위해 • 학습자의 의사표현능력을 신장시키기 위해
효과적인 질문방법	• 육하원칙에 따라 간단명료하게 의문을 강조하기 • 학습자의 사고 과정을 자극하는 질문하기 (대답이 정해지지 않은, 답이 없는 질문하기=확산적 질문) • 개념을 명확히 하기 • 적절한 타이밍에 적절한 질문하기
질문 주의사항	• 유도하는 질문은 삼가기 • 특정한 한 사람에게만 질문하지 않기 • 한 가지의 질문에는 한 가지 개념만 묻기 • 같은 질문은 반복해서 하지 않기 • 공격적이거나 민감한 질문은 하지 않기 • 질문에 대한 답이 어려운 경우 회피할 수 있는 방안을 마련하거나 힌트를 제공하기 • 질문에 대한 학습자의 반응이 어떻든 일단 긍정적으로 반응해주기 • 학습자의 답이나 생각에 강하게 반대하거나 따지지 않기 • 교육자나 학습자 상호간 적극적으로 질문하는 수업을 만들고, 질문하는 사람을 질타하지 않는 학습 분위기 형성하기 • 질의응답과 논쟁은 차이가 있다는 점 기억하기

01 교수지도계획서(교안) 작성 방법 [2018년 기출]

안전교육 프로그램을 진행하기 위해서 여러 교육학 이론들과 교수설계 이론, 교수매체 이론 등에 대하여 전반적으로 학습을 해왔다. 그 모든 것들이 하나로 융합되어 교수지도계획서로 거듭나고, 이 교수지도계획서를 통해 실제적인 수업으로 이어지는 것이다. 교수지도계획서는 교안이라고도 부르며 지도안, 또는 수업지도안 등의 명칭으로 불리기도 한다. 효율적인 교육 프로그램 운영을 위해서는 교육 주제와 학습자에 대한 철저한 분석으로 적절한 교수지도계획서가 작성되어야 한다.

따라서 지금부터는 실제로 어떻게 교수지도계획서가 작성이 되는지 알아보고자 한다. 이 부분은 소방안전교육사 2차 시험을 준비하면서 필수적이긴 하나, 시험의 합격/불합격 여부를 떠나 소방안전교육사 또는 강사로서 활동을 하기 위해서는 기본적으로 알아야 할 필수적인 사항이다. 교수지도계획서의 형태와 구성 요소는 무엇인지, 유의할 점은 무엇인지 구체적으로 이해하고 외우도록 하자.

> **◆ Tip** 교수지도계획서는 교사 또는 강사로서 필수적으로 이해하고 활용할 줄 알아야 하는 부분이다. 소방안전교육사 2차 시험에 2018년에 이미 출제되었으며, 100점 만점의 시험 중 교수지도계획서 문제에만 40점이 배당될 정도로 중요성은 입증되었다.
> 더불어 2019년의 시험에서는 직접 교수지도계획서를 작성하라는 문제는 나오지 않았지만, 교수지도계획서와 수업을 준비하기 위해서 사전에 고려해야 할 사항들을 묻는 등 연관성 있는 문제가 출제되었다.
> 따라서 이번 장은 반드시 암기하고 자신의 것으로 만들어야 한다는 점을 강조한다.
> **2018년 기출 : 교수지도계획서(교안)에 포함되어야 할 구성 요소에 대하여 설명하시오.**
>
> 학습 순서
> • 교수지도계획서가 어떻게 구성되어 있고 어떠한 흐름으로 진행되는지 이해하기
> • 교수지도계획서의 구성 요소를 외우고, 보지 않고 쓸 수 있게끔 만들기
> • 위의 과정을 완벽하게 반복한 뒤 이후 '02 나만의 교수지도계획서 만능틀 만들기'에서 적용해보기

1 교수지도계획서의 이해

수업이란 지식, 기능 등 가르치고자 하는 개념을 가르치는 행위 자체를 말한다. 이는 교육활동 중에서 가장 핵심적인 부분이라고 할 수 있다. 이러한 수업을 위해 사전에 필요한 길잡이가 교수지도계획서이다. 여기에는 교육목표와 교육내용, 평가방법 등 수업의 전반적인 내용을 담게 된다. 교육자는 이를 통해 수업의 방향을 파악하고 진행하게 되며, 학습자는 자신이 듣게 되는 수업의 목표를 파악하게 된다. 따라서 효율적인 교육활동을 위해서는 사전에 꼼꼼하고 세부적인 교수지도계획서가 필요한 것이다.

(1) 필요성

① 교수지도계획서는 어떠한 내용을 어떻게 가르칠 것인가를 계획하고 확인하기 위한 학습 설계도이다.

② 교수지도계획서는 효과적인 수업 목표 달성과 교육운영의 통일을 위해 필요하다.

③ 교수지도계획서는 여러 명의 교육자들이 보고 따라하여 같은 수업을 진행할 수 있게 하며, 담당자가 변경될 때에도 인수인계 자료로 활용 가능하다.

④ 교수지도계획서는 교육주제에 따른 교육운영의 표준으로 활용할 수 있다.

(2) 구성 요소와 수업 흐름 `2018년 기출`

1) 교수지도계획서 구성 요소

교수지도계획서는 학교나 여러 교육기관에서 주로 쓰이는데, 각 기관별로 사용하는 계획서에도 공통적인 양식이 있다. 실제 학교 현장에서도 전국 교육청별, 학교별 사용하고 있는 양식은 조금씩 다르다. 하지만 각기 다른 양식별로 포함되어야 하는 기본 구성 요소들은 같으며, 교수지도계획서를 이해한 교육자가 각 내용은 살펴보면 흐름은 쉽게 이해할 수 있어 문제가 되지 않는다. 교수지도계획서에 포함되어야 할 구성 요소는 다음과 같다.

구성 요소	설 명
일시/장소/ 지도교사	수업이 이루어지는 것에 대한 일반 사항
교육대상	유아, 초등학생, 중·고등학생, 성인, 장애인 등
교육주제	가르치고자 하는 개념의 주제 또는 분야
학습목표	• 수업이 끝나면 학습자들이 알고, 실천할 수 있어야 하는 목표 지향점 　- 명확하고 구체적으로, 관찰 가능하고 측정 가능한 내용으로 서술되어야 한다. 　- 지식, 기능, 태도 세 가지 측면을 나누어서 서술하거나, 한 문장으로 모아서 서술할 수 있다. 　예시 1) (지식) 화재가 일어나는 원인을 이해할 수 있다. 　　　　　(기능) 화재 사고에 대처하는 방법을 설명할 수 있다. 　　　　　(태도) 생활 속에서 화재를 예방하는 습관을 기를 수 있다. 　예시 2) 화재가 일어나는 원인을 이해하며(지식) 화재 사고에 대처하는 방법을 설명할 수 있고(기능) 생활 속에서 화재를 예방하는 습관을 기를 수 있다(태도).
교육유형	활용하고자 하는 수업모형이나 교육 방법 • 수업모형 : 실천체험 중심 수업모형/탐구학습 중심 수업모형/직접교수 중심 수업모형 등 • 교육 방법 : 강의식, 체험식, 견학식, 혼합식 등
준비물	교육활동에 필요한 장비, 교구, 기자재 등(교육자용/학습자용)
교수·학습 과정	수업이 실질적으로 어떻게 이루어질지를 나타내는 부분 • 수업은 도입(15%)/전개(75%)/정리(10%)의 순서로 이루어짐
교육평가	교육 전, 중, 후에 활용될 다양한 평가 기준과 평가 자료 • 자기평가, 동료평가, 관찰평가, 설문, 구두, 인터넷 등 다양한 방법 활용 가능
기 타	필요에 따라 수업 시간 안배, 각 활동별 학습규모(개인, 짝, 모둠, 전체), 관련 이론 및 개념 설명 등과 같은 내용을 추가로 기록할 수 있음

Q. 교수지도계획서(교안)에 포함되어야 할 구성 요소에 대하여 설명하시오.

답안을 작성해보세요.

예시답안은 본 책의 부록에 있습니다.

2) 수업의 흐름

교수지도계획서를 보면 교육대상, 교육주제, 학습목표와 같은 일반적인 사항 밑에 교수·학습 과정 칸이 크게 위치한다. 해당 칸에는 수업이 어떠한 과정과 어떠한 방법, 어떠한 발문으로 진행되어나가는지 기록되어 있다(다음 페이지의 예시를 우선 보고 돌아오자). 수업은 크게 도입, 전개, 정리의 순서로 진행되며, 각 단계별 교육자의 발문이나 행동이 제시되는데 학습자의 응답을 예상하여 추가적으로 기입할 수도 있다. 또한 학습에 활용되는 자료와 지도 시 유의사항을 오른쪽에 기입하여 효율적인 학습을 꾀하도록 도움을 주기도 한다.

수업의 흐름에서 각 단계에서는 일반적으로 실시하거나 확인해야 할 사항들이 있다. 반드시 각 단계에서 이루어져야 한다고 말할 수는 없지만 일반적으로 진행되는 수업의 흐름은 존재하며 필요한 경우 수업을 재구성하여 그 위치를 변경할 수 있다. 교수지도계획서를 작성하기 전에 각 단계의 설명과 실시될 수 있는 활동을 확인하고, 수업의 전체적인 흐름을 파악하여야 한다.

교수·학습 과정	설 명
도입 단계 (15%)	• 교육자와 학습자 사이에 교육활동에 대한 이해를 나누기 시작하는 단계이다. • 학습자 집단이 수업 주제에 대해 주의를 기울이고 관심을 가지게 만들어야 한다. • 학습 분위기를 조성하고 수업의 전개방향을 제시하며, 학습자들이 스스로 어떻게 학습하여 어떻게 평가에 임하면 좋을지 생각할 수 있도록 안내하여야 한다.
전개 단계 (75%)	• 도입 단계에서 제시한 학습목표와 활동 순서에 따라 실질적으로 교육활동이 이루어지는 단계이다. • 계획한 대로 교육활동을 실행에 옮겨 문제를 구체적으로 설명하거나 입증하여 개념을 가르친다.
정리 단계 (10%)	• 수업을 통해 배운 지식을 종합하여 정리하는 단계이다. • 전개 단계에서 활동을 통해 검증되고 이해한 사실 등을 요약하고 자신의 것으로 만들게 된다. • 실천 의지를 강화하고 생활 속에서 실천할 수 있도록 안전교육을 마무리하는 것이 좋다(안전습관, 안전문화 만들기).

3) 교수지도계획서 예시

다음은 화재의 원인과 사고 발생 시 대처 요령에 대한 안전교육 1차시 내용을 간략하게 핵심만 요약해 놓은 교수지도계획서이다. 위에서 언급한 각 구성 요소를 바탕으로 수업의 흐름을 상상하고 이해해보자. 단, 전체 내용이 아닌 핵심 요약본이므로 전체 교수지도계획서를 확인하고 싶은 경우 2절의 ⑦ 완성한 만능틀 적용해보기의 예시를 확인하도록 한다.

교육 대상	중학생	일 시	○월 ○일	장 소	○-○교실	지도 교사	○○○
교육주제	화재 발생 원인과 사고 발생 시 안전하게 대처하는 방법 알기						
학습목표	화재가 일어나는 원인을 이해하며 화재 사고에 대처하는 방법을 설명할 수 있고 생활 속에서 화재를 예방하는 습관을 기를 수 있다.						
교육유형	토의토론 탐구활동, 직접교수법, 체험식 교육						
준비물	화재 보도자료, 보충학습자료, 소화기 모형, 화재 대처법 PPT, 마인드맵 종이, 펜, 골든 벨 퀴즈판						

학습 과정	교수 · 학습 과정	시간 (분)	자료(◎) 및 유의점(※)
도 입	◈ 동기 유발 • TV 속에 나오는 뉴스 보도자료를 보고 관련된 경험이 있는지 이야기해봅시다. – 아파트에 불이 났던 경험 – 불을 보고 부모님이 119에 신고하셨던 경험 – 친구/가족이 불로 인해 실제로 상처를 입은 경험	3′	◎ 화재 보도자료 ※ 학습자의 경험과 관련시켜 학습에 몰입시킨다. (ARCS의 관련성 전략 활용)
	◈ 학습목표 제시 • 화재가 발생하면 우리 생활에 어떠한 영향이 있을까요? • 화재사고가 위험한 이유를 말해봅시다. 이러한 문제를 해결하기 위해 우리가 해야 할 일을 생각해보고, 학습목표를 떠올려봅시다. ♣ 화재가 일어나는 원인을 이해할 수 있다. 화재 사고에 대처하는 방법을 설명할 수 있다. 생활 속에서 화재를 예방하는 습관을 기를 수 있다. [활동 1] 화재 원인 파악하기 [활동 2] 대처방법 토의하기 [활동 3] 화재예방 실천하기	2′	※ 학습자에게 질문을 하여 문제의식을 가지고 직접 학습목표를 이끌어내도록 유도한다.
전 개	[활동 1] 화재 원인 파악하기 ◈ 보도자료를 보고 화재 원인 알아보기(짝 활동) • 짝과 함께 화재가 발생하는 원인을 뉴스 및 기사 보도자료를 통해 파악해봅시다. • 짝과 함께 파악한 원인 중 한 가지씩을 선택하여 학급 전체에 발표해봅시다. 그리고 어떠한 것들이 화재의 원인인지 선생님과 이야기 나누어봅시다.	15′	※ 순회 지도를 통해 모둠 활동이 바르게 진행되는지 확인하고, 활동이 어려운 경우 교사가 학습 보충자료를 제시한다.

학습 과정	교수·학습 과정	시간 (분)	자료(◎) 및 유의점(※)
전 개	[활동 2] 대처방법 토의하기 ◈ 화재 대처방법 토의하기(모둠 활동) • 화재가 발생한 경우 어떻게 대처하면 좋을지 모둠별로 토의해봅시다. • 토의한 결과를 마인드맵으로 그려서 대처 매뉴얼을 만들어봅시다. ◈ 화재 대처방법 설명하기 • 각 모둠에서 토의를 통해 만든 대처 매뉴얼을 학급 전체에 설명해봅시다. • 여러분이 발표한 내용 중 부족한 부분은 선생님의 설명을 듣고 매뉴얼에 추가로 채워 넣어봅시다. [활동 3] 화재예방 실천하기 ◈ 화재예방 골든 벨 • 화재의 원인과 대처방법에 대한 퀴즈에 참여하고, 오늘 학습한 내용을 확인해봅시다. – 화면에 문제가 나오면 짝과 상의하여 퀴즈를 푼다. – 문제 정답이 발표되면 해당 설명을 듣고 자신의 부족한 부분을 확인한다.	15′	◎ 마인드맵 종이, 펜 ◎ 소화기 모형, 화재 대처법 PPT ※ 학생들이 직접 설명하는 과정에서 부족하거나 잘못된 부분을 추후에 PPT와 소화기 모형으로 직접 보충 설명해준다. ◎ 골든 벨 퀴즈판 ※ 퀴즈평가를 통해 학습자의 학습목표 도달 여부를 확인한다.
정 리	◈ 화재 예방 마음 갖기 • 오늘 수업에서 배운 내용을 정리해보고, 화재를 예방하기 위한 나만의 다짐 문구를 만들어봅시다. ◈ 실천 의지 강화 및 생활 속에서 실천하기 • 친구들 앞에서 다짐을 발표하여 안전한 생활 습관을 만들어봅시다. • 직접 만든 화재 대처 매뉴얼을 교실, 가정에 게시하여 주기적으로 학습해보도록 합시다. ◈ 차시 예고하기 • 다음 시간에는 실제로 우리 생활 속에서 화재가 일어날 수 있는 곳은 없는지 위험성을 파악해보는 안전 진단 활동을 해보겠습니다.	5′	※ 다짐을 발표하며 정의적 영역에 대한 학습이 이루어지도록 교사는 적극적으로 피드백을 제공한다. ※ 관찰평가, 형성평가를 통해 학습내용 결핍이 발견되면 다음 차시에 추가적으로 지도하여 보충하도록 한다.

Q1. 모든 수업은 도입, 전개, 정리의 단계로만 진행되는 것인가요?

A1. 수업은 크게 도입, 전개, 정리의 순서로 진행되고, 이러한 단계로 교수지도계획서를 많이 작성한다. 하지만 여러 수업모형을 심층적으로 공부해보면 수업모형별로 단계가 따로 정해져있는 것을 확인할 수 있다. 각 수업모형을 효율적으로 활용하기 위해 모형별 수업단계가 따로 존재하고, 도입, 전개, 정리가 아닌 수업모형의 단계를 적용하여 교수지도계획서를 작성하기도 한다. 하지만 대다수의 교수지도계획서에서는 도입, 전개, 정리의 3단계로 작성되며, 특정 교수법이나 수업모형의 적용이 필요한 경우, 3단계 안에서 각 수업모형의 요소들을 활동으로 녹여내어 사용하기도 한다.

Q2. 앞서 수록된 교수지도계획서 예시 말고 다른 양식의 교수지도계획서를 본 적이 있습니다. 어떤 양식이 정답일까요?

A2. 교수지도계획서에는 다양한 양식이 존재한다. 앞서 수록된 예시는 실제로 학교 현장, 교육 현장에서 가장 일반적으로 사용되는 양식으로 해당 양식을 활용하는 것이 교육활동에 수월할 것으로 예상된다. 그렇다고 해서 다른 양식들이 틀린 것 또한 아니다.

현재 사용되는 교수지도계획서는 아래와 같이 교수·학습 과정이 하나로 묶여 내용이 기입되어 있다. 이전에는 (예시 2)처럼 교육자와 학습자의 칸을 나누어 교육자의 말을 t로, 학습자의 말을 s1, s2...로 기록하여 분리시켜 기입하였다. 이러한 양식을 ts교수지도계획서, 또는 ts지도안이라고 부른다.

하지만 교육활동은 교육자와 학습자가 함께 소통하며 진행해나가는 것이라는 점을 시사하며 교수·학습 과정을 하나로 합치기 시작하였다. 또한 학습자의 대답을 모두 예상할 수 없으며, 개방성을 확보하기 위해 구체적인 발문이나 대답은 적지 않기도 한다. 따라서 필요한 경우 (예시 2)와 같은 ts교수지도계획서를 활용하기도 하지만 최근에는 일반적으로 (예시 1)의 교수지도계획서를 활용한다.

예시 1)

학습 과정	교수·학습 과정	시간 (분)	자료(◎) 및 유의점(※)
도 입	◈ 동기 유발 • TV 속에 나오는 뉴스 보도자료를 보고 관련된 경험이 있는지 이야기해봅시다.	3′	◎ 화재 　보도자료 ※ 학습자의 경험

예시 2)

학습 과정	교수 과정	학습 과정	시간 (분)	자료(◎) 및 유의점(※)
도 입	◈ 동기 유발 • TV 속에 나오는 뉴스 보도자료를 보고 관련된 경험이 있는지 생각해보게 한다. 　– t : 불이나 화재와 관련된 경험이 있는 친구는 발표해봅시다.	◈ 동기 유발 • TV 속 영상을 보고 학생 자신의 삶과 연계시켜서 경험을 떠올려본다. 　– s1 : 예전에 화재 사고로 다친 적이 있어요.	3′	◎ 화재 　보도자료 ※ 학습자의 경험

Q3. 교수지도계획서 표를 보면 점선으로 칸을 나누었는데 의미가 있나요?

A3. 교육활동은 도입·전개·정리가 하나의 구성으로 연계되어 진행된다. 학습 개념, 교수 과정이 각각 구분된 것이 아니라 단계를 넘나들며 조화를 이루는 것이다. 따라서 교육학적 관점에서 교수지도계획서의 교수·학습 과정의 진행 단계를 점선으로 표시하여 이러한 점을 표현하고자 하였다.

2 수업 단계별 활동

(1) 도입 활동

　도입 단계는 '수업을 어떻게 시작할 것인가?'에 대한 질문으로 시작된다. 도입에서는 학습자들이 학습목표에 관심을 가지고 주의를 환기시킬 수 있는 활동을 제시하여야 한다. 또한 이전 시간에 학습한 내용과 본 수업시간에 학습할 내용을 연관 짓도록 도와주어야 하고, 학습자들이 다음에 이어질 학습 활동과 평가에 준비할 수 있도록 하여야 한다.

　수업의 도입 단계가 학습자들의 학습동기 유발에 성공하면 학습자들은 학습목표에 달성할 가능성이 매우 높아진다. 하지만 수업의 도입 단계가 실패하여 학습자들이 학습동기를 갖지 못한 채 수업이 진행되면 학습자들은 학습 과정에 관심을 갖지 못하고 학습목표에 도달도 못한 채 무의미한 시간을 보내게 될 것이다. 따라서 그만큼 도입부의 의미와 영향력은 엄청난 것이며, 교육자는 수업 도입부를 철저하고 세심하게 계획하고 진행하여야 한다.

　도입 단계의 의미와 기본적으로 이루어지는 활동들을 파악하고, 교수지도계획을 수립할 시 적용해보도록 하자.

도입 단계
- 교육자와 학습자 사이에 교육활동에 대한 이해를 나누기 시작하는 단계이다.
- 학습자 집단이 수업 주제에 대해 주의를 기울이고 관심을 가지게 만들어야 한다.
- 학습 분위기를 조성하고 수업의 전개방향을 제시하며, 학습자들이 스스로 어떻게 학습하여 어떻게 평가에 임하면 좋을지 생각할 수 있도록 안내하여야 한다.
- 수업의 약 15%를 차지하며, 40분 수업 기준 약 5분간의 시간을 활용한다.

도입 활동	설 명
수업분위기 조성	수업에 앞서 학습자들과 소통하며 수업에 대한 집중을 시킨다. • 출석 여부, 수업 주제, 체험활동 계획 시 학습자들의 신체·건강상태 묻기 • 교육자와 학습자 사이의 라포(관계)를 형성시키기 위한 담소 나누기
이전 차시 학습 내용 상기	이전 수업을 진행하였거나, 연결되는 수업을 진행하는 경우 이전 시간에 학습한 내용을 질문한다. • 전 차시 수업 내용에 대해 질문하고, 응답을 통해 본 수업의 내용과 연결시키기 • 대답이 미숙한 경우 이를 진단평가 자료로 활용하여 본 수업의 난이도 조절하기
동기유발	학습 주제와 관련된 흥미 있는 자료를 제공하여 학습자들이 수업에 몰입할 수 있도록 만든다. • 켈러의 ARCS 이론 등을 활용하여 수업에 대한 열망과 의욕을 가진 내적 동기를 자극하는 것이 목표임
선수 능력 점검 (진단평가)	문답법/간단한 퀴즈 등을 통해 학습자들의 선수 능력을 점검하고, 본 수업에 이를 반영하여 진행하여야 한다. • 전 차시 상기와 함께 진행 가능함
학습목표 및 학습 활동 안내	본 수업을 통해 도달하여야 하는 학습목표와 이를 위한 활동을 함께 구성하고 안내한다. • 어떠한 학습 과정이 진행될지 학습자가 예상할 수 있게 하여야 함 • 학습에 대한 평가를 사전에 알려주어 활동과 평가에 대비할 수 있도록 하여야 함

(2) 전개 활동

　　전개 단계는 본격적으로 가르치고자 하는 개념을 교육활동으로 실천하는 단계이다. 학습과제를 명확하게 알고 실천하면서 학습목표에 대한 이해도를 높여야 한다. 이때 교육자는 목표와 과제의 특성을 파악할 수 있는 발문을 통해서 학습활동이 효율적으로 이루어지도록 지원해야 한다. 학습 활동을 둘러보며 추가 자료를 제시하거나 학습자와 상호작용을 통해 학습 결과가 올바른 방향으로 이끌어지도록 유도하여야 한다.

　　전개 단계의 의미와 기본적으로 이루어지는 활동들을 파악하고, 교수지도계획을 수립할 시 적용해보도록 하자.

전개 단계
- 도입 단계에서 제시한 학습목표와 활동 순서에 따라 실질적으로 교육활동이 이루어지는 단계이다.
- 계획한 대로 교육활동을 실행에 옮겨 문제를 구체적으로 설명하거나 입증하여 개념을 가르친다.
- 학습자–학습자 간, 학습자–교육자 간 활발한 상호작용을 나누어야 하며, 이 과정을 통해 학습 효과를 이끌어내거나 평가를 실시할 수도 있다.
- 수업의 약 75%를 차지하며, 40분 수업 기준 약 25~30분간의 시간을 활용한다.

전개 활동	설 명
학습 과제 제시	학습목표에 도달하기 위한 활동 방법을 설명하고 실천하도록 한다. • 활동 방법, 규칙, 결과물 예시 등에 대하여 알려주기 • 활동을 통해 만들어내야 하는 학습 결과와 진행될 평가에 대해 구체적으로 설명하여야 함 • 도입 단계에서 선수 능력 점검(진단평가) 결과를 활용하여 난이도를 조절하여야 함
상호작용 질문/피드백	교육자는 순회 지도를 통해 올바른 방향으로 학습활동이 진행되도록 유도해나간다. • 교육자가 상호작용을 관찰하고 참여하며 문제 해결을 위한 도움, 조언, 보충자료 제공 • 학습자 · 학습자 간, 학습자 · 교육자 간 활발한 상호작용을 실시 • 수업에 방해가 되는 부적절한 행동은 감소시키고, 도움이 되는 활발한 교육활동은 적극 격려함
발 문	확산적 발문을 통해 학습자들이 수업내용에 대해 탐구하고 생각해보며 수업의 주인이 되도록 한다. • 폐쇄적 발문보다 확산적 발문을 주로 활용하기 • 다양한 발문을 통해 학습자의 내적 동기를 자극하기
평 가	필요한 경우 형성평가와 같은 활동 중 평가를 실시할 수 있다. • 관찰평가, 자기평가, 동료평가, 구술평가 등 다양한 방법 활용
교수매체 활용	계획한 교수매체 및 학습 자료를 적절한 시기에 제공하여 수업에 도움이 되도록 한다. • 수업에 필요한 학습 자료를 적절한 시기와 적절한 방법으로 제공 • 활동 및 교수매체 활용에 대한 사전 위험성 진단 및 안전지도 필요

(3) 정리 활동

정리 단계의 목적은 학습자들이 본 수업에서 배웠던 학습 내용을 확인하고 오래 기억하도록 하기 위함이다. 학습자들이 스스로 학습한 내용을 확인하고, 그것을 요약하고 정리하는 데 도움을 주어야 한다. 또한 학습목표에 대한 도달 여부를 확인하고 이 결과를 다음 수업에 반영할 수 있도록 하는 자료가 되기도 한다.

Siedentop과 Tannehill(2000)에 따르면 효과적인 수업 정리를 위해 몇 가지 요소를 포함해야 한다고 주장하였다. 첫째, 본 수업에서 성취한 바를 학습자들이 깨닫게 하기, 둘째, 학습자들이 성취한 바에 대하여 칭찬해주기, 셋째, 본 수업에 대한 학습자들의 소감 듣기, 넷째, 수업에서 아쉬웠던 부분에 대해 토론하기 등이 있다. 이러한 요소들을 충족시켜 효과적인 교육활동이 진행되도록 하는 것이 수업 정리의 목표이다.

정리 단계의 의미와 기본적으로 이루어지는 활동들을 파악하고, 교수지도계획을 수립할 시 적용해보도록 하자.

> 정리 단계
> • 수업을 통해 배운 지식을 종합하여 정리하는 단계이다.
> • 전개 단계에서 활동을 통해 검증되고 이해한 사실 등을 요약하고 자신의 것으로 만들게 된다.
> • 추가 과제 제시 → 실천 의지 강화 및 생활 속에서 실천
> • 수업의 약 10%를 차지하며, 40분 수업 기준 약 5~10분간의 시간을 활용한다.

정리 활동	설 명
학습 내용 정리 및 적용	학습 내용을 설명하거나 문제에 직접 적용해보는 활동을 통해 개념을 정리해보게 한다. • 학습자는 지식이나 기능을 정리하고 체계화하며, 요약하여 자신의 것으로 만듦

평 가	• 다양한 평가방법을 실시하여 학습자의 이해도와 학습목표 도달 여부를 진단한다.
	  – 학습 결손 및 부족 현상이 발견되면 다음 차시의 내용에 반영되도록 교수계획 수정
	  – 정리 단계에서는 지식, 기능뿐만 아니라 태도와 같은 정의적 영역에 주안점을 두고 지도하기
	    수월함
	• 자신의 학습 과정에 대한 반성을 실시해보게 한다.

추가 과제 제시	학습한 개념을 다음 수업이나 생활 속에서 실천해 볼 수 있는 연계된 과제를 제시한다. • 수업을 마침으로써 교육이 끝나는 것이 아닌 학습자 스스로 적용해보고 실천하고 습관화할 수 있는 과제를 제시하여야 함
다음 차시 학습 내용 안내	다음 시간에 배울 내용에 대하여 안내한다. • 본 차시 내용이 다음 차시와 어떻게 연결되는지를 이해하고, 추후 학습자 자신이 무엇을 해야 하는지 알게 하여 교육적 효과를 높이기

(1) 교수지도계획서 평가표

효율적인 안전교육이 이루어지기 위해서는 교육활동 전 교수지도계획이 체계적으로 구성되었는지 점검해볼 필요가 있다. 따라서 아래의 평가표를 활용하여 여러 제반 사항에 대하여 점검하고, 부족한 부분을 보완하여 실질적인 안전교육 프로그램이 운영되도록 노력하여야 한다. 아래 점검사항은 교육활동 전 점검해야 할 사항으로 출제되었으니 이해하고 암기해두도록 하자.

[교수지도계획서 평가표]

구 분	점검사항	양 호	불 량
학습계획	학습목표와 관련 있는 주제인가?		
학습수준	학습자의 수준에 맞는 주제인가?		
	학습자의 수준에 맞는 학습 방식·수업모형인가?		
교수매체 및 학습도구	(교수매체, 학습자료, 학습 도구)는 적절하게 활용하였는가?		
	(교수매체, 학습자료, 학습 도구)는 학습자의 발달수준에 적합한가?		
동기유발	학습자들의 동기유발 및 관심을 끌 만한 적절한 교육프로그램인가?		
	학습자들의 동기를 자극시킬 수 있는 질문을 사용하는가?		
학습진행	학습자들의 적극적인 참여를 유도하는 교육프로그램인가?		
시간배정	학습목표와 학습자 수준에 맞는 학습시간이 배정되었는가?		
마무리	수준에 맞는 결론을 도출할 수 있는가?		
	내려진 결론은 학습목표에 부합하는가?		
기타사항			

(2) 안전대책

1) 안전대책

교수지도계획서를 수립하고 이에 따라 교육활동을 진행하기 위해서는 모든 활동에 대한 안전대책이 마련되어야 한다. 해당 부분에 대해서는 이전 교수설계 모형 및 계획 단계에서 논의된 바 있지만 교수지도계획서를 작성함에 있어서도 필수적인 활동이므로 한 번 더 언급하여 강조한다.

모의훈련 수업 또는 참여식, 체험식 수업뿐만 아니라 사소한 조작활동이 포함된 경우라도 모든 위험성을 진단하고 이를 해결하기 위한 방안을 계획안과 수업 내에 포함시켜야 한다. 위험성 진단을 통해 학습자들에게도 활동 전 안전교육을 실시하고, 활동 중 교육자와 안전요원의 적극적인 관찰과 안전지도가 필요하다.

2) 안전한 체험 교육활동을 위한 고려 사항

　　일반적으로 안전교육은 안전한 행동을 반복하고 습관화시키기 위해 체험 중심 교육활동이 실시되는 경우가 많다. 따라서 안전한 체험 교육을 실행하기 위해 필요한 교육 전 확인 사항들은 다음과 같다.

① 체험이 실시될 현장 상황에 따른 안전시설 설치 확인
　　• 고임목 설치, 전도 방지, 매트리스, 현장 안전조치 확인 등
② 학습자의 개인 안전장구 및 신체조건, 상태에 대한 확인 후 체험 진행
③ 안전사고가 우려되는 곳에는 매트리스 및 안전장치 설치 및 사전 안전교육 실시
④ 체험교육 시 분야(시설)별 교육자 및 안전요원 배치
⑤ 교육자별 담당책임구역 지정·운영 필요
⑥ 체험 장비 및 기자재는 안전기준 초과사용 금지
　　• 허용중량, 사용기간 등 준수
　　• 체험 장비 점검 및 정비 철저
⑦ 체험 중 발생할 수 있는 돌발 상황에 대한 진단과 안전조치 마련
⑧ 체험인원에 맞는 시간·공간 확보로 무리한 체험진행 지양
⑨ 학습자의 정신·신체적 장애나 장비고장 징후 발견 시 즉시 체험을 중지하고, 학습자를 안정시켜 안전한 곳으로 인도 후 안전요원 및 교육 관리자에게 인계

Q. 안전교육을 진행하기 전에 점검해야 할 사항을 언급하고, 각 사항에 대해 구체적으로 설명하시오.

답안을 작성해보세요.

예시답안은 본 책의 부록에 있습니다.

02 나만의 교수지도계획서 만능틀 만들기 [2018년 기출]

수업모형은 다양하며 수업을 계획하는 교육자의 수 또한 무궁무진하기에 교수지도계획서는 수없이 많이 존재한다. 자신의 수업 또는 소방안전교육사 2차 시험 답안 준비를 위해서 모든 교수지도계획서를 파악하고 암기해서 교수지도계획서를 새로 작성하기는 현실적으로 불가능하다.

따라서 자신이 직접 기본 수업 만능틀을 만들어두면 언제나 활용할 수 있다. 본인의 특성에 맞는 수업모형을 정하고, 이에 맞추어 활동들을 구상해 놓는 것이다. 그리고 필요한 때 주어진 수업목표나 교육주제에 맞추어 핵심내용만을 반영하여 교수지도계획서를 만들고 필요한 부분은 수정하며 사용하게 되는 방식이다.

이렇게 나만의 만능틀을 구성하여 활용하는 방식은 실제로 교사들이 임용을 준비하며 짧은 시간 내에 교수지도계획서를 작성하는 논술형 평가나 15분 정도의 시간에 수업을 구상하고 실연하는 2차 평가에서도 활용되고 있다. 나만의 교수지도계획서 만능틀을 만들어두면 실제 교육활동을 구상할 때 또는 소방안전교육사 2차 논술문제를 준비할 때 교육적 효과뿐만 아니라 시간 절감 효과까지 같이 누릴 수 있다.

◆ Tip 앞서 1절에서 교수지도계획서의 구성 요소를 다 암기하고 왔는지 확인해보자. 만약 암기가 부족하다면 다시 앞으로 돌아가 교수지도계획서의 흐름과 구성 요소를 확실하게 머릿속에 넣고 오자.
준비가 되었다면 아래 단계에 맞추어 하나씩 따라가며 나만의 교수지도계획서 만능틀을 만들어보자. 단계를 따라가 보며 자신의 틀을 만들고, 필자가 만들어놓은 만능틀 예시와 비교해보자.
2018년 기출 : 태풍에 대한 안전교육 프로그램을 구상하고 1차시(40분) 분량의 교수지도계획서(교안)를 작성하시오.

학습 순서
- 오른쪽 그림과 같은 교수지도계획서 연습용 활동지 준비하기
  (본 책의 부록 CHAPTER 03의 교수지도계획서 연습용지를 절취하여 활용해도 좋고 빈 종이에 직접 그려서 활용해도 좋다)
- 단계에 맞추어 나만의 교수지도계획서 만능틀 만들기
- 여러 안전교육 주제를 바탕으로 만능틀 활용해보기
- 만능틀을 시뮬레이션해보고 수정해야 할 부분, 추가할 부분 변경하기
- 최종적으로 나온 나만의 만능틀을 다양한 주제에 접목시켜 무한 적용해보기

1 수업 기본사항 확인

　　교수지도계획서에 가장 핵심적인 기본 사항들을 확인해보자. 각 요소별로 특이사항은 없는지 점검하고 수업에 필요한 기본적인 배경지식들을 마련해두어야 한다. 아래 확인 요소들을 점검하고 실제로 한 가지씩 선택하며 수업을 구상해 나가보자. 본 책 부록 CHAPTER 03의 연습지나 빈 종이를 활용하여 한 가지씩 손으로 쓰며 교수지도계획서를 완성해나가면 된다. 가르치고자 하는 개념은 구체적으로 정하지 않고 ★로 표시하여 만능틀을 작성할 수 있다.

[기본사항 확인]

- 교육대상 : 생애주기에 따른 교육학적 발달특성을 꼭 확인해보고 지도상의 유의점에 활용하여 적어보자.
  예시) 10세 아동의 발달특성에 맞추어 소화기 모형을 직접 만지고 조작해보며 이해하도록 한다 등
- 일시 : 안전교육 주제와 관련하여 최근 발생한 안전사고, 또는 교육 날짜의 특수성을 고려하여 활동을 구상해보자.
  예시 1) 4월 5일 식목일 → 산불 예방 안전 교육
  예시 2) 11월 9일 소방의 날 → 소방관이 하는 일 알아보기
- 장소 : 장소에 따른 특이사항, 제약사항을 확인하고 대처방법 마련하기
  예시) 교실이 협소하여 체험활동이 개별로 어려울 경우 모둠별 활동으로 변경하여 운영한다 등
- 지도교사 : 수업을 진행하는 교육자 외에 필요한 경우 안전요원 배치하기
- 교육주제 : 어떠한 개념을 가르칠지 분야 정하기
  예시) 화재예방교육, 물놀이 안전교육 등
- 학습목표 : 수업이 끝나면 학습자들이 갖추어야 하는 지식수준이나 기능수준을 구체적으로 명시하기(지식, 기능, 태도)
  예시) 지식 : ~에 대하여 알 수 있다/이해할 수 있다 등
  　　　기능 : ~에 대하여 설명할 수 있다/시범을 보일 수 있다 등
  　　　태도 : ~에 대한 마음을 가질 수 있다/태도·습관을 가질 수 있다 등
- 평가방법 : 학습목표에 설정됨과 동시에 평가를 어떻게 진행할지도 구상하여야 한다.
  (평가는 교수지도계획서 안에 포함시키거나 표 외에 추가로 기입할 수 있다)
  예시) 진단평가, 형성평가, 총괄평가, 관찰평가, 자기평가, 동료평가, OX퀴즈, 논술형 평가, 구술형 평가, 포트폴리오 평가, 설문지, 체크리스트 등

[만능틀 작성 과정 예시]

교육 대상	초등학생 고학년	일 시	○○년 ○월	장 소	시청각실	지도 교사	소방안전 교육사 1명
교육주제	★★★★ 교육						
학습목표	• 지식 : ★★★★에 대하여 알 수 있다. • 기능 : ★★★★을 설명할 수 있다. • 태도 : 생활에서 ★★★★을 실천하고 ★★★★ 마음을 가질 수 있다.						

2 수업모형 선택

자신이 정한 대상에게 어떠한 안전교육을 실시할지 정해졌다면 이에 걸맞은 교수방식 또는 수업모형을 선택해야 한다. 교육자 본인의 특성을 생각해보고, 교육을 받을 대상자의 특성을 고려해야 한다. 영유아에게 토의·토론 활동을 시키거나 성인들에게 역할놀이 활동을 시킨다면 교육적 효과는 떨어질 수밖에 없다.

[수업모형 특이사항]

교육유형 : 자신이 활용하기 편한 수업모형이나 교수법을 하나 선택해보자.
예시 1) 성대모사나 캐릭터 흉내를 잘 내며 관심을 잘 이끌 수 있다!
     → **역할놀이 수업모형/내러티브 중심 수업모형**
예시 2) 놀이를 즐겁고 재미있게 잘 진행할 수 있다
     → **놀이 중심 수업모형**
예시 3) 설명을 일목요연하게 잘할 수 있다!
     → **강의/모델링 중심 수업모형**
예시 4) 서적이나 뉴스, 기사를 통해 심층적인 생각을 이끌어내고 싶다!
     → **토의학습 수업모형/문제해결 수업모형/집단탐구 수업모형**

[수업모형 예시]

실천체험 중심 수업모형	탐구학습 중심 수업모형	직접교수 중심 수업모형
• 역할놀이 수업모형 • 실습·실연 수업모형 • 놀이 중심 수업모형 • 경험학습 수업모형 • 모의훈련 수업모형 • 현장견학 중심 수업모형 • 가정·지역사회연계 학습 수업모형 • 표현활동 중심 수업모형	• 토의학습 수업모형 • 조사·발표 중심 수업모형 • 관찰학습 수업모형 • 문제해결 수업모형 • 집단탐구 수업모형 • 프로젝트 학습 수업모형	• 강의 중심 수업모형 • 모델링 중심 수업모형 • 내러티브 중심 수업모형

[만능틀 작성 과정 예시]

교육 대상	초등학생 고학년	일 시	○○년 ○월	장 소	시청각실	지도 교사	소방안전 교육사 1명
교육주제	★★★★ 교육						
학습목표	• 지식 : ★★★★에 대하여 알 수 있다. • 기능 : ★★★★을 설명할 수 있다. • 태도 : 생활에서 ★★★★을 실천하고 ★★★★ 마음을 가질 수 있다.						
교육유형	• 내러티브 중심 수업모형 • 문답법						

3 수업 활동 구상

선택한 수업모형을 적용하여 도입, 전개, 정리에 적절한 활동을 구상한다. 앞 1절에서 논의된 각 단계별 수업활동은 필수로 정해진 것은 아니지만 교육적 효과를 추구하며 만들어진 기본적인 활동들이다. 교육자 본인의 의도와 필요에 따라 적절하게 가감하여 활용할 수 있다. 또한 활동뿐만 아니라 활동에 필요한 준비물, 교육자료, 교육매체를 구상하고 활동을 진행할 때 얼마만큼의 시간을 분배할지, 활동의 규모는 어떻게 할 것인지에 대해 동시에 고민하여야 한다.

[수업 활동 구상]

준비물	수업 활동을 먼저 구상하고 각 활동에 필요한 교육자용·학습자용 준비물을 정리하여 적어보자.	
도입 활동	• 수업분위기를 조성하고 학습자들의 동기를 유발하며 학습목표를 제시할 수 있는 도입 활동들을 구상해 보자. • 수업모형과 연관 지어보자.	
	예시 1	**내러티브 중심 수업모형 활용** 안전캐릭터 영웅이가 수업주제에 대한 조언을 요청하는 (편지/일기/영상편지) 보여주며 수업 시작하기
	예시 2	**역할놀이 수업모형 활용** 수업이 시작되면 교육자가 직접 성대모사를 하여 학급 역할놀이 분위기를 형성하고 학습자들에게 질문하며 수업 시작하기
	예시 3	**문제해결 수업모형 활용** 수업과 관련된 지역 뉴스보도자료 영상을 보여주고, 어떻게 하면 문제를 해결할 수 있을지 질문하며 수업 시작하기
	예시 4	**모델링/모의훈련/실연·실습 수업모형 활용** 교육자가 가르치고자 하는 기능을 직접 보여주고 안내하며 수업 시작하기
전개 활동	• 학습목표에 도달하기 위한 실제적인 활동을 2~3가지 구상해보자. • 활동 3가지를 수업모형/지식, 기능, 태도와 연관 지어 진행해보자. • 안전 요소에 대한 개념, 정의, 전문지식을 가르쳐야 할 경우 교수지도계획서에도 핵심만 간략하게 요약하여 기록하자. (태풍이란~, 지진이란~ 등)	
	예시 1	**내러티브 중심 수업모형 활용** 활동 1 : 안전 지식/기능 습득하기 활동 2 : 캐릭터 영웅이에게 도움을 주기 위한 (편지/일기/영상편지) 만들기 활동 3 : 발표회를 통해 안전한 생활 태도 함양하기/평가하기
	예시 2	**역할놀이 수업모형 활용** 활동 1 : 안전지식과 기능을 습득하기 활동 2 : 모둠별로 역할놀이 대본을 작성하거나 주어진 대본 연습하기 활동 3 : 역할놀이 공연하며 안전 태도 기르기/평가하기
	예시 3	**문제해결 수업모형 활용** 활동 1 : 다양한 안전사고 문제를 분석하여 원인 파악하기 활동 2 : 문제해결을 위한 해결방안 모색하기(토의, 토론, 브레인스토밍 등) 활동 3 : 안전사고 문제 해결방안 공유 및 실천 의지 다지기
	예시 4	**모델링/모의훈련/실연·실습 수업모형 활용** 활동 1 : 안전 기능 모범 예시 보여주기 활동 2 : 안전 기능 연습하기(개인/모둠) 활동 3 : 안전 기능(평가하기/모의훈련하기/실연하기/설명하기)

정리 활동		•학습한 개념에 대하여 (요약/정리/공유)하는 활동을 구상해보자. •학습목표에 도달하였는지 지식, 기능, 태도에 대한 평가를 실시해보자. •실천 의지를 강화하고 배운 내용을 생활 속에서 실천할 수 있는 추가 과제를 제시해보자(안전 행동의 습관화, 안전 문화 강조).
	예시 1	**내러티브 중심 수업모형 활용** 안전캐릭터 영웅이가 학습자들에게 안전한 생활을 독려하며 활동 평가하기
	예시 2	**역할놀이 수업모형 활용** 역할놀이를 통해 느낀 점을 공유하고 자신과 동료들의 역할놀이 활동내용 평가해보기
	예시 3	**문제해결 수업모형 활용** 의견을 수렴하여 만든 최종 해결방안을 직접 실천해보거나 평가해보기
	예시 4	**모델링/모의훈련/실연·실습 수업모형 활용** 우수한 학습자의 안전 기능을 한 번 더 보여주고, 생활 속에서 실천할 수 있도록 안전 약속하기

[교수·학습 과정 단계별 활동]

도 입	전 개	정 리
•수업분위기 조성 •이전 차시 학습내용 상기 •동기유발 •선수 능력 점검(진단평가) •학습목표 안내 •학습활동 안내	•학습 활동 제시 및 진행 •상호작용 (학습자-학습자) (학습자-교육자) •질문/피드백 •발 문 •평 가 •교수매체 활용	•학습 내용 정리 및 적용 •평 가 •추가 과제 제시 •다음 차시 학습내용 안내

4 교수지도계획서 작성

　　교육대상, 교육주제, 학습목표, 수업모형, 도입·전개·정리의 활동까지 모두 구상하였다면 이제 본격적으로 교수·학습 활동을 서술하면 된다. 활동은 정해져있기 때문에 각 활동을 어떻게 풀어나가면 좋을지를 고민하면서 교육자의 발문을 생각해보도록 하자. 대신 교수지도계획서에 모든 내용을 다 담을 수 없다는 것을 유념하고 큰 틀을 작성한다는 느낌으로 서술하여야 한다. 수업을 진행하다보면 실제로 교수지도계획서대로 흘러가지 못하는 경우도 많고, 돌발 상황이 많이 발생하기 때문이다. 따라서 수업의 방향을 알려주는 하나의 길라잡이 정도로 생각하고 작성하도록 하자.

[만능틀 작성 과정 예시]

교육 대상	초등학생 고학년	일 시	○○년 ○월	장 소	시청각실	지도 교사	소방안전 교육사 1명
교육주제	★★★★ 교육						
학습목표	• 지식 : ★★★★에 대하여 알 수 있다. • 기능 : ★★★★을 설명할 수 있다. • 태도 : 생활에서 ★★★★을 실천하고 ★★★★ 마음을 가질 수 있다.						
교육유형	내러티브 중심 수업모형/문답법						
준비물	★ OX퀴즈, 영웅이의 편지 PPT, ★ 매뉴얼, ★ 기사 자료, 편지지, 서약서 평가지						

학습 과정	교수 · 학습 과정	시간 (분)	자료(◎) 및 유의점(※)
도 입	◈ 수업분위기 형성 • 요즘 뉴스에 많이 나오는 내용은 무엇인가요? • ★와 관련하여 보거나 들은 것들을 이야기해봅시다. ◈ 진단평가 • ★와 관련된 간단한 OX퀴즈를 풀어봅시다. ◈ 동기유발 • 안전캐릭터 영웅이가 여러분에게 무언가를 부탁하기 위해 편지를 보내왔습니다. 다 함께 읽어보도록 합시다. • 영웅이가 어떠한 것들을 부탁했는지 발표해봅시다. ◈ 학습목표 제시 • 안전 캐릭터 영웅이가 ★하는 방법을 알려달라고 부탁을 했습니다. • 영웅이를 도와주기 위해서는 우리가 어떻게 공부하면 좋을지 이야기해봅시다. ♣ ★에 대하여 알 수 있다. ♣ ★을 설명할 수 있다. ♣ 생활에서 ★을 실천하고 ★ 마음을 가질 수 있다. [활동 1] ★ 알아보기 [활동 2] 영웅이에게 편지 쓰기 [활동 3] 편지 낭독하기	3 2	 ◎ ★ OX퀴즈 ◎ 영웅이의 편지 PPT

학습 과정	교수 · 학습 과정	시간 (분)	자료(◎) 및 유의점(※)
전 개	[활동 1] ◈ ★ 알아보기 • ★ 매뉴얼과 여러 기사 자료들입니다. • 짝/모둠과 함께 매뉴얼을 읽고 핵심 내용을 간추려봅시다. • ★을 자신의 공책에 정리하여 적어봅시다.	10	◎ ★ 매뉴얼 ◎ ★ 기사 자료
	[활동 2] ◈ ★ 편지쓰기 • 각 짝/모둠에서 정리한 내용을 바탕으로 안전캐릭터 영웅이를 돕기 위한 편지를 작성해봅시다. • 영웅이가 요청한 ★에 대해 구체적으로 풀어서 설명해봅시다.	10	◎ 편지지
	[활동 3] ◈ 편지 낭독하기 • 자신이 적은 '★ 편지'를 친구들 앞에서 발표해봅시다. • 새롭게 알게 된 사실이 있다면 자신의 편지에 내용을 추가해봅시다.	5	
정 리	◈ 학습 내용 정리하기 • 영웅이가 여러분의 편지를 통해 알게 된 ★을 정리하여 말해준다고 합니다. • 여러분의 편지가 효과가 있었는지 잘 듣고 확인해봅시다.	3	◎ 영웅이의 편지 PPT
	◈ 평가하기 • 스스로 다짐하기 위해 ★ 서약서를 작성해봅시다. • 자신이 작성한 서약서를 읽어보며, 부족한 부분은 없는지 평가해봅시다.	6	◎ 서약서 평가지
	◈ 실천 의지 강화 및 생활 속에서 실천하기 • 영웅이가 오늘 알게된 ★을 오늘부터 실천한다고 합니다. 여러분도 같이 생활 속에서 실천해보도록 합시다. • 1주일간 실천해보며 자신의 생활 습관을 평가해보도록 합시다.		
	◈ 다음 차시 안내 • 다음 시간에는 ★★★★★에 대하여 알아보도록 하겠습니다.	1	

  교수지도계획서의 큰 틀이 잡히고 활동과 발문이 마무리되면 해당 수업을 머릿속으로 한 번 그려보아야 한다. 어떠한 단계에서 어떠한 문제 상황이 발생할지를 예상해보고, 그 문제 상황을 사전에 방지하기 위한 예방책과 발생한 당시의 해결책을 떠올려보자. 사전에 예방할 수 있다면 가장 좋고, 예방이 어렵다면 발생 당시 어떻게 해결하면 좋을지를 수업상의 유의점 칸에 적어두어야 한다.

  유의점 칸에는 내가 구상한 수업을 다른 교육자가 수업한다고 가정할 때, 참고하면 좋은 사항들을 적는다고 생각하면 편하다. 또한 이 교수지도계획서를 보는 이들에게 어떠한 교육학적 지식과 이론을 접목시켜 활용했는지 의사를 전달하는 기능을 하기도 한다. 따라서 수업만으로는 전달되지 않는 교육자의 수업 구성 및 실시 의도를 구체적으로 풀어나가는 부분인 것이다.

[만능틀 작성 과정 예시]

교육 대상	초등학생 고학년	일 시	○○년 ○월	장 소	시청각실	지도 교사	소방안전 교육사 1명
교육주제	★★★★ 교육						
학습목표	• 지식 : ★★★★에 대하여 알 수 있다. • 기능 : ★★★★을 설명할 수 있다. • 태도 : 생활에서 ★★★★을 실천하고 ★★★★ 마음을 가질 수 있다.						
교육유형	내러티브 중심 수업모형/문답법						
준비물	★ OX퀴즈, 영웅이의 편지 PPT, ★ 매뉴얼, ★ 기사 자료, 편지지, 서약서 평가지						

학습 과정	교수 · 학습 과정	시간 (분)	자료(◎) 및 유의점(※)
도 입	◈ 수업분위기 형성 • 요즘 뉴스에 많이 나오는 내용은 무엇인가요? • ★와 관련하여 보거나 들은 것들을 이야기해봅시다. ◈ 진단평가 • ★와 관련된 간단한 OX퀴즈를 풀어봅시다. ◈ 동기유발 • 안전캐릭터 영웅이가 여러분에게 무언가를 부탁하기 위해 편지를 보내왔습니다. 다 함께 읽어보도록 합시다. • 영웅이가 어떠한 것들을 부탁했는지 발표해봅시다. ◈ 학습목표 제시 • 안전 캐릭터 영웅이가 ★하는 방법을 알려달라고 부탁을 했습니다. • 영웅이를 도와주기 위해서는 우리가 어떻게 공부하면 좋을지 이야기해봅시다.	3 2	◎ ★ OX퀴즈 ※ 진단평가를 통해 학습자의 사전지식을 파악한다. ◎ 영웅이의 편지 PPT ※ 학습자에게 친숙한 영웅이가 학습문제로 끌어들이며 내적 동기를 자극한다(ARCS의 관련성).

학습 과정	교수 · 학습 과정	시간 (분)	자료(◎) 및 유의점(※)
도 입	♣ ★에 대하여 알 수 있다. ♣ ★을 설명할 수 있다. ♣ 생활에서 ★을 실천하고 ★ 마음을 가질 수 있다. [활동 1] ★ 알아보기 [활동 2] 영웅이에게 편지 쓰기 [활동 3] 편지 낭독하기	3	※ 교육자가 학습목표 와 활동을 직접 제 시하기보다 학습자 들에게 먼저 확산 적 발문을 하여 사 고해보는 기회를 제 공한다.
전 개	[활동 1] ◈ ★ 알아보기 • ★ 매뉴얼과 여러 기사 자료들입니다. • 짝/모둠과 함께 매뉴얼을 읽고 핵심 내용을 간추려봅시다. • ★을 자신의 공책에 정리하여 적어봅시다. [활동 2] ◈ ★ 편지쓰기 • 각 짝/모둠에서 정리한 내용을 바탕으로 안전캐릭터 영웅이를 돕기 위한 편지를 작성해봅시다. • 영웅이가 요청한 ★에 대해 구체적으로 풀어서 설명해봅시다. [활동 3] ◈ 편지 낭독하기 • 자신이 적은 '★ 편지'를 친구들 앞에서 발표해봅시다. • 새롭게 알게 된 사실이 있다면 자신의 편지에 내용을 추가해봅시다.	10 10 5	◎ ★ 매뉴얼 ◎ ★ 기사 자료 ※ 학습자와 관련된 기 사자료를 통해 학습 문제가 자신의 삶과 연관되어 있다는 사 실을 느끼게 한다. ※ 편지에 단순한 지 식을 적는 것이 목 표가 아니라 다른 사람을 돕고자 하 는 마음이 필요함 을 강조하며 지도/ 평가한다. ◎ 편지지
정 리	◈ 학습 내용 정리하기 • 영웅이가 여러분의 편지를 통해 알게 된 ★을 정리하여 말해준다고 합니다. • 여러분의 편지가 효과가 있었는지 잘 듣고 확인해봅시다. ◈ 평가하기 • 스스로 다짐하기 위해 ★ 서약서를 작성해봅시다. • 자신이 작성한 서약서를 읽어보며, 부족한 부분은 없는지 평가해봅시다. ◈ 실천 의지 강화 및 생활 속에서 실천하기 • 영웅이가 오늘 알게 된 ★을 오늘부터 실천한다고 합니다. 여러분도 같이 생활 속에서 실천해보도록 합시다. • 1주일간 실천해보며 자신의 생활 습관을 평가해보도록 합시다. ◈ 다음 차시 안내 • 다음 시간에는 ★★★★★에 대하여 알아보도록 하겠습니다.	3 6 1	◎ 영웅이의 편지 PPT ◎ 서약서 평가지 ※ 자신의 생활을 다 짐하고 스스로 자 기평가를 진행해볼 수 있도록 한다. ※ 안전한 행동을 반 복하고 습관화하는 것이 중요함을 인 지시킨다.

6 수정 및 보완

지금까지 소방안전교육사 자신의 취향에 맞는 교수지도계획서 만능틀을 작성해 보았다. 활동지에 하나씩 선택하며 자신의 틀을 만들었다면 이 틀을 여러 방면으로 확인하고 검토하여 수정·보완작업을 거쳐야 한다. 가장 좋은 방법은 실제로 만능틀을 어떤 주제에 대입하여 교수지도계획서를 작성하고, 이를 실제 학습자에게 진행해보는 것이다. 하지만 시행착오를 겪기 위해 실제 학습자를 마련하여 진행해보는 것에는 무리가 있으므로, 작성된 교수지도계획서를 처음부터 끝까지 차근차근 따라가며 머릿속으로 상상해보는 과정이 필요하다.

도입부터 정리까지 자신이 교육자가 되어 실제로 학습자들 앞에서 발문을 한다고 생각하며 하나씩 상상해보자. 교육자의 발문에 학습자들은 어떻게 반응할 것이며 어떻게 활동에 참여할지 예상해보자. 그 과정에서 예상되거나 발견되는 문제점들에 대한 예방책과 해결책을 마련하고, 이를 교수지도계획서에 반영하며 수정·보완작업을 거쳐나가야 한다.

수정·보완 사항 예시
- 교육대상의 수준 및 특성에 따라 활동 방법 바꾸기
  예시) 내러티브 수업모형 활용 시 성인에게는 영웅이의 편지보다 실제 뉴스 보도자료가 더욱 교육적 효과가 높음
- 교육대상의 수준 및 특성에 따라 활동 시간/활동 규모 바꾸기
  예시) 활동 시간 줄이거나 늘리기/개별학습을 짝이나 모둠학습으로 바꾸기
- 학습목표와 활동에 맞도록 진단평가/형성평가 방법 바꾸기
  예시) 형식적인 OX퀴즈보다 전문적인 맞춤형 교육을 위해 사전 설문지 실시하기
- 새롭게 예상되거나 발생될 문제에 대한 유의점 기록하기
- 교수매체 및 학습자료 제공 방식 변경하기
- 관련 교육 이론 및 교육 유의사항 유의점에 보충하기
- 기타 : 교육활동 전반에 관한 특이사항 전반

여러 가지 안전교육 주제에 대해 만능틀을 대입해보고 수정·보완작업을 한 번, 두 번, 여러 번 거쳐나가다 보면 어떠한 대상이나 주제에도 대입 가능한 나만의 교수지도계획서 만능틀이 탄생될 것이다. 이렇게 탄생한 만능틀을 소방안전교육사 2차 논술형 평가에 적용하여 고득점을 받고, 추후 실제 안전교육사로 현장에서 교수지도계획서를 작성하며 적극 활용하기 바란다. 나에게 맞춘 나만의 교수지도계획서는 반드시 양질의 교수·학습 과정을 이끌어낼 것이다.

7 완성한 만능틀 적용해보기

직접 작성한 나만의 교수지도계획서 만능틀을 다양한 안전교육 주제에 접목시켜보아야 한다. 아래의 교수지도계획서는 앞서 제시한 내러티브 수업모형 만능틀 예시를 감염병 예방교육 주제에 대입하여 활용한 것이다. 이렇듯 만능틀을 다양한 교육대상과 교육주제로 대입하여 연습해보고, 수정·보완하여 나만의 만능틀을 하나씩 꼭 보유하도록 하자.

[만능틀 적용 예시]

교육 대상	초등학생 고학년	일 시	○○년 ○월	장 소	시청각실	지도 교사	소방안전 교육사 1명
교육주제	코로나19 감염병 예방 교육						
학습목표	• 지식 : 감염병의 위험성에 대하여 알 수 있다. • 기능 : 감염병을 예방하는 방법을 설명할 수 있다. • 태도 : 생활에서 감염병 예방을 실천하고 환자들을 돕는 마음을 가질 수 있다.						
교육유형	내러티브 중심 수업모형/실습실연 수업모형/문답법						
준비물	감염병 OX퀴즈, 영웅이의 편지 PPT, 감염병 예방 매뉴얼, 감염병 기사 자료, 편지지, 서약서 평가지						

학습 과정	교수·학습 과정	시간 (분)	자료(◎) 및 유의점(※)
도 입	◈ 수업분위기 형성 • 요즘 뉴스에 많이 나오는 내용은 무엇인가요? • 감염병과 관련하여 보거나 들은 것들을 이야기해봅시다. ◈ 진단평가 • 감염병과 관련된 간단한 OX퀴즈를 풀어봅시다. 　　감염병 OX퀴즈 　　1. 감염병은 사람과 사람 사이에만 옮는다? (O, X) 　　2. 감염병은 피부가 직접 접촉해야만 옮는다? (O, X) ◈ 동기유발 • 안전캐릭터 영웅이가 여러분에게 무언가를 부탁하기 위해 편지를 보내왔습니다. 다 함께 읽어보도록 합시다. • 영웅이가 어떠한 것들을 부탁했는지 발표해봅시다. ◈ 학습목표 제시 • 안전 캐릭터 영웅이가 감염병을 예방하는 방법을 알려달라고 부탁을 했습니다. • 영웅이를 도와주기 위해서는 우리가 어떻게 공부하면 좋을지 이야기해봅시다. 　　♣ 감염병의 위험성에 대하여 알 수 있다. 　　♣ 감염병을 예방하는 방법을 설명할 수 있다. 　　♣ 생활에서 감염병 예방을 실천하고 환자들을 돕는 마음을 가질 수 있다.		◎ 감염병 OX퀴즈 ※ 진단평가를 통해 학습자의 사전지식을 파악한다. ◎ 영웅이의 편지 PPT ※ 학습자에게 친숙한 영웅이가 학습문제로 끌어들이며 내적 동기를 자극한다(ARCS의 관련성). ※ 교육자가 학습목표와 활동을 직접 제시하기보다 학습자들에게 먼저 확산적 발문을 하여 사고해보는 기회를 제공한다.

학습 과정	교수 · 학습 과정	시간 (분)	자료(◎) 및 유의점(※)
도 입	[활동 1] 감염병 예방 방법 알아보기 [활동 2] 영웅이에게 편지 쓰기 [활동 3] 편지 낭독하기		
전 개	[활동 1] ◈ 감염병 예방 방법 알아보기 • 영웅이가 말해준 감염병 이야기와 국가에서 발표한 감염병 발생 시 대응 매뉴얼과 여러 기사 자료들입니다. • 짝/모둠과 함께 매뉴얼을 읽고 핵심 내용을 간추려봅시다. • 예방 및 대처 방법을 자신의 공책에 정리하여 적어봅시다. 감염병에 대하여 (코로나19) • 정의 : 감염병 또는 전염병이라고도 하며 병원체가 침입하여 전파되어 나가며 생기는 질환 • 코로나 : 2019년 중국 우한에서 처음 발생하여 코로나바이러스에 의한 호흡기 감염질환 • 증상 : 2~14일(추정)의 잠복기를 거친 뒤 발열(37.5도) 및 기침이나 호흡곤란, 폐렴발현 감염병 예방 및 대처방법 • 비누를 이용하여 물에 30초 이상 꼼꼼하게 손을 자주 씻기 • 기침 등 호흡기 증상이 있는 경우 기침 예절 지키기 　－ 의료기관 방문 시 꼭 마스크 착용하기 　－ 사람이 많이 모이는 장소는 피하고 마스크 착용하기 　－ 마스크가 없는 경우 재채기할 때 옷소매로 입과 코를 가리기 • 눈, 코, 입 만지지 않기 • 감염병이 발생한 지역 및 장소에 방문한 이력이 있다면 보건소에 문의하기 • 감염 발생 시 소독액으로 손 및 공간 소독하기 • 감염병 특성을 확인하고 생활용품 및 공간 분리하기 [활동 2] ◈ 감염병 예방법 편지쓰기 • 각 짝/모둠에서 정리한 내용을 바탕으로 안전캐릭터 영웅이를 돕기 위한 편지를 작성해봅시다. • 영웅이가 요청한 감염병 예방 방법에 대해 구체적으로 풀어서 설명해봅시다. **영웅이에게 보내는 편지 예시** 영웅아 요새 감염병이 유행하고 있다는데 우리가 함께 조심해야 할 것 같아. 감염병은 나로 인해 다른 사람까지 아프게 만들 수 있으니까 서로 더 조심하는 마음가짐을 가졌으면 좋겠어! 감염병을 예방하기 위해서는 우선 항상 손을 깨끗하게 씻어야 해. 그리고 기침이 나올 때에는 다른 사람들에게 침이 튀지 않도록 마스크를 꼭 착용해야 하고, 만약 마스크가 없다면 옷소매에 기침을 하도록 하자! [활동 3] ◈ 편지 낭독하기 • 자신이 적은 '감염병 예방 방법 편지'를 친구들 앞에서 발표해봅시다. • 새롭게 알게 된 사실이 있다면 자신의 편지에 내용을 추가해봅시다.		◎ 감염병 예방 매뉴얼 ◎ 감염병 기사 자료 ※ 학습자와 관련된 기사자료를 통해 학습 문제가 자신의 삶과 연관되어 있다는 사실을 느끼게 한다. ◎ 편지지 ※ 편지지에 단순한 지식을 적는 것이 목표가 아니라 다른 사람을 돕고자 하는 마음이 필요함을 강조하며 지도/평가한다.

학습 과정	교수 · 학습 과정	시간 (분)	자료(◎) 및 유의점(※)
정 리	◈ 학습 내용 정리하기 • 영웅이가 여러분의 편지를 통해 알게 된 예방법을 정리하여 말해준다고 　합니다. • 여러분이 알려준 내용이 잘 전달되었는지 잘 듣고 확인해봅시다. ◈ 평가하기 • 스스로 다짐하기 위해 감염병 예방 서약서를 작성해봅시다. • 자신이 작성한 서약서를 읽어보며, 부족한 부분은 없는지 평가해봅시다. ◈ 실천 의지 강화 및 생활 속에서 실천하기 • 영웅이가 오늘 알게 된 감염병 예방법을 오늘부터 실천한다고 합니다. 　여러분도 같이 생활 속에서 실천해보도록 합시다. • 1주일간 실천해보며 자신의 생활 습관을 평가해보도록 합시다. ◈ 다음 차시 안내 • 다음 시간에는 감염병에 걸렸을 때 어떻게 행동해야 하는지에 대하여 　알아보도록 하겠습니다.		◎ 영웅이의 편지 PPT ◎ 서약서 평가지 ※ 자신의 생활을 다짐 　하고 스스로 자기평 　가를 진행해볼 수 있 　도록 한다. ※ 안전한 행동을 반복 　하고 습관화하는 것 　이 중요함을 인지시킨 　다(행동주의).

Q. 강풍과 국지성 호우를 동반한 태풍에 대한 대비 및 대처 교육을 실시하려고 한다. 초등학생을 대상으로 하는 안전교육 프로그램을 구상하고 1차시(40분) 분량의 교수지도계획서(교안)를 작성하시오.

답안을 작성해보세요.

* 부록 CHAPTER 03 교수지도계획서 연습용지 활용 가능

예시답안은 본 책의 부록에 있습니다.

◆ Tip CHAPTER 09에는 다양한 교수·학습모형을 적용한 만능틀 예시가 수록되어 있다. 본인이 만능틀의 시작부터 끝까지 직접 구성하는 것이 가장 좋지만, 작성이 어려운 경우 아래의 만능틀을 참고하여 본인의 틀을 만들어보자. 여러 가지 활동들은 모두 예시이므로 그대로 따라할 경우 온전한 정답이 아닐 수 있다. 소방안전교육사로서 자신에게 적합한 수정·보완하여 양질의 교수지도계획서 만능틀을 완성하여야 한다.

1 실천체험 중심 - 역할놀이 수업모형 예시

교육 대상		일 시		장 소		지도 교사	
교육주제	★★★★ 교육						
학습목표	• 지식 : ★★★★에 대하여 알 수 있다/이해할 수 있다. • 기능 : ★★★★을 위한 역할놀이에 참여할 수 있다. • 태도 : 생활에서 ★★★★을 실천하고 ★★★★ 마음/습관을 기를 수 있다.						
교육유형	역할놀이 수업모형						
준비물	★ 그림, ★ 매뉴얼, ★ 기사 자료, 역할극 대본						

학습 과정	교수·학습 과정	시간 (분)	자료(◎) 및 유의점(※)
도 입	◈ 수업분위기 형성 • ★와 관련하여 경험한 것이 있다면 이야기해봅시다. ◈ 진단평가 • ★와 관련된 그림을 보고 옳은 부분과 옳지 못한 부분을 찾아 이야기해봅시다. ◈ 동기유발 • 선생님이 어떠한 역할을 맡아 짧은 역할극을 보여주겠습니다. 어떠한 것인지 추측하여 맞추어봅시다. ◈ 학습목표 제시 • 선생님이 ★와 관련한 짧은 역할극을 보여주었습니다. 왜 이러한 역할극을 보여주었을까요? • 오늘은 우리의 안전을 위해 필요한 ★와 관련한 공부를 해보도록 하겠습니다. ♣ ★에 대하여 알 수 있다. ♣ ★을 위한 역할놀이에 참여할 수 있다. ♣ 생활에서 ★을 실천하고 ★ 마음을 가질 수 있다. [활동 1] ★ 알아보기 [활동 2] 역할극 대본 쓰기 [활동 3] 공연하기		◎ ★ 그림 ※ 진단평가를 통해 학습자의 사전지식을 파악한다. ※ 교육자가 실감나는 역할극을 보여주어 학습자들의 흥미를 유발한다(ARCS의 주의집중). ※ 역할극을 통해 학습을 진행하고 평가함을 알려주고, 역할놀이에 익숙해지도록 분위기를 형성한다.

학습 과정	교수·학습 과정	시간 (분)	자료(◎) 및 유의점(※)
전 개	**[활동 1]** ◈ ★ 알아보기 • ★ 매뉴얼과 여러 기사 자료들입니다. • 짝/모둠과 함께 매뉴얼을 읽고 ★의 안전과 관련된 정보나 대처법 등을 간추려봅시다. • ★을 자신의 공책에 정리하여 적어봅시다. ┌─────────────────────────┐ ★에 대하여 (관련된 정보/대처법 요약하여 기록) └─────────────────────────┘ **[활동 2]** ◈ ★ 역할극 대본 쓰기 • 각 짝/모둠에서 정리한 내용을 바탕으로 역할극을 꾸며보겠습니다. 하나의 상황을 정하여 안전지식을 전달할 수 있는 역할극 대본을 써보도록 합시다. • 대본을 완성한 모둠은 공연을 위한 연습시간을 갖겠습니다. ┌─────────────────────────┐ ★ 역할극 대본 (역할극을 위한 대본 예시 기록) └─────────────────────────┘ **[활동 3]** ◈ 공연하기 • 모둠에서 준비한 '★ 역할극 공연'을 친구들 앞에서 발표해봅시다. • 다른 모둠의 역할극을 보고 잘한 점을 기억해두었다가 칭찬발표를 해봅시다.		◎ ★ 매뉴얼 ◎ ★ 기사 자료 ※ 학습자와 관련된 기사자료를 통해 학습 문제가 자신의 삶과 연관되어 있다는 사실을 느끼게 한다. ◎ 역할극 대본 ※ 역할을 적절히 배분하여 모든 학습자들이 역할극에 참여하도록 지도한다. ※ 역할극 대본 작성이 어려울 경우 예시자료를 제공하여 진행을 돕는다.
정 리	◈ 학습 내용 정리하기 • ★에 대하여 오늘 배운 내용을 정리·요약하여 발표해봅시다. • 역할극을 보고 새롭게 알게 된 내용을 공책에 정리해봅시다. ◈ 평가하기 • 자신의 역할극과 다른 모둠의 역할극 중 좋았던 점과 아쉬웠던 점을 평가하여 발표해봅시다. ◈ 실천 의지 강화 및 생활 속에서 실천하기 • 오늘 연습한 역할놀이 내용을 가족들 앞에서도 보여주기 바랍니다. • 가족들도 함께 안전 행동을 따라해보게 하고, 여러분이 직접 설명하며 알려주세요. ◈ 다음 차시 안내 • 다음 시간에는 ★★★★★에 대하여 알아보도록 하겠습니다.		※ 역할극에서 직접 행동한 안전 요소들을 실제 생활에서도 적극적으로 실천할 수 있도록 지도한다. ※ 자기평가와 동료평가를 병행하여 평가의 다양성을 확보한다.

2 실천체험 중심 - 모의훈련 수업모형 예시

교육 대상		일 시		장 소		지도 교사	
교육주제	★★★★ 교육						
학습목표	• 지식 : ★★★★에 대하여 알 수 있다/이해할 수 있다. • 기능 : ★★★★을 위한 모의훈련에 참여할 수 있다. • 태도 : 생활에서 ★★★★을 실천하고 ★★★★ 마음/습관을 기를 수 있다.						
교육유형	모의훈련 수업모형						
준비물	★ 그림/사진/노래/영상, ★ 시범 설명 자료, 모의훈련 준비물						

학습 과정	교수·학습 과정	시간 (분)	자료(◎) 및 유의점(※)

도 입	◆ 수업분위기 형성
	• ★와 관련된 그림/사진/노래/영상에서 말하고자 하는 바는 무엇인지 살펴봅시다.
	
	◆ 진단평가
	• ★에 대하여 어떻게 생각하는지 문장 만들기 활동을 하고 발표해보도록 하겠습니다.
	
	  내가 생각하는 ★란 (　　　　　) 다.
	
	◆ 동기유발
	• ★ 영상을 보고 이러한 상황에 어떻게 행동해야 할까요?
	• 상황과 관련된 경험이 있다면 발표해봅시다.
	
	◆ 학습목표 제시
	• 오늘은 위험한 상황에 올바르게 대처할 수 있는 기능을 배우고 직접 모의훈련을 해보도록 하겠습니다.
	
	  ♣ ★에 대하여 알 수 있다.
	  ♣ ★을 위한 모의훈련에 참여할 수 있다.
	  ♣ 생활에서 ★을 실천하고 ★ 마음을 가질 수 있다.
	
	  [활동 1] ★ 시범 보기
	  [활동 2] 기능 연습하기
	  [활동 3] 모의훈련 참여하기
			◎ ★ 그림/사진/노래/영상
			
			※ 문장 만들기 답변을 통해 진단평가를 실시하고, 꼬리질문을 제시하여 학습수준을 파악한다.
			
			※ 안전사고가 실제로 발생할 수 있음을 인지시키며 삶과 연계시켜 지도한다(ARCS의 관련성).

전 개	[활동 1]
	◆ ★ 시범 보기
	• ★ 모의 훈련에 참여하기 위해서는 필요한 기능을 먼저 익혀야 합니다. 선생님이 보여주는 예시 모범 행동을 보고 단계별로 나누어 생각해봅시다.
	• ★ 행동요령을 어떻게 따라할지 자신의 생각을 공책에 적어봅시다.
	
	  ★ 행동요령 단계
	  (교육자의 행동을 단계별로 나누어 따라 하기 쉽도록 1, 2, 3, 4로 세분화하여 기록)
			◎ ★ 시범 설명 자료
			※ 모범 행동을 단계별로 나누어 구체적으로 보여주어야 한다.
			※ 교육자가 직접 보여주기 어려운 경우에는 대체자료를 마련하여 제시한다.

학습 과정	교수 · 학습 과정	시간 (분)	자료(◎) 및 유의점(※)
전 개	[활동 2] ◈ ★ 기능 연습하기 • 선생님의 예시 모범 행동을 보고 자신이 정리한 내용을 바탕으로 기능을 직접 연습해봅시다. • 실제로 위험한 상황에 처했을 때, 자신이 직접 행동을 따라할 수 있을지 고민해봅시다. [활동 3] ◈ 모의훈련 참여하기 • 실제로 위험한 상황이 발생했다고 가정하고, 진지한 분위기 속에서 연습한 행동요령을 직접 실천해봅시다. ★ 모의훈련 과정 (훈련 내용을 요약하여 기록)		※ 활동 시 순회지도를 통해 학습자들의 잘못된 행동을 즉각적으로 수정해주어야 한다. ◎ 모의훈련 준비물 ※ 모의훈련 전에 환경을 체계적으로 준비하여 실제로 기능을 적용해볼 수 있는 기회를 제공하여야 한다(ARCS의 만족감).
정 리	◈ 학습 내용 정리하기 • ★에 대하여 오늘 배운 내용을 정리·요약하여 발표해봅시다. • 훈련에 참여하며 새롭게 알게 된 내용을 공책에 정리해봅시다. ◈ 평가하기 • 연습한 기능을 모의훈련에 적용해보면서 느꼈던 잘된 점과 부족한 점을 이야기해봅시다. • 부족한 점을 극복하기 위해서는 어떻게 하면 좋을지 생각해봅시다. ◈ 실천 의지 강화 및 생활 속에서 실천하기 • 집에 있을 때, 똑같은 긴급상황이 발생하였을 때 어떻게 하면 좋을지 가족과 함께 이야기 나누어봅시다. 가족회의를 통해 약속을 정하고 실제로 모의훈련을 해보기 바랍니다. ◈ 다음 차시 안내 • 다음 시간에는 ★★★★에 대하여 알아보도록 하겠습니다.		※ 반성적 성찰을 통해 모의훈련의 과정을 되돌아보고, 안전역량과 안전 감수성을 신장시킨다. ※ 우리의 안전과 생명에 직접적으로 필요함을 인지시키며 정의적 영역을 평가한다.

③ 탐구학습 중심 – 문제해결 수업모형 예시

교육 대상		일 시		장 소		지도 교사	
교육주제	★★★★ 교육						
학습목표	• 지식 : ★★★★ 문제의 원인을 이해할 수 있다. • 기능 : ★★★★ 문제를 해결하기 위한 방안을 마련할 수 있다. • 태도 : 문제해결방안을 생활 속에서 실천하는 습관을 기를 수 있다.						
교육유형	문제해결 수업모형(PBL), 조사발표학습, 토의학습						
준비물							

학습 과정	교수 · 학습 과정	시간 (분)	자료(◎) 및 유의점(※)

도 입	◈ 수업분위기 형성
	• ★와 관련한 그림/사진/영상/행동 자료를 보고 어떠한 문제가 있는지 생각해봅시다.
	
	◈ 진단평가
	• 다음 선택지들을 보고 옳은 것과 틀린 것을 구분해봅시다.
	
	    진단평가용 선택지를 정답과 오답을 섞어 몇 가지 기록
	
	◈ 동기유발
	• ★로 인해 우리 지역에 문제가 생겼다고 합니다.
	• 피해 자료를 분석하여 어떠한 물적·인적 피해가 있었는지 말해봅시다.
	• ★로 인해 생긴 문제점들을 살펴봅시다.
	
	◈ 학습목표 제시
	• 오늘 수업에서는 ★로 인해 생긴 문제점이나 예상되는 문제점들을 살펴보고, 이러한 문제를 해결하기 위한 방안을 마련해보도록 합시다.
	
	    ♣ ★ 문제의 원인을 이해할 수 있다.
	    ♣ ★ 문제를 해결하기 위한 방안을 마련할 수 있다.
	    ♣ 문제해결방안을 생활 속에서 실천하는 습관을 기를 수 있다.
	
	    [활동 1] 문제 알아보기
	    [활동 2] 문제 해결방안 토의하기
	    [활동 3] 공유하기
			◎ ★ 그림/사진/영상/행동 자료
			
			※ 선택지 중 틀린 것을 고른 경우 추가적으로 이유를 물어 학습자의 수준을 심층적으로 파악한다.
			
			◎ ★ 피해 자료
			
			※ 학습자의 지역에서 실제로 겪었던 문제를 학습주제로 활용한다(ARCS의 관련성).
			
			※ 교육자가 학습목표와 활동을 직접 제시하기보다 학습자들에게 확산적 발문을 하여 사고해보는 기회를 제공한다.

전 개	[활동 1] ◈ ★ 문제 알아보기 • ★이란 무엇인지 정의를 알아봅시다. • 스마트기기를 활용하여 ★의 좋은 점들과 나쁜 점들을 찾아봅시다. • 브레인스토밍 활동을 통해 ★로 인해 생기는 문제점들은 무엇이 있는지 알아봅시다.		◎ 스마트기기 ◎ 브레인스토밍 활동지 ※ 브레인스토밍은 깊게 생각하기보다 떠오르는 다양한 의견을 바로 적는 것이라는 것을 지도한다.

학습 과정	교수 · 학습 과정	시간 (분)	자료(◎) 및 유의점(※)
전 개	★에 대하여 ★의 좋은 점과 나쁜 점 ★로 인해 생기는 문제점들 (각 부분에 해당되는 내용을 요약하여 기록) [활동 2] ◈ ★ 문제 해결방안 토의하기 • 여러 가지 문제점 중 한 가지를 선택하여 짝과 함께 해결방안을 토의해봅 시다. • 짝과 의논한 해결방법을 모둠에서 공유해봅시다. [활동 3] ◈ 공유하기 • 각 모둠에서 토의한 문제해결방법을 학급 전체에 공유해봅시다. ★ 문제 해결방법 토의 결과 (해결방법을 요약하여 기록)		※ ★의 장점도 있음 을 인지시키고, 문 제 해결에 대해 발 상의 전환을 시도 하게 해본다. ◎ 토의 활동지 ※ ★해결에 대한 다 양한 방안이 나오도 록 적극적으로 피드 백을 제공한다.
정 리	◈ 학습 내용 정리하기 • ★과 관련된 문제를 해결하기 위한 방법들을 정리해봅시다. • ★에 대비하고 대처하는 방법을 스스로 한 번 더 설명해보고, 직접 실천할 수 있을지 생각해봅시다. ◈ 평가하기 • ★의 위험성을 알리는 문구를 짧게 만들어 외쳐봅시다. • 직접 생각해낸 ★ 문제해결 방법을 집에서도 부모님과 함께 의논해보고, 실천할 수 있는 항목들은 직접 실천해봅시다. ◈ 실천 의지 강화 및 생활 속에서 실천하기 • 오늘 학습한 문제와 관련하여 우리 가족, 우리 지역에서 실제로 관련된 문제는 없는지 찾아봅시다. 그리고 해결 방법을 탐색하여 친구, 가족과 함께 직접 실천해봅시다. ◈ 다음 차시 안내 • 다음 시간에는 ★★★★에 대하여 알아보겠습니다.		※ 안전한 행동을 반복 하고 습관화하는 것 이 중요함을 인지시 킨다(행동주의). ◎ 안전문구 PPT ※ 학습자들의 평가결 과를 통해 확인된 결점은 ADDIE 교 수설계모형을 활용 하여 수정보완 과 정을 거친다.

4 직접교수 중심 – 강의 중심 수업모형 예시

교육 대상		일 시		장 소		지도 교사	
교육주제	★★★★ 교육						
학습목표	• 지식 : ★★★★의 위험성을 알 수 있다. • 기능 : ★★★★에 대처하는 방법을 묻고 답할 수 있다. • 태도 : 올바른 마음가짐으로 ★★★★을 실천할 수 있다.						
교육유형	강의 중심 수업모형/관찰학습/문답법						
준비물	★ 모형, ★ 사고 동영상, ★의 위험성 동영상, 공책, 질문지						

학습 과정	교수 · 학습 과정	시간 (분)	자료(◎) 및 유의점(※)
도 입	◈ 수업분위기 형성 • ★ 모형을 보고 어떠한 물건인지, 어떻게 사용하는 것인지 추측해봅시다. ◈ 진단평가 • 선생님이 읽어주는 설문 문항을 듣고, 평소 자신의 행동에 대하여 점검해봅시다. 나는 평소에 ★에 대하여 어떻게 행동했나요? (설문 문항 예시 기록) ◈ 동기유발 • ★에 대한 동영상을 보고, 전하고자 하는 바는 무엇인지 이야기해봅시다. • 자신의 평소 행동과 관련지어 어떠한 부분이 걱정되는지 생각해봅시다. ◈ 학습목표 제시 • 안전한 생활을 하기 위한 오늘의 학습목표를 확인해봅시다. ♣ ★의 위험성을 알 수 있다. ♣ ★에 대처하는 방법을 묻고 답할 수 있다. ♣ 올바른 마음가짐으로 ★을 실천할 수 있다. [활동 1] ★ 위험성 알아보기 [활동 2] ★ 대처방법 익히기 [활동 3] 질문 주고받기		◎ ★ 모형 ※ 진단평가 문항을 듣고 학습자가 자신의 정의적 영역을 스스로 평가해보게 한다. ◎ ★ 사고 동영상 ※ 실감나는 동영상을 통해 ★문제의 심각성을 느끼게 하여 수업에 몰입시킨다(ARCS의 주의집중).
전 개	[활동 1] ◈ ★의 위험성 알아보기 • ★의 위험성과 관련된 영상을 보고, 어떠한 문제를 일으키는지 확인해봅시다. ★의 위험성 (관련 정보 요약하여 기록)		◎ ★의 위험성 동영상 ※ 교육자가 구체적인 사례와 함께 설명하며 ★의 위험성을 이해시킨다.

학습 과정	교수·학습 과정	시간 (분)	자료(◎) 및 유의점(※)
전 개	[활동 2] ◈ ★ 대처방법 설명 익히기 • 선생님이 보여주는 행동을 관찰하고 어떠한 점이 잘못되었는지 찾아봅시다. • 선생님의 추가설명을 듣고 관찰한 내용과 비교해봅시다. • 이해한 내용을 바탕으로 ★의 대처방법을 공책에 정리해봅시다. 　★ 대처방법 설명 정리하기 　(강의 내용, 설명을 요약하여 기록) [활동 3] ◈ 질문 주고받기 • 자신이 정리한 ★ 대처방법을 참고하여 자신의 짝이나 모둠원들에게 서로 질문을 해봅시다. • 질문을 주고받으며 서로의 지식을 확인하고, 궁금한 사항이 있다면 선생님에게 질문하도록 합니다.		◎ 공책 ※ 잘못된 행동을 관찰하도록 할 때, 학습자가 충분히 맞힐 수 있는 난이도로 제시하여 성공기회를 보장한다(ARCS의 자신감). ◎ 질문지 ※ 교육자가 순회하며 잘못된 질문이나 정보가 전달되지 않도록 확인하며, 즉각적인 피드백을 제공하여야 한다.
정 리	◈ 학습 내용 정리하기 • 질문 주고받기 활동 중 기억에 남는 질문은 무엇이었고, 오늘 새롭게 알게 된 내용은 무엇이 있었는지 말해봅시다. ◈ 평가하기 • 선생님이 정리해주는 내용과 자신이 적은 내용을 비교하며 스스로 평가해봅시다. 부족한 부분이 있다면 추가로 적어봅시다. 공책을 걷어 안전지식을 얼마나 잘 쌓아가고 있는지 평가하도록 하겠습니다. ◈ 실천 의지 강화 및 생활 속에서 실천하기 • 자신이 앞으로 생활 속에서 어떻게 ★을 실천할지 한 줄 다짐을 적어봅시다. • 다짐에 따라 직접 행동을 실천하는 생활을 합시다. ◈ 다음 차시 안내 • 다음 시간에는 ★★★★에 대하여 알아보겠습니다.		※ 학습자가 정리한 한 줄 다짐 내용을 수합하여 평가자료로 활용한다.

소방안전교육사로서 활동하기 위해서는 교육자로서의 기본 자질이 필요함과 동시에 소방안전 분야에 대한 전문지식이 뒷받침되어야 한다. 아무리 말을 잘하고 잘 가르치는 교육자더라도 지식이 부족하면 빛 좋은 개살구일 뿐이다. 따라서 소방안전 분야에 대한 안전지식부터 사고대응방법, 재난대응방법, 응급처치방법 등 전반적인 사항에 대하여 점검해보자.

◆ Tip　2018년 기출 : 화상에 대한 안전교육을 위한 교육내용을 서술하시오.
　　학습목표 1 : 화상 환자 평가하는 방법 알기
　　학습목표 2 : 심한 화상의 경우 초기 통증과 감염을 줄이기 위한 응급처치법 설명하기

2018년도 기출을 살펴보면 화상 안전교육을 하기 위한 내용을 직접적으로 서술하라고 하였다. 학습목표가 두 가지 제시되었는데 첫째, 화상 환자 평가법, 둘째, 심한 화상의 초기 응급처치법에 대하여 서술하여야 하는 문제이다. 이 문제의 경우 교육자로서의 접근보다는 소방안전 전문가로서의 접근이 필요한 경우이다. 수업을 어떻게 진행할지 교육학적인 내용을 적는 것이 아닌 1, 2, 3도 화상 환자 구분 및 증상, 응급처치법 등에 대하여 서술하여야 한다.

2018년 기출 : 태풍에 대한 안전교육 프로그램을 구상하고 1차시(40분) 분량의 교수지도계획서(교안)를 작성하시오.
위의 화상문제 외에도 태풍에 대한 안전교육 프로그램을 구상하는 교수지도계획서 문제에도 소방안전 전문지식이 필요하다. 교수지도계획서에 어떻게 가르칠 것인지만 적는 것이 아니라 어떠한 내용을 가르칠지, 어떠한 내용이 핵심인지도 간략하게 적어야 하는 것이다. 따라서 태풍이 무엇인지, 태풍의 정의와 위험성, 대처방법, 사고 발생 시 응급처치방법 등에 대하여도 서술하여야 한다.

소방안전교육사는 소방안전 전문분야에 근간을 둔 교육자라고 생각할 수 있다. 하지만 교육자이기 전에 소방안전에 대한 전문 지식과 기능을 습득해두어야 한다. 따라서 이번 'CHAPTER 10 소방안전 지식 점검하기' 부분을 꼼꼼히 공부하여 관련 문제가 출제되었을 때 자신 있게 서술할 수 있도록 준비하자.

자연재난이란 자연계의 평형과 순환 과정에서 생기는 일시적인 변화로 인해 피해를 입는 천재지변을 뜻한다. 자연재난은 인간이 쉽게 예측할 수 없으며, 예측하더라도 변화무쌍하여 대응하기 어렵다는 특징이 있다. 이러한 자연재난은 재난의 원인 및 종류에 따라 기상재난, 지변재난, 생물재난으로 나누어 생각할 수 있다.

[자연재난의 종류]

기상재난	• 태풍 및 홍수 등으로 인한 풍수해 • 폭설로 인한 설해 • 예상치 못한 서리로 인해 농산물이 피해를 입는 상해 • 오랜 가뭄으로 인한 한해 • 바닷물이 육지를 덮쳐 피해를 입는 해일 • 우박 · 안개 · 번개 · 낙뢰 · 천둥 · 파도 · 황사 · 미세먼지 등 자연으로부터 입는 피해
지변재난	• 지 진 • 화산폭발 • 산사태
생물재난	• 병충해 • 전염병 및 감염병 • 특정 지역에 사는 주민에게서 계속 발생하는 풍토병

1 태 풍

(1) 태풍의 정의

태풍은 열대성 저기압이라고도 불리며, 우리나라에 접근하는 태풍은 대부분 열대성 기후를 가진 저위도의 동남아시아 및 대만 부근 바다에서 발생하여 점차 고위도 쪽으로 올라오는 경로를 취한다. 태풍의 정의는 태풍 중심부의 최대풍속이 1초당 17m 이상인 폭풍우를 동반하는 기상현상을 뜻한다. 전 세계에서 태풍은 발생하는데 원인은 같으나 지역에 따라 부르는 이름이 다르다.

태풍이 발생하는 이유에 대해 설명해보면, 지구는 기울어진 채 태양 주위를 공전하기 때문에 적도 부근은 극지방보다 태양열을 더 많이 받게 된다. 따라서 적도와 극지방 두 지역 사이에는 열적 불균형이 발생하게 된다. 태풍은 이런 불균형을 없애기 위해 적도부근(위도 0°) 이상인 저위도지방에서 발생하며, 따뜻한 공기가 바다로부터 수증기를 공급받으면서 강한 바람과 함께 생겨난다. 바다의 수증기와 강한 바람을 통해 거대한 태풍이 형성되고, 저위도에서 고위도로 점차 이동하면서 강한 비바람을 일으킨다.

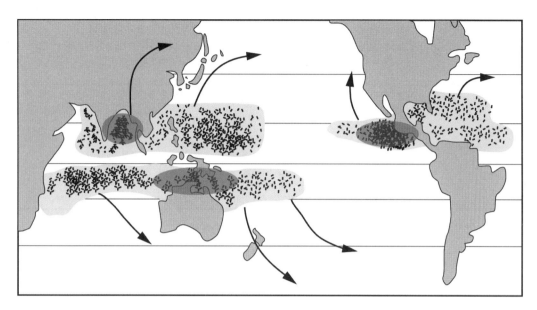

　이러한 태풍에 대비하기 위해 우리나라는 태풍이 북상하여 통과할 때까지 다음과 같이 구분하여 특보(주의보 및 경보)를 발표해 국민들에게 알린다.

[태 풍]

주의보	태풍으로 인하여 강풍, 풍랑, 호우, 폭풍해일 현상 등이 주의보 기준에 도달할 것으로 예상될 때
경 보	태풍으로 인하여 다음 중 어느 하나에 해당하는 경우 • 강풍(또는 풍랑) 경보 기준에 도달할 것으로 예상될 때 • 총 강우량이 200mm 이상 예상될 때 • 폭풍해일 경보 기준에 도달할 것으로 예상될 때

(2) 태풍 행동요령

　저위도 지역에서 태풍이 발생하게 되면 예상 이동경로를 통해 우리나라에 도달 여부를 예측할 수 있다. 태풍에 대한 행동요령을 숙지하여 태풍이 오기 전부터, 태풍이 지나갈 때, 그리고 통과한 이후까지 전 과정에 대해 대비할 필요성이 있다.

[태풍 행동요령]

태풍 이전	• 태풍의 진로 및 도달 시간을 파악하여 어떻게 대비할지 미리 생각해두기 • 위험지역에 거주하는 사람들에게 알려주어 함께 안전한 장소로 이동하기 　(위험지역 : 산간, 계곡, 하천, 해안가, 방파제, 저지대, 상습 침수지역, 산사태 위험지역, 지하 　공간, 붕괴 우려가 있는 노후건물 등) • 야영객은 즉시 대피하고 비탈면 가까이에 가지 않기 • 실내에서는 문과 창문을 잘 닫고 외출을 자제하기 • 응급용품 및 비상용품을 준비해두고 물을 받아두기

태풍 특보 중	• 가족과 연락하여 안전을 확인하고 위험정보, 안전정보 등을 공유하기 • 건물의 출입문과 창문은 닫아서 파손되지 않도록 하고, 창문이나 유리문에서 떨어져 있기 • 가스를 미리 차단하여 가스 누출로 인한 2차 사고 방지하기 • 건물의 전기시설은 만지지 않기
태풍 이후	• 태풍이 지나간 후 가족과 지인과 연락하여 안전 여부를 묻고, 실종이 의심될 경우 경찰서에 신고하기 • 파손된 시설물은 가까운 시, 군, 구청이나 주민센터에 신고하기 • 침수된 도로나 교량 및 교통시설은 활용하지 않기 • 태풍으로 인해 고립된 경우 무리하게 물을 건너지 말고 119에 신고하기 • 수돗물이나 저장 식수는 오염 여부를 확인하고 사용하기 • 침수된 음식이나 재료는 식중독의 위험이 있으므로 사용하지 않기 • 침수된 주택은 가스와 전기에 대한 설비 점검 실시하기

2 한 파

(1) 한파의 정의

한파란 겨울철에 급작스럽게 저온의 한랭기단이 위도가 낮은 따뜻한 지방으로 내려와 급격한 기온의 하강을 일으키는 기상현상을 뜻한다. 한파현상은 저체온증 현상, 동상, 동창 등의 한랭질환을 유발할 수 있으며 심한 경우 사망에 이르게 한다. 더불어 농촌, 어촌뿐만 아니라 사회 전반에 걸쳐 영향을 끼쳐 재산피해 및 전력 급증으로 생활불편을 초래하기도 한다. 연말에 갑자기 추워지는 한파를 크리스마스 한파, 연말한파, 동장군 등과 같은 단어에 비유하여 혹독한 겨울 추위를 비유적으로 이르기도 한다.

(2) 한파의 원인

한파는 춥고 건조한 북측의 시베리아 고기압이 중국 남부지역까지 확장하여 내려오면서 한반도에 짧은 시간 안에 온도를 급격하게 떨어뜨리는 현상을 말한다. 다시 말해 시베리아의 차가운 고기압 공기가 남동쪽으로 세력을 넓혀 동해 해상의 저기압 쪽으로 북서계절풍이 강하게 불어 한파가 발생하는 것이다. 이로 인해 기온이 영하로 떨어지고 각종 피해가 발생하게 된다.

한파가 최근에 더욱 강해지는 원인은 지구온난화 때문이다. 지구온난화로 인해 극지방의 기온이 올라가면 공기 기류에 변화가 생기게 되고, 결국 북극에 존재하는 제트기류의 영향으로 생기는 북극진동이 일어나기도 한다. 찬 공기를 차단해주는 역할을 하는 제트기류가 북극의 이상고온 현상으로 불안정해지면, 북극에 차단되어 있던 찬 공기가 남쪽으로 밀려 내려오면서 한파가 나타나게 되는 것이다.

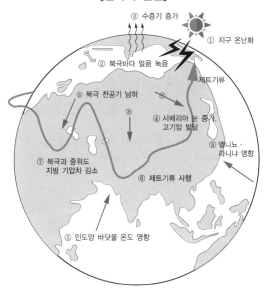

[한파의 원인]

③ 수증기 증가

① 지구 온난화

② 북극바다 얼음 녹음

제트기류

⑧ 북극 찬공기 남하

④ 시베리아 눈 증가, 고기압 발달

⑧

⑤ 엘니뇨·라니냐 영향

⑦ 북극과 중위도 지방 기압차 감소

⑥ 제트기류 사행

⑤ 인도양 바닷물 온도 영향

(3) 한파 행동요령

- 야외활동은 자제하고, 부득이 외출하는 경우 내복, 목도리, 모자, 장갑 등 노출 부분의 보온에 신경 쓰기
- 보폭을 줄이고 굽이 낮고 미끄럼 방지 신발을 신는 등의 빙판길 낙상사고에 주의하기
- 주머니에 손을 넣거나 스마트폰을 보며 걷지 않기
- 넘어질 때는 무릎으로 주저앉으며 옆으로 굴러 피해를 최소화하기
- 수도계량기, 수도관, 보일러 배관 등을 헌 옷 등 보온재로 감싸 동파 방지하기
- 과도한 전열기 사용을 자제하고, 화재의 위험성이 있는 인화성 물질은 전열기 부근에 두지 않기
- 자동차를 사용할 경우 도로 결빙에 대비하여 스노체인, 염화칼슘 등의 월동용품 준비해두기
- 빙판길, 커브길 등에서는 과속하지 말고 천천히 속도 줄이기

③ 대 설

(1) 대설의 정의

대설이란 일상적으로 내리는 눈과 다르게 짧은 시간에 많은 양의 눈이 내리는 것으로, 일반적으로 시간당 1~3cm 이상 또는 24시간 이내에 5~20cm 이상의 눈이 내리는 현상을 뜻한다. 눈이 일부 시간과 공간에 집중적으로 내려 약 30분에서 2시간의 주기로 상태의 변화를 보인다.

[대 설]

주의보	24시간 신적설이 5cm 이상 예상될 때
경 보	24시간 신적설이 20cm 이상 예상될 때(다만, 산지는 24시간 신적설이 30cm 이상 예상될 때)

(2) 대설의 원인

대설이 발생하는 이유는 여러 가지가 존재하지만 대부분 기단이 이동하며 온도차나 기압차가 발생하기 때문이다. 겨울철에 저기압이 발달하여 기류가 하강하면 눈이 내리거나 차가운 대륙의 고기압이 서해와 동해로 이동하면서 해수 온도와 기온과의 온도차로 눈구름대가 만들어지면서 발생하기도 한다. 그 밖에도 수증기를 머금은 차가운 기단이 우리나라 산지를 지나가며 상승기류를 타게 되고 그 과정에서 수증기가 눈으로 변해 내리기도 한다.

[눈구름이 형성되는 과정]

차가운 기단이 따뜻한 지역을 지나며 상승하고, 그 과정에서 눈구름이 형성된다.

(3) 대설 행동요령

- 눈사태 위험지역 및 노후주택 등 붕괴 위험이 있는 건물은 미리 안전한 장소로 대피하기
- 외출을 최대한 자제하고, 외출해야 할 경우 옷을 여러 겹 겹쳐 입어 보온에 신경 쓰기
- 집 앞, 가게 앞, 보행로, 옥상, 지붕 등에 쌓인 눈은 미리 치워서 사고를 예방하기
- 농촌 지역에서는 사용하지 않는 비닐하우스의 비닐을 걷어 붕괴를 예방하기
- 공장, 시장, 창고 등 가설 패널을 이용한 구조물은 무게에 취약하므로 미리 눈을 치우고 대피하기
- 대설 및 폭설의 경우 한파로 인한 신체적 손상을 입을 수 있으므로 저체온증, 동상, 동창 등에 대한 응급처치법 숙지해두기

4 황사

(1) 황사의 정의

황사는 아시아 대륙 중심부에 위치한 사막과 황토 고원지대에 존재하는 작은 모래먼지들이 강한 바람에 의해 하늘에 떠다니고, 바람을 타고 멀리 움직여 다른 곳의 지상에 떨어지는 현상을 말한다. 다시 말해 미세한 모래먼지가 대기 중에 퍼져서 하늘을 덮었다가 다시 떨어지는 것이다. 황사는 주로 봄에 발생하지만, 겨울에도 대륙 부근에서 강한 저기압이 발생한 경우 구름 속의 눈 형태로 황사가 떨어지는 것을 볼 수 있다. 이 황사 안에는 마그네슘, 규소, 알루미늄, 철, 칼륨, 칼슘 등이 포함되어 있어서 건강에 해로운 영향을 주기도 한다. 황사는 호흡기 질환을 유발할 수 있으며 심하면 사망에 이르게 할 수도 있다.

(2) 황사의 발원지와 원인

우리나라에 영향을 끼치는 황사의 발원지는 아시아 대륙의 중부지역에 주로 속해 있다. 몽골과 중국 사이의 건조지대와 고비사막, 황하중류의 황토구원, 만주지역 등에서 건조한 모래먼지가 강한 바람에 의해 넘어오는 것이다. 겨울 내 얼어 있던 흙이 봄이 되며 다시 녹아 잘게 부서지고, 그 작은 모래먼지가 편서풍을 타고 우리나라에 떨어지게 된다. 고비사막, 내몽골고원에서 발원하는 황사가 전체의 81%를 차지하며, 우리나라로 이동하는 경우는 약 50%에 해당한다.

[황사와 편서풍]

우리나라가 속한 중위도지역은 서쪽에서 동쪽으로, 아래에서 위쪽으로 향하는 편서풍이 불기 때문에 아시아 대륙 중부의 모래먼지가 우리나라 쪽으로 불어오는 것이다.

(3) 황사 행동요령

- 황사가 실내로 들어오지 못하도록 창문 등 환기구 점검하기
- 실내용 공기정화기, 가습기를 활용하여 실내공기 관리하기
- 외출 시 마스크나 보호안경, 긴소매의 옷 등을 착용하기
- 포장되지 않은 식품은 위생용기 등에 넣어 오염 방지하기
- 황사에 노출된 채소, 과일, 생선 등 농수산물은 충분히 세척한 뒤 사용하기
- 야외 음식 및 길거리 음식은 자제하기
- 가정 및 학교에서 야외활동을 최대한 줄이거나 실내 활동으로 대체하기
- 황사가 지나가고 나면 실내외를 청소하여 먼지 제거하기
- 외출 후에는 몸을 깨끗하게 씻기

5 미세먼지

(1) 미세먼지의 정의

미세먼지란 지름이 $10\mu m$(마이크로미터, $1\mu m = 1,000$분의 1mm) 이하의 먼지를 뜻한다. 미세먼지 중 입자의 크기가 더 작은 지름 $2.5\mu m$ 이하의 먼지를 초미세먼지라 구분지어 부른다. 이러한 미세먼지와 초미세먼지는 자동차 배출 가스나 공장 굴뚝 등을 통해 주로 배출되며 중국의 황사나 심한 스모그 유입 때 함께 날아오기도 한다. 이렇게 날아오는 오염물질이 대기 중에서 아주 미세한 초미세먼지 입자로 바뀌기도 하는데, 초미세먼지가 미세먼지보다 더 위험하다. 초미세먼지는 호흡기의 가장 깊은 곳과 혈관까지 침투하기 때문에 장기간 미세먼지에 노출되면 면역력이 급격히 저하되어 감기, 천식, 기관지염 등의 호흡기질환은 물론 심혈관질환, 피부질환, 안구질환 등 각종 질병이 생길 수 있다.

(2) 미세먼지와 황사의 차이

황사나 스모그는 모두 미세먼지 농도에 영향을 끼쳐 호흡기에 나쁜 영향을 준다. 그래서인지 많은 사람들이 미세먼지와 황사를 같은 개념으로 보는데 두 가지는 엄연히 다르다. 미세먼지는 공장, 자동차 등에서 사용하는 화석연료로 인해 발생하는 인위적 오염물질이 주요 원인인 반면, 황사는 아시아 대륙 중부의 건조한 사막지대에서 발생한 흙먼지가 바람을 타고 이동하는 자연현상인 것에 차이가 있다. 따라서 미세먼지에는 화석연료가 타면서 발생한 중금속 등의 유해물질이 포함되어 있어 신체건강에 더욱 좋지 않다.

(3) 미세먼지 행동요령

미세먼지도 황사와 같이 유해성분을 포함하고 있으므로 미리 대처방법과 행동요령을 알고 준비하는 것이 필요하다. 두 가지 모두 행동요령은 비슷하지만 미세먼지는 공장이나 차량 등 석탄·석유의 연소로 인한 유해물질이 발생한다는 점에서 차이가 있으므로 추가적으로 화석연료의 사용을 줄이는 방안이 필요하다.

- 대중교통을 이용하여 배기가스 배출량 줄이기
- 쓰레기를 태우는 행위를 자제하여 대기오염 막기
- 외출 시 마스크나 보호안경, 긴소매의 옷 등을 착용하기
- 항산화 효과가 있는 과일, 야채와 노폐물 배출 효과가 있는 물 많이 섭취하기
- 포장되지 않은 식품은 위생용기 등에 넣어 오염 방지하기
- 황사에 노출된 채소, 과일, 생선 등 농수산물은 충분히 세척한 뒤 사용하기
- 야외 음식 및 길거리 음식은 자제하기
- 가정 및 학교에서 야외활동을 최대한 줄이거나 실내 활동으로 대체하기
- 황사가 지나가고 나면 실내외를 청소하여 먼지 제거하기
- 외출 후에는 몸을 깨끗하게 씻기

6 집중호우

(1) 집중호우의 정의

'호우'란 일반적으로 짧은 시간에 많은 양의 비가 내리는 것을 뜻하는데, '집중호우'란 한 시간에 30mm 이상의 비가 집중적으로 쏟아지는 것을 뜻한다. 여기에 더불어 '국지성 집중호우'란 시간당 최고 80mm 이상의 비가 직경 5km 이내의 좁은 지역에 퍼붓듯이 쏟아져 내리는 현상을 뜻한다. 집중호우의 지속 시간은 수십 분에서 수 시간 정도로 다양하게 나타나며, 강한 비바람, 천둥과 번개를 동반하기도 한다.

(2) 집중호우의 원인

집중호우는 강한 상승기류에 의해 생긴 두꺼운 구름인 적란운에 의해 발생한다. 이 적란운은 많은 양의 수증기를 포함하고 있으며 무더운 여름철에 많이 생성된다. 따뜻하고 습한 북태평양 고기압이 여름철에 우리나라에 위치하게 되면서 호우 및 집중호우 현상이 일어난다. 우리나라 여름의 특징인 높은 온도와 습한 공기가 바로 집중호우가 발생하는 원인 중 하나인 것이다.

더불어 과학적으로 따뜻한 공기는 상대적으로 더 많은 수증기를 포함할 수 있기 때문에, 여름철에는 큰 적란운과 많은 비를 만드는 데 최적의 상태인 것이다. 덥고 습한 공기 덩어리가 우리나라에 위치하는 시기에 30℃를 넘는 여름철의 높은 온도가 공기 대류를 불안정하게 만들고, 이 과정에서 호우, 집중호우, 국지성 집중호우가 관찰되는 것이다.

[집중호우]

주의보	3시간 강우량이 60mm 이상 예상되거나 12시간 강우량이 110mm 이상 예상될 때
경 보	3시간 강우량이 90mm 이상 예상되거나 12시간 강우량이 180mm 이상 예상될 때

(3) 집중호우 행동요령

- 내가 생활하고 있는 지역의 홍수, 침수, 산사태, 해일 등 위험요인을 미리 확인하기
- 주변의 배수로, 빗물받이는 수시로 청소하여 빗물이 잘 빠질 수 있도록 대비하기
- 침수가 예상되는 곳에는 모래주머니, 물막이 판 등을 이용하여 피해 예방하기
- 비탈면, 옹벽, 축대, 안전시설에 수리가 필요한 경우 정비하거나 신고하여 수리받기
- 위험지역에 거주하는 사람들에게 알려주어 함께 안전한 장소로 이동하기
  (위험지역 : 산간, 계곡, 하천, 해안가, 방파제, 저지대, 상습 침수지역, 산사태 위험지역, 지하 공간, 붕괴 우려가 있는 노후건물 등)
- 강풍으로 인한 피해를 입지 않도록 창문을 잘 닫고 창문에서 떨어져 있기
- 침수된 도로, 지하차도, 교량 등은 통행하지 않기
- 농촌지역에서는 논둑이나 물꼬를 살피러 나가지 않기
- 대피 후 집으로 돌아온 경우 반드시 가스, 전기 등의 안전 여부 확인하기

7 폭 염

(1) 폭염의 정의

폭염은 비정상적인 고온 현상이 여러 날 지속되는 것으로 한자어 그대로 매우 심한 더위를 뜻한다. 폭염은 기상재해 중에서도 사망자를 가장 많이 발생시킬 수 있으며 실제로 여름철 기상 중 사망자를 가장 많이 발생시키기도 한다. 아울러 폭염은 에너지, 물, 교통, 음식, 유통 산업, 관광, 생태계 등 전반적인 부분에도 큰 영향을 끼치므로 각별한 주의가 필요하다.

폭염의 발생 원인은 다양하나 장기간 지속되는 폭염에 대해서는 원인이 아직 명확하게 규명되지 않았다. 그 이유 중 한 가지는 국가 및 지역별로 정의가 다르고, 기후가 달라 사람의 적응도도 다르기 때문이다.

폭염의 정의에 대해서는 절대적 기준과 상대적 기준 두 가지가 존재한다. 우리나라는 한낮의 일 최고 기온이 33℃ 이상인 날이 2일 이상 지속되는 경우를 뜻하지만, 중국의 경우에는 우리나라보다 높은 온도인 35℃가 기준이다. 또한 미국은 기온뿐만 아니라 습도까지 포함시켜 기준을 설정하였다. 이렇게 절대적 기준으로 폭염을 정의하는 반면 다른 곳에서는 상대적인 기준으로서 정의하기도 한다. 한 지역의 과거 관측된 일 최고기온의 통계적 분포를 활용하여 일정 평균치를 넘는 경우 폭염으로 간주하는 것이다.

[폭 염]

주의보	일 최고 기온이 33℃ 이상인 상태가 2일 이상 지속될 것으로 예상될 때
경 보	일 최고 기온이 35℃ 이상인 상태가 2일 이상 지속될 것으로 예상될 때

(2) 폭염 행동요령

- 무더위 기상상황을 수시로 확인하여 가벼운 옷차림으로 외출하기
- 물을 많이 마시고 카페인 음료나 주류는 자제하기
- 냉방이 되지 않는 실내에서는 햇볕을 가리고 바람이 불도록 자주 환기하기
- 창문이 닫힌 자동차 안에 어린이, 노약자, 반려동물 등을 혼자 두지 않기
- 현기증, 메스꺼움, 두통, 근육경련 등의 증세가 보이는 경우 시원한 곳으로 이동하여 휴식을 취하고 시원한 음료를 천천히 마시게 하기(의식을 잃은 경우 입 안에 음식물 넣지 않기)
- 폭염 당일 야외 행사, 스포츠 활동 등 외부 행사 자제하기
- 냉방기기 사용 시 실내외 온도차를 5℃ 내외로 유지하여 냉방병 예방하기
- 적정 실내 냉방온도 : 26~28℃

8 지 진

(1) 지진의 정의

지구 내부에서 오랜 기간 축적된 에너지가 갑자기 방출되어 급격한 지각변동이 일어나 지구 또는 지표를 흔드는 현상이다. 지진이 일어나면 땅속의 거대한 암반이 갑자기 흔들리거나 갈라지고, 깨지며 그 충격으로 땅이 흔들리게 된다. 지진이 발생한 지점인 '진원'에서 흔들림이 가장 크게 시작되고 그 진동이 사방으로 퍼져나가게 되며 여러 지역을 흔들게 된다.

(2) 지진의 원인

지진이 발생하는 이유는 지구의 지각구조를 이해하면 쉽게 설명할 수 있다. 우리가 살고 있는 지구의 껍데기는 지각이고, 지각 안을 깊게 파고 들어가면 맨틀이 존재한다. 그리고 가장 안쪽에는 핵이 자리 잡고 있다. 우리가 위치한 지각과 맨틀의 상부는 사실 탄성체라서 힘을 주면 어느 정도까지는 구부러졌다가, 힘이 사라지면 다시 원래대로 돌아가는 성질이 있다. 그러나 일정한 한도를 넘기는 힘을 주면 지각은 원래대로 돌아가지 못하고 깨지게 되는 것이다.

그렇다면 지각이 힘을 받아 움직이고 부딪혀서 깨지게 되는 이유는 무엇일까? 과학자들이 지구의 구조에 대하여 연구한 결과 지구의 외곽부는 80~100km 두께의 단단하고 큰 7개의 판과 그 외의 여러 작은 판들로 구성되어 있다는 사실을 발견했다. 또한 지각을 받치고 있는 상부 맨틀은 일정한 움직임을 보이며 대류현상을 하고 있다는 사실을 발견했다. 따라서 맨틀 위에 떠 있는 지각 판들은 맨틀의 대류현상에 의해 조금씩 이동하게 되는데 이 과정에서 판들끼리 부딪히면서 판이 갈라지거나 부러지며 지진이 일어나게 되는 것이다.

[지구의 구조와 지진의 발생]

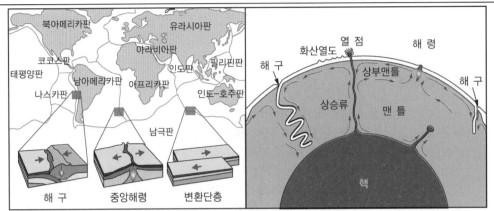

지각은 여러 개의 판으로 이루어져 있고, 지구 내부 맨틀의 대류로 인해 충돌이 생겨 지진이 발생하게 된다.

◆ Tip 자연재난 발생 시 행동요령 요약

	지 진	낙 뢰	태풍, 호우, 폭설, 해일	황사, 미세먼지, 생물재해
실 내	• 기상정보확인 (라디오, TV) • 머리보호(방석 등) • 승강기에서 내리기(벽·기둥에 기대지 않기) • 사용 중인 불은 스위치 잠그기 • 미리 문 열어두기 • 무조건 밖으로 나가지 않기	• 기상정보확인 • 전기기구의 플러그는 뽑아두기 • 전기 제품은 건전지 사용하기 • 벽과 기둥에 기대지 않기 • 성급히 밖에 나가지 않기 • 물을 취급하는 욕조, 수도꼭지, 개수대 등에 접근금지	• 기상정보확인 • 외출 삼가기 • 상습침수 지역은 전자제품을 높은 곳으로 옮겨두기 • 침수 시 감전에 유의하기 • 배수 필요 시 소방서·구청에 요청하기 • 식수는 반드시 끓여 먹기 • 안전장구 준비 • 30cm 이상 적설 시 눈치우기	• 기상정보확인 • 황사 및 미세먼지가 실내로 들어오지 않도록 창문 닫기 • 노약자 및 호흡기 질환 환자는 외출 삼가기 • 외출 후 깨끗하게 씻기 • 가습기로 실내 습도 일정하게 유지
실 외	• 안내자의 지시에 따르기 • 간판 및 유리창이 떨어질 수 있으므로 머리 보호하기 • 공사장의 담이나 울타리에서 멀리 떨어지기	• 피뢰침이 설치된 곳으로 대피하기 • 건물이 없다면 신속히 넓은 땅에서 낮은 자세 취하기 • 지대가 낮은 지역에 있을 때 홍수에 유의하기 • 큰 물체들이 있는 곳, 강·호수 인근장소는 접근 금지	• 공공기관(소방서, 구청) 안내자의 지시에 따라 안전한 곳으로 대피 • 고립 시 안전한 곳으로 대피 후 휴대폰 등으로 119에 신고하기 • 하천건너기 전 물살과 깊이 확인 • 체온이 떨어지지 않도록 유의하기	외출 시 긴 소매 옷, 보호용 안경, 마스크 착용하기
차 량	손잡이나 기둥을 잡고 낙상 방지하기	• 나무에서 떨어져 차를 갓길에 세우기 • 낙뢰 시 안전할 때 까지 창문 닫고 비상등 켜두기		

1 연 소

(1) 연소의 정의

연소란 가연물이 점화원과 접촉을 통해 산소와 결합하는 산화반응을 뜻한다. 탈 물질이 발화점 이상의 온도에서 산소와 결합하면 불을 내면서 연소가 이루어지고, 그 과정에서 빛과 열, 연소생성물을 발생시키는 화학반응인 것이다. 연소의 요소를 3가지로 말하거나 연쇄반응을 추가하여 4가지로 말하기도 한다.

(발화점 : 가연물이 외부 점화원 없이 가열된 열만 가지고 스스로 발화될 수 있는 최저온도)

> 연소의 요소
> • 3요소 : 가연물, 점화원, 산소공급원
> • 4요소 : 가연물, 점화원, 산소공급원 + 연쇄반응

(2) 가연물

가연물이란 연소가 가능한 물질로 고체, 액체, 기체 모두 해당된다. 가연물의 종류와 특성에 따라 연소가 이루어지는 정도가 결정되는데, 가연물이 산소와 친화력이 클수록, 발열량이 클수록, 표면적이 클수록, 열축적률이 클수록 연소는 더욱 활발해진다. 반대로 열전도도가 작을수록, 활성화에너지(불이 생기기까지 필요한 점화에너지)가 작을수록 연소는 쉽고 잘 일어난다.

(3) 산소공급원

공기 중에는 다양한 기체들이 포함되어 있는데, 그중 산소는 약 21% 정도를 차지하고 있다. 이 산소는 연소 과정에서 필수적인 요소이므로 산소가 억제되면 연소는 일어나지 않게 된다. 공기 중의 산소량을 약 15% 이하로 억제하면 질식소화가 일어나기 때문에 간단한 화재가 발생한 경우 두꺼운 이불을 덮어 공기를 차단한다. 이산화탄소 소화기는 이러한 원리를 이용한 것이다. 공기 중의 산소농도가 증가하면 당연히 연소 속도는 빨라지며 화염의 온도는 높아지게 된다.

(4) 점화원

점화원이란 가연물이 연소를 시작하기 위해 필요한 열에너지로, 가연물이 산소를 만나서 연소반응을 할 수 있게 해주는 불씨 또는 스파크 등을 말한다. 연소가 시작되게 하는 점화원은 다양한 이유와 형태로 존재한다. 사람들이 단순하게 생각하는 전열기구 및 가스기구만이 점화원이 아니기 때문에 안전교육을 통해 다양한 상황들이 점화원이 될 수 있고, 이로 인해 화재가 발생할 수 있음을 인지시켜야 한다.

[점화원의 종류]

기계적 점화원	마찰, 충격, 단열압축 등
전기적 점화원	전기불꽃, 정전기, 저항열, 유도열 등 (유도열 : 도체 주위에 자성으로 인해 생기는 전류 저항열)
화학적 점화원	연소열, 융해열, 자연발화에 의한 열
열적 점화원	적외선, 복사열 등

[2023 연간 발화열원 통계]

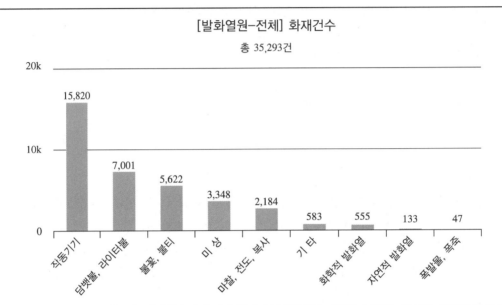

[발화열원-전체] 화재건수

총 35,293건

일반적으로 전류가 흐르는 작동기기에서 가장 많은 화재가 발생하지만 마찰열, 전도열, 복사열, 화학적 발화열, 자연적 발화열 등과 같은 다양한 원인으로 인해 화재사건이 발생하기도 한다.

(소방청, 2023년 1월~2023년 11월 기준)

2 화 재

(1) 화재의 정의

화재에 대해서는 화재조사 및 보고규정에서 명확하게 정의를 하고 있다. 이를 기준으로 생각해 보면 화재 기준은 사람의 의도에 반(反)하여야 하며, 소화시설 등을 이용하여 소화할 필요가 있는 현상을 뜻한다. 화재의 특성으로는 언제 일어날지 모르는 우발성, 화재가 일어나면 기하급수적으로 빠르게 성장하는 확대성(성장성), 그리고 불안정성이 해당된다.

화재조사 및 보고규정

[시행 2022. 5. 23.] [소방청훈령 제260호, 2022. 5. 23., 타법개정]

제2조(용어의 정의) 이 규정에서 사용하는 용어의 정의는 다음과 같다.

1. "화재"란 사람의 의도에 반하거나 고의에 의해 발생하는 연소 현상으로서 소화설비 등을 사용하여 소화할 필요가 있거나 또는 사람의 의도에 반해 발생하거나 확대된 화학적인 폭발현상을 말한다.

1의2. "화학적인 폭발현상"란 화학적 변화가 있는 연소 현상의 형태로서, 급속히 진행되는 화학반응에 의해 다량의 가스와 열을 발생하면서 폭음, 불꽃 및 파괴가 일어나는 현상을 말한다.

(2) 화재의 분류

화재를 분류하는 방법은 여러 가지로 대상물을 기준으로 삼았을 때는 건축물 화재, 차량 화재, 임야 화재 등으로 구분할 수도 있다. 또는 화재의 급수를 나누어 소화의 적응성에 따라 분류하기도 하는데 이 방식으로 소화원리 및 소화기 사용을 구분하므로 유용하게 사용된다.

[화재의 분류]

급 수	종 류	소화기 표시색상	내 용
A급	일반 화재	하얀색	종이, 목재, 섬유, 고무, 합성수지 등
B급	유류 화재	노란색	인화성 액체(4류 위험물) 등
C급	전기 화재	파란색	전류가 통하고 있는 전기설비 및 기기 등
D급	금속 화재		가연성 금속분(칼륨, 나트륨 등)
E급	가스 화재		LPG, 도시가스 등
K급	주방 화재		식용유 등으로 주방에서 일어나는 화재

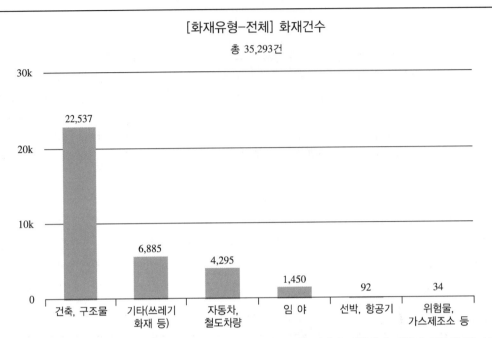

[화재유형-전체] 화재건수
총 35,293건

대상물에 따른 화재유형을 분류해보면 1년간 건축물에서 가장 많은 화재가 발생하기 때문에 건축물 내 소방설비시설은 필수적이고 안전관리는 철저하게 이루어져야 한다. 그 다음 순위로는 쓰레기와 같은 기타 화재가 가장 많은 것을 알 수 있다.

(소방청, 2023년 1월~2023년 11월 기준)

3 소 화

(1) 소화의 정의

소화란 화재가 일어난 상태에서 연소의 4요소 중 1개 요소 또는 전부를 제거하는 것을 말한다. 소화방법으로는 화재의 온도를 발화온도 이하로 떨어뜨리거나, 산소의 공급을 차단시키거나 산소농도를 낮추기, 불이 붙은 가연물을 제거하기, 연소의 연쇄반응을 차단하거나 억제하기 등의 방법이 있다.

[소화의 방법]

구 분	방 법	설 명
물리적 소화	질식소화	가연물이 연소하는 데 필요한 산소공급을 차단하여 소화하는 방법 • 공기 중의 산소농도를 21%에서 15% 이하로 낮추기
	냉각소화	불에 타고 있는 연소물에 소화제를 뿌려 화염의 온도를 발화점 이하로 낮추어 소화하는 방법 • 냉각소화로 물을 많이 사용하는 이유는 물의 비열과 잠열이 크며, 타 소화약제에 비해 쉽고 저렴하게 얻을 수 있기 때문
	제거소화	가연물질을 움직여 연소를 방지하거나, 제거하여 연소를 멈추게 하여 소화하는 방법 • 예시) 전기화재 전원 차단, 가스화재 가스 차단, 산불에서 화재의 진행 방향에 있는 나무 자르기, 유류화재 탱크 밑으로 기름 빼내기 등 • 양초의 화염을 입으로 불어 유증기를 불어 없애거나 기름 유전화재에서 질소폭탄으로 폭풍을 일으켜 유증기를 날려 없애는 것 모두 제거소화임
화학적 소화	부촉매소화	부촉매를 통해 연소의 연쇄반응을 차단하거나 억제하여 소화하는 방법 • 할로겐화합물 소화약제가 대표적임 • 이 방법은 일반적으로 냉각소화와 질식소화 등의 작용도 같이 함
기타 소화 방법	유화소화	중유화재에서 물을 안개처럼 무상으로 뿌리거나 모든 유류 화재에서 포 소화약제를 뿌려 유류 표면에 유화층이 형성되어 공기의 공급을 차단시키는 소화방법
	희석소화	알코올류, 에테르류와 같은 수용성 가연성 액체 화재에 많은 물을 뿌려 농도를 묽게 하여 연소농도 이하로 만들어 소화시키는 방법
	피복소화	공기보다 무거운 이산화탄소 소화약제를 활용하여 가연물을 덮음으로써 산소의 공급을 차단하는 소화방법
	탈수소화	가연물로부터 수분을 빼앗아 계속적인 연소반응이 일어나지 못하게 하는 소화방법

(2) 소화약제

일반적으로 화재를 막기 위해서는 소화기를 사용하면 된다라고 생각하지만 사실 화재 종류에 따라 적합한 소화방법을 사용해야 연소가 확실하게 저지된다. 마치 기름 화재에 물을 부으면 더욱 화재가 커지는 것처럼 연소와 소화에도 관계가 있고, 상성이 있기 마련이다. 또한 소화에 필요한 약제들도 모두 같은 것이 아니라 약제의 성분이 다양하며, 약제와 모양에 따라 다양한 종류의 소화기와 소화설비용품이 존재하는 것이다. 따라서 소방안전교육사는 다양한 소화약제의 종류와 특성을 이해하고, 학습 대상에게 맞는 내용을 선별하여 적절하게 지도할 필요성이 있다.

소화약제의 조건
• 연소의 4요소 중 한 가지 이상을 제거할 수 있어야 한다.
• 가격이 저렴해야 하고, 저장 시 안정적이어야 한다.
• 인체에 유해한 성분이 없어야 하며, 환경오염이 적어야 한다.

[소화약제]

약제 종류	설 명	활용 가능한 화재
물	• 물은 저렴하고 얻기 쉬우며, 비열과 잠열이 커서 가장 일반적으로 활용 • 무상주수 : 안개형태로 물을 뿌리는 것(전기전도 X) • 적상주수 : 물을 잘게 흩뿌리는 것(스프링클러 등) • 봉상주수 : 강하게 물을 뭉쳐서 뿜어내는 것 • 소화효과 : 냉각소화, 질식소화, 유화소화, 희석소화	일반(A) 유류(B, 무상주수) 전기(C, 무상주수)
포 (폼)	• 물에 의한 소화효과가 적거나 화재가 확대될 우려가 있는 경우 사용 • 가연성·인화성 액체 위험물 등에서 발생하는 화재에 사용 • 소화효과 : 질식소화, 냉각소화	일반(A) 유류(B)
이산화탄소	• 무색무취의 기체로서 독성이 없으며 공기보다 약 1.5배 무거움 • 소화 후에 잔유물을 남기지 않아 가연물의 형태 및 상태를 보존하기 쉬움 • 좁은 공간에도 침투하기 쉬우므로 심부화재에 용이함 • 산소농도를 저하시키므로 질식의 우려가 있음 • 방사 시 온도가 떨어져 동상 주의 • 소화효과 : 질식소화	유류(B) 전기(C)
할로겐 화합물	• 메탄, 에탄과 같은 탄화수소물의 수소원자와 할로겐 원소를 활용하여 만들어진 화학적 소화약제 • 소화 후에 가연물의 형태 및 상태를 보존하기 쉬움 • 방사 시 프레온가스가 발생되어 지구 오존층 파괴 • 소화효과 : 부촉매소화, 질식소화, 냉각소화	유류(B) 전기(C) (종류에 따라 상이함)
분말 소화약제	• 가장 일반적으로 활용되는 소화약제로 소화기에 질소나 탄산과 함께 넣어 기체의 압력으로 분사시킴 • 1종부터 4종까지 4개 종류의 분말(주로 3종) • 소화효과 : 질식소화, 냉각소화, 부촉매소화	일반(A) 유류(B) 전기(C) (종류에 따라 상이함)

(3) 소화기

소화약제에 따라 다양한 소화기 제품들이 출시되고 있다. 생활 속에서 가장 흔하게 보이는 빨간색 소화기는 제3종 분말 소화약제가 들어 있는 소화기로서 분사 시 핑크색 분말을 눈으로 확인할 수 있다. 그 밖에도 건축물 및 시설의 특성에 따라 이산화탄소 소화기, 할론 소화기, 투척용 소화기 등 다양한 소화기들이 존재한다.

소화기는 특성을 확인하여 화재 종류에 맞게 사용하여야 한다. 소화기에 실제로 알파벳과 색깔을 활용하여 A, B, C와 같이 표시가 되어 있으며 사용 전에 확인하여야 한다. 각 소화기의 사용기한과 유의사항 또한 다르므로 제반 사항에 대해 필히 인지해두어야 한다. 그렇기 때문에 소방안전교육사는 소화기기에 대한 심층적인 이해를 하고, 학습자들에게 알맞게 사용하는 방법과 관리하는 방법을 가르쳐야 한다.

[소화기]

설치기준	• 다음에 해당하는 경우 소화 기구를 설치하여야 한다.
	  – 연면적 33m² 이상인 공간, 지정 문화재 및 가스시설, 터널
	• 특정소방대상물의 위치로부터 각 소화기의 보행거리 기준에 맞게 설치하여야 한다.
	  – 소형 소화기는 보행거리 20m 이내마다 1개
	  – 대형 소화기는 보행거리 30m 이내마다 1개
	• 33m² 이상인 공간이 별도로 구획된 경우 보행거리와 무관하게 추가로 소화기를 설치하여야 한다.
	• 다중이용업소는 면적에 관계없이 구획된 실마다 소화기를 설치하여야 한다.

소화기 화재적응	• 소화기에 사용 가능한 화재의 종류(화재 적응성)를 적어 놓도록 하고 있다. • A, B, C, D, E, K급 알파벳에 따른 각 종류의 화재가 있고, 색깔로도 구분이 되어 있다. • 모든 화재에 모든 소화기가 사용 가능한 것이 아니므로 확인할 필요성이 있다.
소화기의 종류	 ABC분말소화기 ABC분말소화기 이산화탄소 할론소화기 투척용 소화기 3.3kg 20kg 소화기

(4) 소화기 관리 및 점검

분말 소화기는 내부에 소화약제 분말을 포함하고 있으며, 이 분말을 화재에 분사하여 불을 끄게 만든다. 소화약제가 분사되기 위해서는 용기 내부에 기체를 압축시켜 함께 충전하여야만 가능한데, 기체를 압축시켜 넣는 방법에 따라 소화기는 두 가지로 나뉜다. 이렇듯 소화약제나 기체충전방식에 따라 소화기를 구분할 수 있으며, 각 소화기들을 특성에 맞게 관리하고 점검하기 위해서는 많은 노력이 필요하다. 소방안전교육사는 안전교육을 통해 소방안전시설을 점검하고 관리하는 올바른 습관을 기를 수 있도록 지도하여야 한다.

종 류	**축압식 소화기** • 본체 용기 안에 직접 가스를 압축하여 봉입한다(질소, 탄산가스 등). • 용기 내 압력을 확인할 수 있도록 지시압력계가 부착되어 있다. • 지시압력계를 주기적으로 확인하여 내부 기체 압력 및 소화약제의 상태를 확인하여야 한다.	
	가압식 소화기 • 축압식과 다르게 가압 가스를 소화기 본체 용기에 압축하여 넣는 것이 아니라 별도의 전용 용기에 충전하여 부착한다. • 별도 용기에 기체가 압축되어 있으므로 지시압력계가 부착되어 있지 않다. • 가압식 소화기는 사용 시 폭발의 위험이 있어 축압식 소화기로 교체를 권고하고 있다.	
관리 및 점검	• 소화기의 사용연한은 10년 • 소화기의 분말이 굳지 않도록 한 달에 한 번 정도 거꾸로 뒤집거나 흔들기 • 소화기의 지시압력계 바늘을 확인하여 압력을 확인하기 • 지시압력계 바늘이 빨간색 부분에 있는 경우 압력 조정하기 • 지시압력계 바늘이 노란색 부분에 있는 경우 압축가스 및 약제 충전하기 • 습기가 많은 장소는 피하여 설치하기 • 매월 청소 상태, 부식 상태, 안전핀 상태, 노즐의 막힘과 연결 확인 등 점검하기	

4 대피용 유도등 · 유도표지

(1) 유도등

　유도등은 화재나 재난 등 기타 비상 상황에 대피하는 방향을 알려주는 표시등이다. 정전 등 전원이 끊어질 경우를 대비하여 유도등 안에는 자체 축전지를 마련하여 20분 이상 작동할 수 있게 구성되어 있다. 단, 지하상가 및 11층 이상인 고층건물과 백화점, 여객자동차터미널, 극장 등 많은 사람들이 이용하는 건축물에는 축전지가 유도등을 60분 이상 작동시킬 수 있도록 설치되어 있다. 이러한 유도등은 소방시설 중 피난설비에 해당하며 피난구 유도등, 통로 유도등, 객석 유도등이 있다.

[유도등의 종류]

피난구 유도등	• 피난구 또는 피난경로로 사용되는 출입구를 표시 • 직접 지상으로 통하는 출입구와 직통계단의 계단실에 설치 • 바닥으로부터 높이 1.5m 이상인 곳에 설치	
통로 유도등	• 피난통로를 안내하기 위한 유도등 • 복도통로 유도등 : 복도에 설치 • 거실통로 유도등 : 거실이나 주차장등 개방된 통로에 설치 • 계단통로 유도등 : 계단이나 경사로에 설치하여 바닥 면을 비추게끔 설치 • 바닥으로부터 높이 1m 이하인 곳에 설치	
객석 유도등	• 객석의 통로 및 바닥, 벽에 설치 • 주로 영화관, 박물관 등 어두운 다중이용시설에 설치되어 있음	

(2) 유도표지

　유도등은 평소 및 비상상황 시 등에서 빛이 들어와 비상탈출로를 알리는 피난설비지만 유도표지는 전자설비가 없어 빛이 들어오지 않은 채 탈출로를 알리는 표지판과 같은 역할을 한다. 유도표지에도 마찬가지로 출입구를 표시하는 피난구 유도표지, 복도 및 계단 등에 표시하는 통로 유도표지가 있다. 피난구 유도표지는 출입구 위쪽에 설치하고, 통로 유도표지는 바닥으로부터 높이 1.5m 이하의 위치에 설치하여야 한다. 또한 유도표지의 주변에는 광고물이나 게시물 등을 설치하면 안 된다.

1 화 상 2018년 기출

(1) 화상의 원인

구 분	원 인
열	불, 뜨거운 액체, 뜨거운 물체, 증기, 열기 등
화 학	산, 염기, 부식제 등
전 기	교류, 직류, 낙뢰 등
방사능	핵물질, 자외선 등

(2) 화상의 분류

구 분	증 상	경 과	특이사항
1도 화상	• 화상부위 통증 • 피부 홍조/붉어짐 • 표피만 손상	며칠 내 회복	화상부위 체표면적 50% 이하의 경우 자연치유 가능
2도 화상	• 수포(물집)형성 • 심한 통증 • 흉터 생성 • 피부 홍조/붉어짐 • 표피와 진피 모두 손상	저체온성 쇼크, 출혈성 쇼크 가능성	화상 부위에 따라 신속한 병원치료 요망
3도 화상	• 갈색 또는 흰색의 피부색(가죽 같은 피부) • 화상부위 무감각/무통증 • 주변 부위 심한 통증 호소 • 대부분의 피부조직 손상(심한 경우 뼈 및 장기까지 손상)	저체온성 쇼크, 출혈성 쇼크 위험	즉시 병원 치료 요망

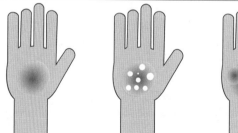

(3) 화상의 평가

구 분	설 명
1차 평가	• 외부적인 증상을 통해 1~3도 화상 평가 가능 • 화상환자 기도 평가 – 다음과 같은 증상이 보이면 기도에도 화상을 입었을 가능성이 크다. – 호흡곤란, 안면부 화상, 눈썹이나 코털이 탄 경우, 코와 구강 내의 그을음 관찰, 기침, 가래에 그을음이 섞인 경우, 쉰 목소리, 목 주위의 화상 등
2차 평가	• 생체징후 측정(팔다리 전체 화상을 입은 경우 소독용 거즈로 감고 측정) • 심혈관질환 및 심한 화상의 경우 심전도 확인 요망
화상범위 평가법 (9의 법칙)	• 응급환자가 화상을 입은 범위가 몸 전체의 몇 퍼센트에 해당되는지를 어림하는 계산법 • 9의 법칙에 따라 화상범위를 측정하고 이로써 중증도 구분 가능 • 성인, 소아, 영아의 계산법이 다름 • 환자의 손바닥 면적을 신체의 1%라고 가정함

(4) 화상 응급처치법

① 화상부위를 10분 정도 흐르는 찬물에 대고 있거나 젖은 거즈로 덮어 열을 떨어뜨린다.

② 열을 식히기 위해 얼음에 직접 상처부위를 대지 않는다.

③ 화상부위를 완전히 노출시키기 위해 감싸고 있는 옷을 제거한다. 만약 화상 부위에 붙은 옷, 장신구 등이 피부에서 떨어지지 않는다면 떼어내려고 시도하지 말아야 한다.

④ 경미한 1도 화상인 경우에는 상처 부위를 가볍게 닦고 화상용 연고를 발라준다.

⑤ 화상의 범위가 주먹보다 크거나 2도 화상의 증상이 보이는 경우 건조하고 깨끗한 거즈를 대고 병원을 방문한다.

⑥ 물집(수포)을 터트리지 말고 연고 및 로션 등을 바르지 않는다.

⑦ 기도 손상이 의심되는 경우 환자가 호흡을 잘 하고 있는지 지속적으로 살핀다.

⑧ 호흡을 힘들어하는 경우 회복자세로 자세를 교정해주거나 고농도산소를 투여한다.

⑨ 중증도의 화상은 체온유지기능을 저하시키기 때문에 보온에 신경 쓴다.

Q. 화상에 대한 안전교육을 진행하려고 한다. 아래의 학습목표로 수업을 하기 위한 교육내용을 서술하시오.
[학습목표 1] 화상 환자를 평가할 수 있다.
[학습목표 2] 심한 화상인 경우 증상 초기에 통증과 감염을 줄이기 위한 응급처치를 할 수 있다.

답안을 작성해보세요.

예시답안은 본 책의 부록에 있습니다.

2 한랭 손상

구 분	증 상
저체온증	• 말이 어눌해지거나 기억에 문제가 생김 • 의식이 점점 흐려짐 • 피로감을 느낌 • 팔, 다리에 심한 떨림 현상
동 창	• 한랭손상의 초기단계를 뜻하며 피부가 하얗게 되거나 창백하게 변함 • 모세혈관 재충혈이 늦어지며 감각이 없어지기 시작함
동 상	• 1도 : 찌르는 듯한 통증/붉어짐/가려움/부종 • 2도 : 피부가 검붉어짐/물집 • 3도 : 피부 및 조직 괴사/무통증/무감각 • 4도 : 근육 및 뼈까지 괴사
대처요령	

• 환자를 따뜻한 곳으로 옮기기
• 젖은 옷은 벗기고 담요나 외투를 덮어 보온에 신경 써주기
• 발, 다리, 배, 겨드랑이에 핫팩이나 따뜻한 물통 등을 넣어주기
• 가능하다면 가습된 따뜻한 산소를 많이 공급해주기
• 한랭손상 부위를 체온과 비슷한 따뜻한 물에 담그기
• 의식이 있는 경우에 따뜻한 음료를 마시게 할 수 있으나 의식이 없는 경우에는 기도가 막힐 수 있으므로 금지
• 손가락과 발가락 사이에 깨끗한 마른 거즈를 끼워 달라붙지 않게 하기
• 손상부위를 약간 높게 하여 부종 및 통증 예방하기
• 한랭손상이 있는 부위는 움직임 및 마사지 금지

3 열 손상

구 분	증 상
열경련	열이 많이 발생할 때 나트륨과 같은 전해질이 부족하여 근육경련이 일어나는 것
일사병	• 높은 온도에서 많은 땀을 흘리거나 수분섭취가 부족할 경우 체액소실이 일어나는 것 • 초기에는 가벼운 두통이나 오심, 구토의 증상을 보이며 피부는 차갑고 창백하며 축축해짐 • 말기에는 호흡과 맥박이 빨라지며 쇼크의 가능성이 있음
열사병	• 체온조절기능에 문제가 생겨 신체에서 열 관리를 하지 못하는 상태 • 고체온(41~42℃ 이상)이 며칠에 걸쳐 발생 • 여름철에 어린아이나 노약자에게 많이 발생 • 신체가 뜨겁고 건조하거나 축축해지기도 하며 의식이 약해지거나 무의식상태까지 가기도 함
대처요령	

• 옷을 벗기거나 느슨하게 하여 혈액순환을 돕고 체온을 떨어뜨리기
• 부채질 등 증발을 이용해 시원하게 해주기
• 하체를 상체보다 약간 높게 올리기
• 목, 겨드랑이, 다리 사이 등 차가운 팩을 대서 체온 떨어뜨리기
• 의식과 반응이 있고 구토반응이 없는 경우 물이나 이온음료를 마시게 하고, 그렇지 못한 경우 구강으로 음식물 투여 금지

기도폐쇄의 원인은 음식, 얼음, 장난감, 토물 등으로 다양하며 알코올 및 약물 중독환자에게서도 흔하게 볼 수 있다. 기도폐쇄는 산소부족으로 직결되고, 뇌손상 및 심정지로 이어질 위험이 있으므로 즉각적인 대처가 필요하다.

구 분	증상 및 대처요령
경미한 기도폐쇄	• 환자는 의식이 있으며 약간의 호흡이 가능한 상태로, 목을 V자로 잡거나 입을 가리키며 색색거림 • 대처 : 환자가 스스로 기침할 것을 유도하며 관찰
심각한 기도폐쇄	• 호흡이 불가하며 소리가 나지 않음. 얼굴이 파랗게 질리는 청색증이 나타나며 점차 호흡능력 상실 및 의식 소실 • 대처 1 : 하임리히법 및 가슴 밀어내기법 실시 • 대처 2 : 의식소실의 경우 바로 흉부압박 실시 및 머리 젖히고 턱 들어올리기법으로 기도를 열 때마다 입 안에 이물질이 보이면 제거
하임리히법	• 의식이 있고 서 있거나 앉아 있는 환자에게 실시 • 환자 뒤에 서서 주먹을 쥐고 칼돌기와 배꼽 사이 가운데에 손을 위치. 다른 손으로 주먹을 감싸고 강하고 빠른 동작으로 후상방향으로 힘을 주어 이물질이 튀어나올 수 있게 함 • 이물질이 나오거나 환자가 의식을 잃을 때까지 계속 실시함 • 환자와 신장 차이가 크거나 노약자의 경우 환자를 앉힌 상태에서 실시
가슴 밀어내기	• 임신, 비만 등의 이유로 배를 뒤에서 감싸안을 수 없는 경우에 실시 • 등 뒤로 가서 겨드랑이 밑으로 손을 넣어 환자 가슴 앞에 양 손을 잡기. 오른손을 주먹 쥐어 칼돌기 위 2~3손가락 넓이의 복장뼈 중앙에 엄지손가락 쪽이 위로 가도록 놓기. 다른 손으로 주먹 쥔 손을 감싸고 등 쪽을 향해 5회 가슴 밀어내기 실시
영아 기도폐쇄	• 5회 등 두드리기와 5회 가슴 밀어내기의 반복 실시 • 처치자의 아래팔에 영아 몸통을 기대고 머리가 가슴보다 약간 낮게 위치시키기. 손으로 영아의 턱과 머리를 지지하고 기도를 누르지 않게 유의하기. 아래팔을 허벅지에 기댄 채로 손 뒤꿈치로 영아의 어깨뼈 사이를 강하게 5번 두드리기 • 두드린 손을 영아 등에 놓고 손바닥은 머리를 지지한 채 다른 손으로 얼굴과 턱을 지지하며 영아를 뒤집어 영아 CPR과 같은 방법으로 손가락 가슴 밀어내기 5회 실시

[하임리히법]

[가슴 밀어내기]

[영아 기도폐쇄]

5 심폐소생술

구 분	성 인	소 아	영 아
심정지 확인	의식/반응 없음 무호흡/심정지 호흡 맥박 없음(5초 이상 10초 이내 확인/일반인은 시행 X)		
심폐소생술 순서	흉부압박 – 기도유지 – 인공호흡(일반인 생략 가능)		
흉부압박 속도	분당 100~120회		
흉부압박 깊이	5~6cm	가슴 깊이의 1/3 (약 5cm)	가슴 깊이의 1/3 (약 4cm)
가슴 이완	흉부압박 후 가슴이 다시 제자리로 돌아오도록 이완 확보		
흉부압박 중단	흉부압박의 중단은 최소화하기(최대 10초 이내)		
기도유지	머리 젖히고 턱 들어올리기(외상이 의심되면 턱만 들어올리기)		
흉부압박 : 인공호흡	30 : 2 (구조자 1인, 2인)	30 : 2(구조자 1인) 15 : 2(구조자 2인)	

1 인체 유해물질

우리는 일상생활 속에서 수많은 화학제품을 접하고 사용하고 있다. 올바른 목적과 용도로 적절한 양을 사용하면 득이 되지만 잘못된 방법으로 활용하는 순간 독이 되기 마련이다. 따라서 생활 속에서 쉽게 접하는 인체 유해물질의 종류와 그 영향을 학습자들에게 가르칠 필요가 있다. 이 부분은 교육부에서 개발한 7대 안전 분야 약물오남용 분야와도 맥을 같이하며, 법적으로 모든 학생들이 초, 중, 고등학교에서 필수로 매년 관련 안전교육을 이수하도록 지시하고 있다. 따라서 의약품부터 가정용 화학제품, 술과 담배까지 유해물질의 종류와 부작용에 대하여 알아두자.

[인체 유해물질의 종류와 부작용]

구 분	종 류	부작용
의약품	해열진통제	발열증상, 의식장애, 시력장애, 경련, 두드러기, 천식, 알레르기 반응
	지사제	현기증, 구토, 복부팽창, 호흡곤란, 혼수상태, 사망
	국소마취제	호흡곤란, 경련, 혼수상태 등
	소염진통제	두통, 이명, 현기증, 설사, 복부통증 등
	발모촉진제	부어오름, 심장 기능 손상, 혼수상태 등
가정 화학제품	가정용 세제	호흡곤란, 식도염증, 소화기관 궤양, 천공, 쇼크
	구강청결제	과다 복용 시 무기력 반응, 신진대사 장애, 합병증, 혼수상태, 사망
	화장품	폐로 직접 흡입할 경우 구토, 두통, 폐렴, 뇌질환
	살충제	호흡곤란, 흥분, 떨림, 전신경련
	제초제	구강궤양, 소화기관 궤양, 부정맥, 쇼크, 발작, 혼수 등
흡입제	본드, 부탄가스, 아세톤 등	호흡마비, 저산소증, 신경세포 손상, 폐부종, 질식, 사망, 화상, 환각증상으로 인한 2차 사고
기 타	커 피	이뇨작용 이상, 중추신경 이상 등
	담 배	정서불안정, 구토, 현기증, 동맥경화증, 우울증, 심장병 등
	술	호흡곤란, 호흡마비, 토혈, 식도정맥류, 중추신경 이상 등

2 감염병

감염병 혹은 전염병에 대해 떠올리면 대부분 일상생활에서 쉽게 접할 수 없는 특이한 경우라고 생각하지만, 사실 결코 그렇지 않다. 감염병은 항시 예방하고 대비하여야 한다는 마음가짐이 필요하다. 학교만 하여도 인플루엔자에 걸린 한 학생으로 인해 다른 친구들에게까지 영향을 미치고, 이것이 학급에서 학교로 퍼져나가 학생뿐만 아니라 교직원까지 교실을 떠나야 하는 경우도 비일비재하다.

대한민국에서 겪은 감염병은 단순히 인플루엔자나 장티푸스 외에 다양한 종류가 있으며, 전 세계적으로 문제가 되었던 사스와 메르스를 떠올릴 수 있다. 그리고 이를 뛰어 넘는 코로나19 감염 사태는 우리나라뿐만 아니라 전 세계적으로 큰 위기를 안겨주었다. 이렇듯 현대 사회의 새로운 공포로 부상하고 있는 감염병에 대해 소방안전교육사는 철저한 안전교육을 실시하여 감염병을 예방하는 생활습관과 올바른 대처방법을 가르쳐야 한다.

(1) 감염병 전파 방법

유 형	특 징	질 병
비말 전파	• $5\mu m$ 이상의 비교적 큰 입자들이 대화, 기침, 재채기를 통해 다른 사람의 결막, 비강, 구강 점막에 튀어 감염되는 것 • 이때 발생하는 비말은 공기 중에 떠다니지 못하고, 보통 감염자로부터 주변 약 1~2m 이내에 전파됨	수두, 유행성이하선염, 풍진, 인플루엔자, 디프테리아, 백일해, 수족구병, 중증급성호흡기증후군 등
공기 전파	• 병원체를 포함한 $5\mu m$ 이하의 작은 입자들이 공기 중에서 떠다니는데, 이를 호흡기로 흡입하여 감염되는 것 • 공기를 타고 먼 거리까지 전파가 가능	결핵, 수두 등
접촉 전파	• 감염자와 직접 접촉하거나 간접적으로 접촉하여 감염되는 것 • 직접 접촉 : 감염자와 악수나 포옹 등 • 간접 접촉 : 감염자가 만져서 오염된 손잡이, 책상 등 환경 표면을 통해 감염	A형간염, 세균성이질, 노로바이러스 감염증, 유행성 각·결막염, 급성 출혈성 결막염 등
매개체 전파	모기, 파리, 진드기 등과 같은 매개충을 통하여 병원체가 전파되어 감염되는 것	일본뇌염, 말라리아, 뎅기열 등

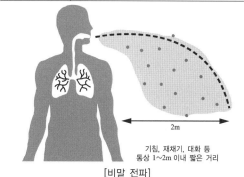

기침, 재채기, 대화 등
통상 1~2m 이내 짧은 거리

[비말 전파]

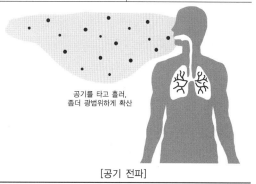

공기를 타고 흘러,
좀더 광범위하게 확산

[공기 전파]

(출처 : 경기도교육청 감염병 예방 교육자료 및 지도서[고등학교])

(2) 감염병 예방 방법

① 더러운 손으로 코, 입에 손을 대지 않으며, 손 씻기를 생활화한다.

② 마스크가 없는 상태에서 기침이나 재채기를 할 경우 손으로 입을 막지 말고, 휴지·손수건·옷 소매로 가리며 한다.

③ 사람이 많이 모이는 곳은 최대한 피하고 마스크를 착용한다.

④ 생활환경을 청결하게 유지하고 실내 환기를 자주 한다.

⑤ 오염이 의심되는 음식물은 섭취하지 않으며 항상 끓인 물과 같은 안전한 음식물만을 섭취한다.

⑥ 음식은 충분히 익혀서 섭취한다.

⑦ 평소에 충분한 수면과 영양섭취로 면역력을 키운다.

⑧ 필요한 예방접종을 확인하고 적절한 시기에 접종한다.

⑨ 야외활동 시 잔디 위에 눕거나 잠자지 않으며, 적절한 의복 및 보호 장비를 착용한다.

⑩ 감염병이 의심되는 증상이 있으면 섣불리 움직이거나 외출하지 않고, 지역 의료기관 및 보건소에 문의하거나 방문하여 진료를 받는다.

소방안전교육에 대하여

01 소방안전교육의 역사와 현재

소방안전교육사는 교육자이기도 하면서 안전 전문가이기도 하다. 소방안전교육사는 단순한 안전 전문 강사가 아니기 때문에 소방에 대해 이론적인 접근뿐만 아니라 역사와 범주까지 이해할 필요가 있다. 따라서 소방안전교육의 흐름에 대해 알아보고 그 실제 사례를 알아보려고 한다. 해당 부분은 중앙소방본부에서 출간한 『국민안전교육 표준실무』를 바탕으로 하였으며, 소방안전 교육에 대한 전반적인 정보를 모아 정리하였다. 아직까지 2차 시험에 출제된 적은 없으며, 다른 부분에 비해 출제 예상도는 낮기 때문에 암기보다는 이해와 정보습득에 중점을 두고 공부해보도록 하자.

1 시대에 따른 구분

(1) 태동기

소방은 제4세대 전략으로 국가의 이익과 국민의 행복을 위해 화재, 구급, 구조 업무에 이어 소방안전교육을 실시하였다. 이 소방안전교육은 현대에서 거슬러 올라가 예전부터 선조들의 생활습관과 경험을 통해 실시되고 있었다. 특히 '불장난하면 자다 오줌 싼다'라는 옛 속담처럼 생활과 경험에서 오는 내용이 자연스럽게 안전교육으로 이어지기도 하였다.

중세사회에는 제사, 미풍양속, 전통문화, 음양오행설 등을 통해 상징적인 소방안전교육과 예방 활동을 추진하였다. 근세사회에는 사람들이 한 번 만들어낸 불씨를 계속 지켜 지속적으로 불을 사용해오는 생활모습을 가졌는데, 불도 1년 내내 쓰면 더러워지거나 기운이 쇠해진다는 생각을 하였다고 한다. 따라서 계절이나 절기가 지날 때 새로운 불씨를 만들어 관료들에게 내려주었다. 이는 '나무를 마찰하여 새로 불씨를 만들어 쓰면 질병의 재해도 그친다'는 전설에 따른 것이며, 소방관서에서 계절별로 불씨를 갈아주는 행사를 실시하며 소방안전에 대한 문화를 형성한 것이기 도 하다.

(2) 성장기

본격적인 소방안전교육의 형태가 보이기 시작한 것은 그 이후이다. 화재위험이 증가하는 월동기에 화재예방에 대한 전국적인 방화환경을 조성하고자 '불조심 강조기간'을 설정하거나, '소방관 사열식 및 소방훈련경연대회'를 실시한 것과 같은 실제적인 소방안전교육을 마련하고, 범국민적 계몽활동을 추진하였다.

1960~1970년대에는 직접 대면방식의 가두캠페인(길거리로 나와서 하는 캠페인)이나 소방차 퍼레이드, 결의대회가 주를 이루었으며 1980~1990년대에는 소방업무가 응급환자이송 및 인명 구조업무까지 확대되었다. 또한 대중매체가 발달하면서 특정기간에만 추진하던 소방홍보를 TV 와 라디오, 신문 등 대중매체를 활용하여 연중 캠페인으로 실시하게 되었다. 특히 인력, 자본, 기술과 함께 홍보의 중요성이 강조되면서 소방 활동 및 소방안전교육 내용을 중앙방송매체와 일간지에 보도 자료로 제공하였다.

또한 미래를 이끌어갈 어린이들에게 어려서부터 안전을 배우고 익힐 수 있도록 하기 위하여 '어린이소방대' 활성화에 힘을 주는 한편, 소방동요를 제작하고 보급하여 어린 학습자들에게도 소방안전 의식을 심어주려고 하였다. 사생대회, 수기공모, 표어·포스터 공모, 사진 전시 등을 추진하여 소방예술 분야로 발전시켰으며 소방학술세미나, 심포지엄 등을 개최하여 소방에 대한 연구의욕 고취 및 소방 이미지 개선을 꾀하기도 하였다.

(3) 발전기

2000년대에는 디지털 사진과 영상장비가 보급되며 인터넷 문화가 발달하고, 포털사이트들이 다양화되며 전광판 설치가 보편화됨에 따라 다양한 홍보 방법이 급격하게 발달하게 되었다. 특히 2004년에는 소방방재청을 개청하고 체계적인 예방홍보 추진을 위해 올바른 '소방인식'을 마련하였다. 이후 '생존을 위한 예방교육, 설득과 이해를 위한 홍보'를 기본 개념으로 정립하고 소방기본법 제17조를 개정해 안전교육과 소방홍보를 할 수 있는 법적 바탕을 구성해두었다.

전담부서 설치와 전담인력 확충을 위하여 노력하고 전문인력 양성을 위해 소방학교에 소방홍보반과 소방안전교육사반 등 전문교육 과정을 개설하여 인력을 양성하였다. 더불어 체계적인 소방안전교육을 위하여 5개년 동안 '재난안전교육 5개년 사업'을 수립하고 '소방안전교육사' 국가자격 제도를 신설하여 소방교육과 홍보에 대한 올바른 인식을 심을 수 있도록 체계를 구축하게 된 것이다.

[시대별 소방안전교육 홍보 추진 내용]

구 분	시 대	소방사조	추진내용
태동기	고대 (~918)	자연주의	생활과 경험을 바탕으로 한 교육
	중세 (~1392)	상징주의	미풍양속, 전통문화, 음양오행설 등을 활용한 상징적인 교육 실시
	근세와 근대 태동기 (~1863)	실용주의	개화(改火) 행사 추진 • 각 관서에서 쓰던 불씨를 1년마다 갈아주던 행사
성장기	근대 (~1945)	합리주의	• 대국민 직접홍보 • 소방관 사열식 및 소방훈련 경연대회 실시
	현대 (1945~1972)	계몽주의	불조심 강조기간 설정 및 운영
발전기	현대 (1972~1986)	현실주의	가두캠페인, 소방차 퍼레이드, 결의대회
	현대 (1986~2001)	모더니즘	• 언론 및 대중매체 활용한 소방안전교육 • 소방이미지 홍보 및 개선
	현대 (2001~)	휴머니즘	• 디지털 및 인터넷 활용 예방홍보 • 안전교육체계 도입 및 운영

2 소방안전교육 근거 마련

소방안전교육에 대해서 초반에는 법적 근거나 제도적인 기틀이 중시되기보다 재난사고가 발생함에 따라 자연스럽게 안전의식을 확보할 필요성이 생겨나며 강조되기 시작했다. 현대사회에 들어서면서 화재사고, 자연재난 등 각종 안전사고의 빈도가 급격히 늘어나면서 소방안전교육도 제도적인 기반이 필요하게 되었다. 따라서 1975년 내무부 직제(1975.8.26 공포, 대통령령 제7760호) 개정 시 내무부 민방위본부가 발족되면서 소방국 예방과에 소방홍보 직제를 두기도 하였다.

소방안전교육의 법률적 근거는 2005년 8월 4일 소방기본법(법률 제7668호)을 제정하면서 제17조의 제2항에 '소방안전교육과 훈련'에 관한 사항을 신설하며 기틀을 마련하였다. 하루빨리 소방안전교육의 기반이 형성되었어야 했지만, 제도의 마련이 시대상황에 비해 많이 늦었다고 평가된다. 소방안전교육과 홍보는 초기 소방기관의 기본업무로 인정받지 못하고 있다가, 2015년도에 마침내 소방기본법 제3조(소방기관의 설치 등) 개정을 통해 인정받게 되었다.

소방안전교육 업무가 화재예방·경계·진압·조사 및 구조·구급업무와 함께 소방기관의 기본업무로 포함되었으며 6개월간의 유예기간을 거쳐 2016년 1월 25일부터 시행되며 소방안전교육의 본격적인 제도가 마련되었다.

소방기본법

제3조(소방기관의 설치 등)

① 시·도의 화재예방·경계·진압 및 조사, 소방안전교육·홍보와 화재, 재난·재해, 그 밖의 위급한 상황에서의 구조·구급 등의 업무(이하 "소방업무"라 한다)를 수행하는 소방기관의 설치에 필요한 사항은 대통령령으로 정한다. 〈개정 2015. 7. 24.〉

제17조(소방교육·훈련)

② 소방청장, 소방본부장 또는 소방서장은 화재를 예방하고 화재 발생 시 인명과 재산피해를 최소화하기 위하여 다음 각 호에 해당하는 사람을 대상으로 행정안전부령으로 정하는 바에 따라 소방안전에 관한 교육과 훈련을 실시할 수 있다. 이 경우 소방청장, 소방본부장 또는 소방서장은 해당 어린이집·유치원·학교의 장 또는 장애인복지시설의 장과 교육일정 등에 관하여 협의하여야 한다.

③ 소방청장, 소방본부장 또는 소방서장은 국민의 안전의식을 높이기 위하여 화재 발생 시 피난 및 행동 방법 등을 홍보하여야 한다.

3 소방안전교육 기반 조성

제도적 근거 마련이 이루어짐에 따라 소방안전교육 및 홍보가 소방의 업무로서 인정받게 되었으나 업무의 중요성에 비해 부서 및 인력의 지원은 부족하였다. 특히 일부 관서에서는 어렵게 확보한 인력마저도 담당자가 자주 교체되었으며, 다른 업무의 겸임으로 소방안전교육의 수준은 발전할 수 없었다. 더불어 내무부나 행정자치부 시절에도 소방국 내에 전담부서가 없이 예방과에서 화재예방 위주의 어린이소방대운영과 불조심 강조의 달 행사 등의 업무만을 담당하고 있어 실질적인 교육은 물론이고 관련된 여러 사항들을 연구하고 개발하는 데에는 어려움이 많았다.

이후 소방방재청 개청과 함께 '예방기획국 소방 정책과'에서 교육·홍보담당자를 두기 시작하였으며, 이후 국민안전처가 생겨나며 119 생활안전과 내에 안전교육계와 소방홍보계를 신설하기도 하였다. 지방조직으로는 1975년도 서울소방본부에서 처음으로 홍보계를 신설하며 소방안전교육의 기반을 조성하기 시작하였다.

이러한 소방 내 안전교육 기반이 형성됨에 따라 다양한 안전교육 및 예방활동이 실시되었다. 그 과정에서 다양한 부서가 신설되고 안전교육활동에 참여하게 되었는데, 과거의 활동으로 시작하여 현재까지 이어지는 다양한 프로그램들이 운영되고 있다.

(1) 부녀의용소방대

부녀의용소방대는 1970년대 초반부터 '여자소방대'로 불리거나 '부녀소방대'라는 명칭으로 활동하기 시작하였다. 주로 도시 지역에서 소방홍보활동에 참여하며 소방안전교육을 실천하였다. 1981년도에 '부녀의용소방대의 설치에 관한 조례준칙'이 제정되며 정규조직으로 인정받고 발대되기 시작하였다.

당시의 공식명칭은 '○○의용소방대 부녀대', '○○부녀의용소방대'라는 방식으로 불리다가 현재는 남성의용소방대 명칭과 맞추어 '○○여성의용소방대'로 통일하게 되었다. 과거부터 현재까지 화재예방을 위한 다양한 소방활동과 지역사회의 봉사단체로서 활발한 활동을 펼쳐오고 있다. 특히 소방홍보의 선도 조직으로서 활동 중이며 화재예방캠페인, 사회복지시설 봉사활동, 자연보호활동, 소년·소녀 가장 돕기, 타 단체와의 연합활동 등 다양한 봉사활동에도 참여하고 있다. 지역사회에 꼭 필요한 여성조직으로 발전하여 현재는 소방에서 방호업무의 한 분야인 의용소방대로 성장하게 되었다.

(2) 한국119소년단(어린이소방대)

소방안전교육은 성인에게만 이루어질 것이 아니라 미래를 책임질 어린이들에게도 실시되어야 한다고 강조하였다. 안전교육을 통해 어린 아이들이 안전한 생활을 실천하고 행복한 삶을 영위하는 것이 중요하다. 따라서 이러한 목표를 수행하기 위해 소방 행정 차원에서 어린이소방대 육성방안으로 어린이소방대를 편성 운영하였다.

어린이소방대 운영은 1963년도부터 시작되었는데 이후 1971도에 대연각호텔 화재를 계기로 대국민 안전교육의 필요성과 예방홍보의 필요성이 절실히 요구되어 1973년 한국화재보험협회의 지원을 받아 전국 7대 도시(서울, 부산, 대구, 인천, 대전, 광주, 전주) 7개 초등학교 4, 5학년 200명씩 1,400명을 뽑아 불조심 어린이단을 조직·운영하게 되었다.

1973년에 시작된 불조심어린이단 결단식은 각종 행사 및 교육을 통해 어린이 화재예방 활동을 이끌었으며 단원의 공동체 의식을 함양하기 위해 단복, 단모, 스카프, 흉장, 스카프링 등을 착용하고 활동하였다. 또한 지역에 따라 7개 항의 불조심결의선서와 흉장 수여, 악대와 소방차가 선두하는 분열식 등으로 다채롭게 진행되었으며, 행사 규모가 성대하고 참석인사가 많은 것이 특징이었다. 당시 불조심 어린이단의 활동 지침은 다음과 같다.

불조심 어린이단 활동지침(내무부훈령 4호 1964.11.25.)
- 불조심의 생활화
- 일반화재 시의 진화방법 및 대피훈련지도
- 연료 및 화기취급, 연소기기 등의 안전관리에 대한 계몽 홍보
- 각종 매스컴 및 행사 참여

1990년대부터는 소방관서에서의 구조 활동이 활성화됨에 따라 어린이구조대원을 임명하는 등 어린이를 대상으로 하는 다양한 형태의 특성화 작업이 진행되었다. 또한 실질적인 안전교육을 위해 수련회, 여름철 어린이 안전교실, 유니폼 지원, 시범학교 지정, 각종 안전교육의 실시 등을 통하여 어린이들이 자발적으로 참여할 수 있는 프로그램을 개발하도록 노력하였다. 특히 1998년에는 어린이소방대 운영을 체계화하기 위하여 '어린이소방대 지도교범'이 발간되기도 하였다.

1999년에는 21세기에 맞추어 선진 소방 안전문화의 정착과 어린이소방대의 장기적인 발전을 위하여 명칭을 '한국119소년단'으로 변경하였다. 2004년부터는 '한국119소년단 운영계획'에 소년단 운영의 내실화와 체계화를 위하여 그동안 단원을 전국의 초등학교 4, 5학년만을 대상으로 편성하던 기준을 유치원부터 대학생까지로 폭넓게 확대하였으며 실질적인 운영을 위해 소방관서에서 운영 및 지원이 가능한 만큼만 소년단을 편성하도록 하였다.

또한 안전에 대한 지식과 기능을 바탕으로 안전한 습관을 기르고, 안전을 중시하는 건전하고 건강한 어린이 육성을 목표로 하였다. 단체의 원활한 운영을 위해 각 급 학교에 지도교사를 위촉하고 119소년단 지도교사 협의회를 마련하여 실질적인 운영이 가능하도록 하였다. 매년 여름방학에는 전국의 지도교사를 대상으로 중앙구조대에서 안전 연수를 실시하여 119소년단만이 가질 수 있는 다양한 소방안전 활동에 대한 지식과 상호의견교환의 기회를 제공하였다.

이러한 과정을 통해 소방관 주도의 소년단 활동이 지도교사 중심으로 바뀌게 되었고, 한국119소년단은 소방서와 학교를 바탕으로 한 자발적인 단체로 성장하기 시작하였다. 2007년부터는 '한국119소년단 지도교범'을 매년 전국에 보급하였으며, '재난안전교육 5개년 사업'과 '어린이안전대책'에 힘을 실어주기도 하였다. 현재에도 개선되어야 할 점으로는 '119소년단 지원에 관한 법률'과 '국고보조방안' 마련이 필요하다는 점이 숙제로 남아 있다.

[소방서와 학교가 협력하여 운영되는 한국119소년단 소방안전교육활동]

(3) 소방안전교육사

소방안전교육사 제도는 재난안전교육 사업을 통해 개발된 콘텐츠를 운영하기 위한 전문자격자를 양성하기 위해 마련한 제도이다. 소방이라는 어려운 분야를 누구나 알고 이해할 수 있도록 교육을 통해 쉽고 간결하게 풀어서 체계적으로 전달하고자 기획, 진행, 분석, 평가하는 일련의 활동을 수행하도록 만든 자격이다.

2005년 소방기본법 제1차 개정 시 도입하여 2008년에 제1회 국가자격시험을 실시하였으나 2차 시험 과목이 주관식이고, 내용이 어려워 응시인원에 비해 합격자가 매우 저조하였다. 결국 2016년 소방기본법 시행령을 개정하여 제2차 시험과목을 현재 사용되는 국민안전교육 표준실무로 개정하여 더욱 많은 소방안전교육사가 탄생되도록 하였다. 이전에도 교육학이 있었지만 현재는 1차에서 선택과목으로 배정되었으며, 2차 시험에서는 교육학을 바탕으로 안전교육을 실시하기 위한 안전교육 실무가 중점 내용이다.

[소방안전교육사 응시자 및 합격자]

구 분	계	1회 (08년)	2회 (10년)	3회 (11년)	4회 (12년)	5회 (14년)	6회 (16년)	7회 (18년)	8회 (19년)	9회 (20년)	10회 (22년)
응시자	4,516	429	338	167	220	174	169	1,037	842	1,140	680
합격자	903	19	29	23	15	5	16	99	394	302	83

(4) 어린이 안전 원년 선포와 과제 추진

1990년대에는 삼풍백화점 붕괴사고와 화성 씨랜드 수련원 화재 등 다양한 재난사고가 발생하였다. 이러한 사고 발생으로 우리나라 사회 속에는 안전에 대해 관심을 가지고 발견된 문제점을 개선해야 한다는 의식이 강조되기 시작했다. 따라서 체계적인 안전관리를 위해 국무총리실 산하에 '안전관리개선기획단'을 발족하였으며, '안전관리종합대책' 100대 과제를 수립하여 시행하게 되었다.

앞서 언급된 100대 과제에는 소방 분야도 해당되었는데, 안전체험관 건립 등 여러 가지 과제를 계획하였으나 예산부족과 인력부족으로 실질적으로 도움이 되지 못하였다. 추후 2003년 5월 어린이날을 기점으로 '어린이 안전 원년'을 선포하고 미래의 주역인 어린이가 보다 밝고 건강하게 자라날 수 있도록 사회 전체의 안전 환경을 조성하여야 한다는 이념을 바탕으로 추진하게 되었다.

주요 내용은 향후 5년간 14세 이하 어린이의 10만 명당 사망자 수를 매년 10%씩 낮추어 2007년까지 1/2 수준(1,269명 → 635명)으로 줄인다는 목표를 세우고 7대 분야 58개 과제를 수립하고 추진하였으며, 당시 소방방재청에서도 어린이 안전교육 등을 주요 내용으로 하는 7대 분야 20개 과제를 추진하였다.

우선 '소방시설 설치유지 및 안전관리에 관한 법률 시행령'을 제정하여 어린이집, 유치원 등과 같은 교육기관에 방염 처리한 커튼·카펫·벽지 등의 사용을 의무화하였다. 또한 물놀이 사고가 빈번한 여름철에는 민간자원 봉사자로 구성된 '119시민수상구조대'를 배치·운영하였고, 어린이 사고빈도가 높은 학교의 사고 감소를 위하여 '1학교 1소방관' 담당제를 실시하여 안전교육, 대피체험, 위험 요소 제거 등과 같은 어린이사고 감소를 위해 노력하였다. 뿐만 아니라 체험 중심의 교육을 위해 소방안전체험관 건립 및 이동안전체험차량 운영을 꾀하였으며, 119대축제 등 각종 안전체험행사를 개최하고 어린이 안전교육을 위한 교육교재 및 영상물을 개발·보급하였다.

어린이 안전교육을 위한 다양한 노력을 통해 모든 국민이 어려서부터 안전의 중요성을 자연스럽게 익히고 실천할 수 있도록 국민안전헌장을 제정·공포하고, 매월 4일을 '안전점검의 날'로 지정하였다. 이 안전점검의 날은 각 기관에 정착되어 안전시설을 점검하고 안전문화를 정착시키는 데 큰 도움이 되었다.

02 소방안전교육의 발전과 미래

1 소방안전교육의 발전

소방안전교육은 화재예방과 관련된 안전교육과 정책 홍보가 대부분으로 화재사건이 발생될 때마다 자연스럽게 강조되며 실시되어 왔다. 또한 과거에 실시되던 교육이나 홍보활동은 법률로 정해져 의무로 실시되던 사항이 아니었으므로 소방안전교육은 쉽사리 발전되지 못하였다. 그동안 예방홍보의 한 부분으로만 남아 있던 안전교육은 1999년 6월 발생한 경기도 화성 씨랜드 수련원 화재, 1999년 10월 인천 호프집 화재, 2001년 경기도 광주시 송정동 예지학원 화재, 2002년 12월 충남 서천군 금매복지원 화재, 2003년 3월 천안초등학교 축구부 합숙소 화재 등 잇따른 대형재난을 경험하면서 강조되기 시작했다.

이러한 사건들을 거듭하며 국민들의 안전에 대한 욕구가 증대됨에 따라 국무총리실 산하 안전관리 개선기획단을 발족하였으며, 안전관리종합대책 100대 과제를 수립하고 어린이 안전 원년 선포로 58개 과제를 수행하면서 소방안전교육이 발전되기 시작하였다.

(1) 프로그램 개발·보급

위에서 언급한 연령별·계층별 맞춤형 안전교육을 위하여 '재난 안전교육 사업 5개년 계획'이 실시되었다. 그 결과 1차로 초등학생을 저학년과 고학년으로 나누어 안전 교재와 영상물을 제작하였으며 체험위주의 학습을 위해 체험도구까지 함께 개발하고 보급하였다.

제2차 사업으로는 취학 전 아동을 대상으로 하는 유아용 교재와 영상물, 체험도구를 추가로 개발하고 보급하였으며 3차에는 청소년, 4차는 성인까지, 5차인 2009년도에는 장애인까지 그 범위를 넓혀 전 국민에 활용 가능한 안전교육 프로그램을 개발하였다. 이러한 일련의 과정으로 재난 안전교육 사업을 바탕으로 안전교육 국가표준을 만들어나가기 위한 기틀이 마련되었다.

[소방안전교육 프로그램 구성]

리플릿		PPT		영상물		체험도구
• 학습자료(배부용) • 12면 기본구성	+	• 교육교안(유형별) • 50분 분량	+	• 영상자료 • 사고유형별	+	• 보고, 듣고, 느끼는 체험중심

(출처 : 국민안전교육 표준실무 2020)

(2) 소방안전 체험시설 확충

1) 안전체험관

이미 많은 나라에서 체험 중심의 안전교육을 위해 각 시도별 안전체험관을 설립하여 운영하고 있다. 이러한 안전체험관을 우리나라에도 1996년 가칭 '시민안전문화 교육훈련 체험관' 설치계획을 수립하였다. 그러나 체험관에 대한 인식 및 예산부족 등 여러 문제로 인하여 성과가 없다가 전국을 5개 권역으로 나누어 건립하는 '권역별 안전체험관 건립계획'을 재수립하게 되었다. 이후 2003년 서울특별시에서 '서울시민안전체험관(광나루)', 2008년 대구광역시에 '대구 시민안전테마파크', 강원도는 태백시 '국민안전테마파크'를 건립하였다.

이후 계속해서 서울 및 전북, 충남, 부산소방본부에 국고보조사업을 추진하여 '서울 보라매 안전체험관'과 '전라북도 119안전체험관', '충남 안전체험관', '부산 119안전체험관'을 건립하게 되었다. 이 밖에도 충청북도의 '충북도민안전체험관', 대전의 '대전 119시민체험센터'를 추가로 건립하여 운영하고 있다. 교육부와 지자체가 협업하여 2020년도에는 경기도학생종합안전체험관이 설립되었다. 국가 정부에서는 지속적으로 1시·도 1체험관을 목표로 연차적으로 안전체험관 건립사업을 추진하고 있다.

[소방안전체험관 시설 현황]

구 분	서울 광나루 안전 체험관	서울 보라매 안전 체험관	대구 시민안전 테마파크	전북 119 안전 체험관	충남 안전 체험관	부산 119 안전 체험관	울산 안전 체험관	경기도 교육청 안전 교육관
개 관	2003년	2010년	2008년	2013년	2016년	2016년	2016년	2020년
체험 시설	5개관 19개 시설 • 재난체험 • 응급처치 • 교통안전 • 직업체험 • 자유체험	8개관 20개 시설 • 자연재난 (지진, 태풍) • 인적재난 (화재, 교통사고) • 전문체험 (응급처치, 소방시설) • 소방 역사관 • 어린이 체험장	5개관 12개 시설 • 재난체험 • 자연재난 (지진) • 응급처치 • 교통안전 • 자유체험	5개관 48개 시설 • 재난종합 • 위기탈출 • 안전마을 • 물놀이 안전 • 응급처치	6개관 15개 시설 • 도시재난 • 인위재난 • 자연재난 • 안전도시 일반 • 도시화재 관리 • 어린이관	5개관 21개 시설 • 안전 디딤돌 • 자연 재난관 • 도시 재난관 • 안전 학습관 • 키즈랜드	5개 시설 • 화재 안전 • 재난 극복관 • 교통안전 • 선박안전 • 화학·원 자력 안전	6개 지역 25개 체험 • 일상안전 • 교통안전 • 미래안전 • 야외안전 • 학생안전 • 응급안전

(출처 : 국민안전교육 표준실무 2020)

2) 이동식 안전체험차량

체험 중심 안전교육을 위해 안전체험관은 학습자들이 직접 타지에서 방문해야 한다는 한계가 있었다. 따라서 안전교육 사각지대를 위해 찾아가는 소방안전체험을 실시하기 위해 각 지역의 지방교부세, 경찰청 예산, 시·도 국고보조금을 통해 다양한 이동식 안전체험차량을 제작하게 되었다. 2003년에는 5톤 규모의 체험차량을 제작하였고 일부 지역에서는 8.5톤 규모의 체험차량을 8개 시·도에 1대씩 보급하여 운영하게 하였다. 또한 나머지 지역에도 36대의 이동안전체험차량을 배치하였다.

이로써 본격적으로 교육현장을 찾아가는 체험 중심의 안전교육 프로그램이 실현되었다. 앞으로도 지역별 조건이나 특성을 반영한 안전체험센터를 설립하기 위해 노력하고, 체험관이 불가할 경우 학교의 유휴교실을 활용한 소규모 안전체험교실을 설치하여 운영하도록 지원하고 있다. 또한 고정건물인 안전체험 시설의 한계를 극복하고 이동이 어려운 교육기관을 직접 찾아가는 이동식 안전체험차량을 지속적으로 개발하고 있다. 생활안전체험시설을 탑재한 이동안전체험차량 36대를 지속적으로 운영하는 한편, 소방서별로 1대씩 배치하여 체험식 안전교육의 일반화를 목표로 하고 있다.

(3) 체험 중심 안전교육

전 국민이 안전한 생활을 영위하기 위해 이전부터 다양한 방법의 소방안전교육을 진행해왔다. 이전 1990년대의 방학기간에 실시된 '어린이 소방안전교실'에서는 소방관서를 견학하거나 소방장비를 작동해보고 각종 안전사고의 예방법과 대처법을 학습하기도 하였다. 이러한 일반적인 학습 외에도 소방관 1일 명예교사제 등을 통해 실질적인 안전교육이 되도록 노력하였다. 소방관의 현지출장교육으로 가정주부나 노인계층에 대한 소방교육을 실시하기도 하였고, 직장과 산업시설에 대한 관계자 및 종사들에 대한 소방안전교육을 강화하기도 하였다.

이러한 여러 안전교육을 거듭해 현재는 행동주의 교육 이론에 입각한 체험 중심의 안전교육을 통해 안전행동을 반복하고 이를 습관화하는 것을 안전교육의 목표로 삼고 있다. 특히 이론을 단편적으로 주입하거나 단순한 체험식 교육에서 탈피하여 다양한 안전사고 유형에 대응하기 위한 연령별·계층별 맞춤형 교육으로 패러다임을 바꾸고 다양한 매체를 활용한 안전교육 프로그램을 구성하였다.

119대축제 또는 불조심 강조의 달을 맞이한 전국 불조심 포스터그리기 행사, 전국 119 소방동요 경연대회를 통해 유아 및 어린이들의 안전의식을 신장시키기도 한다. 또는 UCC 어린이 안전뉴스 경진대회를 통해 보고 듣고 느끼는 체험 중심의 안전교육 예방 프로그램으로 체제를 정비하기도 하였다.

[국민 안전교육 유형]

- 체험형(5종) : 소화기·소화전 사용법, 연기 대피 체험, 심폐소생술, 지진체험
- 전시형(3종) : 현장 활동 사진 전시회, 소방장비 전시회, 상상화 그리기 전시회
- 참여형(4종) : 캐릭터 사진 찍기, 소방동요, 스토리텔링 공모, 심폐소생술 경연
- 시범형(3종) : 소방관서 인명구조·응급처치·화재 진압 시범

(출처 : 국민안전교육 표준실무 소방청 2020)

(4) 소방안전교육의 표준화

2007년도에 서울 중랑구의 한 초등학교에서 체험식 안전교육을 위해 굴절소방차를 활용하여 교육을 실시하였다. 굴절소방차에 달린 바스켓에 학생들과 학부모님들을 3~4명씩 태우고 움직여 보는 등 탑승체험을 진행하였는데, 그 과정에서 바스켓의 균형을 잡아주는 와이어가 끊어져버렸고, 탑승 중이었던 학부모 3명이 추락하게 되었다. 학부모 중 2명은 사망, 1명은 중상을 입게 되었고 그 이후 안전체험 시 소방차를 활용한 체험교육은 중단되게 되었다.

이 사고로 인하여 소방안전교육을 위해 여러 개선안들이 마련되기 시작하였는데, '안전관리 개선계획'과 더불어 '소방안전교육 시스템 개선방안', '국민안전교육 표준매뉴얼', '계층별 안전체험 프로그램 표준안' 과 같은 여러 방안들이 개발되었다. 여러 안들의 핵심 내용으로 첫째, 체험 중심의 안정된 교육프로그램을 위해 체험전용시설을 확충하는 것, 둘째, 전문적인 교육을 위한 교육자의 교수능력을 향상시키는 것, 셋째, 안전교육에 대한 기준을 마련하여 표준교육을 실시하도록 하는 것이었다. 일부사업은 예산만 확보되고 결과를 도출해내지 못했지만 소방안전교육의 전문화와 표준화를 위한 기틀을 마련하게 된 계기인 것이다.

[소방안전교육 표준화 방안]

체험전용 시설의 확충	교육능력 자질향상	표준교육 실시

• 전국 국민안전체험관
• 안전체험차량(이동식)
• 소방서 안전 체험장
• 소방 역사박물관
	• 전담부서 및 인력 배치
	• 전문 인력 양성
	  (소방안전교육사 등)
	• 연구 및 자문 활성화
	  (소방연구원 등)
		• 안전교육 매트릭스의 개발
		• 수준별 교육 실시
		• 평가방안 도입
		• 행정안전부의 생애주기별 안전교육
		• 교육부의 7대 분야 안전교육

2 소방안전교육 운영 사례

실질적이고 효과적인 안전교육을 위해서 소방안전교육 분야도 많은 발전을 거듭해왔다. 안전교육을 통해 가르치고자 하는 궁극적인 목표는 행동주의 학습발달 이론에 입각하여 안전과 관련된 지식, 기능, 태도를 반복하고 이를 통해 안전한 습관 형성과 안전한 삶을 영위하는 것이다. 이러한 안전교육을 추진하기 위해 소방청에서는 다양한 교육 프로그램과 홍보자료를 개발하고 체계화하여 학교뿐만 아니라 공공기관 및 직장, 사회 전반에 널리 전파하고 있다. 실제로 실시하고 있는 여러 국민 안전교육 프로그램을 소개해보고자 한다.

(1) '소소심' 안전교육

최근 안전교육 자료들을 살펴보면 '소소심'이라는 단어를 쉽게 찾아볼 수 있다. 소소심이란 안전한 생활의 기초가 되는 소화기, 소화전, 심폐소생술의 세 가지 요소를 합하여 이르는 말이다. 국민들의 안전을 위해 세 가지 요소에 대해 체험학습을 진행하고, 이를 반복하여 화재 또는 응급환자 발생 시 적절한 대처를 실시할 수 있는 생활습관을 만들기 위해 노력하고 있다.

화재 사고나 응급환자 발생 상황 모두 가장 먼저 발견한 최초발견자가 적절한 초기대처를 실시한다면 재산피해와 생명피해를 최소화할 수 있다. 이러한 물적 인적 피해의 감소를 꾀하고 안전한 생활습관을 통해 생명존중의 가치를 높이는 안전교육이 '소소심'인 것이다.

이러한 '소소심'에 대한 안전교육을 위해 전국의 각 소방서에 '소소심 체험교실'을 설치하여 운영하도록 하였다. 특히 체계적인 안전교육 프로그램 운영을 위해 기관마다 제각각이던 용어와 설명을 하나로 통일하고, 일러스트 및 교육자료를 개발·보급함으로써 안전교육을 표준화하고 체계화하였다. 또한 국민적인 공감대 형성 및 안전 문화 확산에 큰 효과를 얻을 수 있었다.

(2) 미래소방관 체험교실 운영

국내에서 최근까지 사회 문제로 끊임없이 거론되는 여러 문제들이 있다. 고령화문제, 저출산문제, 더불어 취업난문제까지 얽혀 해결을 쉽지 않게 만들고 있다. 이러한 과정에서 청소년들은 진로에 대한 고민이 더 깊어지고 직업선택에 어려움이 다가오기 시작하였다. 따라서 이러한 학생들의 진로 고민들을 조금이라도 해소해주기 위하여 교육부에서는 중학교 1학년을 대상으로 '자유학기제'를 추진하는 등 다양한 방안들을 마련하고 있다.

중학교의 자유학기제뿐만 아니라 각 학교 급에 따른 진로이해, 진로체험교육을 기획하고 실시하고 있는데, 이와 관련하여 소방에서도 다양한 프로그램을 지원하기 위해 소방본부에서 '미래소방관 체험교실'을 운영하고 있다. 소방과 관련된 국가자격이나 대학을 소개하거나 관련 진로탐색 프로그램을 지원한다. 또한 화재진압, 인명구조, 응급처치와 같은 소방 직업체험 및 소방 안전분야에서 추진하는 여러 공모전과 안전문화체험을 활용하고 있다.

이러한 미래소방관 체험교실을 통해 학생들은 소방 및 안전과 관련된 다양한 진로와 직업에 대해 이해하고 체험하며, 관련 정보를 얻으며 학생 스스로 안전을 배우고 익힐 수 있게 되었다. 더 나아가 본인뿐만 아니라 주변 타인의 안전을 존중하고 배려할 수 있는 인재로서 거듭나도록 전인교육을 위해 소방도 힘쓰고 있다.

미래소방관 체험교실 운영 방법
- 진로탐색 : 소방관련 자격증과 취업분야 소개, 소방관련 학과 소개 등
- 직업체험 : 소방관이 하는 일(화재, 구급, 구조), 소방장비와 소방시설의 이해 등
- 문화체험 : 소방관서 공모전과 연계한 UCC제작, 포스터, 만화그리기 등

---

3 소방안전교육의 미래

안전교육의 미래에 대해서 논하기 전에 한 가지 경험을 나누어보려고 한다. 안전교육 프로그램을 진행한 이후 '수업을 통해 안전한 생활을 실천하게 되었나요?'라는 설문지에 한 학생이 이렇게 대답했다.

"이전에는 보이지 않았던 위험 요소들이 눈에 보이면서 걱정이 늘기 시작했습니다. 주변을 둘러보니 괜찮았던 것들도 다 위험해 보여서 스트레스를 받고 있습니다."

대부분의 사람들이나 소방안전교육사가 생각하길, 학습자들은 안전교육을 통해서 학습자들이 위험 요소에 대해서 인지하고, 이 지식들을 바탕으로 안전 기능들을 습득하여 결국 심리적인 안정감을 얻게 될 것이라고 예상한다. 하지만 어떻게 보면 이는 잘못된 생각일지도 모른다.

학습자가 '나는 안전하다!'라고 생각하기 위해서는 실제로 주변에 위험 요소가 없어야 할 것이다. 하지만 학습자는 안전교육을 통해 위험 요소에 민감하게 반응하는 안전감수성을 신장하게 되고, 이 안전 감수성을 통해 생활 속에서 자신의 삶이 생각보다 안전하지 않다는 것을 깨닫게 된다. 이렇듯 안전교육을 받으면 사실 심리적으로 안정되기보다 불안정해야 하는 것이 당연한 것일 수도 있다. 따라서 안전교육을 연구하는 몇몇 선생님들은 안전교육을 통해 학습자들이 안전하다고 느끼는 것은 교육이 제대로 되지 않은 것이라 말하기도 한다.

이처럼 안전교육을 통해서 우리는 위험에 대비하는 방법을 가르쳐야 한다. 하지만 '위험'은 겉으로 잘 드러나지 않지만 언제나 모든 상황에 도사리고 있다. 가끔은 겉으로 직접 위험이 드러나기도 하는데 이렇게 드러나는 위험을 간과한다면 바로 사고로 이어지게 될 것이다. 우리가 안전한 생활을 누린다는 것은 단순히 사고가 나지 않는 상태만을 뜻하는 것이 아니다. 생활 속에서 의식적으로 위험 요소를 진단하고 제거하며, 사고를 예방하고 홍보하는 것 전반을 포함하여야 진정한 안전한 생활이라고 칭할 수 있을 것이다.

소방안전교육을 위해서 전 국가적으로 많은 노력들을 기울이고 있다. 소방청에서 직접 소방안전교육사 자격증을 만들어 전문 인력을 양성하는 것뿐만 아니라 교육부에서 안전교육 7대 분야를 선포하고 교육에 의무화를 시킨 것, 행정안전부에서 생애주기별 안전교육 자료를 배포하여 영유아부터 노인까지, 장애인, 보호자까지 모든 이에게 적합한 안전교육을 실시할 수 있도록 프로그램을 연구하고 개발해낸 것 모두 국가의 안전을 위한 것이다.

따라서 소방안전교육의 미래는 이러한 과정에 더욱 박차를 가하고 국민들 모두가 자신에게 적합한 맞춤형 안전교육을 이수하여 위험을 인지하고 대비하는 안전 감수성 넘치는 삶을 영위하게 만드는 것이 중점이 되어야 할 것이다.

[소방학교 소방안전교육사 강의]

필자는 소방안전교육사 강의를 나가서는 주로 이렇게 말한다.

"소방안전교육사는 소방관이지만 교사여야 합니다."

그런 의미에서 기동복을 입고 안전교육과 교육학을 가르치는 사진 속 순간이 진정한 소방안전교육사라고 생각한다.

소방안전교육사 2차

부 록

기출문제 풀이

1 출제범위 : 재난 이론

기출문제 2018년도

Q. 사고 발생 이론 중 깨진 유리창 이론이 가지는 의미와 주요 내용을 설명하시오. 그리고 이것이 소방안전교육에 주는 시사점에 대해 설명하시오.

예시답안

이 이론은 원래는 범죄심리학에서 활용되었는데, 이와 관련된 하나의 실험이 있다. 자동차 두 대를 치안이 좋지 않은 골목에 방치해두되, 한 대는 관리가 잘 된 채로 보닛을 열어두고 다른 한 대는 창문을 깨뜨린 채 보닛을 열어두었다. 그리고 일정 기간을 방치해둔 뒤 다시 돌아가 확인한 결과 창문이 깨진 차량은 다른 차량에 비해 유리창이 더 깨져있거나 낙서가 되어 있었고, 부품이 도난당하는 등의 범죄행위가 발생되었다.

이 실험의 결론은 사소한 결함을 방치해두면 사람들은 그곳을 중점으로 더 많은 위험 인자들을 만들어낸다는 것이다. 이를 재난 이론에 접목시켜 그 의미를 생각해보면 결국 위험 요소를 발견하면 방치하지 말고 즉각적으로 대처하여야 사고를 예방할 수 있다는 것이 핵심이다.

깨진 유리창 이론이 소방안전교육에 주는 시사점은 다음과 같다.

첫째, 안전교육을 통해 위험한 상황을 인지하는 능력을 길러주어야 한다. '아는 만큼 보인다!'라는 말처럼 위험한 요소들을 알지 못하면 자신이 위험한지 보지도 알지도 못한다. 따라서 소방안전교육을 통해 무엇이 위험하고 무엇이 안전한지 구분할 수 있는 지식이 필요한 것이다. 위험 요소와 결함에 대해 이해하고, 예방법과 대처법을 인지하게 하여 실천할 수 있는 근간을 마련해주어야 한다.

둘째, 안전한 생활을 위한 실천기능을 길러주어야 한다. 위험한 상황을 이해했다면 이를 예방하고 해결하기 위한 기능도 필요하다. 위험한지 알기만 하고 어떻게 해야 할지 모른다면 아무 소용이 없을 것이다. 따라서 안전한 생활을 위한 기능들을 체험 중심으로 반복하여 가르치고, 이를 몸이 습관적으로 실천할 수 있도록 하여야 한다.

셋째, 위험을 살피며 발견한 즉시 대처하는 생활습관을 길러주어야 한다. 깨진 유리창 이론이 소방안전교육에 가지는 시사점 중 가장 중요한 부분이다. 소방안전교육의 목표는 안전에 대한 지식과 기능을 가르치는 것이지만, 이러한 능력들을 반복해서 실천하고 습관화하는 것이 궁극적인 목표이다. 깨진 유리창 이론의 의미가 위험이나 결함을 발견하면 즉시 대처하여야 사고를 예방할 수 있다는 것인데, 일상생활에서 위험에 즉시 대처라는 부분은 기본 습관과 실천하는 경험이 부족하면 어려운 것이 사실이다. 따라서 소방안전교육을 통해 안전한 생활을 실천하려는 마음가짐과 안전생활습관을 길러주는 것이 필요하다.

최종적으로 깨진 유리창 이론이 소방안전교육에 가지는 시사점은 학습자가 안전교육을 통해 위험을 인지하고 즉각적으로 대처하여 대형 사고를 예방하는 안전한 생활을 하게 만들자는 것이다. 소방안전교육을 통해 위험 요소와 안전 요소에 대해 이해하고(지식), 예방·대처하는 능력을 반복적으로 연습하고 기르며(기능), 이러한 것들을 습관화하여 실천하는 마음가짐(태도)을 가르쳐야 한다는 것이다.

　사람들은 무방비한 곳에서 더 무방비해지기 쉽다. 안전교육을 통해 우리 사회의 안전의식을 높이고, 안전 감수성을 신장하여 방치된 위험 요소가 없어지도록 하여야 한다.

Q. 사고 발생 이론 중 스위스 치즈 모델의 개념과 내용에 대하여 설명하시오. 그리고 이 이론이 소방안전 교육에 주는 시사점을 예와 함께 설명하시오.

예시답안

　재난 이론 중 스위스 치즈 모델은 치즈에 난 구멍을 비유하여 대형 사고 발생 및 예방의 원리에 대하여 설명한 것이다.

　스위스 치즈를 얇게 썰게 되면 각 치즈 낱장에는 구멍이 생기게 된다. 어떠한 낱장에는 구멍이 많으며, 어떠한 낱장에는 없기도 하다. 이러한 치즈 낱장들을 겹쳐놓게 되면 구멍들이 겹쳐져 결국 관통되는 한 구멍이 생기게 될 수 있다. 이에 비유하여 치즈 낱장은 안전장치이며 낱장에 난 구멍은 안전요소 결함이다. 그리고 위험 요소가 치즈의 구멍을 관통하게 되면 대형 사고가 일어나는 것이다. 반대로 치즈 낱장 중 한 장이라도 구멍이 없는 멀쩡한 치즈가 존재한다면 관통되는 구멍은 생기지 않을 것이며, 그 치즈 한 장이 대형 사고를 막을 수 있게 된다는 것이다.

　정리해보면 인간은 사회의 안전을 위해 여러 안전장치들을 마련하지만 각 안전장치들에는 어김없이 안전 요소 결함이 있다. 그리고 그 결함들이 모여 동시에 노출되는 순간 대형 사고가 발생하게 된다. 따라서 안전 요소 결함이 없는 제대로 된 안전장치를 하나라도 마련하면 대형 사고는 막을 수 있다는 것이다.

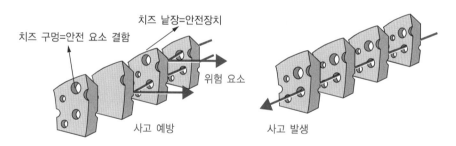

　이러한 이론적 내용들은 실제 사건사고와 관련지어서 생각해볼 수도 있다. 2020년에는 중국에서 시작된 코로나바이러스가 전 세계로 퍼져나가 큰 문제가 되었다. 전염성이 강한 바이러스가 퍼지지 않게 하기 위해 개인 위생관리 철저, 손 소독 및 공공시설 방역, 자가격리, 역학조사 등 수 많은 방법들이 활용되었다. 이렇게 사건이 커지기 전에 감염자가 스스로의 감염을 예상하거나, 마스크를 꼭 쓰고 외출을 하거나, 기침을 할 때 소매로 철저하게 가리거나, 외출을 절대 삼가는 등 여러 방법을 활용했다면 어떠하였을까. 감염을 예방하기 위한 제대로 된 안전장치 하나만이라도 있었다면 충분히 대형 사고를 예방할 수 있었을 것이다.

　또 다른 예시로 2007년도에 서울의 한 초등학교에서는 소방안전교육을 위해 학생들과 학부모들을 소방 굴절차에 탑승시키는 체험활동을 진행하였다. 그러던 중 굴절차의 바스켓 와이어에 문제가 생겨 탑승 중이었던 학부모 3명이 큰 중상을 입거나 사망하였다. 이 사건에서도 어떠한 문제가 생겨도 탑승자의 안전을 보장할 수 있는 제대로 된 안전장치가 한 가지만이라도 마련되었었다면 대형 사고는 발생하지 않았을 것이다. 굴절차 체험 전 안전시설 정비, 위험 요소 확인, 탑승자의 안전장비 확인, 탑승자 추가 와이어 연결,

특이사항 검진 등 그 어떠한 것이든 제대로 된 안전장치 하나만이라도 제대로 작동했다면 사고를 예방할 수 있는 것이다.

스위스 치즈모델이 소방안전교육에 주는 시사점은 다음과 같다.

사고는 예측할 수 없으며 발생을 인지하였다 하더라도 피해를 최소화하는 것이 최선이다. 그렇기 때문에 우리는 소방안전교육을 통해 항상 주변을 살피고 위험 요소를 진단할 수 있어야 한다. 위험 요소가 인지되었다면 즉각 대처해야 함은 물론이고, 이를 대비하기 위한 안전장치들을 살피고 점검하여야 한다. 제대로 된 안전장치가 하나만이라도 온전하게 작동할 수 있도록 우리는 끊임없이 고민하여야 하고, 노력하여야 한다.

이렇듯 우리는 소방안전교육을 통해 안전장치의 필요성을 이해하고, 안전장치를 마련하거나 점검하는 등의 활동을 주기적으로 실천하며, 이를 습관화하여야 한다. 온전한 안전장치 하나가 가지는 힘을 알고, 이를 활용하여 대형 사고를 예방하여야 한다.

기출문제 **2019년도**

> Q. 행동주의에 근거하여 안전교육의 개념을 설명하시오.
>   행동주의 안전교육의 유형인 지식, 기능, 태도, 반복에 해당되는 내용에 대하여 각각 서술하시오.

예시답안

안전교육은 우리가 위험 요소를 항상 예방하며, 상황 발생 시 위험 인자를 파악하고 그에 대해 적절히 대처하기 위해 필요하다. 더불어 교육활동을 통해 학습자는 이러한 일련의 과정들이 몸과 마음에 스며들어 즉각적인 행동으로 보일 수 있어야 한다. 마치 위험한 상황에 몸이 먼저 반응하여 자신의 신체를 보호하는 것과 마찬가지로 말이다. 따라서 안전교육은 다른 일반 교과학습과는 달리 행동주의에 입각하여 전개하여야 한다.

행동주의는 자극에 대한 반응 결과를 통해 학습 과정을 확인한다. 어떠한 자극을 지속적으로 주고, 그 자극이 학습자에게 반복되며 그 결과로 행동반응을 보이는 것, 그리고 행동의 변화를 보이는 것이 행동주의에서 교육인 것이다. 이를 안전교육에 접목시켜 우리는 안전교육을 하나의 자극으로서 수시로 반복교육하고 그 결과로 학습자가 이전과 달리 안전하게 생활하는 것을 자극에 대한 반응으로 여길 수 있다. 이전에 비해 안전하게 생활하게 된 것, 즉 행동의 변화가 있다는 것은 행동주의 관점에서 교육활동이 성공적으로 수행되었다는 것을 의미한다.

교육활동은 지식, 기능, 태도 세 가지의 종류로 나뉘어져 진행하게 된다.

첫 번째, 지식은 위험 요소 및 안전에 대한 인지적 영역을 뜻한다. 어떠한 상황이 위험한 상황인지, 어떻게 안전한 생활을 누려야 하는지, 응급상황에 어떻게 대처해야 하는지 아는 것, 그 지식 자체이자 과정을 뜻한다.

두 번째, 기능은 응급처치 및 기타 안전 대처를 하는 심동적 영역을 뜻한다. 안전교육뿐만 아니라 모든 교육은 아는 것에서 끝나면 교육의 의미가 없다. 지식에 대해 탐구하여 알게 되었다면 이를 직접 입으로 손으로 발로 몸으로 실현할 수 있어야 한다. 자신이 배운 대처법과 예방법을 설명해보고 몸으로 연습해보는, 그리고 실제 상황에 적용할 수 있는 대응력을 키우는 것이 해당된다.

세 번째, 태도는 안전한 생활을 영위하려는 마음가짐, 태도 등 정의적 영역을 뜻한다. 지식을 알고 몸으로 수행하는 기능 능력까지 갖추었다면 위험한 상황에 대처할 수 있는 인재가 되었을 것이다. 하지만 이를 조금 더 적극적으로 수행하려는 마음가짐, 또는 일상생활에서 항상 안전에 유의하고 대처하려는 태도, 위험에 빠진 다른 이에게 도움을 줄 수 있다는 배려 및 인류애까지 뻗어나가도록 가르치는 것이 이 영역이다.

네 번째, 앞선 세 가지 영역을 중심으로 반복학습을 실천한다. 행동주의에서는 지속적인 반복으로 교육목표가 행동으로 나타나는 것이 학습이라고 하였으므로 안전교육에서는 안전교육활동을 반복하여 안전 행동 및 기능 실현이 행동으로 나타나야 한다. 반복학습으로 학습자는 안전지식, 안전기능, 안전태도가 몸에 스며들고 습관화되는 것이 안전교육의 궁극적인 목표이다.

교육의 세 기준인 지식, 기능, 태도를 중심으로 지속적인 반복학습을 하는 것, 그리고 이를 통해 습관화를 이루는 것, 이러한 특성을 바탕으로 맥을 같이하기에 행동주의와 안전교육이 연관되어 있는 것이다.

소방안전교육사 선생님은 초등학교 저학년에게 '실천체험 중심 수업모형'을 활용하여 교수지도계획서를 작성하려고 한다.
Q1. '실천체험 중심 수업모형'을 선택한 이유를 '강의 중심 수업모형'과 비교하여 설명하시오.
Q2. '실천체험 중심 수업모형'을 활용할 때 요구되는 선생님의 역할에 대해 설명하시오.

A1. 예시답안

가르치고자 하는 개념을 학습자에게 효과적으로 전달하기 위해서는 학습 주제와 학습자 특성을 고려하여 적합한 교수 · 학습모형을 선택하여야 한다. 어떠한 내용을 어떻게 가르칠 것인지 고민하고 구성하는 것이 교육자의 능력이자 전문성인 것이다. 따라서 소방안전교육사는 이러한 기준을 안전교육에 접목시켜 안전 주제와 학습자의 특성을 고려하여 교수 · 학습모형을 선택하여 실질적인 안전교육을 꾀할 수 있어야 한다.

본 문제에서 선생님은 초등학교 저학년을 대상으로 체험 중심의 안전교육을 실행하려고 하였다. 선생님이 강의 중심 수업모형이 아닌 실천체험 중심 수업모형을 선택한 이유를 알기 위해서는 학습자인 저학년의 특성과 각 수업모형의 특징을 먼저 알 필요가 있다.

초등학교 저학년의 특성을 인지적, 신체적, 정서적 발달에 근거하여 살펴볼 수 있다. 이 시기의 아동들은 피아제의 인지발달 단계 중 전조작기에서 구체적 조작기에 해당하는 시기이므로, 개념을 학습할 때 항상 직접 만지고 느끼고 관찰하는 과정이 필요하다. 또한 학습에서 마주하는 이야기 속 상황을 자신의 상황처럼 현실감 있게 받아들이며, 신체적인 활동을 매우 좋아하여 역할극, 발표, 게임, 퀴즈 등 학습활동에 직접 참여하는 것을 좋아한다. 하지만 참을성과 집중력이 약하여 쉽게 흥미를 잃기도 한다. 그럼에도 불구하고 새로운 지식이나 기능, 행동을 배우고자 하는 열의는 매우 높아 학습에 적극성을 띠는 특성이 있다.

실천체험 중심 수업모형은 가르치고자 하는 개념을 교육자가 직접 전달하는 것이 아닌, 학습자가 몸으로 직접 체험하고 활동에 참여하며 개념을 익혀나가는 방식의 수업이다. 어떠한 행동을 따라해보거나 문제에 행동으로 적용해보며 학습해나가는 활동이 주를 이룬다. 따라서 학습자는 교수 · 학습 과정에 적극적으로 임하면 학습내용을 심층적으로 배울 수 있으며, 직접적인 행동으로 수업에 참여하기 때문에 습관을 형성하는 데도 유리하다. 또한 학습자가 직접 활동을 이끌어나가기 때문에 교육자는 학습자들이 잘못된 학습방향으로 빠지지 않도록 지속적으로 관찰하고 피드백해주며 이야기하는 쌍방향적 소통이 필요하다. 교육자의 역할이 선생님이라기보다는 학습자의 활동을 돕는 안내자로서, 학습자 중심으로 수업을 이끌어나가는 교수 · 학습모형이다.

강의 중심 수업모형은 직접 교수 중심 수업모형의 범주에 속하며, 실천체험 중심 수업모형과는 다른 특징을 지니고 있다. 교육활동이 강의 중심이다 보니 학습자가 직접 활동하며 개념을 형성하는 것이 아닌 교육자가 지식이나 정보를 직접 전달하는 방식을 통해 개념을 형성한다. 학습자들에게 어떠한 내용을 직접 설명하거나 모범행동을 보여주며 교육이 진행되는데, 교육자가 계획한 대로 정해진 단계와 정해진 말을 활용할 수 있으므로 많은 내용을 쉽게 전달할 수 있다. 또한 학습자가 수업내용을 이해하지 못한 경우 반복하여 설명하거나 수정하여 가르칠 수 있으나, 학습자들이 직접 생각하는 학습과정의 기회는 많지 않다. 교육자는 학습자에게 질문을 하기도 하지만, 대부분 일방적이고 단편적인 소통방식을 취한다. 교육자의 역할이 지식을 전달하는 선생님으로서 학습자가 아닌 교육자를 중심으로 수업을 이끌어나가는 교수·학습모형이다.

- 저학년의 학습을 위해서는 직접 만지고 관찰하며 활동에 참여하는 과정이 필요하다. 실천체험 중심 수업모형에는 학생들이 직접 참여하는 활동들이 대부분이지만, 강의 중심 수업모형은 교육자 중심이기 때문에 저학년 수업에는 부합하지 않을 것이다.

- 또한 저학년은 학습에 대한 참을성과 집중력이 부족하므로 교육자의 설명이 길게 분포된 강의 중심 수업모형은 저학년들에게 학습의욕을 떨어뜨릴 것이다. 반면에 놀이활동, 게임, 퀴즈, 역할극 등 다양한 활동들로 구성된 실천체험 중심 수업모형은 저학년 학습자의 관심을 끌고 내적 동기를 자극시켜 교육활동에 더욱 적극적으로 몰입시킬 수 있다.

- 저학년은 새로운 지식이나 기능에 대해 배우려는 열망이 강하며, 이를 신체적인 행동으로 표현한다. 실천체험 중심 수업모형에서는 행동으로 나타내는 것 자체가 학습이 될 수 있지만, 강의 중심 수업모형에서는 학습에 대한 방해 요소로 인식될 수 있다. 저학년 수업이 강의중심으로 진행된다면 교육시간이 아닌 본능적인 욕구를 참아야 하는 인내의 시간이 될 수 있다.

- 실천체험 중심 수업모형은 교육자와 학습자, 학습자와 학습자 간에 쌍방향으로 소통이 활발하게 이루어진다. 반면 강의 중심 수업모형은 교육자가 일방적으로 설명하는 일방적이고 단편적인 소통방식이 대부분이다. 따라서 자기중심적으로 이야기하고 싶어 하는 저학년에게는 실천체험 중심 수업모형이 더욱 적합하다.

  소방안전교육사 선생님은 저학년의 학습자 특성을 고려하여 교수·학습모형을 선정하였을 것이다. 위와 같이 교수·학습 과정에 대한 분석과 적용을 반복하다보면 결국 양질의 교육을 선사할 수 있는 전문성을 가지게 될 것이다.

A2. 예시답안

여러 교수·학습모형마다 중요시여기는 활동이 존재하며, 그 활동의 효과를 극대화하기 위한 교육자의 역할이 각각 존재한다. 각 수업모형에서 요구되는 선생님(교육자)의 역할을 이해하기 위해서는 수업모형의 특성과 관련지어 생각해보아야 한다. 우선 실천체험 중심 수업모형에는 역할놀이, 실습·실연, 놀이중심, 경험학습, 모의훈련, 현장견학, 가정연계, 표현활동 중심 수업모형 등이 있다. 이러한 실천체험 중심 수업모형에서는 교육자는 활동에 대한 안내자이자 조력자, 독려자의 역할을 수행하여야 한다.

- 역할놀이 수업모형에서는 선생님은 역할놀이에 적극적으로 참여하도록 학습자에게 동기부여를 하여야 한다. 또한 본인도 역할극에 놀이자로서 적극적으로 참여하며 수업 내 역할극 분위기를 형성하여야 한다.

- 실습·실연 수업모형에서는 학습자들에게 기본 기능이나 모범 기능에 대한 시범을 보여주어야 하므로 수업 전에 그 기능을 연습해두거나, 대체할 자료를 마련해두어야 한다. 또한 그 과정을 직접 보여주며 설명하고, 연습하며 적용하는 과정을 통해 평가할 수 있는 활동을 구상하여야 한다.

- 현장견학 중심 수업모형이나 가정연계학습 모형을 위해서 교육자는 진행하고자 하는 활동의 위험요소를 진단하고 사전에 안전대책을 마련하여야 한다. 또한 학습 경험이 현장에서 적용될 수 있거나 가정에서

적용될 수 있도록 수업을 계획적으로 구상하여야 한다. 그리고 현장과 가정에서 학습 경험을 해본 것으로 교육이 끝나는 것이 아닌, 추후에 이를 공유하고 평가해보는 점검활동을 진행하여 교육활동을 마무리할 수 있어야 한다.

이 외에도 실천체험 중심 수업모형에서 교육자의 역할은 무궁무진하다. 수업모형 특성상 학습자가 수업의 주인이 되어 학습활동에 참여하므로, 학습을 지켜보며 잘못된 경우 추가 자료를 제공하거나 활동을 수정해줄 수 있어야 한다. 무엇보다 학습자가 직접 활동을 지속해나갈 수 있도록 내적 동기와 사고를 자극시켜주어야 한다. 더불어 그 과정을 관찰하고 평가할 수 있어야 하며, 정해진 시간 내에 학습목표에 도달할 수 있도록 수업을 관리하는 능력도 필요하다. 그렇기 때문에 실천체험 중심 수업모형에서는 교육자를 지식 전달자로 보기보다는 수업의 안내자, 조력자, 독려자로 표현하게 되는 것이다.

기출문제 **2019년도**

소방안전교육사 선생님은 "화재의 위험성을 이해하고, 이를 예방할 수 있는 지식, 기능, 태도를 함양할 수 있다"로 수업목표를 세웠다. 이 목표를 달성하기 위해 데일의 '경험 원추 이론'에 입각하여 교육매체와 활용방법을 고려하였다.

Q1. 데일의 '경험 원추 이론'의 정의와 특징을 서술하시오.

Q2. '경험 원추 이론'을 바탕으로 한 교육매체와 활용방법의 예시를 3가지 들고, 근거를 설명하시오.

A1. 예시답안

데일의 '경험 원추 이론'은 교육활동에서 학습자는 학습 경험을 갖게 되는데 어떠한 방식으로 가지게 되는지에 따라 매체를 분류하고 분석하여 원추모양으로 나타낸 이론이다. 학습자의 발달단계에 따라 경험하는 방법, 즉 배우는 방법이 달라지며 그때 활용하는 매체 또한 달라진다는 것이다.

데일은 학습 경험을 총 3단계로 나누었다. 첫째, 학습자가 직접 매체를 가지고 활용해보는 행동적 경험 단계, 둘째, 학습자가 시청각매체를 통하여 간접경험을 해보는 시청각적 경험 단계, 셋째, 언어와 시각기호를 이해하고 직접 사용해보는 상징적 경험 단계이다.

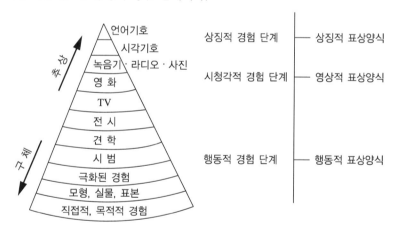

원추 모양을 보면 아래서부터 구체적인 교수매체 및 방법이 기록되어 있다. 그리고 위로 올라갈수록 추상성이 강조되어 간다.

첫째, 행동적 경험 단계는 학습자들이 개념을 습득하기 위해서 행동을 실천하는 것이 효율적이라는 뜻이다. 구체성이 강한 직접 경험부터 모형, 실물, 표본, 극화된 경험을 활동하는 것이 좋다.

둘째, 어느 정도 발달이 된 시청각적 경험 단계에서는 교육활동을 위한 방법으로 시범, 견학, 전시, TV 영화, 녹음, 라디오, 그림 등과 같은 자료를 활용하여 직접 경험을 대체할 수 있다는 뜻이다.

셋째, 상징적 경험 단계에서는 시각기호나 언어기호를 활용하여 학습 경험을 하게 된다. 수식, 도표, 언어 등을 활용하여 개념을 구성할 수 있으며 유추, 비판과 같은 추상적 사고도 가능해진다.

이렇듯 발달단계에 따라 학습을 어떻게 하는지, 학습 경험을 어떻게 진행하는지, 어떠한 특성을 분류해 놓은 것이 데일의 경험 원추 이론이다. 소방안전교육사는 학습자의 특성에 비추어 알맞은 교수매체와 방법을 선정하여야만 효율적인 안전교육이 가능해진다는 것을 명심하여야 한다.

A2. 예시답안

경험 원추 이론은 학습경험 방법을 총 세 가지로 나누었고, 세 가지 방법 안에서 활용 가능한 교수매체 자료를 구체적으로 정리하였다.

경험 방법	교수매체 종류
행동적 경험	직접 경험, 구성된 경험, 실물 모형, 극화된 경험
시청각적 경험	시범, 견학, 전시, TV, 영화, 녹음, 라디오, 그림
상징적 경험	시각기호, 언어기호

이를 바탕으로 문제에서 제시된 수업목표 '화재의 위험성과 관련된 지식, 기능, 태도 함양'을 도달하기 위해서 다음과 같은 활동을 구상할 수 있다.

첫 번째 예시로, ① 행동적 경험(극화된 경험)을 활용해 눈을 감고 교실을 탈출해보는 활동을 계획한다. 다음으로는 ② 시청각적 경험(TV)을 활용해 소방관들이 어두운 화재현장에서 활동하는 영상을 보여준다. 영상 안에서 화재가 얼마나 위험한지 느낄 수 있도록 한다. 그리고 ③ 상징적 경험(언어기호)을 활용하여 화재의 위험성을 알리는 편지글 쓰기 활동을 실시한다.

두 번째 예시로, ① 행동적 경험(실물 모형)을 활용해 소화기를 보여준다. 소화기가 얼마나 큰 불을 끌 수 있을지 생각해보게 한다. 다음으로 ② 시청각적 경험(시범)을 통해 소화기로 불을 끄는 모습을 본다. 쉽사리 꺼지지 않는 불을 보며 화재의 위험성을 느낀다. 마지막으로 ③ 상징적 경험(시각기호)을 활용해 화재를 예방하자는 캐릭터 그리기 활동을 한다. 소화기 활용법, 화재예방법을 일정한 패턴이나 그림으로 시각화하여 나타내는 활동을 할 수 있다.

세 번째 예시로, ① 행동적 경험(구성된 경험)을 활용하여 소방합동 훈련에 참여한다. 학습자들은 훈련 속에서 화재대피 시 어떻게 행동하여야 하는지 깨닫고, 불이 발생하면 연기가 발생해 위험해진다는 것을 경험한다. 다음으로 ② 시청각적 경험(견학)을 위해 안전체험관을 방문한다. 체험관에 전시된 화재 사고 사례들을 보며 화재와 연기의 위험성을 인지한다. 마지막으로 ③ 상징적 경험(언어기호)으로는 화재 대피 매뉴얼을 만들어본다. 만든 매뉴얼을 발표하고 홍보한다.

학습자들은 학습을 시작할 때 구체적인 행동으로 시작하여 개념을 인지하게 되면 교육에 쉽게 몰입하게 된다. 또한 자신의 삶과 연계되어 있다는 생각에 내적동기가 자극되어 더욱 능동적으로 활동하게 된다. 그리고 구체적인 학습 경험에서 점차 추상적인 학습 경험으로 진전함으로써 학습개념을 자기 스스로 구성해보게 된다. 이렇게 자신이 이끌어낸 학습개념은 머릿속 깊이 새겨져 기억 속에 오래 남을 수 있게 된다.

이러한 이유들로 미루어보면 소방안전교육사는 안전교육을 실시하기 위해 학습자의 발달단계에 맞는 적절한 교수매체를 활용하여야 한다는 것을 알 수 있다.

효과적이고 매력적인 수업을 위해서는 교수설계 모형을 활용할 수 있다. 따라서 다양한 교수설계 모형 중 Gagné–Briggs의 포괄적 교수설계 모형과 Keller의 동기설계 모형을 적용해보려 한다.
Q1. Gagné–Briggs의 포괄적 교수설계 모형과 Keller의 동기설계 모형을 설명하시오.
Q2. 두 모형의 차이점을 설명하고, 소방안전교육 교수설계와 연관 지어 시사점을 설명하시오.

A1. 예시답안

교수설계란 어떠한 개념을 가르치기 위해서 전체적인 계획을 수립하는 것이다. 계획을 수립할 때 교육자가 가르치고자 하는 내용을 중심으로 무작정 진행하는 것이 아니라 가르치고자 하는 개념은 무엇인지, 학습자의 특성과 요구사항은 무엇인지, 환경적 조건은 어떠한지 등과 같이 여러 조건들을 고려하여야 한다. 뿐만 아니라 교육의 효과성, 효율성, 매력성을 신장시키기 위해 필요한 것이 교수설계 모형이다.

- 효과성 : 교수활동이 얼마나 잘 진행되었으며, 학습목표에 얼마나 잘 도달하였는가?
- 효율성 : 학습목표에 도달하는 데 학습자들이 얼마나 많은 시간과 비용을 필요로 하였는가?
- 매력성 : 학습자가 그 수업을 자신에게 얼마나 유의미한 것으로 인식하고 활용하는가?
  학습에 얼마나 흥미를 느끼고 활동을 이어가려고 하는가?

문제에서도 제시되었듯이 효과적이고 매력적인 수업을 설계하기 위해서 많은 학자들은 교수설계에 대한 고민을 하였다. 그렇게 개발된 교수설계 모형 중 가네–브릭스의 포괄적 교수설계 이론에서는 교육프로그램 전체를 설계하기보다는 실질적으로 수업이 진행되는 교수·학습의 과정에 초점을 두었다. 효과적인 학습을 위해 수업은 9단계를 거치며 진행되어야 한다고 하였으며, 단계별로 고려되어야 하는 교수사태(외적 조건)와 학습자 내적 과정(내적 조건)을 제시하였다.

단 계	교수사태 (외적 조건)	학습자 내적 과정 (내적 조건)
1단계	주의의 획득	주 의
2단계	학습 목표의 제시	기 대
3단계	선수 학습 능력의 재생 자극	작용기억으로 재생
4단계	자극 자료의 제시	자극 요소들의 선택적 지각
5단계	학습 안내의 제공	의미 있는 정보의 저장
6단계	수행의 유도	재생과 반응
7단계	수행의 관한 피드백 제공	강 화
8단계	수행의 평가	자극에 의한 재생
9단계	파지 및 전이의 향상	일반화

교수사태란 외적 조건으로 수업이 진행되는 과정에서 어떠한 방법으로 교육활동을 이끌어나가야 하는지에 대한 내용이다. 교육자가 수업에서 어떠한 단계로 수업을 진행하면 좋을지에 대한 지침으로 생각할 수 있다. 학습자의 내적 과정이란 내적 조건으로서 해당 단계를 수행하는 시기에 학습자가 느끼는 것, 또는 사고하는 것 정도로 해석할 수 있다. 따라서 위의 순서로 수업이 진행되고, 각 단계 안에서 학습자의 내적 과정과 교수사태가 조화를 이루면 효과적이고 효율적인 교육활동이 된다고 본 것이다.

다음으로 켈러의 동기설계모형은 학습자들이 어떻게 하면 수업에 집중하고 동기를 가지며 참여할 수 있게 만들지에 대한 내용이다. 학습동기는 교육의 성패를 좌우하고, 활동이 시작되고 진행되며 끝이 나는 과정까지 없어서는 안 될 필수불가결한 요소이다. 따라서 켈러는 학습자들의 내적 동기를 유발하기 위한 방안을 강구하였고, 그 결과 교수·학습 과정을 설계할 때부터 여러 요소들을 고려하여 수업을 계획하여야 한다고 하였다.

이에 언급된 요소들은 총 네 가지, 주의집중(Attention), 관련성(Relevance), 자신감(Confidence), 만족감(Satisfaction)이며, 각 요소들의 영어 앞 글자를 따서 ARCS라고도 부른다. 결국 ARCS 이론은 교수설계 단계에서부터 학습자의 학습동기를 유발시킬 수 있는 방법을 인지하고, 이를 수업에 계획적으로 적용하여 효과적인 교수·학습 과정을 만들어내자는 것이다.

각 부분들의 설명과 활용 전략은 다음과 같다.

구 분	설 명	전 략
주의집중 (Attention)	학습자의 흥미를 유도하고 학습에 대한 호기심을 유발하여 수업에 참여시키는 전략	지각의 환기
		탐구의 자극
		변화 다양성
관련성 (Relevance)	학습자가 학습에 대한 필요성을 느끼고, 학습경험에 대한 가치를 학습자 입장에서 최대한 높여주는 전략	목표 지향성
		동기에의 부응
		경험 친숙성
자신감 (Confidence)	학습자 자신이 학습에 대해서 자신감을 가지고 활동에 적극적으로 참여함으로써 학습 과정을 강화하는 전략	학습 요건들
		성공 기회
		개인적 통제
만족감 (Satisfaction)	자신들의 학습경험에 만족감을 느끼면서 계속적으로 학습하려는 의지를 갖게 만드는 전략	자연적 결과
		긍정적 결과
		공정성

A2. 예시답안

가네-브릭스의 포괄적 교수설계 이론과 켈러의 동기설계 모형은 비슷하면서도 다른 점이 있다. 두 교수설계모형의 차이점을 먼저 살펴보자.

가네-브릭스의 포괄적 교수설계 이론은 효과적인 교수를 위한 조건들을 외적 조건과 내적 조건을 동시에 고려하였다. 외적 조건은 교육활동이 어떻게 이루어지는가에 대한 교수사태에 관한 내용이며 내적 조건은 그 당시 학습자는 어떠한 사고나 생각을 경험하는지에 대한 내용이다. 하지만 켈러의 동기설계모형에서는 효과적인 교육활동을 위해서는 학습자의 사고 과정이나 감정, 의욕, 동기 등과 같은 내적 조건들을 중점적으로 고려하여 교수설계를 하여야 한다고 주장하였다.

또한 가네-브릭스는 교육활동의 전반적인 과정에 대해서 처음부터 끝까지, 1단계부터 9단계까지를 구체적으로 논하였지만 켈러는 수업의 어떤 단계를 제시하기보다 교육활동을 계획할 때 어떻게 하면 학습자의 내적동기를 자극하여 수업에 몰입시킬 수 있는지 교육방법적인 측면에 초점을 두었다.

하지만 두 설계모형 모두 공통적인 지향점을 가지고 있다. 바로 교수설계모형을 적용하여 효과적이고 효율적인 교육을 계획하고, 매력적인 프로그램으로 학습자들을 매료하여 수업에 빠져들게 만들기 위함인 것이다.

이러한 교수설계 모형이 소방안전교육에 가지는 시사점은 다음과 같다. 소방안전교육은 우리 생활과 밀접하고 필수불가결한 요소이다. 안전교육은 안전에 대한 지식, 기능, 태도를 종합적으로 이해하고 반복적으로 습득하여 안전한 생활을 습관화하는 것이 목표이다.

이러한 목표를 달성하기 위해서는 교육을 계획하는 단계에서부터 철저한 준비가 필요하다. 교수설계모형을 활용하여 효과적인 수업을 만들어야 하고, 효율성을 고려하여 적절한 시간과 활동, 예산으로 학습목표에 도달하면 좋다. 또한 매력적인 수업을 계획하여 학습자들을 안전교육에 몰입시킬 수 있다면 이는 진정한 '안전한 생활'을 만드는 '안전교육'일 것이다.

따라서 소방안전교육을 계획하는 단계에서는 ADDIE 교수설계 모형, 포괄적 교수설계 이론, 동기설계 모형 등을 적극적으로 활용하여 수업의 효과성, 효율성, 매력성을 확보할 필요가 있다.

Q. 안전교육을 진행하기 전에 점검해야 할 사항을 언급하고, 각 사항에 대해 구체적으로 설명하시오.

예시답안

안전교육의 목표는 교육을 받는 학습자들이 안전한 생활 습관을 길러 안전한 삶을 영위하기 위할 수 있도록 돕는 것이다. 이러한 발전적인 목적을 위해 교육활동이 실시되지만, 교육활동 과정에서 수업의 질이 떨어지거나 안전사고 등의 다양한 문제들이 발견된다면 교육의 목적과 결과가 불일치되는 난해한 상황이 펼쳐질 것이다. 따라서 소방안전교육사는 안전교육의 목적을 달성하기 위해서 사전에 교수설계모형을 통해 양질의 교수지도계획서를 작성하고 검토하며, 교육활동 전반에 대한 안전 요소들을 점검할 필요성이 있다.

안전교육을 진행하기 직전에 교수지도계획서를 평가하며 여러 요소들을 점검할 수 있다.

[교수지도계획서 평가표]

구 분	점검사항	양 호	불 량
학습계획	학습목표와 관련 있는 주제인가?		
학습수준	학습자의 수준에 맞는 주제인가?		
	학습자의 수준에 맞는 학습 방식·수업모형인가?		
교수매체 및 학습도구	(교수매체, 학습자료, 학습 도구)는 적절하게 활용하였는가?		
	(교수매체, 학습자료, 학습 도구)는 학습자의 발달수준에 적합한가?		
동기유발	학습자들의 동기유발 및 관심을 끌 만한 적절한 교육프로그램인가?		
	학습자들의 동기를 자극시킬 수 있는 질문을 사용하는가?		
학습진행	학습자들의 적극적인 참여를 유도하는 교육프로그램인가?		
시간배정	학습목표와 학습자 수준에 맞는 학습시간이 배정되었는가?		
마무리	수준에 맞는 결론을 도출할 수 있는가?		
	내려진 결론은 학습목표에 부합하는가?		
기타 사항			

이러한 교수설계 및 지도계획서에 대한 내용을 교육 전에 점검해야 한다. 뿐만 아니라 체험 중심의 안전교육을 실시할 경우 활동에 대한 위험 요소 진단, 안전대책 수립이 필요하다. 그 내용은 다음과 같다.
• 체험이 실시될 현장에 안전장비 및 설비가 갖추어져 있는지 점검한다.
• 체험 장치 및 안전장비가 학습자의 신체조건 및 상태에 부합하는지 점검한다.
• 체험 활동 및 시설별로 교육자나 안전요원이 배치되어 있는지 확인한다.
• 체험 장비의 허용중량, 사용기간 등 안전 기준에 부합하는지 확인한다.
• 활동 중 발생할 수 있는 정신적, 신체적 상해가 발생한 경우 즉각 대처할 수 있는 체계가 마련되어 있는지 확인한다.

이 외에도 안전교육을 실행하기 전에는 다양한 점검활동이 필요하다. 안전한 생활을 위해서 안전교육을 실천하는 것이지만, 그 과정에서 사고가 발생한다면 이는 목적과 방법, 결과 모두 뒤죽박죽 섞여 전도된 기이한 상황일 것이다. 따라서 실질적이고 효과적인 안전교육을 위해서는 소방안전교육사가 교육 전 다양한 사항에 대하여 점검하여 양질의 교육을 실현할 수 있어야 한다.

기출문제 2018년도

Q. 교수지도계획서(교안)에 포함되어야 할 구성 요소에 대하여 설명하시오.

예시답안

교수지도계획서는 어떠한 내용을 어떻게 가르칠 것인가를 계획하고 확인하기 위한 학습설계도이다. 효과적으로 수업목표를 달성하기 위한 방법을 기록한 지도이자 안내자이기도 하다. 또한 다른 교육자과 공유하여 교육활동 및 내용을 널리 활용하기 위한 지침서이기도 하다.

지도에도 효율적인 정보전달을 위해 일정한 기준과 형식으로 통일성을 갖추듯이, 교수지도계획서에서도 일정한 형식과 갖추어야 할 요소들이 있다.

구성 요소	설 명
일시/장소/ 지도교사	수업이 이루어지는 것에 대한 일반 사항
교육대상	유아, 초등학생, 중·고등학생, 성인, 장애인 등
교육주제	가르치고자 하는 개념의 주제 또는 분야
학습목표	• 수업이 끝나면 학습자들이 알고, 실천할 수 있어야 하는 목표 지향점 　－ 명확하고 구체적으로, 관찰 가능하고 측정 가능한 내용으로 서술되어야 한다. 　－ 지식, 기능, 태도 세 가지 측면을 나누어서 서술하거나, 한 문장으로 모아서 서술할 수 있다. 　예시 1) (지식) 화재가 일어나는 원인을 이해할 수 있다. 　　　　　(기능) 화재 사고에 대처하는 방법을 설명할 수 있다. 　　　　　(태도) 생활 속에서 화재를 예방하는 습관을 기를 수 있다. 　예시 2) 화재가 일어나는 원인을 이해하며(지식) 화재 사고에 대처하는 방법을 설명할 수 있고(기능) 　　　　　생활 속에서 화재를 예방하는 습관을 기를 수 있다(태도).
교육유형	활용하고자 하는 수업모형이나 교육 방법 • 수업모형 : 실천체험 중심 수업모형/탐구학습 중심 수업모형/직접교수 중심 수업모형 등 • 교육 방법 : 강의식, 체험식, 견학식, 혼합식 등
준비물	교육활동에 필요한 장비, 교구, 기자재 등(교육자용/학습자용)
교수·학습 과정	수업이 실질적으로 어떻게 이루어질지를 나타내는 부분 • 수업은 도입(15%)/전개(75%)/정리(10%)의 순서로 이루어짐
교육평가	교육 전, 중, 후에 활용될 다양한 평가 기준과 평가 자료 • 자기평가, 동료평가, 관찰평가, 설문, 구두, 인터넷 등 다양한 방법 활용 가능

이 외에도 필요에 따라 수업 시간 안배, 각 활동별 학습규모(개인, 짝, 모둠, 전체), 관련 이론 및 개념 설명 등과 같이 교육활동에 필요한 제반 사항들을 추가적으로 적기도 한다. 이렇게 구체적으로 수립된 교수지도계획서는 수업에서 길잡이 역할을 한다. 따라서 소방안전교육사는 양질의 교육활동을 위해 교수지도계획서 구상에 더욱 힘쓸 필요가 있다.

Q. 강풍과 국지성 호우를 동반한 태풍에 대한 대비 및 대처 교육을 실시하려고 한다. 초등학생을 대상으로 하는 안전교육 프로그램을 구상하고 1차시(40분) 분량의 교수지도계획서(교안)를 작성하시오.

예시답안

안전교육 프로그램을 구상하기 위해서는 우선 교수설계모형을 활용하여 교육주제, 학습자 요구 분석, 학습자 특성, 수행목표 명세화, 평가도구 개발 및 활동 계획 등의 단계를 거쳐야 한다. 강풍과 국지성 호우를 동반한 태풍을 겪고 이에 대한 대비방법, 대처방법을 초등학생에게 가르쳐야 하므로, 학습자의 특성과 가르칠 안전개념의 특성을 고려하여 교수·학습모형과 활동을 선택한 뒤 교수지도계획서를 작성하여야 한다.

[교수지도계획서 예시]

교육 대상	초등학생	일 시	8월	장 소	교 실	지도 교사	소방안전 교육사 1명
교육주제	태풍 대비방법 및 대처방법						
학습목표	• 지식 : 태풍이 무엇인지 알고 위험성을 이해할 수 있다. • 기능 : 태풍을 대비하고 대처하는 방법을 설명할 수 있다. • 태도 : 실제로 태풍이 다가올 때 미리 대비하고, 대처하는 안전한 생활습관을 가질 수 있다.						
교육유형	문제해결 수업모형(PBL), 조사발표학습, 토의학습						
준비물	기둥 석고 모형, 태풍 피해 현황 보고서, 스마트기기, 브레인스토밍 활동지, 사인펜, 토의 활동지, 태풍 안전문구 PPT						

학습 과정	교수·학습 과정	시간 (분)	자료(◎) 및 유의점(※)
도 입	◈ 수업분위기 형성 • 바람을 일으켜 물건을 쓰러뜨리는 모습을 몇 번 보여준다. • 물건이 쓰러지며 부서진 이유에 대하여 이야기해봅시다. ◈ 진단평가 • 우리가 오늘 배울 내용은 태풍에 관한 것입니다. 자신이 알고 있는 태풍에 관한 사실을 다양하게 말해봅시다. 학생 답변 예시(구술형 평가) 1. 태풍도 바람이다. 2. 태풍은 주로 여름철에 많이 온다. 3. 태풍은 비와 함께 오기 때문에 홍수나 쓰나미가 동반되기도 한다. 4. 태풍은 위험하다. ◈ 동기유발 • 태풍으로 인해 우리 지역에 문제가 생겼다고 합니다. 시청에서 발표한 피해 현황 보고서를 살펴봅시다.	1 2	◎ 기둥 석고 모형 ※ 진단평가를 구술형 으로 실시하고, 학습 자들의 다양한 의견 을 통해 사전지식 수 준을 파악한다. ◎ 태풍 피해 현황 보 고서

학습 과정	교수 · 학습 과정	시간 (분)	자료(◎) 및 유의점(※)
도 입	• 어떠한 물적 · 인적 피해가 있었는지 말해봅시다. • 태풍으로 인해 생긴 문제점들을 말해봅시다. ◈ 학습목표 제시 • 태풍으로 인해 건물이 무너지거나 사람들이 다치기도 하였습니다. 이로 인해 안전이 위협받는다는 문제점이 있습니다. • 태풍으로 인해 생긴 문제점이나, 예상되는 문제점들을 해결하기 위해서는 어떻게 공부하면 좋을지 이야기해봅시다. ♣ 태풍이 무엇인지 알고 위험성을 이해할 수 있다. ♣ 태풍을 대비하고 대처하는 방법을 설명할 수 있다. ♣ 실제로 태풍이 다가올 때 미리 대비하고, 대처하는 안전한 생활습관을 가질 수 있다. [활동 1] 문제 알아보기 [활동 2] 문제 해결방안 토의하기 [활동 3] 공유하기	2	※ 학습자의 지역에서 실제로 겪었던 문제 를 학습주제로 활용 한다(ARCS의 관 련성). ※ 교육자가 학습목표 와 활동을 직접 제시 하기보다 학습자들 에게 확산적 발문을 하여 사고해보는 기 회를 제공한다.
전 개	[활동 1] ◈ 태풍으로 생긴 문제 알아보기 • 태풍이란 무엇인지 정의를 알아봅시다. • 스마트기기를 활용하여 태풍의 좋은 점들과 나쁜 점들을 찾아봅시다. • 브레인스토밍 활동을 통해 태풍으로 인해 생기는 문제점들은 무엇이 있는지 알아봅시다. **태풍에 대하여** • 정의 : 태풍은 열대성 저기압이라고도 불리는 1초당 17m 이상의 풍속을 지닌 바람 • 발생위치 : 저위도의 동남아시아 부근 바다에서 발생하여 편서풍을 타고 우리나라 쪽으로 이동함 • 태풍의 이름은 지역에 따라 다양하며, 일정 기준에 따라 태풍 주의보와 태풍 경보가 발령됨 **태풍의 장점과 단점** • 장점 : 바다에서 강한 바람을 통해 바닷물을 혼합시켜주며, 플랑크톤을 분해하여 바다 생태계를 활성화시켜줌. 또한 지구 남과 북의 온도를 유지할 수 있는 데 도움을 줌 • 단점 : 강한 바람과 국지성 호우로 인해 농작물을 망가뜨림. 건물 및 시설을 파괴하며, 이로 인해 인적 피해를 유발하기도 함. 일상생활에 강한 영향을 끼쳐 경제적 · 사회적 혼돈을 야기하기도 함 • 문제점 : 태풍으로 인해 사람들이 다칠 수 있음/농작물 등의 피해로 재산적인 피해를 입음 등 [활동 2] ◈ 문제 해결방안 토의하기 • 여러 가지 문제점 중 한 가지를 선택하여 짝과 함께 해결방안을 토의해봅시다. • 짝과 의논한 해결방법을 모둠에서 공유해봅시다.	10 12	◎ 스마트기기 ◎ 브레인스토밍 활동지 ◎ 사인펜 ※ 브레인스토밍은 깊 게 생각하기보다 떠 오르는 다양한 의견 을 바로 적는 것이라 는 것을 지도한다. ※ 학습문제가 자신의 삶과 연관 있음을 느 끼도록 학습 분위기 를 형성해준다. ※ 태풍의 장점도 있음 을 인지시키고, 문 제 해결에 대해 발 상의 전환을 시도하 게 해본다. ◎ 토의 활동지 ※ 태풍의 문제 해결에 대한 다양한 방안이 나오도록 적극적으 로 피드백을 제공 한다.

학습 과정	교수 · 학습 과정	시간 (분)	자료(◎) 및 유의점(※)
전 개	**[태풍 행동요령]** <table><tr><td>태풍 이전</td><td>• 실내에서는 문과 창문을 잘 닫고 외출을 자제하기 • 응급용품 및 비상용품을 준비해두고 물을 받아두기</td></tr><tr><td>태풍 특보 중</td><td>• 건물의 출입문과 창문은 닫아서 파손되지 않도록 하고, 창문이나 유리문에서 떨어져 있기 • 가스 미리 차단 및 전기시설 만지지 않기</td></tr><tr><td>태풍 이후</td><td>• 침수된 도로나 교량 및 교통시설은 활용하지 않기 • 태풍으로 인해 고립된 경우 무리하게 물을 건너지 말고 119에 신고하기 • 수돗물이나 저장 식수는 오염 여부를 확인하고 사용하기</td></tr></table> [활동 3] ◈ 공유하기 • 각 모둠에서 토의한 문제해결방법을 학급 전체에 공유해봅시다. **해결방법 예시** 1. 태풍 대비방법 · 대처방법 매뉴얼 만들어 홍보하기 2. 태풍의 위험성을 알리는 문구를 만들어 외친 후 경각심 일깨우기 3. 태풍 대처방법 포스터 공모전 열기 4. 집에서 부모님과 함께 태풍에 대해 토의해보기 5. 학교가 태풍에 대비할 수 있는지 안전진단 해보기 6. 태풍이 올 때 우리가 해야 하는 행동 수칙 알아보기 7. 우리가 태풍에 대비 · 대처할 수 있는지 스스로 생활습관 점검해보기 8. 자연재난에 대비하는 안전다짐 서약하기 등	8	※ 해결방법을 직접 실 천하며 안전역량과 안전 감수성을 기를 수 있도록 유도한다.
정 리	◈ 학습 내용 정리하기 • 태풍과 관련된 문제를 해결하기 위한 방법들을 정리해봅시다. • 태풍에 대비하고 대처하는 방법을 직접 설명하고, 실천할 수 있는지 생각해 봅시다. ◈ 평가하기 • 태풍의 위험성을 알리는 문구를 짧게 만들어 외쳐봅시다. • 직접 생각해낸 태풍 문제해결 방법을 집에서도 부모님과 함께 의논해보고, 실천할 수 있는 항목들은 직접 실천해봅시다. ◈ 다음 차시 안내 • 다음 시간에는 자연재난에 미리 대비하여 안전을 지킬 수 있었던 사례에 대하여 알아보겠습니다.	2 2 1	◎ 태풍 안전문구 PPT ※ 자신의 생활에서 실 천하는 습관을 만들 도록 지도하며, 동 시에 정의적 영역을 평가한다. ※ 안전한 행동을 반복 하고 습관화하는 것 이 중요함을 인지시 킨다(행동주의).

Q. 화상에 대한 안전교육을 진행하려고 한다. 아래의 학습목표로 수업을 하기 위한 교육내용을 서술하시오.
[학습목표 1] 화상 환자를 평가할 수 있다.
[학습목표 2] 심한 화상인 경우 증상 초기에 통증과 감염을 줄이기 위한 응급처치를 할 수 있다.

예시답안

문제의 학습목표를 달성하기 위한 안전교육의 내용으로는 우선, 화상의 정의와 위험성, 화상의 정도 구분, 화상 환자 평가법, 그리고 응급처치에 대한 내용이 포함되어야 한다. 이에 대하여 하나씩 살펴보면 다음과 같다.

1. 화상의 정의

화상이란 불과 같은 뜨거운 열에 의해 피부와 피부 내부에 생긴 조직손상을 뜻한다. 화상을 일으키는 원인으로는 열(불, 뜨거운 액체, 증기)/화학(산, 염기, 부식제)/전기(전류, 낙뢰)/방사능(핵물질, 자외선) 등으로 다양하다. 또한 화상의 정도에 따라 1도에서 3도까지 급수를 나누어 처치를 할 수 있다.

2. 화상 환자 구분

• 1도 화상 : 가벼운 화상으로 피부의 표피에만 상해를 입은 경우이다. 화상을 입은 부위에 통증이 느껴지며, 피부가 붉어지는 등의 증상을 보인다. 며칠 내 회복되는 것이 일반적이다.

• 2도 화상 : 화상으로 인해 수포(물집)가 형성되는 것이 특징이며, 심한 통증을 동반한다. 또한 진피까지 상처를 입기 때문에 흉터를 생성할 수 있으며 피부가 붉게 변한다. 2도 화상이 심한 경우 저체온성 쇼크나 출혈성 쇼크에 대한 가능성도 염두에 두어야 한다. 화상 부위에 따라 신속한 병원치료를 받아야 한다.

• 3도 화상 : 심한 화상을 입은 경우로, 피부가 갈색 또는 흰색으로 변하거나, 검게 그을려서 가죽 같이 피부가 변하기도 한다. 진피 또는 뼈나 장기까지 손상되기 때문에 화상부위에는 감각이 없고 통증을 느낄 수 없다. 또한 화상부위 주변으로는 심한 통증을 호소하게 된다. 2도 화상과 같이 저체온성 쇼크 및 출혈성 쇼크의 위험이 있으며 즉시 병원에 방문하여 치료를 받아야 한다.

3. 화상 환자 평가

• 외부적인 증상을 통해 1~3도로 화상 평가가 가능하며, 추가적으로 신체 전반적인 징후를 관찰하여 평가하기도 한다. 예를 들어 호흡곤란, 안면부 화상, 눈썹이나 코털이 탄 경우, 그을림이 보일 경우, 쉰 소리를 낼 경우 기도에도 화상을 입었을 수 있으므로 화상에 대한 중증 상해로 인식하고 즉시 병원으로 이송해야 한다.

• 화상범위를 평가하는 방법으로는 9의 법칙이라 하여 환자의 손바닥 면적을 신체의 1%라고 가정하고 팔 한쪽 전체를 4.5%, 다리 한쪽 전체를 9%, 상체 전체를 18% 등과 같이 범위를 나누어 화상 범위를 평가할 수도 있다. 이 기준은 성인, 소아, 영아의 계산법이 다르고 화상범위를 전체에 비례하여 쉽게 이해하도록 돕는다.

4. 화상 응급처치

적절한 화상 초기 응급처치는 환자의 통증을 줄여주고, 감염을 예방하며 추후 치료에 도움이 될 수 있다.

- 화상부위를 10분 정도 흐르는 찬물에 대고 있거나 젖은 거즈로 덮어 열을 떨어뜨린다.
- 열을 식히기 위해 상처부위에 직접 얼음을 대지 않는다.
- 화상부위를 완전히 노출시키기 위해 감싸고 있는 옷을 제거한다. 만약 화상 부위에 붙은 옷, 장신구 등이 피부에서 떨어지지 않는다면 떼어 내려고 시도하지 말아야 한다.
- 경미한 1도 화상인 경우에는 상처 부위를 가볍게 닦고 화상용 연고를 발라준다.
- 화상의 범위가 주먹보다 크거나 2도 화상의 증상이 보이는 경우 건조하고 깨끗한 거즈를 대고 병원을 방문한다.
- 물집(수포)을 터트리지 말고 연고 및 로션 등을 바르지 않는다.
- 기도 손상이 의심되는 경우 환자가 호흡을 잘 하고 있는지 지속적으로 살핀다.
- 호흡을 힘들어하는 경우 회복자세로 자세를 교정해주거나 고농도산소를 투여한다.
- 중증도의 화상은 체온유지기능을 저하시키기 때문에 보온에 신경 쓴다.

> 안전교육의 필요성은 현실적 / 교육적 / 심리적 근거와 관련지어 서술할 수 있다. 이 중 심리학적 근거로
> 는 인본주의 심리학자인 매슬로(A. Maslow)의 욕구체계설이 있다. 아래의 물음에 답하시오.
> Q1. 매슬로의 욕구체계설에 대하여 서술하시오.
> Q2. 매슬로의 안전욕구 개념에 대하여 안전 추구 기제(Safety-Seeking Mechanism)를 중심으로
>   서술하시오.
> Q3. 안전교육의 필요성에 대하여 매슬로가 제시한 안전욕구의 충족과 관련지어 서술하시오.

A1. 예시답안

매슬로는 욕구체계설, 또는 욕구위계론이라는 이름으로 불리는 이론을 발표하였다. 이는 인간의 본성이자 기본 욕구에 해당하는 다섯 가지 항목을 분석하고, 그것의 위계성을 나타낸 것이다. 인간이 가지고 태어나는 다섯 가지 욕구는 생리적 욕구 → 안전의 욕구 → 사회적 욕구 → 존경의 욕구 → 자아실현의 욕구이며, 앞의 두 단계는 기본 욕구에 해당하고 뒤의 세 단계는 성장 욕구의 성격을 가지고 있다.

욕구체계설에서 가장 중요한 특징은 이 욕구들이 위계를 가지고 있다는 점이다. 인간은 다섯 단계 중 첫 단계인 생리적 욕구를 가장 먼저 추구하는데, 이 단계의 욕구가 어느 정도 충족되지 않으면 그 다음 단계의 욕구를 추구하지 않는다는 것이다. 다시 말해, 생리적 욕구가 어느 정도 충족되어야지만 안전의 욕구를 추구하게 되고, 안전의 욕구가 어느 정도 충족되어야지만 사회적 욕구를 추구하게 된다는 것이다. 결론적으로 인간이 마지막 단계인 자아실현의 욕구를 추구하고 꿈꾸기 위해서는 앞서 존재하는 1~4단계의 욕구를 모두 충족해야지만 가능하다는 점이다.

A2. 예시답안

매슬로는 안전욕구에 대하여 안전 추구 기제라는 표현에 빗대어 설명하였다. 우선 기제란 인간의 행동에 영향을 미치는 심리적 작용 내지는 원리, 과정을 뜻한다. 안전 추구 기제란 단어 그대로 인간이 안전을 추구하기 위해 반응하는 신체적, 심리적 작용 일체를 의미하는 것이다. 다시 말해 인간은 욕구체계설에 따라 안전의 욕구가 강한데, 이러한 욕구를 충족시키기 위해 우리의 몸도 안전을 쟁취하기 위한 도구이자 기제라고 볼 수 있다.

예를 들어 오감을 통해 감각을 느끼는 감각수용기는 위험을 인지하는 도구이기도 하며, 지적 능력이나 사고력, 배경지식은 위험 상황에 적절한 대처방법을 판단하는 도구이기도 하다. 또한 안전 확보를 위해 몸을 빠르게 움직일 수 있도록 해주는 반응실행기도 도구인 것이다. 이러한 일련의 메커니즘은 인간이 안전욕구를 확보하기 위해 활용하는 안전 추구 기제이며, 안전욕구를 충족시켜 상위 욕구 단계로 나아갈 수 있도록 해주는 도움판이기도 하다. 다시 말해 안전 욕구는 안전 추구 기제를 통해 충족될 수 있으며, 인간의 안전 행동을 일으키고 조절하는 동력이라 할 수 있다.

A3. 예시답안

매슬로의 욕구체계설에 따르면 인간은 다섯 가지 욕구를 태어날 때부터 가지고 세상에 나온다고 하였다. 인간이라면 누구나, 갓난아기 때부터 다섯 가지 욕구를 갈망하게 된다는 뜻이다. 하지만 욕구를 충족하기 위해서는 능력이 필요한 바, 인간이 욕구 충족을 위한 능력조차도 태생적으로 가지고 태어나는가에 대한 질문에는 답을 하기 어렵다. 개인적인 차이, 환경적인 차이 등 기타 여러 제반 조건에 따라서 가지고 있는 능력도 상이하겠지만, 확실한 점은 모든 인간이 욕구는 가지고 태어나지만, 능력은 충분하지 못하다는 것이다.

이처럼 인간은 태생적으로 안전 욕구를 가지고 있지만 능력은 부족하기에, 안전교육을 통해 그 욕구를 충족시켜 주어야 하는 것이다. 교육을 통해 안전한 사고, 행동, 태도를 갖출 수 있도록 지도하고, 이로써 안전 욕구가 충족된 인간은 다음 단계의 욕구로 나아갈 수 있다. 매슬로가 주장한 바와 같이 인간의 최종 목표는 마지막 욕구인 자아실현이며, 이 단계에 달성하기 위해서는 반드시 이전 단계의 욕구들이 충족되어야 한다. 결론적으로 인간의 본질을 찾고 개인의 자아를 실현시키기 위해서는 이전 단계인 안전 욕구의 충족이 필요하고, 안전 욕구의 충족을 위해서 안전교육이 필요한 것이다.

♦ Tip 안전 추구 기제

매슬로는 2단계에서 안전 욕구를 안전 추구 기제에 빗대어 설명하였다. 인간이 가지고 태어나는 안전 욕구는 인간이 안전한 행동을 하게끔 만드는 하나의 기제로서 작용할 수 있다는 것이다. 여기서 기제란 인간의 행동에 영향을 미치는 심리적 작용 내지는 원리를 의미한다. 다시 말해 인간은 안전 욕구를 가지고 있으며, 이 안전 욕구 자체가 우리 몸과 행동이 안전하게 작동할 수 있도록 해주는 기제로서 작용한다는 것이다. 우리의 몸의 여러 부분들(감각 수용기, 반응 실행기, 지적 능력 등) 또한 안전 욕구를 충족시키기 위한 도구로서 작용하고 있다고 생각할 수 있다.

- 감각 수용기 : 오감을 통해 위험을 인지하려고 하는 것
- 반응 실행기 : 위험 상황을 회피하기 위해 몸을 빠르게 움직일 수 있도록 하는 것
- 지적 능력 : 안전 지식, 태도, 사고력, 경험 등으로 위험 상황에 올바른 판단을 할 수 있도록 하는 것

핵심정리

- 욕구위계론은 총 5단계이며, 이전 단계를 충족시키지 못하면 다음 단계로 넘어갈 수 없음
- 안전의 욕구는 2단계이며, 기본 욕구에 해당되므로 안전 욕구를 충분히 충족시켜주어야만 마지막 단계인 자아실현까지 내다볼 수 있음
- 인간은 태어날 때 욕구는 가지고 있지만, 온전한 능력은 가지고 태어나지 못함
- 따라서 부단한 안전교육을 통해 안전 욕구를 충족시킬 수 있고, 자아실현을 위해서도 이는 필수적인 단계임

소방안전교육사 안심이 선생님은 고등학교 1학년 대상으로 소방안전교육을 실시할 때, '탐구학습 중심의 지도방법'을 활용하려고 한다. 아래의 물음에 답하시오.

Q1. 탐구학습 중심의 지도방법은 토의·토론 수업모형, 조사발표 수업모형, 관찰학습 수업모형, 문제중심 수업모형, 집단탐구 수업모형, 프로젝트학습 수업모형 등을 포함한다. 해당 지도 방법을 소방안전교육에 활용할 때 기대할 수 있는 장점 다섯 가지를 설명하시오.

Q2. 탐구학습 중심의 지도방법 중 '토의·토론 수업모형'을 소방안전교육에 활용할 때 선생님에게 요구되는 역할 다섯 가지를 설명하시오.

A1. 예시답안

탐구학습 중심의 지도방법은 소방안전교육을 실시함에 있어서 필수적인 요소이지만, 체험중심의 안전교육만이 강조되는 현실에서 간과되기 쉽다. 따라서 소방안전교육사는 탐구학습 중심의 지도방법이 가지는 특징과 장점을 고려하여 주제에 따라 적절한 안전교육을 실시할 수 있어야 한다. 해당 지도 방법이 소방안전교육에 가지는 장점을 총괄적으로 정리하자면 다음과 같다.

첫째, 안전 지식을 내재화하는 과정에 큰 도움이 된다는 점이다. 안전 교육은 대부분 (행동, 실천, 체험) 중심으로 진행되기 바쁘다. 실제로 행동할 수 있는 기능도 중요하지만, 그 전에 위험요소를 인지하고, 대처요령을 아는 안전 지식이 선행되어야 한다. 따라서 학습자들이 토의, 토론, 관찰, 조사, 발표 등으로 직접 인지적 요소를 탐구해나가는 해당 지도 방법은 안전 지식을 내재화하는 과정에 큰 역할을 한다는 점에 장점이 있다.

둘째, 안전 태도와 습관 함양에 도움이 된다. 소방안전교육에서 기능만큼이나 중요하게 여기는 것은 바로 태도이다. 안전에 대한 태도를 가지고, 실생활에서 반복하여 습관화하는 것이 안전교육의 최종 목표이기도 하기 때문이다. 탐구학습 중심의 지도방법은 학습자가 스스로 위험성과 안전 지식에 대해 고찰해 나가는 과정에 안전의 필요성을 느끼게 되므로, 안전 태도와 습관을 함양하는 데 큰 역할을 한다.

셋째, 학습자가 안전교육을 자기주도적으로 진행할 수 있다는 점이다. 탐구학습 중심의 지도방법은 대부분 학습자가 중심이 돼서 스스로 자신의 사고를 정리해나가는 과정에 학습이 진행된다. 학습 단계에 있어서 교육자가 중심이 아니기 때문에, 학습자가 안전교육 과정에 주도성을 가질 수 있다는 점이 큰 장점이다.

넷째, 고차적 사고력과 민주시민 역량을 기를 수 있다는 점이다. 안전교육의 궁극적인 목표는 안전한 삶을 누릴 수 있는 것이면서도, 동시에 사회 속에서 안전을 환원할 수 있는 민주시민을 길러내는 것이기도 하다. 이러한 관점에서 안전교육을 바라보았을 때, 학습자들이 안전 지식을 알고 끝내는 것이 아니라 삶의 공동체들에게 나눌 수 있는 능력도 배양해야 하는 것이다. 따라서 토의, 토론, 관찰학습, 집단탐구 등 여러 수업방식을 통해 안전교육을 진행할 때 교육자는 안전 지식, 기능, 태도와 더불어 의사소통능력, 문제해결능력, 공동체의식 등 민주시민 역량을 종합적으로 고려하며 지도하여야 한다. 이렇듯 탐구학습 중심 지도방법은 타 모형에 비해 고차적 사고력과 민주시민 역량을 길러주어 안전한 사회를 만드는 데 도움이 된다는 장점이 있다.

다섯째, 탐구학습 중심의 지도방법은 과정중심 안전교육 프로그램에 적합하다. 안전교육은 1회성 교육이 아닌, 단계적이고 반복적인 지속성이 필요한 교육이다. 이러한 측면에서 보았을 때, 토의, 토론, 조사발표, 문제중심, 집단탐구, 프로젝트학습 등은 안전 주제를 중심으로 교육과정 자체를 체계적으로 구성하는 데 적합하다. 학습자들이 스스로 안전 역량을 탐구해나가며 습득해갈 수 있으므로, 탐구 단계를 세분화하여 반복하며 가르치는 과정중심의 안전교육을 실천하는 데 수월하다는 장점이 있다.

A2. 예시답안

토의·토론 수업모형은 학습자들이 상호 의사소통의 과정을 중심으로 위험 요소를 분석하고 안전 능력을 직접 탐구해갈 수 있도록 돕는다. 다양한 이야기를 나누며 능동적으로 학습할 수 있다는 점에서 매우 교육적이지만, 토의, 토론 자체를 학습자들이 이끌어나간다는 점에서 교육자의 역할이 아주 중요하다. 해당 수업모형을 운영할 경우 교육자의 역할은 다음과 같다.

첫째, 안전교육 주제와 교육 환경에 맞는 토의, 토론 방법을 선정하여야 한다. 해당 수업모형에는 다양한 이야기를 나누는 것이 중점인 회전목마 토론, 태도나 가치를 중심으로 결론을 찾아가는 가치수직선 토론, 문제해결과 의사결정을 중시하는 찬반대립토론 등 여러 방법들이 존재한다. 따라서 교육자는 방법들의 특징과 안전교육 주제, 교육 환경 등을 종합적으로 고려하여 안전교육의 목표에 효과적으로 도달할 수 있는 토의·토론 방법을 선택하여야 한다.

둘째, 교육자는 토의, 토론의 과정에서 수업목표를 인지시키고 이끌어가는 안내자의 역할을 해야 한다. 학습자들이 능동적으로 대화를 이끌어가며 탐구를 진행하는 만큼, 수업목표 외의 방향으로 대화가 흘러가는 경우가 잦다. 따라서 교육자는 학습자들이 의사소통 과정 전반에 문제의식, 지향점, 교육 목표가 무엇인지 인식하고 곧게 나아갈 수 있도록 안내하여야 한다.

셋째, 교육자는 학습자들이 토의, 토론에 자유롭게 참여할 수 있는 분위기를 형성해주어야 한다. 토의, 토론의 근간이 되는 것은 학습자들의 능동적인 참여이다. 교육자가 직접 개입하여 모든 것을 알려주지 않는 수업모형이기 때문에, 학습자들이 자신의 경험이나 지식을 공유하며 문제점을 해결해나가야 한다. 따라서 대화가 잘 이어지며 탐구가 진행될 수 있도록 자유롭고 긍정적인 분위기를 형성해주어야 하며, 의사소통의 어려움에 부딪힌 경우 적절한 힌트나 도움을 줄 수 있는 역할을 해야 한다.

넷째, 토의, 토론이 효율적으로 진행될 수 있도록 인적, 물적 자원을 관리하여야 한다. 수업은 정해진 시간 내에 정해진 목표에 도달하여야 하므로, 대화가 끊임없이 이어져서는 탐구가 진행되지 않는다. 따라서 교육자는 안전교육 주제와 방법을 고려하여 토의, 토론의 단위를 2인, 4인, 그룹, 전체 등으로 나누어 진행하거나 발언 시간을 조절하여 효율적인 대화가 될 수 있도록 관리하여야 한다.

다섯째, 토의 토론에 필요한 능력과 태도를 지도할 수 있어야 한다. 학습자들의 배경에 따라 다양한 특징이 존재하지만, 어린 학습자들의 경우에는 의사소통 능력 자체가 부족한 경우도 많다. 따라서 학습자들의 수준을 고려하여 발언 방법, 경청하는 방법, 자신의 생각을 논리적으로 전하는 방법, 감정을 배제하고 근거를 중심으로 생각하는 방법, 비판적으로 사고하고 타인의 견해를 존중하는 방법 등 다양한 역량을 교육할 수 있어야 한다. 이러한 기초 역량을 길러주어 토의 토론을 통한 안전교육 목표가 잘 달성될 수 있도록 해야 한다.

기출문제 2020년도

소방안전교육사 안심이 선생님은 다음과 같이 딕과 캐리(Dick & Carey)의 교수 설계모형을 활용하여 안전교육 수업을 설계하고자 한다. 아래의 물음에 답하시오.

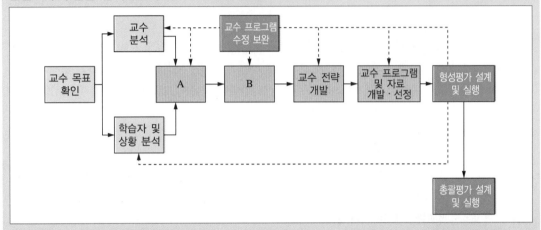

Q1. 소화기 사용방법에 대해 안전교육을 설계하고자 할 때, A 단계에 해당하는 활동의 결과물을 '내용 + 행동'의 형식을 적용하여 인지적 영역과 행동적 영역에 대해 각각 1가지씩 서술하시오.

Q2. B 단계에 해당하는 교수 설계 활동의 예시를 켈러(J. Keller)가 제시한 ARCS모형의 만족감 (Satisfaction)범주에 해당하는 3가지 전략을 활용하여 각 전략별로 2가지씩 서술하시오.

A1. 예시답안

도표의 A는 '수행목표 기술' 또는 '성취 목표 기술'에 해당되는 단계이다. 앞서 실시한 분석 결과를 바탕으로 교육활동의 설계 및 개발을 본격적으로 시작하는 단계로서, 목표를 설정하는 것이 핵심이다. 확인한 출발점 기능들을 바탕으로 교수 프로그램이 끝났을 때, 어떠한 능력을 가지게 되는가에 대해 서술한다. 교육을 통해 얻고자 하는 성취 행동이나 조건을 설정하여야 하며, 이 목표는 성취 여부를 판단할 수 있도록 설정되어야 한다. 문제에서 제시한 소화기 사용방법 교육프로그램의 수행목표를 내용 + 행동의 형식을 적용하여 서술하자면 다음과 같다.

인지적 영역 수행목표 : 소화기의 구조를 이해하고 주의사항을 설명할 수 있다.

인지적 영역 수행목표는 교수 · 학습지도안의 '지식'측면에서 접근하여 서술한 것으로, 소화기 안전교육을 통해 가르쳐야 할 지식을 포함시킨다. 소화기를 사용함에 있어 필요한 기초 지식을 이해하고 사용법과 주의사항을 인지하는 것을 목표로 한다. 성취 목표는 추후에 학습자가 성취 도달에 성공하였는지 실패하였는지를 분간할 수 있어야 하므로 지식에 대해 '설명할 수 있다'라는 행동 형식을 첨가하였다. 이로써 수업을 통해 소화기에 대한 인지적 영역을 지도하고 확인할 수 있는 목표의 토대가 설정된다.

행동적 영역 수행목표 : 소화기 사용법을 직접 실연하여 불을 끌 수 있다.

행동적 영역의 수행목표는 교수·학습지도안의 '기능'측면에서 접근하여 서술한 것으로, 인지적 영역의 목표 이후에 추가적으로 달성해야 하는 행동능력으로서의 목표점을 뜻한다. 안전교육을 통해 소화기에 대해 이해하는 것뿐만 아니라 실제로 불을 끌 수 있어야 하므로 소화기 사용법이라는 내용 형식과 실연하여 불을 끌 수 있다라는 행동 형식의 조건을 부여하였다. 교육 이후에 배운 내용을 바탕으로 불을 끌 수 있는지의 기능 여부를 확인하면 평가가 가능해진다.

A2. 예시답안

도표의 B는 '평가도구 개발'에 해당되는 단계이다. 이 단계는 이전에 설정한 성취 목표를 기준으로 하여 이러한 것들이 얼마나 성취되었는지 여부를 확인하기 위해 평가도구를 구상하는 것이다. 여기에서 가장 중요한 사항은 평가도구를 통해 성취 목표(학습목표)를 확인하는 것이므로 연관성이 반드시 확보되어야 하며, 활동 내용에 따라 적절한 평가방식이 선정되어야 한다는 것이다. 또한 평가는 단순히 성취 여부 확인 만을 위한 것은 아니며, 평가 자체가 배움이자 학습 동기가 될 수 있음을 인지하여야 하기에, ARCS의 전략과 도 연계하여 고민할 필요가 있다.

켈러가 제시한 ARCS 모형에서 S에 해당하는 만족감은 세 가지 세부 전략으로 나뉜다. 문제에서 제시된 '평가도구 개발'의 단계에서 ARCS의 세부전략을 어떻게 반영할 수 있는지 예시를 두 가지씩 설명하고자 한다.

첫 번째 : 자연적 결과 전략

자연적 결과 전략은 학습자가 새로 알게 된 지식이나 기능들을 활용해볼 수 있게 하면서 자연스럽게 학습 자체에 대한 만족감을 높이는 전략이다. 학습의 만족감은 학습동기 자체와 지속성을 높여주기에 평가 계획 단계를 만족감 전략에 접목시켜 구상하여야 한다.

자연적 결과 전략 예시 1	**모의 상황을 통한 적용 기회 제공하기** 학습한 지식이나 기능을 얼마나 적용해볼 수 있을지 확인하기 위하여 비슷한 상황을 가정한다. 학습자들이 직접 적용, 활용해보도록 평가 도구를 개발하는 방식이다. 모닥불을 소화기로 직접 꺼보기 등이 이에 해당한다. 시뮬레이션을 통해 자신이 배운 내용이 유용하다고 만족감을 느끼며 학습 동기를 촉진한다.
자연적 결과 전략 예시 2	**연습문제나 후속 과제에 연결 짓기** 학습목표를 연습문제를 통해 확인해보면서 자신이 할 수 있다는 만족감을 준다. 또는 다음 시간의 학습 내용에 연결시켜 학습한 내용이 실제로 적용될 수 있음을 느끼며 학습에 대한 만족감을 고취시 킨다. 해당 시간에 배운 내용이 다음 학습에 연결되도록 평가를 구성한다.

두 번째 : 긍정적 결과 전략

긍정적 결과 전략은 내재적 강화라고도 부르며, 자신의 학습 과정에 긍정적인 결과로 보상을 받으면서 학습 만족감을 높이고, 동기를 격려하게 되는 방식이다. 유의할 점은 외적 보상을 실시할 때, 보상이 학습의 목표가 되지 않도록 주의하여야 한다.

긍정적 결과 전략 예시 1	**상호평가를 통한 칭찬 경험 갖기** 긍정적 결과 전략 중 가장 대표적인 것이 학습자가 노력한 과정에 대한 인정을 받으며 만족감을 얻는 것이다. 따라서 평가도구를 개발할 때 학습자 사이에 상호평가 체계를 넣고, 평가와 함께 인정과 평가 활동을 포함시킨다면 학습자는 평가와 함께 뿌듯함과 만족감을 느낄 수 있다.
긍정적 결과 전략 예시 2	**평가 결과에 따른 토큰 제도 실시** 평가 도구를 개발할 때, 일정 기준 이상의 경우 스티커나 도장, 토큰을 제공하여 학습자의 동기를 자극하는 방법이다. 토큰을 일정량 모았을 때 추가적인 외적 보상을 실시하여 학습에 대한 만족감을 느끼게 한다. 안전 행동을 실시하였을 때 칭찬스티커를 모으는 제도를 평가 도구로서 설계하는 경우이다.

세 번째 : 공정성 전략

공정성 전략은 활동이나 평가 자체가 공정하고, 자신도 공정하게 대우받고 있다는 감각을 느끼게 하여 학습의 만족감을 느끼게 하는 전략이다. 모두 공정한 평가 속에서 자신이 노력한 결과가 인정받았을 때 더욱 만족감은 높아진다.

공정성 전략 예시 1	**학습목표, 학습내용, 평가 사이의 일관성과 정합성 확보하기** 학생들이 만족감을 느끼기 위해서는 사전에 평가 계획을 알고, 이에 맞추어 노력하고, 공정하게 평가결과를 받으며 기뻐해야 한다. 이러한 관계 중 하나라도 틀어지면 학습자 입장에서는 학습 자체에 흥미와 만족감을 잃기 쉽다. 따라서 평가도구를 개발할 때 학습목표와 내용, 평가도구 사이의 일관성, 정합성을 확보할 수 있어야 한다.
공정성 전략 예시 2	**공정한 기준으로 평가하기** 평가 도구를 개발하고 적용할 때에 학습자가 공정하다고 느껴야만 결과에도 만족감을 느낄 수 있다. 따라서 평가를 실시할 때에 구체적인 기준을 발표하고, 그에 맞는 공정한 평가를 실시하여야 한다. 공개적이고 투명한 평가 과정은 학습자의 학습 안도감과 만족감을 높인다.

이러한 전략을 활용하게 된다면 딕 & 캐리의 교수설계모형(평가도구 개발 단계) 속에 켈러의 ARCS(만족감 전략)를 활용하게 되는 것이다. ARCS 전략은 교수설계모형 전 단계에서 고려하여야 하며, 특히 평가도구의 개발과 교수 전략 개발, 교수 프로그램 개발 및 선정 단계에서 집중적으로 살필 때 교육 효과를 높일 수 있다.

> Q. 안심이 선생님은 3~5세의 유아들에게 알맞은 안전교육 프로그램을 구성하려고 한다. 유아의 인지적 특징을 피아제(J. Piaget)의 인지발달이론과 관련지어 서술하고, 이를 안전교육 프로그램에 어떻게 반영할 수 있는지 말하시오.

예시답안

일상생활 속 안전사고는 유아에게도 어김없이 찾아온다. 하지만 유아는 발달특성상 위험을 예측하거나 인지하지 못하며, 회피할 수 있는 능력 또한 더디다. 따라서 소방안전교육사는 유아의 인지적 발달특성을 정확하게 파악하고, 이에 맞는 적절한 안전교육을 할 수 있어야 한다.

피아제는 인간의 인지 발달 특성을 분석하여 총 네 단계로 나누었다. 감각운동기, 전조작기, 구체적 조작기, 형식적 조작기의 단계 중에서 유아기는 전조작기에 해당된다. 전조작기는 2~7세의 아동들이 해당되며, 유아들의 전형적인 특성을 포함하고 있는 단계라고 볼 수 있다. 피아제는 아동의 인지발달은 환경과 상호작용을 통해 단계적으로 발달하며, 발달의 순서는 변하지 않는다고 주장하였다. 모든 인간은 태어나고 성장해나가면서 각 단계의 특징과 시행착오를 겪는다고 보는 것이다. 따라서 이러한 특징을 잘 살펴서 안전에 접목시킬 필요가 있다.

전조작기의 특징은 다음과 같다.

- 언어나 그림을 이용한 상징적 사고가 가능해진다.
- 사고의 범위가 확장된다(시간적, 공간적).
- 언어를 이해하고 표현할 수 있게 되어 보다 효율적인 상호작용이 가능해진다.
- 눈에 보이지 않는 사물, 행동을 이해하고 상징적으로 표현할 수 있다.
- 자기 입장에서만 보고 생각하는 자기중심성이 두드러진다.
- 반대로 생각하지 못하고, 한 방향으로만 생각하는 비가역성이 두드러진다.

유아는 전조작기에 해당되므로 위와 같은 특성을 가지고 있는데, 이러한 것들이 아동이 위험에 처하게 하는 원인이 되기도 한다. 예를 들어 아동이 횡단보도를 건널 때 손을 들고 건너야 한다고 배웠을 때, 자기가 손을 들면 모든 차들이 다 멈출 것이기에 '손만 들면 된다'라고 생각하기 쉽다. 이러한 부분은 자기중심적 사고가 강하게 작용한 것으로, 위험 예측 및 회피에 대한 종합적인 사고를 불가능하게 하는 것이다. 따라서 유아기의 안전교육 프로그램을 수립할 때에는 이러한 인지적 특성을 주의 깊게 살펴 교육방법을 구상하여야 하는 것이다.

전조작기의 인지적 특성을 반영하여 안전교육 프로그램을 구상해본다면 다음과 같은 활동을 진행할 수 있다.

1. 상징화 특성을 고려한 안전습관 익히기

전조작기 인지발달 특성 중 상징화는 유아가 그림과 간단한 언어를 바탕으로 상징적 사고가 가능해진다는 점을 시사한다. 따라서 유아 안전교육을 실시할 때, '횡단보도는 손을 들고 건너요!'라고 일방적으로 지시하기보다 손들기 카드를 만들어 보여주거나, 또는 유아가 직접 색칠해보며 카드를 꾸며보게끔 기회를 제공한다. 그러고나서 횡단보도 모형에서 길을 건너보는 연습을 할 때, 그림 카드를 내비추어 안전행동을 습관화할 수 있도록 지도하는 것이다. 이러한 지도방법은 조금더 심화하여 실생활에서 규정된 안전표지판, 경고표지판 등을 교재로 하여 유아들에게 안전한 행동능력을 길러줄 수 있다.

2. 자기중심화 특성을 고려한 맥락적 롤플레잉 활동

전조작기 인지발달 특성 중 가장 두드러지는 것은 자기중심적 사고이다. 특히 이 자기중심적 사고는 아동을 많은 위험상황에 빠뜨리기도 한다. 따라서 유아가 롤플레잉에 참여해보면서 위험상황에 처해보고, 그 당시의 각 주체별 관점을 간접경험해보며 자기중심적 사고에서 조금씩 벗어날 수 있도록 기회를 제공한다. 예를 들어 교통안전교육을 실시하면서 지금까지 보행자 관점에서의 안전교육을 해왔다면, 운전자 입장에서의 관점을 경험해보게 하며 보행자가 보이지 않는 위치가 있을 수 있다는 것을 느끼게 한다. 이와 같이 여러 상황에서의 롤플레잉 안전교육은 유아가 맥락 있는 실제 상황에서 실습, 실연, 체험을 경험하여 안전교육의 효과를 높일 수 있다. 서로 롤플레잉 역할을 바꾸어가며, 실제와 비슷한 맥락 있는 상황에서 연습해보는 과정은 안전행동의 습관화를 유도할 뿐만 아니라 교육 이전에 놀이로서 접근하여 아동의 내재적 동기를 불러일으키기 쉽다는 장점도 있을 것이다.

피아제의 인지발달 단계에 따라 위와 같은 안전교육을 실천할 수 있는데, 유아라고 하여 무조건 전조작기의 특성만 반영되는 것은 아니다. 다 같은 어린이처럼 보여도 발달 속도는 다를 수 있으므로 교육을 하고자 하는 아동들의 학습특성과 발달특성을 분석하고 그에 맞는 적합한 교육활동을 구상하여야 한다. 5세 이상의 아동 중에는 빠른 경우 구체적 조작기의 특성도 함께 보일 수 있으므로, 모형 소화기와 같은 구체적 조작물을 제공하여 아동 개개인의 발달 단계를 볼 수 있어야 한다. 전술한 바와 같이 학습 대상에 따른 적절한 안전교육을 계획하는 것, 그렇게 함으로써 안전교육의 효과를 높이는 것이 소방안전교육사의 전문성일 것이다.

인지발달 단계	나 이	특 징	안전교육
감각운동기	0~2세	• 신체감각을 통한 경험 학습 • 대상영속성 발달	
전조작기	2~7세	• 언어, 그림을 통한 상징적 사고 가능 • 자기중심성 강화 • 비가역적 사고	• 그림과 간단한 단어를 활용한 체험 중심의 안전교육 • 안전 역할극을 통한 자기중심성 탈피
구체적 조작기	7~12세	• 논리적 사고로 점차 진화 • 다양한 관점에서의 사고 가능 (탈중심화) • 보존개념, 가역적 사고 가능 • 구체적 조작을 통한 경험 학습	• 구체적 조작물(모형 등)을 통한 안전개념 학습 • 역지사지 안전교육(상황 가정하여 입장 바꾸어 생각해보기) • 자신의 생활습관 점검하기
형식적 조작기	12세~성인	• 논리적 원리로서 이해 및 납득 • 추상적 사고 가능 • 가설, 연역적 추론 가능	• 위험예측능력 교육(사고 발생 예측하고 진단하기) • 안전 사고 사례 분석하기(논리성, 비판적 사고) • 글쓰기, 보고서 작성, 안전포스터 그리기 등

 Tip
• 피아제의 인지발달이론은 교육학의 기본으로서 초등학교 교육과정에도 접목되어 있는 이론임. 학습 전반에 걸쳐 적용되는 만큼 안전교육에도 필수적으로 고려해야 할 대상임
• 발달 특성을 외울 때 단순 암기는 힘들기 때문에, 사례를 살펴보며 외우는 것이 좋음
  (ex : 감각기 대상영속성 → 어떤 물체가 가려져 보이지 않더라도 사라지지 않고 존재한다는 사실을 인지하는 것 → 엄마가 아기에게 장난감을 손에 쥔 채 내밀어도 손을 펴서 가져가려고 하는 것)
• 발달특성에 맞는 안전교육 실천 방안을 하나씩 구상해보아야 함(위의 표 참고)

Q. 안심이 선생님은 여름 방학 캠프를 준비하며 학생들에게 물에 뜨는 방법을 가르친 뒤, 이를 준거 지향 평가(Criterion-referenced Evaluation) 방식으로 평가를 진행하려고 한다. 해당 평가 방식의 개념, 교육관, 장점과 단점에 대해 서술하되, 규준 지향 평가(Norm-referenced Evaluation) 방식과 비교하여 설명하시오.

예시답안

모든 교육활동에는 교육목표가 존재하듯이, 활동의 마지막에는 교육평가 또한 실시되어야 한다. 평가는 장점은 부각하고, 단점은 보완할 수 있게 해주는 피드백 장치이며, 안전교육에 있어서는 학습자들이 진정한 안전 지식과 기능을 습득했는지 판별해주는 도구이기 때문이다. 이러한 평가는 여러 방식이 있는데, 안전 교육에 적합한 준거 지향 평가를 규준 지향 평가와 비교하며 설명해보고자 한다.

1. 평가 방식의 개념과 교육관

먼저 규준 지향 평가는 흔히 상대평가라 불리는 방식으로, 학습자가 속해 있는 비교 집단 안에서 학습자가 얼마나 성취했는지 결과를 비교하여 상대적 서열에 의해 평가하는 방식을 뜻한다. 수업목표에 달성했는지의 여부와는 별개로 학습자 자체가 그 집단 속에서 어느 정도에 위치하고 있는지를 나타낸다.

규준 시향 평가는 성취 수준에 내한 비교가 목적이기에, 선발 중심의 교육관을 내세운다. 서열이 필요한 수능시험이나 여러 공무원 선발시험들이 해당 평가 방식을 활용하는 것과 같다. 따라서 학습자가 그 집단 내에서 얼마나 잘하는 편인지를 중점적으로 나타내기 때문에 개개인이 얼마나 학습목표에 달성했는지 간과하는 경향이 있다. 이러한 상황 속에서 학습자의 내재적 동기의 원천은 집단 내의 서열이 되는 경우가 많다.

다음으로 준거 지향 평가는 절대평가라 부르는 방식으로, 절대 기준 평가, 목표 지향 평가라고 불리기도 한다. 수업목표와 같은 교육의 기준에 달성했는지 그 여부를 판별하는 것이 목표이며 학습자들이 얼마나 성취했는지를 파악한다. 따라서 학습자가 동료 학습자들과 경쟁하며 배운다기 보다는, 자기 스스로에게 집중하여 배운다고 생각하기 쉽다.

준거 지향 평가에서는 다른 학습자들과의 서열에 신경을 쓰지 않으므로, 학습자가 능동적이고 자기주도적으로 학습에 임한다는 관점으로, 발달 중심의 교육관으로 접근한다. 학습자 개개인이 학습목표에 도달할 수 있는 것이 주된 목표이며, 그 사이에 존재하는 개인차를 줄이기 위해 노력한다. 이러한 맥락과 비슷하게 준거 지향 평가는 내재적 동기유발을 강조하며, 학습목표와 학습자의 차이에서 오는 부족함을 채워나가는 것, 학습자 모두가 함께 성취기준에 달성하고자 학습의욕을 이끌어낸다.

본 문제에 비추어 생각해보면, 학생들이 생존수영을 배울 때에는 누가 얼마나 더 정확한 자세로 물에 뜨는 지보다 일단 살기 위해 물에 뜨는 것 자체가 중요하다. 따라서 물에 떠서 살 수 있는지의 여부를 준거 지향 평가 방식으로 평가해야 적합하다고 할 수 있다.

2. 평가 방식의 장점과 단점

규준 지향 평가는 비교 집단 내에서 서열을 가리기 때문에 개인차를 변별하는 데 유용하다는 장점이 있다. 학습자들의 우열을 가려야 하거나, 집단 내에서 우수한 소수를 선발해야 하는 경우에 적합한 평가 방식이다. 따라서 대학수학능력시험이나 소방공무원 선발시험에서 규준 지향 평가를 실시하는 이유이다. 또 다른 장점으로는 집단 내의 상대적인 평가이기 때문에 주관에 의한 편견이 없다는 것이 장점이 된다. 이러한 장점이 존재하듯이 단점 또한 존재한다. 바로 규준 지향 평가에서 가리는 우열이 선발에 있어서 편리함을 주지만 학습자들에게는 과도한 경쟁의식을 불러일으킨다는 점이다. 타인의 실패를 바라게 되고, 그것이 자신의 이익이 되는 구조에서 학습자들은 진정한 수업목표의 달성보다 우수한 평가 결과를 바라고 집단 내의 상위권 성적을 바라게 된다는 점에서 교육목표의 본질을 흐릴 수 있다는 단점이 있다. 이러한 특징으로 인해 안전교육에서는 준거 지향 평가를 강조하는 바이다.

준거 지향 평가의 장점은 학습자가 내재적 동기를 바탕으로 자기주도적 학습자가 되기 쉽다는 점이다. 타인과의 경쟁을 하기보다 교육목적과 자신과의 거리를 좁혀나가는 것이 우선이기 때문에, 교육의 본질을 찾기 쉽다. 또한 경쟁을 초월한 학습분위기는 협동학습이 수월한 환경을 마련해주고, 학습자 개인만의 성취기준에 달성하거나, 동료 모두가 함께 달성하는 과정에서 더욱 큰 학습 성취감을 전해줄 수 있다는 장점이 있다. 반대로 준거 지향 평가가 가지는 단점은 우선 학습자 사이의 개인차를 쉽게 변별하기가 어렵다는 점이다. 일정 기준 이상이면 전부 같은 평가를 받을 수 있으므로, 해당 평가결과군 내에서의 개인차 확인이 난해한 것이다. 또한 학습자 전체를 대상으로 적절한 평가 준거 설정이 어렵다는 점 또한 단점이다.

이러한 특징들을 바탕으로 미루어 보았을 때, 생존수영 안전교육은 준거 지향 평가를 바탕으로 수행되는 것이 적합하다. 본 문제의 교사가 학생들이 물에 뜨는 방법을 익히고, 온전히 수행할 수 있기를 바란다면 집단 내에서 누가 더 잘하는지를 보기보다, 모든 학습자가 물에 떠서 살아남을 수 있는 능력을 갖추었는지가 중요하기 때문이다. 따라서 안전교육에 뒤따르는 안전교육 평가는 교육 주제와 활동목표에 적합하도록 선별하여 운영하여야 한다. 또한 학습자의 학습 과정을 돕고, 교육자 스스로의 교육을 점검하는 피드백 도구로서도 적극 활용해 마땅하다.

소방안전교육사 나안전 선생님은 화재 대피 방법을 평가하기 위하여 5문항으로 구성된 4지 선다형의 검사도구를 제작하였다.

Q1. 본 검사도구의 신뢰도를 제고하기 위한 방법을 3가지 제시하시오.

Q2. 본 검사도구의 내용타당도, 공인타당도, 예언타당도, 구인타당도를 평가하기 위한 방법을 각각 1가지씩 제시하시오.

Q3. 공인타당도와 예언타당도의 평가 과정에서 발생할 수 있는 문제점을 각각 1가지씩 설명하시오.

A1. 예시답안

검사도구의 신뢰도를 높이기 위한 방법은 다양하다. 신뢰도 확보를 위한 기본적인 방법으로는 문항 수 혹은 선택답지의 수를 늘리는 방법이 있으나, 본 검사도구는 5문항 및 4지선다로 확정되었기에 다른 방법을 강구하여야 한다.

본 검사도구의 신뢰도를 높이기 위한 방안은 다음과 같다.

첫째, 문제의 난이도에 맞추어 시험 시간을 충분히 주어야 한다. 적절한 시험시간이 주어져야만 평가자의 적절한 응답을 충분히 이끌어내어 신뢰도가 확보된다.

둘째, 문항 난이도를 적절하게 유지하고 변별도를 높인다. 문제의 난이도가 너무 낮거나, 너무 높을 경우 평가가 무의미해진다. 따라서 기초에서 심화까지 난이도를 적절하게 배분하고, 변별력 있는 문제를 포함시켜 신뢰도를 확보한다.

셋째, 시험 범위를 적절하게 유지하고 문제를 학습내용 안에서 골고루 출제한다. 지나치게 넓거나 좁은 시험 범위는 신뢰도를 떨어뜨릴 수 있기 때문이다.

이러한 세 가지 방법 이외에도 문항을 동질적으로 구성하거나, 채점 방법의 객관성 및 적합성 확보 등으로 신뢰도를 확보할 수 있다.

A2. 예시답안

내용타당도를 평가하기 위한 방법으로는 평가 내용에 대한 전문성을 가진 전문인에게 검증을 받는 것이 있다. 전문지식을 가진 사람이 평가 문항이 내용에 대해 올바르게 대표성을 띠고 있는지 확인하는 것으로 이원목적분류표를 활용하여 교육목표는 적절하게 세분화되었는지, 이러한 목표에 부합하게 평가하는지, 내용을 잘 포함시켰는지, 모호하지 않고 명확하게 표현하였는지, 학습자의 수준에 맞는 적절한 난이도인지 등을 분석할 수 있다.

공인타당도를 평가하기 위한 방법으로는 이미 공인된 다른 검사도구를 준거도구로 활용하여, 새로 개발한 검사가 기존의 준거와 얼마나 합치하는지를 비교하는 것이 있다. 문항의 구성, 내용, 길이 등을 비교해보거나 현재 기준에서 응시자가 두 검사도구에 모두 참여하여 점수를 비교해볼 수 있다. 공인된 검사도구의 점수는 준거 점수가 되며, 준거점수의 결과 및 분포가 새로운 검사도구의 측정점수의 결과와 비슷한지를 분석할 수 있다.

예언타당도를 평가하기 위한 방법으로는 현재 검사도구를 활용하여 결과를 측정한 뒤, 미래에 해당 능력이 필요할 시점에 내용을 다시 평가하여 두 결과를 비교하는 것이 있다. 다시 말해, 화재 대피 방법을 배우고 나서 현재 5문항의 검사도구를 활용하여 평가하였다면, 추후에 화재 대피 방법이 필요한 경우 학습자들이 제대로 평가 내용을 이행하였는지를 비교분석하는 것이다. 만약 평가도구에서 점수가 높은 학습자가 추후에도 내용을 잘 적용하였다면 이는 예언타당도가 확보된 것이라 할 수 있다.

구인타당도를 평가하기 위한 방법으로는 동일한 개념을 측정하는 다른 여러 측정도구를 준비하여 개념들 간의 상관관계를 비교하는 것이 있다. 예를 들어 '안전의식'이란 개념의 구성요소로 '용감성'라는 하위 개념이 있다고 가정했을 때, '용감성'을 측정하기 위해 기존에 개발되었던 다른 검사도구를 활용하여 상관계수가 높은지 확인하는 것이다. 또는 '용감성'과 상반되는 개념으로 '두려움'을 가정했을 때, 기존에 '두려움'을 측정하는 다른 검사도구를 활용하고 이 두 가지 결과가 상관관계가 낮을 때 타당도가 높다고 평가할 수도 있다.

A3. 예시답안

공인타당도의 평가 과정에서 발생할 수 있는 문제점은 기존의 준거검사의 상황에 따라 공인타당도가 불명확해질 수 있다는 점이다. 기존에 공인된 준거검사가 존재하여야 하는데, 만약 새로운 검사도구와 관련된 준거도구가 존재하지 않다면 공인타당도의 확보가 어렵다. 또한 준거도구가 존재하더라도 준거검사와 새로운 도구의 특성이 얼마나 관계되어 있는지에 따라 공인타당도가 달라질 수 있다는 문제점이 있다.

예언타당도의 평가 과정에서 발생할 수 있는 문제점은 평가 시기로 인한 어려움이 있을 수 있다는 점이다. 예언타당도는 현재의 검사도구를 적용하는 것만으로 끝나는 것이 아니라, 미래의 시점에 성공적인 행동이 가능한지를 비교하여 확보된다. 따라서 예언타당도를 확보하기 위해서는 일정 시간이 필요하다는 한계점이 존재한다. 평가에 임한 현재 시점의 학습자가 실제로 미래에 성공적인 행동을 할 수 있는지 비교하는 과정에는 시간차로 인해 동일한 평가대상자 및 평가 과정 확보에 문제점이 발생할 수 있다.

소방안전교육사 나안전 선생님은 효과적인 안전교육을 위한 수업을 설계하기 위해 다양한 교수설계 모형 중 Gagné-Briggs의 교수설계 모형을 활용하려고 한다.

Q1. Gagné가 주장한 학습을 통해 얻어지는 학습능력(학습성과)의 5가지 범주에 대해 설명하시오.

Q2. Gagné가 제시한 학습의 내적 조건과 외적 조건에 대해 각각 개념을 설명하고, Gagné-Briggs 교수설계 모형의 특징을 5가지만 기술하시오.

A1. 예시답안

Gagné는 학습을 통해 학습자가 지속적으로 어떠한 행동을 할 수 있도록 해야 하며, 이 과정에서 달성해야 하는 목표이자 학습의 결과를 5가지의 범주로 나누었다.

첫째, '언어정보'는 사실적 지식이나 개념과 같이 언어로 표현될 수 있는 정보를 뜻한다. 사물에 대한 이름이나 사실에 대한 진위 등을 언급하는 것과 같으며, 소화기 부분의 명칭을 기억하는 것이나, 전염병 예방수칙을 아는 것, 전염병 발생년도 등을 기억하는 것이 해당된다.

둘째, '지적 기술'은 기호나 상징을 활용하여 환경과 상호작용하는 능력을 뜻한다. 지적 기술은 방법적 지식이나 절차적 지식에 해당되며, '~을 할 수 있다'라는 측면에서 접근한다. 또한 알고 있는 정의를 활용하여 문제를 해결하는 것으로, 단순히 아는 것에서 그치는 것이 아닌 활용하는 측면을 포함한다. 예를 들어, 기름과 물은 섞이지 않는다는 정보를 아는 것을 바탕으로, 기름에 붙은 불을 끌 때에는 물을 부어서는 안 된다는 것을 깨닫고, 불은 산소를 차단하면 꺼진다는 정보에 의해 냄비 뚜껑을 덮어 기름 화재를 멈출 수 있다는 것이 지적 기술에 해당된다.

셋째, '인지 전략'은 자신의 학습, 사고, 전략 등 인지 과정, 다시 말해 자신의 내재적 정보를 처리하는 과정을 조절, 통제하는 능력을 뜻한다. 자신의 사고에 대한 사고로서, 경험을 통해 학습자는 자신의 내면적 행동을 성찰하고 반복하며 학습의 전략을 수립하기도 한다. 예를 들어 재난 대피훈련을 반복하여 참여하다 보니 우르르 몰려가기보다 질서 있게 서둘러 나가는 것이 더 빠르다는 것을 깨닫는 것에 해당된다. 이러한 전략은 비슷한 상황의 문제해결에서 전이되어 활용되기도 하는 것을 뜻한다.

넷째, '운동 기술'은 신체를 통해서 여러 가지 운동 기능을 수행할 수 있는 능력을 뜻한다. 이 운동 기능은 단순한 행동에서 복잡한 수준까지의 행동을 포함하는데, 비상시 화재 벨 누르기와 같은 간단한 행동부터 소화전으로 불끄기, 심폐소생술 실시하기 등 비교적 복잡한 수준에 이르는 것까지 포함한다.

다섯째, '태도'는 행동 선택에 영향을 주는 것으로 어떠한 행동에 대한 선호 경향성을 뜻한다. 학습자가 여러 종류의 상황에서 호불호에 따라 선택하게 되는 경향성으로 이는 연습이나 설명을 통해 학습되는 것이 아니며, 개인이 직접적으로 보상하거나 대리적 강화에 의해서 학습될 수 있다. 예를 들어 학습자 본인이 안전수칙을 잘 지켜 칭찬을 받거나, 다른 사람이 심폐소생술을 실시하여 하트세이버가 되었을 때 그 모습을 보고 간접적으로 영향을 받는 것과 같다.

A2. 예시답안

토의, 토론 수업모형은 학습자들이 상호 의사소통의 과정을 중심으로 위험 요소를 분석하고 안전 능력을 직접 탐구해나갈 수 있도록 돕는다. 토의, 토론 수업모형은 다양한 이야기를 나누며 능동적으로 학습할 수 있다는 점에서 매우 교육적이지만, 학습자들이 수업을 이끌어나간다는 점에서 교육자의 역할이 아주 중요하다. 해당 수업모형을 운영할 경우 교육자의 역할은 다음과 같다.

첫째, 안전교육 주제와 교육 환경에 맞는 토의, 토론 방법을 선정하여야 한다. 해당 수업모형에는 다양한 이야기를 나누는 것이 중점인 회전목마 토론, 태도나 가치를 중심으로 결론을 찾아가는 가치수직선 토론, 문제해결과 의사결정을 중시하는 찬반대립 토론 등 여러 방법들이 존재한다. 따라서 교육자는 각 방법들의 특징과 안전교육 주제, 교육 환경 등을 종합적으로 고려하여 안전교육의 목표에 효과적으로 도달할 수 있는 토의, 토론 방법을 선택하여야 한다.

둘째, 교육자는 토의, 토론의 과정에서 수업목표를 인지시키고 이끌어가는 안내자의 역할을 해야 한다. 토의, 토론 수업모형은 학습자들이 능동적으로 대화를 이끌어가며 탐구를 진행하는 만큼, 수업목표 외의 방향으로 대화가 흘러가는 경우가 잦다. 따라서 교육자는 학습자들이 의사소통 과정 전반에 문제의식, 지향점, 교육 목표가 무엇인지 인식하고 곧게 나아갈 수 있도록 안내하여야 한다.

셋째, 교육자는 학습자들이 토의, 토론에 자유롭게 참여할 수 있는 분위기를 형성해주어야 한다. 토의, 토론의 근간이 되는 것은 학습자들의 능동적인 참여이다. 교육자가 직접 개입하여 모든 것을 알려주지 않는 수업모형이기 때문에, 학습자들이 자신의 경험이나 지식을 공유하며 문제점을 해결해나가야 한다. 따라서 교육자는 대화가 잘 이어지며 탐구가 진행될 수 있도록 자유롭고 긍정적인 분위기를 형성해주어야 하며, 의사소통의 어려움에 부딪힌 경우 적절한 힌트나 도움을 줄 수 있는 역할을 해야 한다.

넷째, 토의, 토론이 효율적으로 진행될 수 있도록 인적, 물적 자원을 관리하여야 한다. 수업은 정해진 시간 내에 정해진 목표에 도달하여야 하므로, 대화가 끊임없이 이어져서는 탐구가 진행되지 않는다. 따라서 교육자는 안전교육 주제와 방법을 고려하여 토의, 토론의 단위를 2인, 4인, 그룹, 전체 등으로 나누어 진행하거나 발언 시간을 조절하여 효율적인 대화가 될 수 있도록 관리하여야 한다.

다섯째, 토의, 토론에 필요한 능력과 태도를 지도할 수 있어야 한다. 학습자들의 배경에 따라 다양한 특징이 존재하지만, 어린 학습자들의 경우에는 의사소통 능력 자체가 부족한 경우도 많다. 따라서 학습자들의 수준을 고려하여 발언 방법, 경청하는 방법, 자신의 생각을 논리적으로 전하는 방법, 감정을 배제하고 근거를 중심으로 생각하는 방법, 비판적으로 사고하고 타인의 견해를 존중하는 방법 등 다양한 역량을 교육할 수 있어야 한다. 이러한 기초 역량을 길러주어 토의, 토론을 통한 안전교육 목표가 잘 달성될 수 있도록 해야 한다.

안전사고의 원인은 대부분 사람으로부터 발생하며, 안전사고의 대응 및 재발 방지를 위해서는 정확한 원인을 분석하고 추적해야 한다. 사고의 발생 및 원인과 관련한 이론에는 '사고 피라미드 모형'과 '재해·사고 발생 5단계론' 등이 있다.

Q1. 사고 피라미드 모형의 개념과 시사점을 쓰고, 이 모형으로 설명할 수 있는 안전사고 사례 1가지를 제시하시오.

Q2. 재해·사고 발생 5단계론의 각 단계별 내용을 순서대로 설명하시오.

A1. 예시답안

사고 피라미드 모형은 하인리히가 안전사고의 발생 원인을 분석한 결과를 그림으로 나타낸 것이다. 안전사고의 발생 원인 중 인적 요인을 집중 분석해보니, 한 번의 큰 사고나 중대 사고는 그 전에 29번의 작은 사고나 특이사항이 존재하였고, 또 그 이전에는 300번 가량의 사고 징후가 존재하였다는 사실을 발견한다. 이를 피라미드 모형으로 나타내어 '사고 피라미드 모형'이라고 칭하고, 안전관리를 위해서는 사소한 징후부터 관리를 시작해야 한다는 점을 시사한다. 장난이 많거나 사소한 위험행동을 300번 하다보면, 29번 가량 작은 사고를 겪게 될 것이고, 그러다 1번의 큰 사고를 직면할 수 있으므로, 사소한 300번의 사고 징후를 하루 빨리 깨닫고 시정해나가야 한다. 또한 사고의 위험한 순간을 직·간접적으로 경험하고, 혹시나 피해를 입지 않았더라도 괜찮을 것이라며 안도, 위로하고 넘어갈 것이 아니라 잠재적 원인을 미리 규명하여 유사한 사고가 재발하지 않도록 안전 태도를 지녀야 한다. 다시 말해 안전 습관과 태도로서 생활에서 위험성을 주의 깊게 살피면서 철저한 안전관리를 해야 한다는 시사점도 포함되어 있다.

사고 피라미드 모형으로 설명할 수 있는 안전사고 사례로는 과거의 '○○백화점 붕괴사고'를 떠올릴 수 있다. 이 백화점은 건설 초기 단계에서부터 철근 부족 문제, 하중 초과 문제 등 사소한 문제들이 많이 발생하였다. 더불어 건물이 완성된 이후에는 관리 부실의 문제까지 이어졌다고 한다. 이렇게 작은 사고 징후들이 300회 가량 누적되었을 것이라 추측할 수 있다. 그러다 결국 건물의 벽에 금이 가거나 콘크리트가 부서지기도 했고, 에어컨 진동이 이상하다며 신고가 잦았다. 이후에 전문가의 진단을 받았으나, 안전사고가 예측됨에도 제대로 된 대처를 취하지 않았던 것이다. 이러한 사소한 증상, 사안들이 29회의 작은 사고로 작용하였을 것이다. 결국 이 백화점은 여러 문제들을 견디지 못하고 붕괴되었으며 수많은 인적, 물적 피해를 안겨주게 되었다. 사전에 대처, 보완 가능했던 작은 징후와 사고들을 간과하였기에 1번의 큰 사고, 재난이 발생하였던 것이다. 이는 하인리히의 사고 피라미드 모형의 흐름과 동일한 맥락을 가지고 있다고 할 수 있다. 이 외에도 사회적으로 문제가 되었던 큰 안전사고들 또한 사고 원인과 흐름을 분석해 보면 사고 피라미드 모형과 같은 배경을 지니고 있을 것이라 유추할 수 있다.

A2. 예시답안

재해·사고 발생 5단계론은 하인리히의 도미노 이론에서 지적받았던 내용을 보완하여 제안된 것이다. 하인리히가 인적 요인을 중심적으로 분석해왔지만, 안전사고에서는 인적 요인 외의 것들도 함께 고려해야 한다고 비판을 받아왔다. 따라서 인적 요인에 더불어 통제, 관리, 재산이나 운영 과정 중 손실의 개념까지 포함한 재해·사고 발생 5단계론이 거론되었다. 이 이론에서는 안전을 책임지는 관리자의 통제 부족과 개인적, 작업상의 원인 또한 중점적으로 관리하여야 안전사고가 예방된다고 주장한다.

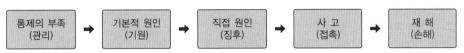

분류		내용
1단계	통제의 부족 (관리)	• 관리자의 안전관리 활동 미흡, 안전계획 수립 및 실천의 미흡이 사고의 원인이 될 수 있다. • 사고가 발생하지 않기 위해서는 관리자가 안전계획, 실천, 평가를 철저히 해야 하며 안전통제에 힘써야 한다. • 하인리히 도미노 이론과 차이를 가지는 부분이다.

2단계	기본적 원인 (기원)	• 관리자의 통제가 부족한 환경에서 기본적인 원인들이 발생하는 단계이다.
		• 기본적 원인의 결함으로 인해 사고가 발생, 확대되어 가며, 이후 직접적인 징후로 드러난다.
		• 하인리히 이론에 덧붙여 개인의 불안정한 심리, 질병 상태 등까지 범주로 포함시킨 것이 차별점이다.
		• 기본적인 원인(4M)
		  – 개인적 요인(Man) : 잘못된 사용 및 조작, 실수, 불안한 심리 등
		  – 작업적 요인(Media) : 작업에 대한 정보 부족, 작업환경의 불량 등
		  – 기계·설비적 요인(Machine) : 설계, 제작에 대한 착오, 기계 고장 등
		  – 관리적 요인(Management) : 안전 조직 미구축, 안전교육 및 훈련의 부족, 잘못된 지시 등

3단계	직접 원인 (징후)	• 사고에 직접적으로 영향을 끼치는 직접원인이 되며 위험한 상태에서 위험한 행동을 하여 사고를 발생시키는 단계이다.
		  – 불안전한 상태 : 바닥에 기름이 떨어져 있는 상태, 위험물이 방치되어 있는 상태, 안전장치가 준비되어 있지 않은 상태 등
		  – 불안전한 행동 : 안전장비 미착용, 젖은 손으로 전기기구를 만지기, 위험요소를 무시하는 행동 등

4단계	사고 (접촉)	• 1~3단계의 원인들이 연쇄되어 직접 사고가 일어나는 단계이다. • 각종 위험 징후들이 근간이 되어 사고가 발생한다. – 가연성 물질 폭발, 안전 고정 장치 파열로 기계 충돌, 콘크리트 분열로 인한 건축물 붕괴 등
5단계	재해 (손해)	• 사고로 인해 최종적으로 지해나 재난이 발생하여 손해를 입는 단계이다. • 폭발사고나 안전장비 사고로 인해 사망이나 외상, 골절, 화상 등 인명 피해가 생기거나 기타 여러 경제적, 사회적 재해를 입는 경우에 해당한다. • 본 단계에서 재산상의 손해까지 고려하였다는 점이 하인리히 이론과의 차별점이다.

소방안전교육사 나안전 선생님은 행복고등학교 25명의 학생을 대상으로 학교 안전교육을 준비 중이다. 안전교육의 목적을 고려할 때, 학교 안전교육은 대상에 따라 목표와 교육 방법이 달라져야 한다. 따라서 나안전 선생님은 고등학교 청소년기의 발달단계 특성을 반영한 교육을 설계하고자 한다.

Q1. 안전교육의 궁극적인 목적에 대해 설명하시오.

Q2. 학교 안전교육 중 추락 방지교육을 위한 학습목표를 설정하려고 한다. 행위동사를 포함하여 진술한 학습목표 2가지를 제시하시오.

Q3. 고등학교 청소년의 발달단계 특성을 고려한 학교 안전교육의 수업지도 방법을 3가지만 쓰고, 각각의 지도 방법을 선정한 이유를 설명하시오.

A1. 예시답안

안전교육의 목적은 인간이 일상생활에서 개인 및 집단의 안전에 필요한 지식과 이해를 증진시키고, 사고에 대처할 수 있는 행위기술을 습득하기 위함이다. 이와 더불어 올바른 가치와 태도를 가져 사회가 안전을 유지하고 건설적인 방향으로 발전해나갈 수 있도록 지원한다는 점에도 그 의의를 갖는다. 안전교육의 궁극적 목적으로는, 첫째, 화재 및 재난으로부터 생존을 위한 능력 배양과 자신과 타인을 보호할 수 있는 능력을 갖게 하기 위함이다. 둘째, 안전에 대한 인식과 이해도를 높여 국민의 무관심을 타파하고, 불감증을 해소하기 위함이다. 셋째, 가종 안전사고에 대한 대응능력을 향상과 안전에 대한 중요성을 각성시키기 위함이다. 결론적으로, 안전은 인간에게 반드시 필요한 요소이기에, 안전교육의 목적을 여러 방면에서 무궁무진하게 서술할 수 있다.

A2. 예시답안

고등학생을 대상으로 추락 방지교육을 위해 설정할 수 있는 학습목표는 다음과 같다.

첫째, 일상생활 속 추락 사고의 원인을 이해하고, 위험성을 설명할 수 있다.

둘째, 추락 사고 시 대처 방법과 예방 안전수칙을 실천할 수 있다.

A3. 예시답안

고등학생을 대상으로 안전교육을 실시할 때에는 신체적 발달, 인지적 발달, 사회·정서적 발달 수준을 정확하게 분석하여 그에 맞는 수업모형 및 수업지도 방법을 적용하여야 한다. 따라서 각각의 발달특성에 맞추어 문제의 나안전 선생님이 적용할 수 있는 수업지도 방법을 제안하고자 한다.

첫 번째, 문제해결 수업모형을 적용할 수 있다. 고등학생 시기의 인지적 발달특성을 살펴보면 진보된 추론 기능과 추상적으로 생각하는 능력이 발달된다는 점이 중요하다. 고등학생은 피아제의 인지발달이론의 형식적 조작기에 해당되는데, 중학생 시절부터 보이기 시작한 형식적 조작기의 특성들이 더욱 심화되고 발전하게 되어 어떠한 문제에 포함되어있는 전체 가능성을 탐색하는 능력과 가설적으로 생각하는 능력,

그리고 논리적으로 사고하는 능력을 갖게 된다고 한다. 더불어 이 시기에는 추상적으로 생각하는 능력이 발달되어 직접 보거나 경험하지 못하더라도 추상적으로 생각하여 사고하는 과정이 가능해진다고 한다. 따라서 학습목표로 설정한 추락 사고의 원인을 이해하고 위험성을 설명하기 위해서는 학생들이 추락 사고의 문제점을 직접 탐구하고 분석하여 그 원인과 위험성을 분석해낼 수 있어야 한다. 이를 위해서 소방안전교육 사는 추락 사고와 관련된 여러 사례 및 자료들을 준비하고 고등학생이 이를 귀납, 연역적으로 분석하여 추락 문제를 해결해나가도록 구안할 수 있다. 원인과 위험성을 분석하였다면 이러한 문제를 해결하기 위한 방안에는 무엇이 있는지 창의적으로 구상해보고, 실제로 활용되고 있는 대처법을 찾아 문제를 해결하도록 제안 활동까지 진행할 수 있다. 추락 사고의 원인, 위험성을 아는 것에서 멈추는 것이 아니라, 자기 주도를 바탕으로 직접 문제해결을 할 수 있게 활동을 계획하면 고등학생 학습자들이 일상생활 속에서 추락 문제를 예방하고 능동적으로 대처할 수 있도록 삶과 연계되는 수업을 진행할 수 있기에 이 지도 방법을 선정하였다.

두 번째, 실습·실연 수업모형을 적용할 수 있다. 고등학생 시기의 신체적 발달특성을 살펴보면, 자신의 신체적 특성과 능력에 대하여 어느 정도 수준인지 이해하고 있으며 이를 바탕으로 자신의 재능을 펼쳐나갈 준비가 되어 있다. 또한 대근육 및 소근육 운동도 성인 수준으로 발달하였기 때문에 빠르고 강한 동작, 세밀한 동작 모두 가능하며 성인 수준을 상회하는 경우도 있다. 이러한 수준의 고등학생들에게는 추락 사고의 간접 경험뿐만 아니라 대처 방법, 예방 방법 등을 몸으로 직접 익히고 연습하는 과정이 안전기능을 익히는 데 효과적일 수 있다. 따라서 추락 사고의 장면을 비슷하게 마련해 놓은 체험장에 방문하여 학생들이 직접 미끄러지거나 떨어져보며 왜 사고가 일어나는지 깨닫게 한다. 그리고 넘어졌을 때 어떻게 대처해야 하는지, 주변에서 추락 사고를 보았을 때 어떻게 대처해야 하는지 직접 실연해보게 한다. 이렇듯 실습·실연 수업모형을 적용하여 지도하게 된다면, 고등학생들이 몸으로 직접 참여하다 보니 어떻게 해야 추락 사고를 예방하고, 추락 시 부상을 줄일 수 있는지 몸소 깨달을 수 있으며 행동을 반복적으로 수행하여 안전 습관을 형성하기도 쉽다. 추락하여 누군가 다쳤을 경우 어떻게 대처해야 하는지 실연해보면서 성인으로서 안전 사고 대처 방법과 예방 수칙 실천을 직접 할 수 있다는 학습목표를 달성할 수 있기에 이 지도 방법을 선정하였다.

세 번째, 가정·지역사회 연계 학습모형을 적용할 수 있다. 고등학생 시기에는 사회적으로 다른 사람들과 적절하게 관계를 유지하고 상호작용할 수 있는 능력이 발현되며 타인의 생각에 공감하고 타협하며 협력할 수 있게 된다. 또한 고등학생에게는 자율성, 정체성, 미래정향 세 가지 요소의 발달이 필요하며, 그 과정에 책임감이 형성되어가는 경험을 한다고 한다. 이러한 특성을 고려하여 가정·지역사회 연계 학습모형을 적용해보자면, 고등학생들이 먼저 안전교육을 통해 학습한 추락 사고의 원인, 위험성, 안전수칙, 사고대처 방법을 익히게 한다. 지역사회 유관기관에 방문하여 직접 체험하거나 추락, 미끄럼 사고에 철저하게 대비하고 있는 지역사회를 통해 배울 수도 있다. 이렇게 지식, 기능 측면의 기초가 마련되었다면 이를 기반으로 다시 가정과 지역사회로 확산시켜 나가도록 한다. 가정 단위로 추락 사고를 예방할 수 있도록 안전 장치를 마련하거나 학교 및 마을 단위에서 미끄럼, 추락 방지 캠페인을 진행할 수도 있다. 단순히 안전교육으로 수업이 끝나는 것이 아니라 가정과 사회에 환원한다는 점에 큰 의미가 있고, 고등학생들이 발달특성과 관련하여 안전 생활 태도, 습관 측면에서 자아효능감, 자기통제력, 책임감까지 기를 수 있게 된다. 이러한 일련의 과정이 진행된다면 고등학생들은 자신의 발달특성에 상호작용하며 추락과 관련된 안전 지식, 기능, 태도를 겸비한 안전 문화를 형성할 수 있기에 이 지도 방법을 선정하였다.

다음 그림은 안전교육 교수·학습을 위한 일반적 수업과정과 절차의 구체적 운영방안을 단계별로 나타낸 것이다. 그림을 참고하여 답하시오.

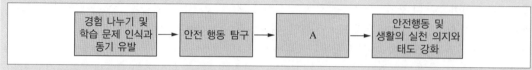

Q1. A 단계에서 이루어지는 안전교육의 목표를 고려할 때, 교수·학습 과정에서 교수자가 중점을 두어야 할 사항에 대해 5가지 설명하시오.

Q2. 소방안전교육사 나안전 선생님은 A 단계에서 '현장 견학·체험 수업모형'을 적용하고자 한다. 해당 수업모형을 적용할 때, 교수자가 취해야 할 '안전조치 및 확인사항'에 대해 5가지 제시하시오.

A1. 예시답안

안전교육의 일반적 운영 방안에 의하면 A는 '안전 행동 기능 실습'에 해당되는 단계이다. 안전 행동 탐구를 통해 지식을 겸비하였다면, 안전 행동을 할 수 있도록 기능을 익히고 그 숙련도를 높이는데 목적이 있다. 안전 행동 기능 실습을 진행할 때 교수자가 중점을 두어야 할 사항은 다양하지만 다음과 같은 사항을 고려하여야만 교수·학습 효과가 증진된다.

• 학습자가 가지고 있는 안전 지식을 적극적으로 활용하여 몸으로 행동할 수 있는 활동으로 행동적 접근의 수업을 계획, 구상하여야 한다.

• 학습자가 위험을 미리 예측하여 예방하거나, 위험한 상황이 발생했을 때를 가정하여 행동 수칙에 따라 대처하는 실습을 하는 데 중점을 둔다.

• 안전행동 및 실천기능을 기르기 위해 실습·실연형, 모의훈련 등의 교수법을 통해 역량 증진을 도모하는 전략을 사용할 수 있다.

• 활동 중에 발생할 수 있는 위험 상황을 미리 예상하고 대비하여야 한다(안전장비 설치, 사전 학습자 안전교육, 안전대책 마련 등).

• 교육활동에 필요한 교구 및 기자재는 학습자의 수준, 상황, 발달특성에 맞게 준비한다.

• 학습 주제 및 학습자의 요구에 따라 학습 규모를 조절하며 활동을 구성하여야 한다(개인, 소집단, 대집단, 전체 활동 등).

A2. 예시답안

현장 견학·체험 수업모형을 적용하고자 할 때 교수자는 다른 수업모형보다 더욱 많은 요소들에 대해 신경 써야 한다. 안전교육을 위한 체험에서 위험 사고가 발생하는 것만큼 모순적인 것은 없기 때문이다. 또한 본 수업모형의 효과를 극대화하고, 수업의 본질을 찾기 위해서는 교수자가 다음과 같은 안전조치 및 확인 사항을 점검하여야 한다.

- 현장 견학 및 체험을 하는 이유와 필요성에 대해 논의하고 공유하여야 한다.
- 안전교육의 목표를 달성할 수 있도록 사전 준비 및 계획을 철저히 수립한다.
- 견학 및 체험을 실시하기 전에 학습자의 준수 사항에 대해 철저히 사전·현장 지도한다(질서, 규칙, 안전 사항, 예절, 협동, 책임완수 등).
- 견학 및 체험을 통해 양질의 학습 경험을 얻을 수 있도록 하며, 경험 후 학습 내용을 정리하고 발표, 공유하며 안전교육의 목표를 달성할 수 있도록 한다.
- 활동을 통해 얻은 결과나 경험에 대하여 분석, 토의, 정리하는 과정을 통해 안전 지식의 정신과 일반화 과정을 거치게 한다.
- 견학 및 체험을 통해 얻은 지식, 기능을 안전 생활 태도와 관련 짓고, 실천 의지를 다질 수 있는 마무리 과정을 준비해야 한다.

Q. 사고 발생 이론 중 하인리히 이론과 버드 이론의 공통점과 차이점을 서술하시오. 또한 두 이론이 소방안전교육에 중요한 이유를 서술하시오.

예시답안

사고발생 이론 중 하인리히 이론과 버드 이론 모두 사고가 발생하는 과정이 연쇄되어 있음을 강조하였고, 그 연쇄 과정을 끊어내는 것이 사고예방의 핵심이라고 하였다. 이러한 공통점 속에서도 사고의 원인을 무엇으로 보는지, 해결하기 위해서는 어떻게 해야 하는지 비교해보면 그 차이점은 명확히 드러난다.

1. 하인리히 이론

① 하인리히는 도미노 이론을 활용하여 사고의 단계를 5단계로 분석하였다. 1~2단계는 사고에 간접적으로 영향을 끼치는 간접원인이며 3단계는 사고에 직접적으로 영향을 끼치는 직접원인에 해당된다. 사고를 예방하기 위해서는 직접 원인인 3단계의 불안전 상태와 불안전 행동을 제거하는 것이 필요하다고 강조하였다.

구 분	설 명
1단계	사회적 요소, 가정적 요소, 유전적 요소
2단계	개인적 결함
★3단계	불안전 상태 · 불안전 행동 → 제거하여 사고를 예방★
4단계	사 고
5단계	재 해

② 미미한 사고의 발생 횟수는 중·경 상해를 합친 사고의 10배라는 점을 언급하며 '재해의 피라미드 모형'을 제시하였다. 한 번의 대형 사고를 분석해보면 그 이전에 29번의 작은 사고들이 분명히 존재하였고, 이 작은 사고들의 이전에는 300번의 사소한 위험 징후들이 존재한다는 것이다.

2. 버드 이론

① 버드 이론은 사고가 발생하는 단계를 5단계로 제시하였는데, 하인리히의 이론에서 3단계인 불안전 상태와 불안전 행동을 제거하여도 사고가 발생한다는 점을 지적하였다. 따라서 버드의 이론에서는 1단계에서 안전을 책임지는 관리자의 통제 부족을 문제 삼았고, 2단계에 해당하는 기본원인을 중점적으로 제거하여야 사고가 예방된다고 하였다.

구 분	설 명
1단계	통제의 부족(관리)
2단계	기본적 원인(4M : 개인적 요인/작업적 요인/기계·설비적 요인/관리적 요인)
3단계	직접 원인(불안전 상태, 불안전 행동)
4단계	사고(접촉)
5단계	재해(손해)

② 재해의 발생비로 1(중상) : 10(경상) : 30(손실 ○, 상해 ×) : 600(손실 ×, 상해 ×)의 사고 법칙을 제시하였다.

3. 이론의 공통점과 차이점

① 두 이론의 공통점으로는 사고의 과정을 분석하여 5단계로 나타낸 뒤 각 단계에서 문제가 되는 부분을 제거하면 대형 사고를 예방할 수 있다고 한 것이다. 또한 재해는 항상 사소한 것을 방치한 것에서부터 시작되며, 이 사소한 문제들이 발생하였을 때 상세히 살펴 원인을 파악하고, 잘못된 행동이나 상태를 발견한 즉시 이를 시정하여야 함을 강조하였다. 결국 사고의 연쇄 과정을 끊어내는 것이 사고를 막는 방법이라고 공통적으로 시사하였다.

② 두 이론의 차이점으로는 사고의 연쇄 과정 중 어디를 어떻게 끊어내는지에 대한 부분에 차이가 있다. 물론 직접 원인을 제거한다는 것은 비슷하지만 사고의 과정에서 문제가 발생하는 원인을 조금 다르게 접근하였다. 하인리히는 3단계인 직접 원인인 불안전 상태와 행동을 제거하면 사고가 예방가능하다고 하였지만, 버드 이론에서는 이것만으로는 부족하다고 하였다. 버드 이론의 1단계에서 관리자의 위험 요소 통제와 안전장치 관리 등과 같은 제도개선이 필요하다고 하였으며, 2단계에서 기본적인 원인인 4M(개인적 요인, 작업적 요인, 기계·설비적 요인, 관리적 요인)을 해소하는 것이 더 필요하다고 하며 차이점을 드러냈다.

4. 소방안전교육에 주는 시사점

두 이론이 소방안전교육에 중요한 이유는 다른 사고발생이론과 맥을 같이 한다. 일상생활에는 우리의 안전을 위협하는 수많은 위험 요소들이 존재한다. 그리고 우리는 이 위험 요소들과 함께 생활하며 안전에 대해 고민하기도 한다. 하지만 그때 위험에 대해 진단하고, 안전장치를 점검하지 않으면 방치 하나가 대형 사고를 초래하기도 한다. 하인리히 이론과 버드 이론 모두 결국 철저한 안전의식과 안전관리를 통해 도미노처럼 쓰러지는 사고의 단계를 끊어내야 한다는 것을 강조한다. 따라서 소방안전교육을 통해 위험을 인지하고 구분하는 능력을 기르고, 이 능력을 기반으로 하여 우리의 안전한 생활을 점검하여야 한다.

> Q. 교육활동이 효과적으로 이루어지려면 학습자의 참여는 필수적이다. 안전교육의 효과를 높이기 위해 학습자의 동기를 자극할 수 있는 방안을 제시하고, 동기가 필요한 이유를 안전교육의 목적과 연관 지어 설명하시오.

예시답안

안전교육을 실시하는 이유는 학습자들이 안전한 생활을 하도록 가르치기 위함이다. 하지만 학습자들이 교육에 흥미를 갖지 못하거나, 집중을 포기하게 된다면 교육의 의미는 유명무실하게 된다. 따라서 안전교육에서 교육자는 학습자의 동기를 자극하며, 수업에 매료시키는 힘이 필요하다.

따라서 우선 동기의 정의를 알아보고, 동기를 자극할 수 있는 방법과 관련하여 강화 이론과 켈러의 동기설계 모형(ARCS)을 언급하고자 한다.

1. 동기의 정의

안전교육을 통해 이러한 본 목적을 달성하기 위해서는 학습자가 의욕을 가지고 교육에 참여하려는 자세가 필요하다. 의지, 의욕을 다른 말로 '동기'라고도 표현하는데, 학습 과정에 얼마나 집중하고 몰입하며 참여하려고 하는지를 '학습동기'라고 부른다.

동기는 외적 동기와 내적 동기로 구분할 수 있다. 외적 동기는 외적 보상을 받기 위해 노력하거나 만족하려는 기준을 충족시키기 위하여 특정한 행동을 하려는 동기를 뜻한다. 외적 동기를 유발하기 위해서는 활동에 대하여 긍정적인 보상(선물, 점수, 성과급, 수당, 승진 등)을 주거나 부정적인 요소를 제거(벌점 면제, 체벌 회피 등)해주는 것이 해당된다.

내적 동기는 과제 자체에 흥미나 과제 수행 과정에 수반되는 즐거움, 만족을 얻기 위해 행동하려는 의지를 뜻한다. 내적 동기를 유발하기 위해서는 학습자가 과제에 흥미를 느끼고 재미를 느끼도록 유도하거나, 의미부여를 통한 자존감 및 자부심을 고양시켜주는 방법이 있다. 교육적 가치를 생각하면 외적 동기보다는 내적 동기에 집중하여 학습자를 몰입시키는 것이 좋다.

2. 강화 이론

학습자의 동기를 자극하고 관리하기 위해서는 강화 이론을 생각해볼 수 있다. 강화라는 것은 학습자의 어떠한 행동을 격려하여 고착시키거나, 저지하여 하지 못하게 할 때 활용된다.

종류	내용
정적강화	• 바람직한 행동에 대하여 좋은 결과를 제공하여 그 행동의 빈도를 높이는 것 예시) 발표할 때마다 칭찬, 보상, 선물 제공
부적강화	• 불편한 요소를 제거해주어 바람직한 행동의 빈도를 높이는 것 예시) 문제를 열심히 풀면 강의를 일찍 끝내주는 것
수여성 벌	• 바람직하지 않은 행동에 대해 불편한 요소를 제공하여 그 행동의 빈도를 낮추는 것 예시) 지각한 경우 벌점, 체벌
제거성 벌	• 바람직하지 않은 행동에 대해 바람직한 결과를 제거하여 그 행동의 빈도를 낮추는 것 예시) 수업에 열심히 참여하지 않은 경우 쉬는 시간 박탈

3. 켈러의 동기설계모형(ARCS)

학습자들이 어떻게 하면 수업에 집중하고 동기를 가지며 참여할 수 있게 만들지에 대한 내용이다. 학습자의 동기를 자극하기 위해서는 교수·학습 과정을 설계할 때부터 여러 요소들을 고려하여 수업을 계획하여야 한다고 하였으며, 그 내용을 주의집중(Attention), 관련성(Relevance), 자신감(Confidence), 만족감(Satisfaction)으로 언급하였다.

구 분	설 명	전 략
주의집중 (Attention)	학습자의 흥미를 유도하고 학습에 대한 호기심을 유발하여 수업에 참여시키는 전략	지각의 환기 탐구의 자극 변화 다양성
관련성 (Relevance)	학습자가 학습에 대한 필요성을 느끼고, 학습경험에 대한 가치를 학습자 입장에서 최대한 높여주는 전략	목표 지향성 동기에의 부응 경험 친숙성
자신감 (Confidence)	학습자 자신이 학습에 대해서 자신감을 가지고 활동에 적극적으로 참여함으로써 학습 과정을 강화하는 전략	학습 요건들 성공 기회 개인적 통제
만족감 (Satisfaction)	자신들의 학습경험에 만족감을 느끼면서 계속적으로 학습하려는 의지를 갖게 만드는 전략	자연적 결과 긍정적 결과 공정성

4. 안전교육의 목적

안전교육의 목적을 살펴보면 다음과 같다.

① 안전에 대한 인식과 이해를 높여 국민의 무관심과 안전 불감증을 해소한다.

② 각종 안전사고에 대한 대응능력을 향상시키기 위한 홍보활동을 지속적으로 전개하여 안전교육의 중요성을 인식시킨다.

즉, 안전교육을 통해 안전 불감증을 해소하고, 안전교육의 중요성을 인식시키며 안전과 관련된 지식, 기능, 태도를 반복적으로 가르쳐 안전 생활습관을 기르는 것이다. 결국 국민들의 안전한 삶을 영위하기 위한 밑바탕을 마련해주는 것이다.

5. 학습자 동기와 안전교육

지금까지 동기의 정의와 활용 방법, 그리고 안전교육의 목적에 대하여 살펴보았다. 결국 안전교육은 수업을 통해 학습자들의 안전 소양과 기능을 신장시키고, 태도 및 습관을 형성하여 안전한 대한민국을 만들기 위한 것이다. 이는 양질의 수업으로만 가능한 것이 아니라, 실제 수업 속에서 학습자들이 얼마나 의욕을 가지고 열심히 참여하는지가 중요하다. 학습자가 수업에 몰입되지 않으면 그 어떤 훌륭한 수업도 교육적 의미를 상실하기 때문이다.

따라서 안전교육의 목표를 달성하기 위해서는 학습자의 의욕, 즉 동기를 자극하여 학습에 몰입시키는 과정이 필요하다. 안전지식을 익힌 뒤 교육이 끝나는 것이 아니라, 동기를 바탕으로 생활 속에서 안전기능을 실천하여 실제로 안전한 생활을 영위하는 것이 교육목표인 것에서 동기의 중요성을 찾아볼 수 있다. 따라서 소방안전교육사는 안전교육을 위해서 양질의 교수지도계획서, 수업진행뿐만 아니라 학습자의 동기를 어떻게 극대화시켜야 할지에 대해 고민하여야 한다.

학습자 동기는 사실 어떠한 교육이든 가리지 않고 필수불가결한 요소이다. 하지만 우리의 인생에서 가장 중요한 것은 안전이므로, 안전교육에서의 학습자 동기는 더더욱 필요하고 간절하다. 학습자들의 동기를 자극하여 안전교육에 매료시켜 안전불감증을 타파하고 안전사고 대응능력을 신장시키자.

Q. 사회복지관에서 안전교육을 의뢰받은 소방안전교육사는 수업을 설계하는 과정에서 고민에 빠졌다. 효율적인 교수·학습 과정을 위해 소방안전교육사가 알아야 할 노년기의 특성과 교육활동에 고려할 사항에 대하여 서술하시오.

예시답안

교육적 효과가 극대화되기 위해서는 학습자의 특성을 분석하고, 이에 맞춘 적절한 교육자의 교육활동이 필요하다. 소방안전교육은 영유아기의 어린 나이부터 성인기를 거쳐 노년기, 장애인 등의 전 국민을 대상으로 하기 때문에, 교육자는 각 학습자의 특성을 면밀하게 분석하고 이해하여야 한다.

1. 노년기 학습자의 특성

인간의 발달 과정을 구분 지을 때, 노년기란 65세 이상의 성인들을 뜻한다. 노년기 학습자들은 우리가 일반적으로 생각하는 학생, 청소년, 성인 학습자와는 명확하게 다른 특성을 지닌다. 교육활동을 진행함에 있어 전반적으로 신체적, 정신적으로 학습에 어려움을 겪으며, 학습자도 배우기 힘들고 교육자도 가르치기 힘들다는 느낌을 자주 받는다.

노년기 학습자는 신체적으로 활동성이 감퇴되고, 지각 및 관찰능력도 감퇴된다. 또한 정신적 쇠퇴까지 진행되어 사고능력이나 탐구능력이 저하되고 인내력, 협동심, 흥미 등과 같은 정의적인 부분까지 감퇴된다. 이와 반대로 노년기에는 자기중심적인 성향은 증가하여 이미 오랜 시간 동안 고수해온 자신의 가치관, 생활방식이 고착되어 있다. 때로는 이 부분이 안전교육에서 큰 고난이자 걸림돌이 되기도 한다.

뿐만 아니라 심리적으로도 우울증을 겪는 경우가 많아 위험한 상황에서 극단적인 선택을 하기도 하다. 신체적 질병 및 경제력 약화 등으로 사회로부터 고립됨을 느끼며 자신에 대한 통제력이 줄어든다. 죽음을 앞둔 경우 자신이 더 이상 안전과 관련이 없으며, 위험해도 괜찮다는 생각을 가지기도 한다.

2. 교육자 고려사항

노년기 학습자를 대상으로 안전교육을 실시하기 위해서는 일반적인 안전교육과는 다르게, 교육주제부터 학습 환경, 교수매체, 교수방법 등 전반적인 사항을 고려하여 진행하여야 한다. 우선 노년기 학습자는 안전교육 유지기로서 안전 환경을 확보하는 것이 안전교육의 핵심이 된다. 안전지식을 넓히거나 타인의 안전을 지키는 것이 아닌, 자신의 생활환경에서 안전을 확보하는 교육을 해야 하는 것이다.

문제에서 언급된 사회복지관의 안전교육을 진행하려면 우선 교육주제에 대한 분석과 함께 노년기 학습자들이 생활하는 환경 요소도 분석을 하여야 한다. 사회복지관에서 화재대피교육을 원한다면 해당 시설에 어떠한 화재대피시설이 구비되어 있는지 알아야 하며 어르신들이 활용하기에 적합한지 등을 먼저 따져보아야 한다. 그리고 환경 요소에 맞는 대응요령 및 행동수칙을 사전에 연구하여 각 기관, 학습자 개개인에게 맞는 맞춤형 안전지침이 교육되어야 한다. 일반적인 안전수칙을 전달하는 안전교육은 탐구능력, 적용능력이 감퇴되는 노년기 학습자들에게는 적합하지 않다.

노년기 학습자들은 자신의 가치관이나 생활방식이 고착되어 있는 경우가 많다. 따라서 안전한 생활을 위해 자신의 생각을 바꾸어야 하는 경우에도 쉽게 수정하지 못한다. 이러한 경우 교육자는 더욱 난항을 겪게 되며, 결국 안전교육을 진행하였으나 교육적 효과는 확보하지 못하게 되는 것이다. 따라서 교수매체 및 활동을 설계할 때 노년기 학습자들의 기존 인지구조를 깰 만한 요소를 준비하여야 한다. 노년기 학습자가 자신의 생각이 잘못되었다는 인지적 불균형을 경험할 수 있는 자료나 활동을 계획하여 직접 경험해보게 하는 것이 필요하다.

노년기에는 이미 청년, 성인기를 거쳐 직업에서 퇴직한 상황이기 때문에 자신이 몸담았던 직업군의 전문성을 가지고 있는 경우가 많다. 또한 노년기에는 과거를 좇는 경향이 강한데, 이러한 특성을 적극적으로 활용하여 안전교육에 필요한 요소를 노년기 학습자에게 끌어오는 활동도 계획할 수 있다. 학습자를 교육에 참여시켜 교육적 효과를 극대화할 수 있으며, 동시에 노년기의 무기력한 학습의욕을 고무시킬 수도 있다.

이 외에도 노년기 학습자를 교육하기 위해서는 다양한 사항들을 고려하여야 한다. 교육자는 학습자 본인이 스스로 안전교육이 필요하다고 느낄 수 있도록 수업분위기를 구성하여야 하며, 학습한 내용을 노년기 학습자 자신의 생활에 즉시 활용할 수 있도록 교육하여야 한다. 노인교육은 노년기의 성장을 경험하게 하고 노인의 자립과 안전한 생활 영위에 도움을 줄 수 있도록 다양한 측면에서 고심해보아야 한다.

Q. 효과적인 안전교육을 위해서는 학습대상과 교육주제에 알맞은 교수·학습모형을 선택하여야 한다. 탐구학습 중심 수업모형의 특징을 서술하고, 안전교육에서 탐구학습 중심 수업을 활용하면 좋은 예시를 두 가지 들어보시오.

예시답안

교수·학습모형에는 크게 실천체험 중심/탐구학습 중심/직접교수 중심 수업모형으로 나누어 생각해볼 수 있다. 안전교육은 행동주의에 입각하여 가르치는 경우가 많아 직접 행동을 반복적으로 실연해보고 몸에 익히는 활동이 대다수이다. 따라서 실천체험 중심 수업모형으로 진행되는 경우가 많다. 때때로는 강의환경에 따라 직접교수 중심으로 이루어지는 경우도 많지만, 탐구학습 중심 수업모형으로 안전교육이 진행되는 경우를 보기는 쉽지 않다. 하지만 탐구학습 중심 수업모형도 그 본질을 이해하고 활용한다면 그 어떤 안전교육보다 효과적인 수업을 만들어낼 수 있을 것이다.

1. 탐구학습 중심 수업모형의 특징

탐구학습 중심 수업모형은 가르치고자 하는 내용에 대하여 학습자들이 생각하고 분석하며, 탐구하는 과정에서 스스로 개념을 형성해가며 학습하는 수업모형이다. 교육자는 단순히 지식을 일러주거나 일방적으로 제시하지 않고, 학습자가 스스로 알아갈 수 있는 자료나 정보를 제공하고 활동을 유도해나간다. 따라서 수업 분위기는 교육자 중심이 아닌 학습자 중심이라고 할 수 있다. 탐구학습 중심에 해당하는 수업모형으로는 토의, 토론, 조사, 관찰, 집단 탐구, 문제 해결 수업모형 등이 속한다.

개별 또는 모둠 등 집단의 사고 과정을 통해 개념을 형성하기 때문에 그 과정에서 의사소통능력과 문제해결능력, 자기주도력을 신장시킬 수 있으며, 다른 사람의 이야기를 경청하는 자세, 협력하는 마음, 스스로 만든 규칙을 지키고자 하는 다짐 등과 같은 정의적 영역을 교육하기에 수월하다는 장점도 있다.

교육자는 학습자의 수준에 알맞은 교육주제를 선정하여야 하며, 교수·학습 자료를 마련하여야 한다. 더불어 학습자들이 스스로 학습을 해나가는 과정을 지속적으로 살펴 활동이 잘못된 방향으로 진행되지 않도록 확인하고 점검하며 피드백을 제공하여야 한다. 따라서 탐구학습 중심 수업모형에서의 교육자는 선생님보다는 학습의 안내자, 조력자, 독려자인 것이다.

2. 안전교육에서의 탐구학습 중심 수업모형 활용 예시

첫 번째 예시로, 문제해결 학습모형을 활용하여 교통안전교육을 실시하는 것이다. 실제로 초등학교 사회교과서를 살펴보면 우리 고장의 문제를 찾아 해결해보는 단원이 있는데, 교육 과정과 안전교육을 접목시켜 문제해결 수업모형을 설정하여 학습자들이 살고 있는 지역의 교통안전문제를 분석해본다. 불법주차, 무단횡단, 교통사고 등과 같은 여러 교통 문제 중 학습자들에게 필요한 문제를 선정하고 이에 대한 원인과 해결책을 분석해보도록 한다. 학습 과정에서 필요한 경우 서적, 스마트기기 등을 활용한 조사 및 발표활동을 추가하여 탐구학습 중심 수업모형의 강점을 더욱 활용할 수도 있다. 학습자들이 자신이 직접 겪고 있는 교통안전문제를 선택하고 원인 분석 및 해결책을 제시하여 이를 하나의 안전 매뉴얼로 형성해보게 함으로써 활동을 마무리한다. 이러한 과정으로 안전교육에 임하게 된다면 학습자들은 학습에 더욱 몰입되어 머리와 마음, 몸에 안전의식이 각인되기 쉽다. 또한 자신들이 만든 해결책을 실천하고자 하는 마음가짐을 가지고, 생활 속에서 실천하도록 유도하면 안전한 우리 지역과 안전 교통 문화를 형성할 수도 있다.

두 번째 예시로, 생활 위험 진단 및 안전 문화 만들기 수업을 진행할 수 있다. 체험 중심 및 직접교수 중심에서는 교육하기 힘든 정의적 요소를 강조하며 학습자 자신들의 생활에 직면하는 위험 요소를 진단 해보고, 안전한 문화를 만들어나가는 분위기를 형성하는 수업을 계획하는 것이다. 관찰학습을 통해 학습자들이 일정 기간 동안 위험하다고 생각되는 요소들을 관찰하고 기록해둔 뒤 그 내용을 가지고 토의토론 활동에 참여한다. 학습자 자신들이 직접 감각으로 느낀 위험 요소들에 대해 토의·토론해보고, 위험 요소를 해결하기 위해서는 어떻게 하면 좋을지, 그리고 안전 문화를 만들기 위해서는 어떻게 하면 좋을지 활동을 구성해보게 한다. 이 활동은 학습규모가 개인에서 전체로 이어지는 집단 탐구 수업으로도 이어질 수 있다. 학습자들이 이 활동에 참여하며 집단지성을 발휘하고, 안전에 대한 서로의 생각을 공유 함으로써 안전 유대감을 느낄 수 있을 것이다. 또한 다함께 논의한 요소들을 인지하고 행동으로 실천할 수 있게 함으로써 안전과 관련된 지식, 기능, 태도 모두를 교육하여 안전역량과 안전 감수성을 신장시킬 수 있게 된다.

Q. 실질적인 안전교육을 위해서는 학습 활동의 중심에 학생이 존재하여야 한다. 이러한 이념을 바탕으로 탐구학습 중심 수업모형 중 프로젝트 학습을 진행하려고 한다. 학습 과정을 설명하고 프로젝트 학습이 안전교육에 적합한 이유를 논하시오.

예시답안

모든 교육에 있어서 학습의 주체는 학습자가 되어야 한다. 이전 전통주의 수업 방식에서는 주로 교육자가 수업을 주도하였는데, 효율적이고 경제적이라는 장점에 비해 교육적 효과가 떨어진다는 비판을 받기도 하였다. 그 후 구성주의 교육이 주목을 받으며 점차 현대사회에서는 수업의 중심에 학습자가 자리 잡기 시작했다. 탐구중심 프로젝트 학습은 이러한 교육적 패러다임과 맥을 같이한다고 할 수 있다.

1. 프로젝트 학습 과정

프로젝트 학습은 목적 설정(Purposing) → 계획(Planning) → 실행(Executing) → 평가(Evaluation)의 순서로 진행된다. 학습자들이 탐구하고자 하는 안전 주제에 맞추어 목적을 설정하고, 이 목적을 달성하기 위한 방법을 선정하며, 적극적인 자세로 학습 활동에 임한다. 그 과정이 지나면 산출물을 가지고 평가에 임하며 프로젝트 학습의 전 과정을 거치게 된다.

수업 단계	유의점
1. 목적 설정	• 학습자가 자신의 흥미와 능력, 요구에 맞는 프로젝트(학습목표)를 설정하도록 한다. • 교육자는 곁에서 선정한 프로젝트가 적절한지 판단하고 조언한다.
2. 계획	• 프로젝트를 효율적으로 수행하기 위한 방법을 선정하고 검토한다. (계획 단계의 준비도에 따라 프로젝트의 성공 여부가 갈림) • 교육자는 방법이 현실적이고 수행 가능한 것인지를 검토하고 수정할 수 있도록 지도한다.
3. 실행	• 학습자들이 적극적으로 활동에 참여하며 문제를 해결해나간다. (학습자들이 가장 흥미를 가지며 내적 동기가 자극되는 단계) • 실행 과정에 발생한 문제는 기록하여 반성, 성찰, 개선, 발전의 자료로 삼는다. • 교육자는 학습자들이 문제에 부딪혀 좌절할 때 포기하지 않도록 적극적으로 격려하고 다른 해결 방법을 제시하여 학습을 안내하여야 한다.
4. 평가	• 프로젝트 학습의 과정과 산출물에 대하여 반성적으로 사고해보고 평가한다. • 다양한 평가 방법을 활용한다(자기평가, 상호평가, 관찰평가 등). • 산출물에 대해 발표하거나 전시하여 결과물을 공유하고, 발견한 문제점을 분석하고 피드백하는 과정을 가진다.

2. 프로젝트 학습이 안전교육에 적합한 이유

안전교육은 학습자들이 교육을 통해 안전 지식, 기능, 태도를 습득하고 이를 반복 · 실천하여 안전한 삶을 영위하는 데 그 목적이 있다. 이 문장 안에서 핵심은 지식, 기능, 태도가 아닌 반복 · 실천이라고 할 수 있다. 아무리 안전에 대하여 잘 알고, 기능을 잘 해도 학습자 본인이 생활 속에서 실천하지 않으면 그 목적에 달성할 수 없기 때문이다. 이렇듯 안전교육을 통해 배운 내용을 학습자가 생활 속에서 실천하게 하는 장치가 필요한데, 그 답을 프로젝트 학습에서 찾을 수 있다.

프로젝트 학습은 탐구하고자 하는 문제와 학습 방법을 학습자가 직접 선정한다. 따라서 다른 수업모형에 비해 절대적으로 학습자의 내적 동기가 크게 형성된다. 자신이 원하는 대로 교육활동이 진행되는데 그 누가 열정적이지 않을까? 교육자가 안전 지식을 하나하나 짚어주는 것보다 학습자가 직접 찾아보고 정리하고, 해결하는 과정에서 안전 지식, 기능, 태도는 더욱 효과적으로 형성된다. 또한 학습을 통해 만들어낸 산출물을 자신이 직접 이뤄냈다는 성취감과 만족감을 느끼게 하므로, 학습자 머리와 마음속에 깊이 사무치게 된다. 결국 이는 학습자가 안전 지식, 기능, 태도를 스스로 형성하고, 생활 속에서 반복·실천할 수 있는 근간이 되는 것이다.

이 외에도 프로젝트 학습은 실생활의 문제를 바탕으로 학습이 이루어지므로 안전교육에 있어서 실생활의 위험 요소가 학습 주제가 된다. 학습이 마무리되면 학습자들은 자신의 생활 속에 있는 위험을 인지하고 예방하게 되며, 실천 과정에서 안전한 삶을 영위하게 된다. 이렇게 교육과 삶을 통합시킬 수 있다는 프로젝트 학습의 장점은 안전교육에 프로젝트 수업이 적합한 또 하나의 이유가 되기도 한다.

Q. 안전교육을 실시하기 위해서는 다양한 교수매체가 필요하다. 교수매체를 적용하기 위해서는 여러 사항에 대하여 고려하여야 하는데, 이를 브루너의 발견학습 이론과 관련지어 설명하시오.

예시답안

　교수매체란 교육활동 안에서 학습자의 이해를 돕기 위하여 활용되는 다양한 자료들을 뜻한다. 간단하게는 교육자가 몸으로 흉내 내는 동작부터 시작하여 뉴스와 같은 시청각 자료, 그리고 기사나 보고서와 같은 참고문헌 또한 전부 교수매체에 해당한다. 하지만 이러한 교수매체는 교육자가 가르치고자 하는 내용을 아무리 잘 표현하고 있더라도, 학습자의 발달 과정에 적합하지 못하다면 무용지물이 되고 만다. 따라서 소방안전교육사는 학습자와 교육목표 분석을 통해 합리적이고 효과적인 교수매체를 선정하여야 한다.

　브루너는 피아제의 인지발달 이론과 관련하여 교수매체를 선택하여야 한다고 하였다. 피아제의 인지발달 이론이란 인간의 성장 과정에서 발견할 수 있는 단계별 특성을 뜻한다. 학습방법과 관련하여 피아제에 따르면 전조작기에서 구체적 조작기로 넘어가는 시기인 유아들에게는 직접 구체적인 물체를 주고 만지게 하는 활동이 교육에 적합하고, 점차 어린이에서 청소년기를 지나며 형식적 조작기로 발달되어가는 시기에는 심층적으로 생각하고 비판하며, 추상적인 언어로 표현하는 방식으로 교육이 이루어져야 한다고 하였다.

　따라서 교수매체를 제공할 때에는 어린이의 발달단계를 기준으로 삼아야 한다. 교수매체를 어떠한 양식으로 보여줄 것인지에 따라 구체에서 추상으로, 행동적 표상/영상적 표상/상징적 표상으로 구분 지었다. 브루너도 다른 이론들과 마찬가지로 교수매체 및 학습경험을 행동으로 보여주는 구체적인 경험으로 시작하여 이후 사진, 그림과 같은 영상자료를 보여주고, 최종적으로는 언어나 기호, 말로 배운 내용을 표현하는 상징적인 방법의 단계로 교육이 이루어져야 한다고 하였다.

　이러한 이론적 배경을 바탕으로 생각해보면 안전교육을 실시하기 전, 교수지도계획서를 작성하고 수정하는 단계에서 수업에 활용될 교수매체를 전반적으로 검토해보아야 한다. 가르치고자 하는 안전 요소가 지식인지, 기능인지, 태도인지를 생각해보고 이를 습득할 학습자들의 발달특성에는 알맞은지 생각해보아야 한다. 또한 학습규모와 수업이 진행되는 시간적, 공간적 환경도 고려해야 한다. 여러 가지 요소들을 기준으로 수업을 처음부터 끝까지 비판적으로 바라보며 교수매체가 학습목표에 적합한지를 따져보아야 하는 것이다.

　브루너는 학습의 효과와 효율을 따지며 올바른 교수매체의 활용을 강조하였다. 더불어 나선형 교육과정을 언급하며 같은 내용을 반복학습하며 점진적으로 심화시켜나가야 한다고 하였다. 이를 바탕으로 생각해보면 반복학습을 통한 안전 행동의 습관화를 위해 안전교육 또한 브루너의 이론에 입각하여 나선형으로 구성하여 반복적으로 접근하며, 알맞은 교수매체를 단계적으로 활용할 필요가 있다.

Q. 안전교육에서 평가가 가지는 의미를 서술하고, 평가를 통해 안전 역량을 기를 수 있는 방안을 제시하시오.

예시답안

일반적으로 생각하기에 많은 사람들은 수업이 끝나면 교육이 끝났다고 생각한다. 하지만 이는 크나큰 착각이며 교육전문가로서는 경각심을 가져야 할 부분이다. 수업을 구상할 때 어떻게 가르칠지에 대한 방법론적 접근이 우선되기보다 무엇을 가르칠지 교육목표를 설정하고, 이에 달성하였는지 여부를 가리는 평가 계획 수립이 선행되어야 한다. 그래야만 효과적이고 실질적인 안전교육이 완성되는 것이다.

1. 안전교육에서 평가의 의미

우선 평가의 정의에 대하여 알아보자면, 평가란 교육활동이 올바르게 수행되고 있는지, 목표하는 바를 성취하였는지를 따지는 일련의 점검 활동이다. 평가를 통해 좋은 점은 더욱 강화하고, 부족한 부분은 보완하는 피드백 과정을 겸하게 된다. 안전교육에서도 이러한 평가는 빠질 수 없는데, 그 이유는 평가가 교육목표와 연결되기 때문이다.

안전교육에서 평가는 학습자가 목표로 삼았던 안전 지식, 기능, 태도를 습득하였는지 여부를 판단하는 기준이 된다. 수업 이후에 평가 결과에서 미달성 또는 수준 미달의 결과가 확인되면 부족한 부분을 진단하고 분석하여 보완 교육이 실시된다. 이러한 과정이 반복되며 학습자는 결국 안전 지식, 기능, 태도를 온전하게 습득하게 된다. 안전은 다른 교과 과목이나 공부처럼 결손이 있을 때 간과하고 부시한 채 넘어가서는 안 된다. 소방안전의 특성 중 일회성의 원리도 이와 연관 지어 생각할 수 있는데, 위험 사고는 안전교육 한 번으로 생사를 결정할 수도 있기 때문이다. 따라서 안전교육에 있어서 평가는 학습자가 안전 역량에 대한 결손이 생기지 않도록 방지하는 보호 장치의 역할을 한다.

또 다른 의미로서 평가는 하나의 학습동기가 되기도 한다. 학습자 특성에 따라 다르겠지만, 누군가는 평가를 잘 받기 위해 학습 활동에 열심히 참여하기도 하고, 부진한 평가 결과를 받은 뒤 늦게나마 학습동기를 갖기도 한다. 이러한 측면에서 볼 때, 안전교육에서 평가는 학습자들이 안전 역량을 실생활에서 반복하여 실천하는 데 큰 내적 동기가 된다. 안전교육 시간에 평가를 하나의 활동으로 삼아 학습에 열정적으로 몰두한다. 그리고 이렇게 학습한 능력은 학습자에게 쉽게 내면화되고 습관화되며, 이후 안전한 생활을 영위하는 데 큰 거름이 된다. 결국 평가는 학습자의 내적 동기를 자극하고, 안전 역량 신장과 실생활에서의 적용 확대까지 이어질 수 있다는 데에 의미가 있다.

2. 안전 역량 신장을 위한 평가 방안

안전교육을 통해 길러내야 하는 안전기능은 위험에 대하여 식별하기, 예방하기, 대처하기, 벗어나기, 알리기 등이 있으며, 안전 역량으로는 지식정보처리 역량, 합리적 사고/판단/의사결정 역량, 창의적 문제해결 역량, 자기관리 역량, 공동체 역량 등이 있다. 이러한 안전 기능과 역량을 신장시키기 위해 평가가 함께 운영되어야 하는데, 지필평가, 면접법, 자기보고법 등 다양한 평가 방법이 있다. 어떻게 평가를 실시하면 안전 측면에서 교육적 효과를 높일 수 있을까?

안전 역량을 기르기 위해서는 '과정 중심 수행평가'를 실시하는 것이 좋다. 그 이유에 대해서 알기 전에, 수행평가란 학습자 스스로가 자신의 지식이나 기능을 나타낼 수 있도록 답을 작성하거나 산출물을 만들거나, 행동으로 나타내도록 하여 평가하는 방식을 뜻한다. 수행평가는 학습자가 스스로 정답을 구성하고 행동으로 표현하여 평가받는다는 특징이 있으며, 학습의 과정 또한 함께 평가한다.

안전교육을 행동주의 관점에서 실시하는 이유는 '알지만 행하지 못하는 상황'을 피하기 위해서이다. 이러한 관점과 같이 수행평가 또한 '안전 지식을 머리로는 알지만 몸으로 안전 기능을 수행하지 못하는 상황'을 피할 수 있는 보호 장치가 된다. 왜냐하면 수행평가는 학습한 지식, 기능, 태도를 실제 문제 상황에서 실제로 수행할 수 있는지 능력을 평가하기 때문이다. 이러한 수행평가를 바탕으로 과정 중심을 추가하면 과정 중심 수행평가가 되는데, 이러한 방법은 학습자의 배움과 성장, 그리고 전인교육으로의 발전을 추구하며 평가를 통해 안전 역량을 기를 수 있게 되는 것이다.

과정 중심 수행평가 방안으로는 논술, 구술, 토의·토론, 프로젝트, 포트폴리오, 관찰법, 자기평가 및 동료평가 방법이 있다. 그중 교육목표와 주제, 활동 방식에 맞는 평가 방법을 선택하고 수업 속에 녹여내는 과정이 필요하다. 학습자가 배워나가는 과정을 함께 평가하고, 평가가 하나의 활동이 되도록 한다. 또한 실제 맥락에서의 수행 능력을 평가하며 학습자의 내적 동기를 높인다. 이러한 일련의 과정은 안전 기능과 안전 역량의 신장을 촉진시키며, 이것이 결국 안전교육의 궁극적 목표인 안전 생활 실천으로 이어질 수 있다.

Q. 안전해 선생님은 안전교육의 수업을 계획하는 과정에서부터 무언가 잘못되었다고 느꼈다. 따라서 이러한 문제점을 진단하고 보완하기 위해 ADDIE 교수설계 모형을 활용해보려고 한다. ADDIE 교수설계 모형의 1단계와 2단계를 설명하고, 안전교육에서 교수설계가 중요한 이유를 서술하시오.

예시답안

교수설계란 성공적인 교육활동을 위하여 수업에 필요한 요소들을 생각하고, 알맞게 배치하여 계획하는 과정을 뜻한다. 교수설계는 계획을 통해 학습목표에 효과적이고 효율적으로 달성할 수 있도록 돕는 길잡이의 역할이기도 하다. 또한 문제에서 제시된 안전해 선생님의 사례와 같이 교육활동에 문제의식을 느꼈을 때, 문제를 진단하고 수정, 보완해나가는 점검 장치로 활용할 수도 있다.

1. ADDIE 교수설계 모형 정의

교육활동을 계획하기 위한 단계를 총 5단계로 나누었으며, 분석(Analysis), 설계(Design), 개발(Development), 실행(Implementation), 평가(Evaluation)의 순서로 각 단계의 첫 글자를 따서 ADDIE 모형이라고 불린다. 각 단계에서 고려하여야 할 요소들을 구분 짓고, 단계별로 설계해 나가며 효율적인 교수·학습 과정을 마련할 수 있도록 하였다.

2. 첫 번째 단계 : 분석(Analysis)

교육활동의 기틀을 마련하기 전에 무엇을 누구에게 어떻게 효과적으로 가르칠지 생각하기 위한 기초자료를 마련하는 단계이다. 첫 번째 단계에서 여러 요소에 대한 분석을 구체적으로 하여야 다음 단계에서 적절한 교육활동을 설계할 수 있다.

구 분	설 명
요구 분석	무엇을 가르칠지에 대한 내용을 분석(수업목표와 연관)
학습자 분석	학습자의 특성을 분석(연령, 발달특성, 규모, 능력, 직업 등)
환경 분석	시간적·공간적 환경을 분석(교육날짜, 교육장소, 학습자 환경 등)
직무 및 과제 분석	교육을 통해 가르치고자 하는 지식, 기능, 태도에 대한 분석

3. 두 번째 단계 : 설계(Design)

분석 단계에서 수합한 여러 정보들을 토대로 적합한 교육활동의 계획을 설계하는 단계이다. 여러 요구사항들이 분석되었다면, 그에 맞는 교육목표, 평가계획, 교수매체, 활동 등을 구체적으로 마련하는 과정을 수행한다.

구 분	설 명
수행 목표의 명세화	교육을 통해 도달하기 바라는 수준을 학습목표로 설정 (기준이 측정·관찰 가능하도록, 구체적으로 설정)
평가 도구의 개발	학습목표에 도달하였는지 평가할 수 있는 진단, 형성, 총괄평가 개발
계열화	학습목표 달성을 위해 학습내용을 어떠한 순서로 제시할지 계획
교수 전략 및 매체 선정	분석 단계의 여러 특성들을 고려하여 효율적인 교육활동이 되도록 교수전략, 수업모형, 교수매체 등을 선정

4. 안전교육과 교수설계

완벽한 설계도가 튼튼한 건물을 만들어내듯이, 구체적이고 정확한 교수설계는 교육자의 수업능력 및 학습자의 교육 효과를 보장한다. 그렇기 때문에 교수설계는 매우 중요하며 비단 안전교육뿐만 아니라 모든 교육 분야에서도 강조된다.

하지만 안전교육에서는 더욱 완벽한 교수설계가 필요하다고 생각한다. 안전한 생활을 영위하기 위해 안전교육을 실시하지만, 부실한 교육계획은 사고를 유발할 가능성이 있다. 안전행동에 대해서 오개념을 가르치거나 미비한 준비로 교육활동에서 안전문제가 발생하게 된다면 이는 안전교육의 목적이 전도되는 것이다. 따라서 체계적인 교수설계를 통해 학습 과정의 위험 요소를 진단하고, 체험활동의 안전장치를 마련하며 교수·학습 과정을 점검할 수 있기 때문이다.

또한 안전이라는 것은 우리의 생활, 삶, 생명과 직접적으로 연관되어 있다. 교수설계모형을 활용하여 체계적인 안전교육 프로그램을 마련한다면, 교육에 참여하는 학습자는 안전한 생활을 영위하기 위한 지식, 기능, 태도를 습득하게 될 것이다. 그리고 자신의 삶에서 안전한 삶을 영위하며, 한 명의 민주시민 으로서 개인, 가정, 사회를 이끌며 국가의 발전까지 도모할 수 있게 되기 때문이다. 따라서 양질의 안전교 육은 단순한 교육활동을 넘어 국가의 근간이 되는 국민을 성장시키는 기회이기에 차별화된 중요성을 가지기도 한다.

이처럼 교수설계모형은 분석, 설계, 개발, 실행, 평가의 단계를 거치며 체계적인 교수·학습 과정, 교육프로그램을 개발하는 데 도움을 준다. 또한 문제의 안전해 선생님 사례처럼 교육자 스스로 수업의 문제를 진단하고 보완하며, 비판적으로 사고해보는 일련의 과정의 지침이 되기도 한다. 따라서 소방안전 교육사는 교육활동을 계획할 때 교수설계 모형을 적극적으로 활용하여 국민의 안전을 지키는 기틀을 마련하는 데 앞장서야 한다.

Q. 안전교육의 체계화를 위하여 '안전교육 표준 과정'을 수립하였다. 표준 과정의 구성을 설명하고, 환류(Feedback) 활동이 중요한 이유를 논하시오.

예시답안

이전부터 국민들의 안전을 위해 다양한 소방안전교육이 진행되어 왔다. 하지만 일정한 틀이나 체계가 제대로 마련되지 않아, 안전교육 체제의 일원화에 어려움이 있었다. 이러한 문제점을 극복하기 위하여 안전교육 표준 과정을 마련하고 교수프로그램 및 교수요원의 전문성 신장을 꾀하기 시작하였다.

안전교육 표준 과정은 아래의 그림과 같이 구성되어 있다. 계획부터 준비, 실행, 종료, 평가의 순서로 진행되고, 전체를 아우르는 환류(Feedback) 활동이 포함되어 있다. 이것도 하나의 교육 프로그램이기 때문에 기존의 교수설계모형의 각 단계와 비슷한 양상을 보인다.

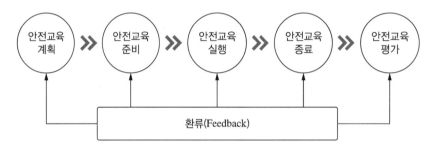

소방안전교육사는 우선 안전교육을 계획하면서 교육 대상자에게 필요한 주제와 유형을 선정하게 된다. 그 과정에서 학습자 요구분석을 하여 교육목표와 수업모형, 교수매체 등을 위한 기초자료를 마련한다. 계절별 재난사고나 시기별 재난사고, 월별 재난사고 유형을 다각적으로 모색하여 학습자의 수요에 맞춘 맞춤형 프로그램을 제공할 수 있어야 한다. 또한 교육 안전조치에 대하여 철저하게 확인하고, 체험교육활동이 필요한 경우 안전장비 점검, 보험 가입 등의 요소까지 구체적으로 고려한다.

계획과 준비 단계를 거치면서 교육프로그램이 마련되면 안전교육 점검표를 활용하여 설계한 안전교육 과정을 점검한다. 학습 대상 파악, 교육 주제 선정, 교육 유형 선택, 교육매체 선정, 교육자 편성, 위험성 진단, 안전계획 수립 여부, 사전 점검 여부 등에 대하여 적절하지 못한 부분은 없는지 확인한다.

이후 교육의 전, 중, 후 단계별 지침에 따라 효과적인 안전교육 프로그램을 진행한다. 적절한 시간배분과 확산적 발문, 학습자의 내적 동기 자극, 학습자 중심의 수업 등 교육의 효과성, 효율성, 매력성을 겸비한 안전교육이 되어야 한다. 특히 이 과정에서 교육자로서 가져야 할 마음가짐이나 수업상의 주의사항 등을 숙지하여 교육목표에 어긋나는 길로 수업이 흐르지 않도록 유의하여야 한다.

교육이 종료되고 평가를 거치며 안전교육은 마무리된다. 활동에 참여하며 안전사고는 없었는지 확인하고, 교육목표 달성 여부, 학습자 만족도 등을 평가한다. 다양한 평가방법을 활용할 수 있으며, 수업의 전, 중, 후 단계에 적절한 시기에 평가를 배치할 수도 있다. 수합한 평가 자료는 통계작업을 진행하여 교육자료로서 활용하거나 일정 기간 보관할 수 있다. 수업을 마무리하며 활용하였던 교구나 체험시설은 잘 정비하고 정돈하여 다음 교육활동에 활용할 수 있도록 한다.

이러한 일련의 과정과 함께 환류(Feedback) 과정을 수시로 진행하게 된다. 영어로 피드백이라고 부르는 이 과정은, 안전교육뿐만 아니라 모든 교육에서 가장 중요하게 여겨지는 부분 중 하나이다. 교육을 진행하면서 부족한 부분이 발견되면 즉시 환류 과정을 거쳐 보완하고, 강점이 발견되면 이를 바탕으로 더욱 발전시켜 나가기도 한다. 환류 과정은 교육 프로그램을 학습자와 교육자의 요구에 부합하도록 도와주기 때문에 교육의 본질을 살리는 데 큰 역할을 하므로 매우 중요하다.

일반적으로 교육 프로그램이나 프로젝트가 마무리되면 평가 결과를 바탕으로 여러 가지 요소들을 점검한다. 교육자 및 학습자 인원 적정 여부, 교육 기자재 활용 적정 여부, 교육계획과 진행 내용의 일치 여부, 추후 개선사항 등에 대해 분석하고 반영하게 된다. 이렇듯 환류 과정은 어떠한 과정의 마무리 단계에서 평가 결과를 바탕으로 진행된다고 생각하지만, 환류는 교육의 전 과정에서 수시로 활용되어야 한다. 이전의 평가 결과가 다음 교육활동의 근간이 되어야 하고, 학습자의 학습 과정과 교육자의 수업 과정을 보완하는 자료가 되어야 한다.

환류 과정은 안전교육의 각 단계를 점검하는 기준이 되기도 하고, 보완하는 자료가 되기도 하며, 하나의 집합체로 묶는 연결고리가 된다는 점에서 중요성을 가진다.

Q. 안전교육을 진행하기 위해서는 교수지도계획서가 필요하다. 교수지도계획서를 살펴보면 어떠한 내용을 어떠한 과정으로 가르칠지가 기록되어 있다. 안전교육을 위한 수업의 흐름을 3단계로 나누고, 각 단계의 활동을 구체적으로 서술하시오.

예시답안

교수지도계획서는 하나의 가이드라인과 같이 어떠한 내용을 어떻게 가르칠지에 대하여 구체적으로 서술되어 있다. 기록되어 있는 내용을 통해 세부 활동과 수업의 단계, 흐름을 파악할 수 있다. 가네−브릭스의 포괄적 교수설계 이론에서 언급하듯이 수업에도 큰 틀과 단계가 있으며, 각 단계에서 진행하여야 하는 발문, 활동들이 존재한다. 따라서 효율적인 수업 진행을 위해서는 수업의 구성 요소와 흐름을 이해하고, 이를 바탕으로 양질의 교수지도계획서를 작성할 수 있어야 한다.

수업의 흐름을 3단계로 나누어보면 도입, 전개, 정리로 나눌 수 있다. 일반적으로 각 단계에서 진행하여야 할 활동들은 정해져 있으나 수업모형 및 교육방법에 따라 다양하게 접목하여 활용 가능하다. 각 단계의 설명과 일반적인 활동 예시는 다음과 같다.

1. 도 입

① 도입은 수업 전체의 약 15% 정도를 차지하며 학습자가 수업에 대해 관심을 가지게 만들고 수업에 몰입되도록 분위기를 형성하는 단계이다. 학습목표 및 활동의 대략적인 안내를 받으며, 학습자들이 스스로 어떻게 공부하고, 어떻게 평가에 임할지 생각해보게 된다.

② 도입 단계에서 진행되어야 하는 활동들은 다음과 같다.

도입 활동	설 명
수업분위기 조성	학습자들과 소통하며 수업 분위기 형성하기
이전 차시 학습 내용 상기	이전 시간에 배웠던 내용에 대해 질문하거나, 첫 시간인 경우 수업 주제에 대한 지식, 경험을 물어 수업 주제 이끌어내기
동기유발	학습 주제와 관련된 흥미 있는 자료를 제공하여 학습자들이 수업에 몰입하도록 만들기
선수 능력 점검 (진단평가)	다양한 평가 방법을 통해 학습자들의 사전 지식 및 능력을 점검하기
학습목표 및 학습 활동 안내	본 수업을 통해 도달하여야 하는 학습목표와 이를 위한 활동을 함께 구성하고 안내하기

2. 전 개

① 전개 단계는 수업의 약 75%를 차지하며, 가르치려는 개념을 실제로 교육활동으로 진행하는 단계이다. 계획하였던 활동을 통해 개념을 학습하고, 학습목표에 도달하기 위해 노력한다. 학습자나 교육자 사이에 활발한 상호작용이 필요한 부분이다.

② 전개 단계에서 진행되어야 하는 활동들은 다음과 같다.

전개 활동	설 명
학습 과제 제시	학습목표에 도달하기 위한 활동 방법을 설명하고 진행하기
상호작용 질문/피드백	교육자는 순회 지도하며 학습활동이 올바른 방향으로 진행되도록 유도
발 문	주제에 대한 질문이나 확산적 발문을 하여 학습자의 사고력 신장하기
평 가	다양한 평가 방법을 활용하여 학습활동 점검하기
교수매체 활용	효율적인 학습 과정을 위해 학습 자료를 적절한 시기에 제공하기

3. 정 리

① 정리 단계는 수업의 약 10%를 차지하며, 수업을 통해 배운 내용을 점검하는 단계이다. 학습자들이 배운 내용을 직접 자신의 말로 표현해보거나, 요약해보는 활동을 한다. 다양한 평가 방법을 통해 학습자들이 학습목표에 도달하였는지 여부를 확인하고, 부족함이 발견된 경우 이를 반영하여 다음 학습에 연계시킨다.

② 정리 단계에서 진행되어야 하는 활동들은 다음과 같다.

정리 활동	설 명
학습 내용 정리 및 적용	학습한 내용을 설명하거나 문제에 직접 적용해보기
평 가	다양한 평가 방법을 실시하여 학습자의 이해도와 학습목표 도달 여부를 확인하기
추가 과제 제시	학습한 개념을 스스로 적용해볼 수 있는 과제를 추가 제시
다음 차시 학습 내용 안내	다음 시간에 배울 내용에 대하여 안내하며 본 수업과 연결시키기

효율적인 수업의 진행을 위해서는 각 단계의 특징과 활동들을 이해하고, 이를 바탕으로 구체적인 교수지도계획서를 작성하여야 한다. 이러한 과정을 반복 연습하여 교육에 대한 전문성을 신장하여야 한다. 소방안전교육사는 한 명의 선생님이고, 안전교육 또한 하나의 수업이라는 것을 명심하자.

Q. 약물로 인한 사고가 빈번해지면서, 청소년들에게도 약물안전과 관련된 교육의 필요성이 대두되고 있다. 약물의 오남용에 대한 교육을 진행하기 위하여 적합한 교수·학습모형을 선택하고 그 이유를 설명하시오. 그리고 1차시(40분) 분량의 교수지도계획서를 작성하시오.

예시답안

적합한 교수·학습모형을 선정하기 위해서는 학습자와 교육목표·내용분석이 선행되어야 한다.

1. 청소년기 학습자들의 인지발달수준을 교수매체 이론과 연계하여 생각해보았을 때, 구체적인 직접경험이나 모형을 활용하지 않아도 충분히 학습이 가능하다. 첫 활동부터 시청각자료나 언어와 같은 추상성이 강한 자료들을 제시하여도 가르치고자 하는 개념을 파악할 수 있으며, 오히려 단순한 체험활동은 학습자의 학습동기를 저하시킬 수 있다.

2. 약물 오남용 교육을 위해 주어진 시간은 1차시로 약 40분의 시간밖에 주어지지 않았다. 하지만 약물의 위험성과 올바른 사용방법, 잘못 사용하는 예시, 그리고 안전한 생활습관의 강조 등 가르칠 내용이 상당한 것으로 추측된다. 이러한 경우 교수·학습 과정을 설계할 때에는 수업의 효율성을 고려하여야 한다.

3. 따라서 교육자가 전하고자 하는 바를 효과적으로 전달할 수 있는 강의 중심 수업모형을 선택하고, 학습자들이 수업에 참여하고 성공의 기회를 경험하도록 다양한 문답식 활동을 추가하여 교수·학습 과정을 설계하였다.

[교수지도계획서 예시]

교육 대상	중, 고등학생	일 시	3월	장 소	교 실	지도 교사	소방안전 교육사 1명
교육주제	약물 중독의 위험성과 올바른 약물 사용방법						
학습목표	• 지식 : 약물 중독의 위험성을 이해할 수 있다. • 기능 : 약물의 올바른 사용방법을 익힐 수 있다. • 태도 : 약물을 올바르게 사용하려는 마음가짐을 가질 수 있다.						
교육유형	강의 중심 수업모형/문답법						
준비물	평가용 그림, 약물 설명 동영상, 아편전쟁 동영상, 공책, 질문지						

학습 과정	교수·학습 과정	시간 (분)	자료(◎) 및 유의점(※)
도 입	◈ 수업분위기 형성 • 일상생활 속에서 자주 사용하는 약물을 떠올려봅시다. • 약물이 무엇이며 어디까지가 약물인지 생각해봅시다. ◈ 진단평가 • 그림을 보고 약물을 올바르게 사용하지 못한 경우를 찾아봅시다. 그리고 올바르지 못하다고 생각한 이유를 설명해봅시다. ┌ 답변 예시(구술형 평가) │ 1. 약물을 한 번에 너무 많이 삼켰습니다. │ 2. 유통기한이 지난 약물을 사용했습니다. ┘	1 2	 ◎ 약물오남용 평가용 그림 ※ 진단평가를 구술형으로 실시하고, 학습자들의 다양한 의견을 통해 사전지식 수준을 파악한다.

학습 과정	교수 · 학습 과정	시간 (분)	자료(◎) 및 유의점(※)
도 입	◈ 동기유발 • 약물 중독 사고에 대한 동영상을 보고, 전하고자 하는 바는 무엇인지 이야기 해봅시다. ◈ 학습목표 제시 • 한국은 의약품 오남용이 잦아, 부작용 발생이 세계 2위에 해당한다고 합니다. • 올바른 약품 사용방법을 알기 위한 학습목표를 확인해봅시다. ♣ 약물 중독의 위험성을 이해할 수 있다. ♣ 약물의 올바른 사용방법을 익힐 수 있다. ♣ 약물을 올바르게 사용하려는 마음가짐을 가질 수 있다. [활동 1] 약물 중독의 위험성 알아보기 [활동 2] 약물의 올바른 사용방법 익히기 [활동 3] 질문 주고받기	1 1	◎ 약물 중독 사고 동 영상 ※ 실감나는 동영상을 통해 약물 중독의 심각성을 느끼게 하여 수업에 몰입시킨다 (ARCS의 주의집중).
전 개	[활동 1] ◈ 약물 중독의 위험성 알아보기 • 과거에 아편전쟁이 발생한 배경과 그 이유를 알아봅시다. 그리고 아편전쟁의 결과와 당시 사회 모습을 살펴봅시다. • 약물 중독의 위험성과 관련된 영상을 보고, 중독성 약물이 청소년 뇌에 어떠한 문제를 일으키는지 확인해봅시다. **청소년기 약물 중독의 위험성** • 소량의 약물만으로도 뇌에 손상을 줄 수 있다는 연구결과가 있음 • 같은 양으로 약물 실험을 한 결과 성인보다 청소년기에 더욱 치명적인 문제를 일으킴 • 뇌에서 억제능력을 조절하는 부분에 영향을 끼쳐 문제해결력, 자제력, 집중력을 감퇴시킴 [활동 2] ◈ 약물의 올바른 사용방법 익히기 • 선생님이 보여주는 행동을 관찰하고 어떠한 점이 잘못되었는지 찾아봅시다. • 선생님의 추가설명을 듣고 관찰한 내용과 비교해봅시다. • 관찰한 내용과 선생님의 설명을 바탕으로 약물을 올바르게 사용하는 방법을 공책에 정리하여 봅시다.	7 7	◎ 아편전쟁 동영상 ◎ 약물 중독의 위험성 동영상 ※ 교육자가 구체적인 사례와 함께 설명하며 약물의 위험성을 이해시킨다. ◎ 공책 ※ 잘못된 행동을 관찰하도록 할 때, 학습자가 충분히 맞힐 수 있는 난이도로 제시하여 성공기회를 보장한다(ARCS의 자신감).

학습 과정	교수·학습 과정	시간 (분)	자료(◎) 및 유의점(※)
전 개	**올바른 약물 사용방법** • 약 복용시간과 복용량을 임의로 조절하지 않기 • 조제된 약을 타인에게 주거나, 타인의 약을 복용하지 않기 • 함께 먹으면 안 되는 음식이나 약 확인하기 • 올바른 보관방법 익히기 • 약 복용 시 지시 및 주의사항 반드시 확인하기 • 온라인 등으로 무분별하게 약물을 구입하지 않기 등		
	[활동 3] ◈ 질문 주고받기 • 자신이 정리한 올바른 약물 사용방법을 참고하여 자신의 짝이나 모둠원들에게 서로 질문을 해봅시다. • 질문을 주고받으며 서로의 지식을 확인하고, 궁금한 사항이 있다면 선생님에게 질문하도록 합니다.	16	◎ 질문지 ※ 교육자가 순회하며 잘못된 질문이나 정보가 전달되지 않도록 확인하며, 즉각적인 피드백을 제공하여야 한다.
정 리	◈ 학습 내용 정리하기 • 질문 주고받기 활동 중 기억에 남는 질문은 무엇이고, 오늘 새롭게 알게 된 내용은 무엇인지 말해봅시다. • 공책과 비교하며 선생님이 정리해주는 내용을 듣고, 부족한 부분이 있다면 추가로 적어봅시다.	2	※ 질문을 주고받으며 안전역량을 기르고, 안전문화를 확산시키도록 분위기를 형성한다.
	◈ 평가하기 • 자신이 앞으로 생활 속에서 어떻게 약물을 사용할지 한 줄 다짐을 적어봅시다.	2	※ 학습자가 정리한 한 줄 다짐 내용을 수합하여 평가자료로 활용한다.
	◈ 다음 차시 안내 • 다음 시간에는 카페인 오남용에 대하여 알아보겠습니다.	1	

Q. 소방안전교육은 시대의 요구에 걸맞게 끊임없이 발전해나가고 있다. 현재의 소방안전교육에서 우수한 점을 사례를 들어 언급하고, 소방안전교육의 미래상에 대하여 논하시오.

예시답안

우리 대한민국에서는 처음부터 소방안전교육이 체계적으로 자리 잡았던 것은 아니다. 과거 대형 안전사고가 발생함에 따라 전국적으로 안전 불감증 타파와 안전 문화 형성에 대한 관심이 생겼고, 이를 위해 정부차원에서 안전교육의 체계를 마련하게 되었다. 초반에는 기존에 발생한 안전사고와 관련한 경각심 고취 및 예방 교육 차원이 목적이었다면, 현대에서는 더 나아가 일상생활 및 온라인 생활에 걸친 안전 역량 및 안전 감수성 신장까지 목적의 일부가 되었다. 이러한 발전 과정을 통해 우수한 안전교육 프로그램과 시스템이 마련된 것이다.

[현 재]

안전교육도 교육의 한 분야로서 꾸준히 발전해오면서 다양한 교육법과 평가법이 활용되었다. 안전 지식, 행동, 태도의 반복 실천과 습관화가 중요한 안전교육을 위해 체험교육의 중요성을 부각시켰고, 이러한 교육이 이루어질 수 있도록 여러 안전체험관과 이동식 체험차량을 정부차원에서 마련하였다. 학습자들이 안전교육을 이론으로 끝내는 것이 아닌, 직접 체험하고 체화할 수 있도록 전국에 안전체험관을 설치하였다. 또한 체험학습의 한계를 극복하기 위해 반대로 찾아가는 안전체험차량을 마련하여 교육이 필요한 기관으로 이동이 가능한 이동식 안전체험차량이 운영되고 있다. 더불어 과학기술의 발달에 걸맞게 스마트 기기와 VR 기능을 활용한 안전체험 장치를 설치하여 더욱 현실감 넘치고 흥미로운 교육 프로그램을 개발하기도 하였다. 이러한 사례는 현대사회의 발전에 맞추어 안전교육이 발전해온 우수 사례이며, 안전교육의 목표를 실현시키는 데 일조하였다고 평가할 수 있다.

[미 래]

기존에는 사실 안전사고가 발생한 이후에 경각심을 갖고 예방하기 위한 측면에서 안전교육이 발전해왔다. 하지만 미래의 소방안전교육은 이전과는 다른 양상을 보여야 한다. 우선 현대사회가 발전해가는 속도는 갈수록 빨라지고 있으며, 4차 산업혁명 시대에서는 어떠한 분야에서든 경계를 아우르는 범학문적인 접근이 필요한 시대가 되었기 때문이다. 따라서 안전 지식, 기능, 태도를 가르치는 단순 안전교육에서 벗어나 다른 학문과의 융합, 그리고 인간 생활에 있어서 안전교육의 내재화가 필요할 것으로 예측된다. 그 어떤 학문의 교육을 실시하더라도 도입부에는 이 교육을 통해 예방할 수 있는 위험과 안전사고는 무엇인지 떠올려보거나, 진로교육이나 환경교육, 생명존중교육의 활동을 진행하면서 안전 지식 및 기능을 실천하게 하여 안전교육이 자연스레 녹아들어야 할 것이다. 마치 2020년 코로나19의 발현으로 인해 사람들의 생활양식이 바뀌고, 생활방역이 생활화된 것과 같이 말이다.

사실 소방안전교육의 미래는 어떠한 한 단어로 형용하거나 단정 지을 수 없다. 하지만 확실한 것은 미래의 인간이 삶을 영위하면서, 생각지 못한 새로운 수많은 사건·사고가 생겨날 것이다. 미래의 문제를 극복하기 위한 안전 요소들을 재빠르게 반영할 수 있는 교육 프로그램과 사회적인 체제가 필요할 것이다. 앞으로 다가올 새로운 사고와 재난들에 즉각적으로 대비할 수 있는 안전 역량을 기를 수 있도록 하는 것이 소방안전 교육이 나아가야 할 방향이자 미래상이 아닐까 생각해본다.

교수지도계획서 연습용지

교육 대상		일 시		장 소		지도 교사	
교육주제							
학습목표							
교육유형							
준비물							

학습 과정	교수·학습 과정	시간 (분)	자료(◎) 및 유의점(※)
도 입			
전 개			
정 리			

교육 대상		일 시		장 소		지도 교사	
교육주제							
학습목표							
교육유형							
준비물							

학습 과정	교수 · 학습 과정	시간 (분)	자료(◎) 및 유의점(※)
도 입			
전 개			
정 리			

교육 대상		일 시		장 소		지도 교사	
교육주제							
학습목표							
교육유형							
준비물							

학습 과정	교수 · 학습 과정	시간 (분)	자료(◎) 및 유의점(※)
도 입			
전 개			
정 리			

교육 대상		일 시		장 소		지도 교사	
교육주제							
학습목표							
교육유형							
준비물							

학습 과정	교수·학습 과정	시간 (분)	자료(◎) 및 유의점(※)
도 입			
전 개			
정 리			

교육 대상		일 시		장 소		지도 교사	
교육주제							
학습목표							
교육유형							
준비물							

학습 과정	교수 · 학습 과정	시간 (분)	자료(◎) 및 유의점(※)
도 입			
전 개			
정 리			

참 / 고 / 문 / 헌

- 강숙현·김정아·김희정·윤숙희·이은희(2016). 놀이지도. 학지사.
- 경기도교육청 융합교육정책과(2019). 학교안전교육 연구단 통합 워크숍.
- 경기도교육청(2019). 감염병 예방 교육자료 및 지도서 고등학교.
- 교육부 학교안전정보센터(2017). 학교안전교육 고시 개정안.
- 교육부(2017). 초등학교 교사용 지도서 안전한 생활 2. 교학사.
- 국립특수교육원(2009). 특수교육학 용어사전.
- 국민안전처 중앙소방본부 119생활안전과(2016). 국민안전교육 표준실무.
- 김수진(2016). 초등 영어 수업 정리 단계에 대한 교사와 학생들의 인식 분석. 서울교육대학교 교육전 문대학원.
- 김신자·이인숙·양영선(1999). 교육공학의 이론과 실제. 문음사.
- 김안호·양철호·류종훈(2002). 사회복지학개론. 청목출판사.
- 김유향 외 2명(2017). 수행평가 내실화, 무엇을 어떻게 지원해야 하는가?. 한국교육과정평가원.
- 김재일(2011). 세상을 보여주는 똑똑한 세계지도. 북멘토.
- 김창현(2014). 생활안전교육 및 지도법. 동문사.
- 김춘경 외 4명(2016). 상담학 사전. 학지사.
- 노영희 외 1명(2011). 교육관련 국제기구 지식정보원. 한국학술정보(주).
- 박미란(2014). 초등학교 국어 수업 도입부 유형 분석 연구: 2007 개정 국어과 교육과정에 따른 교사 용 지도서를 중심으로. 제주대학교.
- 박찬옥 외 5명(2013). 영유아 프로그램 개발과 평가. 정민사.
- 반기성(2014). 지구과학산책.
- 백순근 외 3명(1998). (국가 교육과정에 근거한)평가 기준 및 도구 개발 연구: 총론. 한국교육과정평 가원.
- 백영균·한승록·박주성·김정겸(2015). 스마트 시대의 교육방법 및 교육공학. 학지사.
- 소방청(2020). 국민안전교육 표준실무 안전교육의 이론과 실제(상).
- 소방청(2021). 2021 소방청 통계연보.
- 송명자(2008). 발달심리학. 학지사.
- 신상옥(2006). 체육전담교사와 담임교사의 팀틀수업 전개단계 분석. 청주교육대학교 교육대학원.
- Elizabeth A. Jordan., Marion J. Porath(2008). 교육심리학: 문제중심접근.(강영하, 역). 아카데미프레스.
- 유병열(2016). 초등 안전교육의 이론적 기초에 관한 연구.
- 유승희·성용구(2007). 프로젝트 접근법 레지오 에밀리아의 한국 적용. 양서원.
- 이명선·최혜정·김미희·박예진(2012). 안전사고 예방교육이 학생들의 안전의식에 미치는 영향.
- 이선주(2019). 초등영어수업 도입단계에 대한 교사와 학생의 인식. 서울교육대학교 교육전문대학원.
- 전남련 외 6명(2011). 영유아 교수학습방법. 신정.
- 전병문 외 3명(2017). 재난안전. 북스힐.
- 정석기(2008). 좋은 수업설계와 실제. 원미사.
- 조연순·이명자(2017). 문제중심학습의 이론과 실제: 문제개발부터 수업적용까지. 학지사.
- 차우규·표석환(2016). 학교 안전관리와 안전교육. 양서원.

- 최옥채 외 3명(2015). 인간행동과 사회환경. 양서원.
- 편집부(2017). 응급구조사 평가문제. 대학서림.
- 행정안전부 안전정책실(2018). 생애주기별 안전교육지도.
- 행정안전부 예방안전과(2020). 2020년 재난안전 상황분석 결과.
- 허경철(1997). 교육과정 개정의 배경: 현행 교육과정의 문제와 개선 방향.
- 황정규·이돈희·김신일(1999). 교육학개론. 교육과학사.

- Barrows, H. S.(1996). Problem-Based Learning in Medicine and Beyond: A Brief Overview.
- Bird, Frank E. Loftus, Robert G.(1976). Loss Control Management.
- Dick, Walter, Carey, Lou, Carey, James O.(2009). The Systematic Design of Instruction. Upper Saddle River.
- Elkind, David(1967). Egocentrism in Adolescence.
- Florio, A. E. Stafford, George Thomas(1962). Safety Education.
- Gagne, R. M.(1997). Mastery Learning and Instructional Design.
- Heinrich, H. W.(1950). Industrial Accident Prevention: A Scientific Approach.
- Reigeluth, Charles M.(1983). Instructional-design Theories and Models. Hillsdale.
- Reigeluth, Charles M.(1999). Instructional-design Theories and Models. 2. A New Paradigm of Instructional Theory. Mahwah.
- ROSPA(2012). Ten Principles for Effective Safety Education.
- Saettler, L. Paul(2004). The Evolution of American Educational Technology. Greenwich: Information Age Publishing.
- Shaftel, Fannie R. Shaftel, George Armin(1967). Role-playing for Social Values: Decision-making in the Social Studies. Englewood Cliffs.
- Siedentop, D., & Tannehill, D.(2000). Developing Teaching Skills in Physical Education (4th ed.). Mountain View. CA: Mayfield.
- Strasser, Marland Keith(1973). Fundamentals of Safety Education.
- Worick, W. Wayne(1975). Safety Education: Man, His Machines, and His Environment.
- Yost, Charles Peter(1962). Teaching Safety in the Elementary School.

참 / 고 / 사 / 이 / 트

- 교육부 학교안전정보센터(http://www.schoolsafe.kr/)
- 국가법령정보센터(http://www.law.go.kr/)
- 국립국어원(http://www.korean.go.kr/)
- 국민안전교육(http://kasem.safekorea.go.kr/)
- 국민재난안전포털(http://www.safekorea.go.kr/)
- 소방청(http://www.nfa.go.kr/)
- 통계청(http://kostat.go.kr/)

소방안전교육사 2차 국민안전교육실무 한권으로 끝내기

개정2판1쇄 발행	2024년 05월 10일 (인쇄 2024년 03월 29일)
초 판 발 행	2020년 07월 06일 (인쇄 2020년 05월 26일)
발 행 인	박영일
책 임 편 집	이해욱
편 저	이영균
편 집 진 행	윤진영 · 김달해 · 전승철
표지디자인	권은경 · 길전홍선
편집디자인	정경일 · 이현진
발 행 처	(주)시대고시기획
출 판 등 록	제10-1521호
주 소	서울시 마포구 큰우물로 75 [도화동 538 성지 B/D] 9F
전 화	1600-3600
팩 스	02-701-8823
홈 페 이 지	www.sdedu.co.kr

I S B N	979-11-383-6893-3(13500)
정 가	24,000원

더 이상의 소방 시리즈는 없다!

- 현장 실무와 오랜 시간 동안 저자의 노하우를 바탕으로 최단기간 합격의 기회를 제공
- 2024년 시험대비를 위해 최신 개정법령 및 이론을 반영
- 빨간키(빨리보는 간단한 키워드)를 수록하여 가장 기본적인 이론을 시험 전에 확인 가능
- 출제경향을 한눈에 파악할 수 있는 연도별 기출문제 분석표 수록
- 본문 안에 출제 표기를 하여 보다 효율적으로 학습 가능

친절하다! 핵심 내용을 쉽게 설명하고 있으니까!

명쾌하다! 상세한 풀이로 완벽하게 익힐 수 있으니까!

소방시리즈

핵심을 뚫는다! 시험 유형에 적합한 문제를 다루니까!

알차다! 꼭 알아야 할 내용을 담고 있으니까!

SD에듀가 신뢰와 책임의 마음으로 수험생 여러분에게 다가갑니다.

SD에듀 소방·위험물 도서리스트

소방기술사
김성곤의 소방기술사 4×6배판 / 80,000원

소방시설관리사
소방시설관리사 1차 4×6배판 / 55,000원
소방시설관리사 2차 점검실무행정 4×6배판 / 31,000원
소방시설관리사 2차 설계 및 시공 4×6배판 / 31,000원

Win-Q 소방설비기사
필기 기계편 별판 / 31,000원
전기편 별판 / 31,000원
실기 기계편 별판 / 35,000원
전기편 별판 / 38,000원

소방관계법령
화재안전기술기준 포켓북 별판 / 20,000원

위험물기능장
위험물기능장 필기 4×6배판 / 40,000원
위험물기능장 실기 4×6배판 / 38,000원

Win-Q 위험물산업기사
위험물산업기사 필기 별판 / 25,000원
위험물산업기사 실기 별판 / 26,000원

※ 도서의 가격은 변동될 수 있습니다.